"十二五"职业教育国家规划教材
经全国职业教育教材审定委员会审定
普通高等教育"十一五"国家级规划教材
高职高专机电类专业规划教材

典型自动控制设备应用与维护

第2版

主　编　宁秋平　鲍风雨
副主编　姜岩蕾
参　编　马英庆　周　兵
　　　　闫　坤　许连阁　原艳红
主　审　唐冬冰

机械工业出版社

本书为“十二五”职业教育国家规划教材，经全国职业教育教材审定委员会审定。

本书主要介绍教学机器人、现场总线控制技术、气动自动化设备、电梯、智能楼宇设备、高速公路收费设备及停车场收费设备等内容。本书立足于国内实用新技术，贯彻电液气理论与实践相结合、安装调试与使用维护相结合的原则，使学生具备从事机电技术应用工作所必需的自动化设备安装、调试、运行和维护的基本能力。

本书可作为高职高专院校自动化类与机电设备类专业教学用书，也可作为工程技术人员及工人的参考书。

为方便教学，本书配有免费电子课件等，凡选用本书作为教材的学校，均可来电索取。咨询电话：010-88379375，E-mail：cmpgaozhi@sina.com。

图书在版编目(CIP)数据

典型自动控制设备应用与维护/宁秋平，鲍风雨主编. —2版. —北京：机械工业出版社，2015.7

“十二五”职业教育国家规划教材 普通高等教育“十一五”国家级规划教材 高职高专机电类专业规划教材

ISBN 978-7-111-50866-3

Ⅰ.①典… Ⅱ.①宁… ②鲍… Ⅲ.①自动控制设备—高等职业教育—教材 Ⅳ.①TP23

中国版本图书馆CIP数据核字(2015)第213754号

机械工业出版社(北京市百万庄大街22号 邮政编码100037)

策划编辑：王宗锋 责任编辑：王宗锋 张利萍

版式设计：霍永明 责任校对：纪 敬

封面设计：陈 沛 责任印制：李 飞

北京铭成印刷有限公司印刷

2017年7月第2版第1次印刷

184mm×260mm · 20.25印张 · 499千字

标准书号：ISBN 978-7-111-50866-3

定价：46.00元

凡购本书，如有缺页、倒页、脱页，由本社发行部调换

电话服务	网络服务
服务咨询热线：010-88379833	机工官网：www.cmpbook.com
读者购书热线：010-88379649	机工官博：weibo.com/cmp1952
	教育服务网：www.cmpedu.com
封面无防伪标均为盗版	金书网：www.golden-book.com

前　言

本书结合高职高专院校自动化类与机电设备类专业的培养目标和规格，力求适应高等职业教育专业发展、建设要求，突出实用性。本书主要内容包括教学机器人、现场总线控制技术、气动自动化设备、电梯、智能楼宇设备、高速公路收费设备及停车场收费设备等，突出了自动化类与机电设备类专业的特点，涵盖了这些专业应该掌握的单片机技术、PLC 技术、气动控制技术、总线控制技术及射频技术等。

本书选取的控制实例均来源于生产、生活及工程实际，符合我国国情。通过学习，学生可以掌握一门至多门就业技能，以适应社会和市场需求，为服务社会做好准备。

本书由宁秋平、鲍风雨、马英庆、周兵、闫坤、姜岩蕾、许连阁、原艳红集体讨论、分工编写而成，其中，第一章由鲍风雨、宁秋平编写，第二章由马英庆编写，第三章由周兵编写，第四章由闫坤编写，第五章由姜岩蕾编写，第六章由许连阁编写，第七章由宁秋平编写，第八章由原艳红编写。本书由宁秋平、鲍风雨定稿，由唐冬冰任主审。辽宁机电职业技术学院自控系有关教师、辽宁金洋集团公司有关技术人员在本书编写过程中，也付出了辛勤的劳动，编者对此表示衷心的感谢。

由于水平有限，书中难免存在缺点和错误，恳请广大读者批评指正。

编　者

目　　录

前言
第一章　绪论 …… 1
第一节　典型自动化设备及生产线的组成 …… 1
第二节　自动控制系统分类及原理 …… 2
第三节　工业控制计算机及其在自动控制中的作用 …… 4
习题 …… 5
第二章　教学机器人 …… 6
第一节　机器人概述 …… 6
第二节　机器人关键功能部件 …… 11
第三节　串联机器人 …… 38
第四节　并联机器人 …… 50
习题 …… 61
第三章　现场总线控制技术 …… 62
第一节　现场总线控制技术概述 …… 62
第二节　典型现场总线控制技术 …… 74
第三节　PROFIBUS 现场总线控制技术 …… 82
第四节　PROFIBUS 系统实例 …… 109
习题 …… 111
第四章　气动自动化设备 …… 112
第一节　气动自动化设备的概况 …… 112
第二节　气动执行元件 …… 114
第三节　常用气动控制元件 …… 122
第四节　常用气动检测元件 …… 131
第五节　电气控制系统 …… 137
第六节　可编程序控制系统 …… 141
第七节　常用气动自动化设备及生产线实例 …… 144
习题 …… 157
第五章　电梯 …… 158
第一节　概述 …… 158
第二节　电梯的机械系统 …… 163
第三节　安全保护装置 …… 169
第四节　电梯的电气控制系统 …… 174
第五节　变频调速电梯的电气控制 …… 182
第六节　电梯的管理和维护 …… 196
第七节　电梯的故障及分析 …… 200
习题 …… 208
第六章　智能楼宇设备 …… 210
第一节　楼宇智能化的概述 …… 210
第二节　集散控制系统 …… 215
第三节　楼宇设备的集散型结构 …… 221
第四节　自动控制系统的参数检测与执行设备 …… 223
第五节　几种典型的智能楼宇设备 …… 240
第六节　结构化综合布线技术 …… 244
习题 …… 252
第七章　高速公路收费设备 …… 253
第一节　概述 …… 253
第二节　收费方式 …… 255
第三节　半自动收费系统设备 …… 259
第四节　自动发卡机 …… 276
第五节　自动收费系统设备 …… 279
习题 …… 284
第八章　停车场收费设备 …… 286
第一节　概述 …… 286
第二节　非接触式 IC 卡停车场管理系统 …… 287
第三节　非接触式 IC 卡停车场管理系统硬件设备 …… 295
第四节　非接触式 IC 卡停车场管理系统软件 …… 305
第五节　智能停车场管理系统发展 …… 312
习题 …… 313
附录 …… 315
附录 A　变频调速电梯控制系统电路图 …… 315
附录 B　变频调速电梯控制系统元件代号说明 …… 319
参考文献 …… 320

第一章　绪　论

机电一体化技术的迅速发展，已普及到世界各个国家的工业、农业、科学技术、经济、军事，乃至社会生活等各个方面。数控机床、机器人、柔性制造系统、自动化测量工具、自动电梯、智能大厦、智能交通以及整个自动化的工厂等自动化设备及生产线已逐渐取代原有的传统技术和产品。本章主要介绍自动化设备及生产线的组成及作用，自动控制系统的分类及原理。

第一节　典型自动化设备及生产线的组成

一、自动化设备及生产线的一般组成

自动化设备及生产线是一项机械、电子、仪表、电气、信息处理、计算机应用、自动控制技术等多种技术复合运用的技术。自动化设备及生产线并不是机械与电子两种技术的掺和或叠加，而是有机的结合或融合。自动化设备及生产线不论它的体积是大还是小，不论它的结构是复杂还是简单，也不论它的功能是多还是少，它们都是由机械零件和电子元器件等组成的有机整体，都是一个完整的系统。因此，从系统的角度来认识和理解自动化设备及生产线是十分重要的。

一般来说，自动化设备及生产线是由以下五部分构成的：

1）机械本体部分。

2）检测及传感器部分。

3）控制部分。

4）执行机构部分。

5）动力源部分。

二、各部分的作用

（1）机械本体　在自动化设备及生产线中，机械本体是被自动化的对象，也是完成给定工作的主体，是机电一体化技术的载体。可以认为，自动化设备及生产线就是在原来老式机械产品或机械结构的基础之上，添加了电子元器件等而构成的。一般来说，机械产品经过与电子技术结合之后，它的性能、技术水平和功能都有明显的提高。

机械本体包括机壳、机架、机械传动部件以及各种连杆机构、凸轮机构、联轴器、离合器等。其功能包括：

1）连接固定的功能，如数控机床的床身和壳体。

2）实现特定的功能，如数控机床可加工机械零件。其性能的好坏直接影响自动化设备及生产线的性能。

由于自动化设备及生产线具有高速、高精度和高生产率等特点，因此，其机械本体应稳

定、精密、可靠、轻巧、实用和美观。

(2) 检测及传感器部分　检测及传感器部分的作用是获取信息。自动化设备及生产线在运行过程中必须及时了解与运行有关的各种情况，充分而又及时掌握各种有关信息，系统才能正常运行。各种检测元件及传感器，就是用来检测各种信号，并把检测到的信号经过放大、变换，然后传送到控制部分，进行分析和处理。

通常检测及传感器部分还包括信息转换、显示、记录等部分。检测部分使用的工作机理涉及光、电、气压、液压及机械传动等。

(3) 控制部分　控制部分的作用是处理各种信息并做出相应的判断、决策和指令。装在自动化设备及生产线上的各种检测元件，将检测到的信号传送到其控制部分。在自动控制系统中，控制器是系统的指挥中心，它将这些信号与要求的值进行比较，经过分析、判断之后，发出执行命令，驱使执行机构动作。

控制部分具有信息处理和控制的功能。目前随着计算机技术(特别是工业控制计算机)的进步和普及，与其应用密切相关的机电一体化技术进一步发展，计算机已成为控制部分的主体，用以进一步提高信息处理的速度和可靠性，减小体积、提高抗干扰性等。

(4) 执行机构部分　执行机构部分的作用是执行各种指令，完成预期的动作。它由传动机构和执行元件组成，能实现给定的运动，能传递足够的动力，并具有良好的传动性能，可完成上料、下料、定量和传送等功能。

执行机构部分有：各种控制电动机、变频器、电磁阀或气动阀门体内的阀芯、接触器等。

(5) 动力源部分　动力源部分的作用是向自动化设备及生产线供应能量，以驱动它们进行各种运动和操作。常用的有电力源及其他动力源(如液压源、气压源、用于激光加工的大功率激光发生器等)。

第二节　自动控制系统分类及原理

一、术语

所谓自动控制，就是在没有人直接参与的情况下，利用控制装置，对生产过程、工艺参数和目标要求等进行自动调节与控制，使之按照预定的方案达到要求的指标。常用的术语如下。

控制(或称调节)：能够抵消或者削弱外来因素的影响，使表征生产过程运行情况的物理量保持定值或按一定规律变化的过程。

控制对象：需要对其施加控制的生产过程或设备。

系统：一些部件的组合，它可以完成一定的任务。

给定：控制系统设计时已经确定好的初始控制量。

扰动：一种对系统的输出量产生随机作用的因素。

反馈：将系统的输出部分或全部返回到输入。

自动控制系统在机电一体化设备中广泛应用，其基本组成如图 1-1 所示。

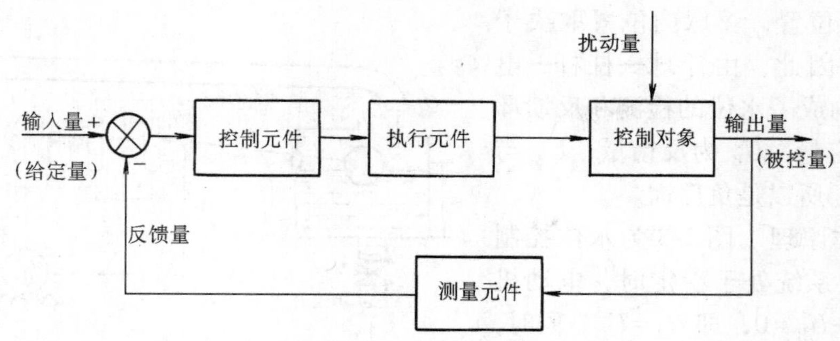

图 1-1　自动控制系统的基本组成

二、自动控制系统的分类

（1）按是否设有反馈分类　分为开环控制系统和闭环控制系统。

开环控制系统：在控制系统中只有输入量的前向控制作用，没有输出量或被控量的反馈控制作用。一般用在输入量和扰动量变化规律能预知，对输出要求不高的场合。

闭环控制系统：在控制系统中由输入量和输出量共同起控制作用。一般用在减小扰动量的影响，对输出量要求较高的场合。

（2）按输入量变化规律分类　分为恒值控制系统和随动控制系统。

恒值控制系统：给定信号一经确定，便维持不变。一般应用在要求输出量相应地保持恒定的场合。

随动控制系统：给定信号的变化规律事先不能确定。一般应用在要求输出量能跟随输入量做出变化的场合。

（3）按输入输出关系分类　分为线性控制系统和非线性控制系统。

线性控制系统：系统中各器件的输入输出关系呈线性关系。系统的动态特性可用线性微分方程来描述。

非线性控制系统：系统中至少有一个器件的输入输出关系呈非线性关系。系统的动态特性需用非线性微分方程来描述。

（4）按信号是否连续分类　分为连续控制系统和离散控制系统。

连续控制系统：系统中各部分信号都是时间的连续函数。通常作用于信号都是模拟信号量的系统。

离散控制系统：系统中的各部分信号中，至少有一处是时间的非连续函数（脉冲或数码）。通常采用计算机控制的系统是离散控制系统。

三、自动控制系统的工作原理

以水位控制系统为例，图 1-2 为一个水位控制系统示意图。

（1）控制系统组成　系统的控制对象是水箱，被控制量是水位高度 h；使水位发生变化的外界因素是用水量 Q_2，Q_2 是负载扰动量；使水位保持恒定的可控因素是给水量 Q_1；控制 Q_1 的是由电动机驱动的控制阀 V_1，因此，电动机—减速器—控制阀构成执行元件；电动机的供电电压 $U=U_A-U_B$，其中 U_A 由给定电位器 RP_A 给定，U_B 由电位器 RP_B 给出。U_B 的大小取决于浮球的位置，浮球的位置取决于水位高度 h，因此，由浮球—杠杆—电位器 RP_B 就构成了水位的检测和反馈环节。U_A 为给定量，U_B 为反馈量，U_A 与 U_B 极性相反，所以是负反馈。

（2）工作原理　图 1-3 为水位控制系统框图。当系统处于稳定时，电动机停转，$U=U_A-U_B=0$，即 $U_A=U_B$；同时，$Q_1=Q_2$，$h=h_0$(稳定值)。若用水量 Q_2 增加，则水位 h 将下降，通过浮球及杠杆的反馈作用，将使电位器 RP_B 的滑点上移，U_B 增大，这样 $U=(U_A-U_B)<0$，电动机反转，经过减速后，电动机驱动控制阀 V_1 使阀门开大，给水量 Q_1 增加；使水位上升并恢复到原位。这个自动调节过程一直要持续到 $Q_1=Q_2$、$h=h_0$、$U_A=U_B$、$U=0$，电动机停转为止。水位控制的自动调节过程如图 1-4 所示。由于被控量 h 能恢复到原位，所以，此系统为无静差系统。

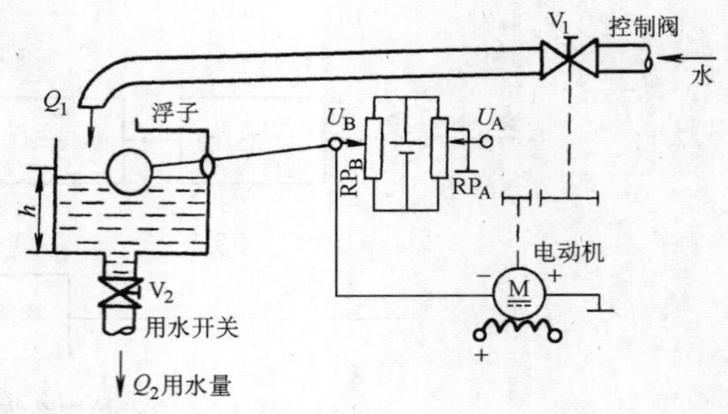

图 1-2　水位控制系统示意图

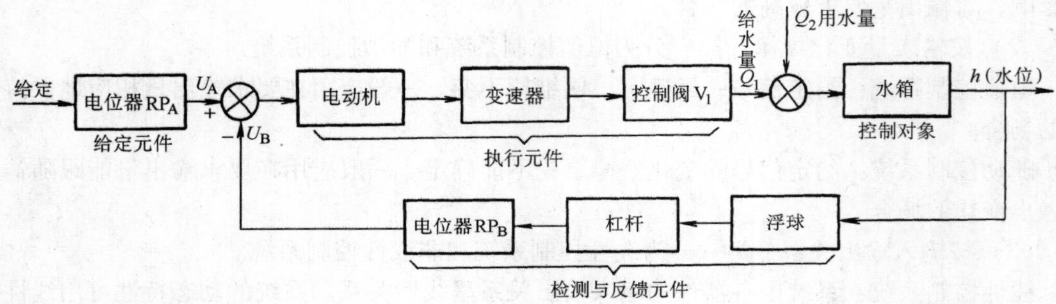

图 1-3　水位控制系统框图

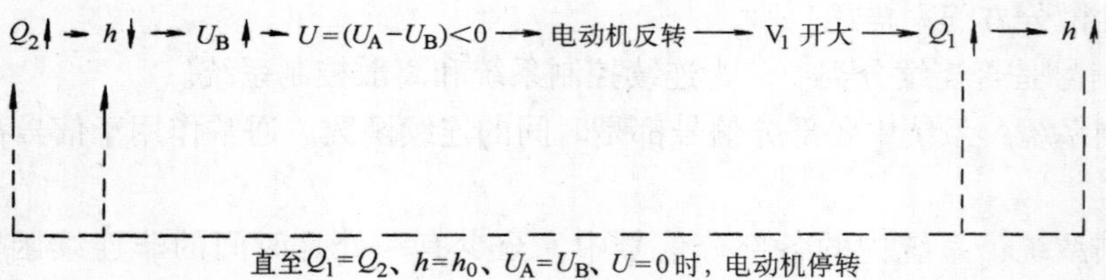

图 1-4　水位控制的自动调节过程

第三节　工业控制计算机及其在自动控制中的作用

工业控制计算机是计算机技术与自动化技术相结合的产物，是实现工业生产自动化，保证生产的优质、高产、低耗，提高工业企业经济效益的重要技术手段，已成为自动控制系统的重要组成部分。

工业控制计算机是机电一体化技术的重要内容，是自动化设备及生产线的控制中心。

目前，我国广泛应用的工业控制计算机有以下几类：

（1）可编程序控制器（PLC） 可编程序控制器是从早期的继电器逻辑控制器系统与微型计算机结合而发展起来的，它以卓越的技术指标及优异的恶劣环境适应性的特点，迅速渗透到工业控制的各个领域。可编程序控制器分为大型PLC（输入、输出点数大于1024）、中型PLC（输入、输出点数介于256和1024之间）及小型PLC（输入、输出点数小于256）。

（2）单片机 单片机将CPU、RAM、ROM、定时/计数器、多功能（并行、串行、A-D）I/O和通信控制器，甚至图形控制器、高级语言、操作系统等都集成在一块大规模集成电路芯片上。它具有体积小、功能强、可靠性高、功耗小、价格低廉、易于掌握及应用灵活等多种优点。工业控制常用的单片机有8位机和16位机。

（3）工业微型计算机 普通微型计算机经过改进，并配上相应的工业用软件而成为能够抵抗恶劣工业环境的工业微型计算机（PC），与各种输入、输出接口板组成了工业控制计算机。它包括工业控制模板系列，如STD总线、VME总线、MULTI总线工业控制机等，它也包括各种微型机程控装置、数控装置、数据采集系统、微型机自动测量和控制系统。

（4）比例积分微分（PID）调节器 比例积分微分（PID）调节器控制有两种方法：一种是模拟PID调节器控制；另一种是数字PID调节器控制。

（5）其他 工业控制计算机还包括现场总线控制系统（FCS）、集中分散式控制系统（DCS）以及数控系统（CNC、FMS、CAM）等。

习 题

1. 自动化设备及生产线的一般组成是什么？简述各部分的作用。
2. 自动控制系统分为哪几种类型？
3. 什么是工业控制计算机？目前常用的有哪些？

第二章　教学机器人

第一节　机器人概述

一、机器人技术

机器人是自动执行工作的机器装置。它既可以接受人类指挥，又可以运行预先编排的程序，也可以根据以人工智能技术制定的原则纲领行动。它的任务是协助或取代人类的工作，例如生产业、建筑业，或是危险等领域的工作。

它是整合了控制论、机械电子、计算机、材料和仿生学的产物，目前在工业、医学、农业、建筑业甚至军事等领域中均有重要用途。

现在，国际上对机器人的概念已经逐渐趋近一致，即机器人是靠自身动力和控制能力来实现各种功能的一种机器。联合国标准化组织采纳了美国机器人协会给机器人下的定义："一种可编程和多功能的，用来搬运材料、零件、工具的操作机；或是为了执行不同的任务而具有可改变和可编程动作的专门系统。"

机器人能力的评价标准包括：

1. 智能

指感觉和感知，包括记忆、运算、比较、鉴别、判断、决策、学习和逻辑推理等。

2. 机能

指变通性、通用性或空间占有性等。

3. 物理能

指力、速度、连续运行能力、可靠性、联用性、寿命等。因此，可以说机器人是具有生物功能的三维空间坐标机器。

为了防止机器人伤害人类，科幻作家阿西莫夫提出了"机器人三原则"：

1）机器人不应伤害人类。

2）机器人应遵守人类的命令，与第一条违背的命令除外。

3）机器人应能保护自己，与第一条相抵触者除外。

这是给机器人赋予的伦理性纲领。机器人学术界一直将这三原则作为机器人开发的准则。

我国科学家对机器人的定义是："机器人是一种自动化的机器，所不同的是这种机器具备一些与人或生物相似的智能能力，如感知能力、规划能力、动作能力和协同能力，是一种具有高度灵活性的自动化机器"。在研究和开发未知及不确定环境下作业的机器人的过程中，人们逐步认识到机器人技术的本质是感知、决策、行动和交互技术的结合。随着人们对机器人技术智能化本质认识的加深，机器人技术开始源源不断地向人类活动的各个领域渗透。结合这些领域的应用特点，人们发展了各式各样的具有感知、决策、行动和交互能力的特种机器人和各种智能机器。对不同任务和特殊环境的适应性，也是机器人与一般自动化装备的重要区别。这些机器人从外观上已远远脱离了最初仿人型机器人和工业机器人所具有的形状，更加符合各种不同应用领域的特殊要求，其功能和智能程度也大大增强，从而为机器人技术开辟出更加广阔的发展空间。

从教育方面来讲，机器人教育是指学习、利用机器人，优化教育效果及师生劳动方式的理论与实践。

教学机器人是指具有辅助教学、管理教学、处理教学事务乃至主持教学等功能的机器人。

二、机器人发展现状

近百年来发展起来的机器人，大致经历了三个成长阶段，也即三个时代。第一代为简单个体机器人，第二代为群体劳动机器人，第三代为类似人类的智能机器人，它的未来发展方向是有知觉、有思维、能与人对话。

20 世纪中期，随着计算机、自动化技术的发展，现代机器人开始得到快速研究和发展，使工业机器人在工业生产中得以广泛使用。

目前，国外机器人技术正在向智能机器和智能系统的方向发展，其现状及发展趋势主要体现在以下几个方面：

1. 机器人机构制造技术

目前已经开发出了多种类型机器人机构，运动自由度从 3 自由度到 7 或 8 自由度不等，其结构有串联、并联及垂直关节和平面关节多种。目前研究重点是机器人新的结构、功能及可实现性，其目的是使机器功能更强、柔性更大、满足不同目的的需求，同时机器人机构向着模块化、可重构方向发展。下一步将研究机器人一些新的设计方法，探索新的高强度轻质材料，进一步提高机器人的负载和自重比。

2. 机器人控制技术

现已实现了机器人的全数字化控制，控制能力可达 21 轴的协调运动控制；基于传感器的控制技术已取得了重大进展，目前重点研究开放式、模块化控制系统，人机界面更加友好，具有良好的语言及图形编辑界面。同时机器人的控制器的标准化和网络化以及基于 PC 网络式控制器已成为研究热点。编程技术除进一步提高在线编程的可操作性之外，离线编程的实用化将成为重点研究内容。

3. 数字伺服驱动技术

机器人已经实现了全数字交流伺服驱动控制，绝对位置反馈技术。目前正研究利用计算机技术，探索高效的控制驱动算法，提高系统的响应速度和控制精度；同时利用现场总线(Fieldbus)技术，实现分布式控制。

4. 多传感系统技术

为进一步提高机器人的智能和适应性，多种传感器的应用是其问题解决的关键。目前视觉传感器、激光传感器等已在机器人中成功应用。下一步的研究热点集中在有效可行的(特别是在非线性及非平稳非正态分布的情形下)多传感器融合算法，以及解决传感系统的实用化问题。

5. 机器人应用技术

机器人应用技术主要包括机器人工作环境的优化设计和智能作业。

优化设计主要利用各种先进的计算机手段，实现设计的动态分析和仿真，提高设计效率和优化。

智能作业则是利用传感器技术和控制方法，实现机器人作业的高度柔性和对环境的适应性，同时降低操作人员参与的复杂性。

目前，机器人的作业主要靠人的参与实现示教，缺乏自我学习和自我完善的能力，这方面的研究工作已经深化。

6. 机器人网络化技术

网络化使机器人由独立的系统向群体系统发展，使远距离操作监控、维护及遥控脑型工厂成为可能，这是机器人技术发展的一个里程碑。目前，机器人仅仅实现了简单的网络通信和控制，网络化机器人是目前机器人研究中的热点之一。

7. 机器人向灵巧化和智能化发展

机器人结构越来越灵巧，控制系统越来越小，其智能化也越来越高，并正朝着一体化方向发展。

三、机器人分类与组成

1. 机器人的分类

机器人可从其用途或操作进行分类，下面以操作来分类。

(1) 家务型机器人　能帮助人们打理生活，做简单的家务活。

(2) 操作型机器人　能自动控制，可重复编程，多功能，有几个自由度，可固定或运动，用于相关自动化系统中。

(3) 程控型机器人　按预先要求的顺序及条件，依次控制机器人的机械动作。

(4) 示教再现型机器人　通过引导或其他方式，先教会机器人动作，输入工作程序，机器人则自动重复进行作业。

(5) 数控型机器人　不必使机器人动作，通过数值、语言等对机器人进行示教，机器人根据示教后的信息进行作业。

(6) 感觉控制型机器人　利用传感器获取的信息控制机器人的动作。

(7) 适应控制型机器人　能适应环境的变化，控制其自身的行动。

(8) 学习控制型机器人　能“体会”工作的经验，具有一定的学习功能，并将所“学”的经验用于工作中。

(9) 智能机器人　以人工智能决定其行动。

我国的机器人专家从应用环境出发，将机器人分为两大类，即工业机器人和特种机器人。所谓工业机器人就是面向工业领域的多关节机械手或多自由度机器人。而特种机器人则是除工业机器人之外的、用于非制造业并服务于人类的各种先进机器人，包括：军用机器人、水下机器人、娱乐机器人、服务机器人、农业机器人、机器人化机器等。在特种机器人中，有些分支发展很快，有独立成体系的趋势，如军用机器人、水下机器人、服务机器人等。目前，国际上的机器人学者，从应用环境出发将机器人也分为两类：制造环境下的工业机器人和非制造环境下的服务与仿人型机器人。

在工业中应用的工业机器人具有能进行自动控制、可重复编程、多功能、多自由度等多种特点，并能搬运材料、工件或操持工具，用以完成各种作业，且它们可以固定在一个地方，也可以在往复运动的小车上。

现代工业机器人主要有四大类型：

（1）顺序型　机器人拥有规定的程序动作控制系统。

（2）沿轨迹作业型　机器人执行某种移动作业，如焊接、喷漆等。

（3）远距离作业型　比如到其他星球上自动工作的机器人。

（4）智能型　机器人具有感知、适应以及思维和人机通信机能。

2. 机器人的组成

（1）基本构件　机器人一般由执行机构、驱动装置、控制系统和感知系统等组成，如图 2-1 所示。

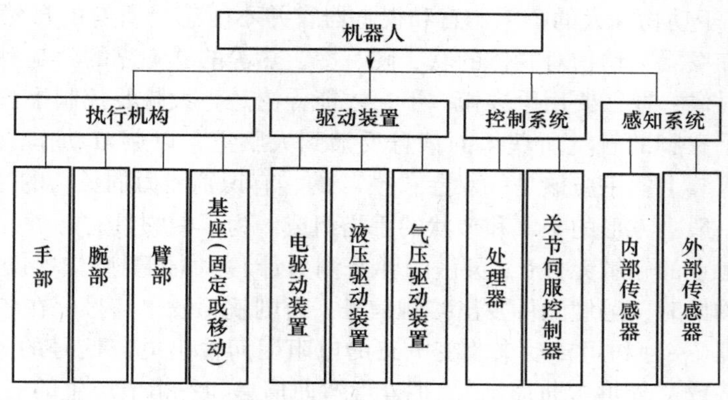

图 2-1　机器人的主要组成部分

1）执行机构。机器人本体，其臂部一般采用空间开链连杆机构，其中的运动副（转动副或移动副）常称为关节，关节个数通常即为机器人的自由度数。根据关节配置形式和运动坐标形式的不同，机器人执行机构可分为直角坐标式、圆柱坐标式、极坐标式和关节坐标式等类型。出于拟人化的考虑，常将机器人本体的有关部位分别称为基座、腰部、臂部、腕部、手部（夹持器或末端执行器）和行走部（对于移动机器人）等。

2）驱动装置。执行机构的动力源，指电驱动装置、液压驱动装置、气压驱动装置等。

3）控制系统。它有两种方式：一种是集中式控制，即机器人的全部控制由一台微型计算机完成。另一种是分散（级）式控制，即采用多台微机来分担机器人的控制，如当采用上、下两级微机共同完成机器人的控制时，主机常用于负责系统的管理、通信、运动学和动力学计算，并向下级微机发送指令信息；作为下级从机，各关节分别对应一个 CPU，进行插补运算和伺服控制处理，实现给定的运动，并向主机反馈信息。根据作业任务要求的不同，机器人的控制方式又可分为点位控制、连续轨迹控制和力（力矩）控制。

4）感知系统，也称检测装置，作用是实时检测机器人的运动及工作情况，根据需要反馈给控制系统，与设定信息进行比较后，对执行机构进行调整，以保证机器人的动作符合预定的要求。作为检测装置的传感器大致可以分为两类：一类是内部传感器，用于检测机器人各部分的内部状况，如各关节的位置、速度、加速度等，并将所测得的信息作为反馈信号送至控制器，形成闭环控制；另一类是外部传感器，用于获取有关机器人的作业对象及外界环境等方面的信息，以使机器人的动作能适应外界情况的变化，使之达到更高层次的自动化，甚至使机器人具有某种“感觉”，向智能化发展，例如视觉、声觉等外部传感器给出工作对象、工作环境的有关信息，利用这些信息构成一个大的反馈回路，从而将大大提高机器人的工作精度。

(2) 机器人感觉器官

1) 机器人的手和脚。机器人要模仿动物的一部分行为特征，自然应该具有动物脑的一部分功能。机器人的大脑就是我们所熟悉的电子计算机(电脑)。但是光有电子计算机发号施令还不行，最基本的还得给机器人装上各种感觉器官。我们在这里着重介绍一下机器人的“手”和“脚”。

机器人必须有“手”和“脚”，这样它才能根据电子计算机发出的“命令”动作。“手”和“脚”不仅是一个执行命令的机构，它还应该具有识别的功能，这就是我们通常所说的“触觉”。由于动物和人的听觉器官和视觉器官并不能感受所有的自然信息，所以触觉器官就得以存在和发展。动物对物体的软、硬、冷、热等的感觉靠的就是触觉器官。在黑暗中看不清物体的时候，往往要用手去摸一下，才能弄清楚。大脑要控制手、脚去完成指定的任务，也需要由手和脚的触觉所获得的信息反馈到大脑里，以调节动作，使动作适当。因此，我们给机器人装上的手应该是一双会“摸”的、有识别能力的灵巧的“手”。

机器人的手一般由方形的手掌和节状的手指组成。为了使它具有触觉，在手掌和手指上都装有带有弹性触点的触敏元件(如灵敏的弹簧测力计)。如果要感知冷暖，还可以装上热敏元件。当触及物体时，触敏元件发出接触信号，否则就不发出信号。在各指节的连接轴上装有精巧的电位器(一种利用转动来改变电路的电阻因而输出电流信号的元件)，它能把手指的弯曲角度转换成“外形弯曲信息”。把外形弯曲信息和各指节产生的“接触信息”一起送入电子计算机，通过计算就能迅速判断机械手所抓的物体的形状和大小。

现在，机器人的手已经具有了灵巧的指、腕、肘和肩胛关节，能灵活自如地伸缩摆动，手腕也会转动弯曲。通过手指上的传感器还能感觉出抓握的东西的重量，可以说已经具备了人手的许多功能。

2) 机器人的眼睛。人的眼睛是感觉之窗，人获取的信息多数是靠视觉实现的。能否造出“人工眼”让机器也能像人那样识文断字、看东西，这是智能自动化的重要课题。关于机器识别的理论、方法和技术，称为模式识别。所谓模式是指被判别的事件或过程，它可以是物理实体，如文字、图片等，也可以是抽象的虚体，如气候等。机器识别系统与人的视觉系统类似，由信息获取、信息处理与特征抽取、判决分类等部分组成。

① 机器认字。以前(过去)信件投入邮筒需经过邮局工人分拣后才能发往各地，现在采用机器分拣，机器认字的原理与人认字的过程大体相似。先对输入的邮政编码进行分析，并抽取特征，若输入的是个6字，其特征是底下有个圈，左上部有一直道或带拐弯。其次是对比，即把这些特征与机器里原先规定的0~9这十个数字的特征进行比较，与哪个数字的特征最相似，就是哪个数字。这一类型的识别，实质上叫分类，在模式识别理论中，这种方法叫作统计识别法。

机器人认字的研究成果除了用于邮政系统外，还可用于手写程序直接输入、政府办公自动化、银行会计、统计、自动排版等方面。

② 机器识图。现有的机床加工零件完全靠操作者看图样来完成。能否让机器人来识别图样呢？这就是机器识图问题。机器识图的方法除了上述的统计方法外，还有语言法，它是基于人认识过程中视觉和语言的联系而建立的。把图像分解成一些直线、斜线、折线、点、弧等基本元素，研究它们是按照怎样的规则构成图像的，即从结构入手，检查待识别图像是属于哪一类“句型”，是否符合事先规定的句法。按这个原则，若句法正确就能识别出来。

机器识图具有广泛的应用领域，在现代的工业、农业、国防、科学实验和医疗中，涉及大量的图像处理与识别问题。

③ 机器识别物体。机器识别物体是三维识别系统，一般是以电视摄像机作为信息输入系统。根据人识别景物主要靠明暗信息、颜色信息、距离信息等原理，机器识别物体的系统也是输入这三种信息，只是其方法有所不同罢了。由于电视摄像机所拍摄的方向不同，可得各种图形，如抽取出棱数、顶点数、平行线组数等立方体的共同特征，参照事先存储在计算机中的物体特征表，便可以识别立方体了。

目前，机器可以识别简单形状的物体。对于曲面物体、电子部件等复杂形状的物体识别及室外景物识别等研究工作，也有所进展。物体识别主要用于工业产品外观检查、工件的分选和装配等方面。

3）机器人的鼻子。机器人的鼻子是用气体自动分析仪做成的。例如我国已经研制成功了一种嗅敏仪，这种气体分析仪不仅能嗅出丙酮、氯仿等四十多种气体，还能够嗅出人闻不出来但是却可以导致人死亡的一氧化碳。这种嗅敏仪具有由二氧化锡、氯化钯等物质烧结而成的探头。当它遇到某些种类气体的时候，它的电阻就发生变化，这样就可以通过电子线路做出相应的显示，用光或声音报警。

这些气体分析仪的原理和显示都和电现象有关，所以人们把它叫作电子鼻。把电子鼻和电子计算机组合起来，就可以做成机器人的嗅觉系统了。

4）机器人的耳朵。人的耳朵是十分灵敏的，可是用一种叫作钛酸钡的压电材料做成的“耳朵”比人的耳朵更为灵敏。

用压电材料做成的“耳朵”之所以能够听到声音，其原因就是压电材料在受到拉力或者压力作用的时候能产生电压，这种电压能使电路发生变化，这种特性就叫作压电效应。当它在声波的作用下不断被拉伸或压缩的时候，就产生了随声音信号变化而变化的电流，这种电流经过放大器放大后送入电子计算机进行处理，机器人就能听到声音了。

第二节　机器人关键功能部件

一、动力源

1. 电动机

(1)步进电动机　步进电动机是将电脉冲信号转变为角位移或线位移的开环控制元件。在非超载的情况下，电动机的转速、停止的位置只取决于脉冲信号的频率和脉冲数，而不受负载变化的影响，即给电动机加一个脉冲信号，电动机则转过一个步距角。这一线性关系的存在，加上步进电动机只有周期性的误差而无累积误差等特点。使得在速度、位置等控制领域用步进电动机来控制变得非常简单。图 2-2 是步进电动机与驱动器。

图 2-2　步进电动机与驱动器

步进电动机原理：步进电动机是一种感应电动机，通常电动机的转子为永磁体，当电流流过定子绕组时，定子绕组产生一矢量磁场。该磁场会带动转子旋转一角度，使得转子的一对磁场方向与定子的磁场方向一致。当定子的矢量磁场旋转一个角度时，转子也随着该磁场转一个角度。每输入一个电脉冲，电动机转动一个角度前进一步。它输出的角位移与输入的脉冲数成正比，转速与脉冲频率成正比。改变绕组通电的顺序，电动机就会反转。所以可用控制脉冲数量、频率及电动机各相绕组的通电顺序来控制步进电动机的转动。

步进电动机的驱动电路，是将直流电变成分时供电的、多相时序控制电流，用这种电流为步进电动机供电，步进电动机才能正常工作，步进电动机的驱动器就是为步进电动机分时供电的、多相时序控制器。当步进驱动器接收到一个脉冲信号时，它就驱动步进电动机按设定的方向转动一个固定的角度(称为“步距角”)，它的旋转是以固定的角度一步一步运行的。可以通过控制脉冲个数来控制角位移量，从而达到准确定位的目的；同时可以通过控制脉冲频率来控制电动机转动的速度和加速度，从而达到调速的目的。步进电动机可以作为一种控制用的特种电动机，利用其没有积累误差(精度为100%)的特点，广泛应用于各种开环控制。

现在比较常用的步进电动机包括永磁式步进电动机(PM)、反应式步进电动机(VR)、混合式步进电动机(HB)和单相式步进电动机等。

永磁式步进电动机一般为两相，转矩和体积较小，步距角一般为7.5°或15°。

反应式步进电动机一般为三相，可实现大转矩输出，步距角一般为1.5°，但噪声和振动都很大。反应式步进电动机的转子磁路由软磁材料制成，定子上有多相励磁绕组，利用磁导的变化产生转矩。

混合式步进电动机混合了永磁式电动机和反应式电动机的优点。它又分为两相和五相：两相步距角一般为1.8°而五相步距角一般为0.72°。这种步进电动机的应用最为广泛。

1）步进电动机的一些基本参数。

① 电动机固有步距角。它表示控制系统每发一个步进脉冲信号，电动机所转动的角度。电动机出厂时给出了一个步距角的值，如86BYG250A型电动机给出的值为0.9°/1.8°(表示半步工作时为0.9°,整步工作时为1.8°)，这个步距角可以称之为“电动机固有步距角”，它不一定是电动机实际工作时的真正步距角，真正的步距角和驱动器有关。

② 步进电动机的相数。它是指电动机内部的线圈组数，目前常用的有二相、三相、四相、五相步进电动机。电动机相数不同，其步距角也不同，一般二相电动机的步距角为0.9°/1.8°、三相的为0.75°/1.5°、五相的为0.36°/0.72°。在没有细分驱动器时，用户主要靠选择不同相数的步进电动机来满足自己步距角的要求。如果使用细分驱动器，用户只需在驱动器上改变细分数，就可以改变步距角。

③ 保持转矩。它是指步进电动机通电但没有转动时，定子锁住转子的力矩。它是步进电动机最重要的参数之一，通常步进电动机在低速时的力矩接近保持转矩。由于步进电动机的输出力矩随速度的增大而不断衰减，输出功率也随速度的增大而变化，所以保持转矩就成为了衡量步进电动机最重要的参数之一。比如，当人们说2N·m的步进电动机，在没有特殊说明的情况下是指保持转矩为2N·m的步进电动机。

2）步进电动机的一些特点。

① 一般步进电动机的精度为步距角的3%~5%，且不累积。

② 步进电动机温度过高首先会使电动机的磁性材料退磁，从而导致力矩下降乃至于失步，因此电动机外表允许的最高温度应取决于不同电动机磁性材料的退磁点。一般来讲，磁性材料的退磁点都在 130℃以上，有的甚至高达 200℃以上，所以步进电动机外表温度在 80~90℃完全正常。

③ 步进电动机的力矩会随转速的升高而下降。

当步进电动机转动时，电动机各相绕组的电感将形成一个反向电动势，频率越高，反向电动势越大。在它的作用下，电动机随频率(或速度)的增大而相电流减小，从而导致力矩下降。

④ 步进电动机低速时可以正常运转，但若高于一定速度就无法起动，并伴有啸叫声。

步进电动机有一个技术参数：空载起动频率，即步进电动机在空载情况下能够正常起动的脉冲频率，如果脉冲频率高于该值，电动机不能正常起动，可能发生丢步或堵转。在有负载的情况下，起动频率应更低。如果要使电动机达到高速转动，脉冲频率应该有加速过程，即起动频率较低，然后按一定加速度升到所希望的高频(电动机转速从低速升到高速)。

3）克服两相混合式步进电动机在低速运转时的振动和噪声。

步进电动机低速转动时振动和噪声大是其固有的缺点，一般可采用以下方案来克服：

① 如步进电动机正好工作在共振区，可通过改变减速比等措施避开共振区。

② 采用带有细分功能的驱动器，这是最常用的、最简便的方法。

③ 换成步距角更小的步进电动机，如三相或五相步进电动机。

④ 换成交流伺服电动机，几乎可以完全克服振动和噪声，但成本较高。

⑤ 在电动机轴上加磁性阻尼器，市场上已有这种产品，但机械结构改变较大。

4）细分驱动器。步进电动机的细分技术实质上是一种电子阻尼技术，其主要目的是减弱或消除步进电动机的低频振动，提高电动机的运转精度只是细分技术的一个附带功能。比如对于步距角为 1.8°的两相混合式步进电动机，如果细分驱动器的细分数设置为 4，那么电动机的运转分辨率为每个脉冲 0.45°，电动机的精度能否达到或接近 0.45°，还取决于细分驱动器的细分电流控制精度等其他因素。不同厂家的细分驱动器精度可能差别很大，细分数越大精度越难控制。

5）步进电动机的主要特性：

① 步进电动机必须加驱动才可以运转，驱动信号必须为脉冲信号，没有脉冲的时候，步进电动机静止，如果加入适当的脉冲信号，就会以一定的角度(称为步距角)转动。转动的速度和脉冲的频率成正比。

② 步进电动机具有瞬间起动和急速停止的优越特性。

③ 改变脉冲的顺序，可以方便地改变转动的方向。

(2)伺服电动机　伺服电动机又称执行电动机，在自动控制系统中，用作执行元件，把所收到的电信号转换成电动机轴上的角位移或角速度输出。伺服电动机分为直流和交流伺服电动机两大类，其主要特点是，当信号电压为零时无自转现象，转速随着转矩的增加而匀速下降。图 2-3 是伺服电动机与驱动器。

图 2-3　伺服电动机与驱动器

1）交流伺服电动机原理。交流伺服电动机定子的构造基本上与电容分相式单相异步电动机相似。其定子上装有两个位置互差90°的绕组，一个是励磁绕组 R_f，它始终接在交流电压 U_f上；另一个是控制绕组L，连接控制信号电压 U_c。所以交流伺服电动机又称两相伺服电动机。

交流伺服电动机的转子通常做成笼型，但为了使伺服电动机具有较宽的调速范围、线性的机械特性、无“自转”现象和快速响应的性能，它与普通电动机相比，应具有转子电阻大和转动惯量小两个特点。目前应用较多的转子结构有两种形式：一种是采用高电阻率的导电材料做成的高电阻率导条的笼型转子，为了减小转子的转动惯量，转子做得细长；另一种是采用铝合金制成的空心杯形转子，杯壁很薄，仅0.2~0.3mm，为了减小磁路的磁阻，要在空心杯形转子内放置固定的内定子。空心杯形转子的转动惯量很小，反应迅速，而且运转平稳，因此被广泛采用。

交流伺服电动机在没有控制电压时，定子内只有励磁绕组产生的脉动磁场，转子静止不动。当有控制电压时，定子内便产生一个旋转磁场，转子沿旋转磁场的方向旋转，在负载恒定的情况下，电动机的转速随控制电压的大小而变化，当控制电压的相位相反时，伺服电动机将反转。

交流伺服电动机的工作原理与分相式单相异步电动机虽然相似，但前者的转子电阻比后者大得多。

伺服电动机与单相异步电动机相比，有三个显著特点：

① 起动转矩大。由于转子电阻大，转矩特性(机械特性)更接近于线性，而且具有较大的起动转矩。当定子一有控制电压，转子立即转动，即具有起动快、灵敏度高的特点。

② 运行范围较广。

③ 无自转现象。

④ 正常运转的伺服电动机，只要失去控制电压，电动机立即停止运转。

交流伺服电动机的输出功率一般是0.1~100W。当电源频率为50Hz时，电压有36V、110V、220V、380V；当电源频率为400Hz时，电压有20V、26V、36V、115V等多种。

交流伺服电动机运行平稳、噪声小，但控制特性是非线性，并且由于转子电阻大、损耗大、效率低，因此与同容量直流伺服电动机相比，体积大、重量重，所以只适用于0.5~100W的小功率控制系统。

2）伺服电动机和步进电动机的性能比较。

步进电动机用于开环控制系统时，和现代数字控制技术有着本质的联系。在目前国内的数字控制系统中，步进电动机的应用十分广泛。随着全数字式交流伺服系统的出现，交流伺服电动机也越来越多地应用于数字控制系统中。为了适应数字控制的发展趋势，运动控制系统中大多采用步进电动机或全数字式交流伺服电动机作为执行电动机。虽然两者在控制方式上相似(脉冲串和方向信号)，但在使用性能和应用场合上存在着较大的差异。现就二者的使用性能做一比较。

① 控制精度不同。两相混合式步进电动机的步距角一般为1.8°、0.9°，五相混合式步进电动机的步距角一般为0.72°、0.36°，也有一些高性能的步进电动机通过细分后步距角更小。如山洋公司(SANYODENKI)生产的二相混合式步进电动机其步距角可通过拨码开关设置为1.8°、0.9°、0.72°、0.36°、0.18°、0.09°、0.072°、0.036°，兼容了两相和五相混合式步进电动机的步距角。

交流伺服电动机的控制精度由电动机轴后端的旋转编码器保证。以山洋全数字式交流伺服电动机为例，对于带标准 2000 线编码器的电动机而言，由于驱动器内部采用了四倍频技术，其脉冲当量为 360°/8000 = 0.045°。对于带 17 位编码器的电动机而言，驱动器每接收 131072 个脉冲电动机转一圈，即其脉冲当量为 360°/131072 = 0.0027466°，是步距角为 1.8° 的步进电动机的脉冲当量的 1/655。

② 低频特性不同。步进电动机在低速时易出现低频振动现象。振动频率与负载情况和驱动器性能有关，一般认为振动频率为电动机空载起动频率的一半。这种由步进电动机的工作原理所决定的低频振动现象对于机器的正常运转非常不利。当步进电动机工作在低速时，一般应采用阻尼技术来克服低频振动现象，比如在电动机上加阻尼器，或驱动器上采用细分技术等。

交流伺服电动机运转非常平稳，即使在低速时也不会出现振动现象。交流伺服系统具有共振抑制功能，可涵盖机械的刚性不足，并且系统内部具有频率解析机能(FFT)，可检测出机械的共振点，便于系统调整。

③ 矩频特性不同。步进电动机的输出力矩随转速升高而下降，且在较高转速时会急剧下降，所以其最高工作转速一般为 300~600r/min。交流伺服电动机为恒力矩输出，即在其额定转速(一般为 2000r/min 或 3000r/min)以内，都能输出额定转矩，在额定转速以上为恒功率输出。

④ 过载能力不同。步进电动机一般不具有过载能力。交流伺服电动机具有较强的过载能力。以山洋交流伺服系统为例，它具有速度过载和转矩过载能力。其最大转矩为额定转矩的 2~3 倍，可用于克服惯性负载在起动瞬间的惯性力矩。步进电动机因为没有这种过载能力，在选型时为了克服这种惯性力矩，往往需要选取较大转矩的电动机，而机器在正常工作期间又不需要那么大的转矩，便出现了力矩浪费的现象。

⑤ 运行性能不同。步进电动机的控制为开环控制，起动频率过高或负载过大易出现丢步或堵转的现象，停止时转速过高易出现过冲的现象，所以为保证其控制精度，应处理好升、降速问题。交流伺服驱动系统为闭环控制，驱动器可直接对电动机编码器反馈信号进行采样，内部构成位置环和速度环，一般不会出现步进电动机的丢步或过冲的现象，控制性能更为可靠。

⑥ 速度响应性能不同。步进电动机从静止加速到工作转速(一般为每分钟几百转)需要 200~400ms。交流伺服系统的加速性能较好，以山洋 400W 交流伺服电动机为例，从静止加速到其额定转速 3000r/min 仅需几毫秒，可用于要求快速起停的控制场合。

综上所述，交流伺服系统在许多性能方面都优于步进电动机，但在一些要求不高的场合也经常用步进电动机来做执行电动机。所以，在控制系统的设计过程中要综合考虑控制要求、成本等多方面的因素，选用适当的控制电动机。

3）伺服电动机的选型计算方法。

① 转速和编码器分辨率的确认。

② 电动机轴上负载力矩的折算和加减速力矩的计算。

③ 计算负载惯量，惯量的匹配以安川伺服电动机为例，部分产品惯量匹配可达 50 倍，但实际越小越好，这样对精度和响应速度好。

④ 再生电阻的计算和选择，对于伺服电动机，一般在 2kW 以上，要另外配置再生电阻。

⑤ 电缆选择，编码器电缆采用双绞屏蔽电缆，对于安川伺服电动机等产品，绝对值编码器是 6 芯，增量式是 4 芯。

4）伺服电动机安装使用注意事项：

① 伺服电动机油和水的保护。

伺服电动机可以用在会受水或油滴侵袭的场所，但是它不是全防水或防油的。因此，伺服电动机不应当放置或使用在水中或油侵的环境中。

如果伺服电动机连接到一个减速齿轮，使用伺服电动机时应当加油封，以防止减速齿轮的油进入伺服电动机。

伺服电动机的电缆不要浸没在油或水中。

② 伺服电动机电缆用于减轻应力。

确保电缆不因外部弯曲力或自身重量而受到力矩或垂直负荷，尤其是在电缆出口处或连接处。在伺服电动机移动的情况下，应把电缆（就是随电动机配置的那根）牢固地固定到一个静止的部分（相对电动机），并且应当用一个装在电缆支座里的附加电缆来延长它，这样弯曲应力可以减到最小。电缆的弯头半径做到尽可能大。

③ 伺服电动机允许的轴端负载。

确保在安装和运转时加到伺服电动机轴上的径向和轴向负载控制在每种型号的规定值以内。

在安装一个刚性联轴器时要格外小心，特别是过度的弯曲负载可能导致轴端和轴承的损坏或磨损。最好用柔性联轴器，以便使径向负载低于允许值，此物是专为高机械强度的伺服电动机设计的。

关于允许轴负载，请参阅"允许的轴负荷表"（使用说明书）。

④ 伺服电动机安装注意事项。

在安装/拆卸耦合部件到伺服电动机轴端时，不要用锤子直接敲打轴端（锤子直接敲打轴端,伺服电动机轴另一端的编码器会被敲坏）。

尽量使轴端对齐到最佳状态（对不好可能导致振动或轴承损坏）。

5）直流伺服与交流伺服的区别。

直流伺服电动机分为有刷和无刷电动机。

有刷电动机成本低，结构简单，起动转矩大，调速范围宽，控制容易，需要维护，但维护方便（换电刷），产生电磁干扰，对环境有要求。因此它可以用于对成本敏感的普通工业和民用场合。

无刷电动机体积小，重量轻，出力大，响应快，速度高，惯量小，转动平滑，力矩稳定。它控制复杂，容易实现智能化，其电子换相方式灵活，可以方波换相或正弦波换相。电动机免维护，效率很高，运行温度低，电磁辐射很小，寿命长，可用于各种环境。

交流伺服电动机也是无刷电动机，分为同步和异步电动机，目前运动控制中一般都用同步电动机，它的功率范围大，可以做到很大的功率，惯量大，最高转动速度低，且随着功率增大而快速降低，因而适合用于低速平稳运行的应用中。

（3）单相交流电动机　单相交流电动机只有一个绕组，转子是笼型的。

工作原理：当单相正弦电流通过定子绕组时，电动机就会产生一个交变磁场，这个磁场的强弱和方向随时间做正弦规律变化，但在空间方位上是固定的，所以又称这个磁场是交变脉动磁场。这个交变脉动磁场可分解为两个转速相同、旋转方向相反的旋转磁场，当转子静止时，这两个旋转磁场在转子中产生两个大小相等、方向相反的转矩，使得合成转矩为零，所以电动机无法旋转。当我们用外力使电动机向某一方向旋转时（如顺时针方向旋转），这时转子与顺时针旋转方向的旋转磁场间的切割磁力线运动变小，转子与逆时针旋转方向的旋转磁场间的切割磁力线运动变大。这样平衡就打破了，转子所产生的总的电磁转矩将不再是零，转子将顺着推动方向旋转起来。

要使单相电动机能自动旋转起来，可在定子中加上一个起动绕组，起动绕组与主绕组在空间上相差90°，起动绕组要串接一个合适的电容，使得与主绕组的电流在相位上近似相差90°，即所谓的分相原理。这样两个在时间上相差90°的电流通入两个在空间上相差90°的绕组，将会在空间上产生(两相)旋转磁场，在这个旋转磁场作用下，转子就能自动起动，起动后，待转速升到一定时，借助于一个安装在转子上的离心开关或其他自动控制装置将起动绕组断开，正常工作时只有主绕组工作。因此，起动绕组可以做成短时工作方式。但有很多时候，起动绕组并不断开，称这种电动机为电容式单相电动机，要改变这种电动机的转向，可通过改变电容串接的位置来实现。

单相交流电动机在工业应用中常使用电子调速器调速，常为220V控制。图2-4是单相交流电动机与调速器。

图2-4　单相交流电动机与调速器

(4) 三相异步电动机　三相异步电动机转子的转速低于旋转磁场的转速，转子绕组因与磁场间存在着相对运动而感应电动势和电流，并与磁场相互作用产生电磁转矩，实现能量变换。与单相异步电动机相比，三相异步电动机运行性能好，并可节省各种材料。按转子结构的不同，三相异步电动机可分为笼型和绕线转子两种。笼型转子的异步电动机结构简单、运行可靠、重量轻、价格便宜，得到了广泛的应用，其主要缺点是调速困难。绕线转子三相异步电动机的转子和定子一样也设置了三相绕组并通过集电环、电刷与外部变阻器连接。调节变阻器电阻可以改善电动机的起动性能和调节电动机的转速。三相异步电动机在工业应用中常选用变频器调速，常为220V控制。图2-5是三相异步电动机与变频器。

(5) 直流电机　输出或输入为直流电能的旋转电机，称为直流电机，它是能实现直流电能和机械能互相转换的电机。当它作电动机运行时是直流电动机，将电能转换为机械能；作发电机运行时是直流发电机，将机械能转换为电能。图2-6是直流电机与调速器。

图2-5　三相异步电动机与变频器　　图2-6　直流电机与调速器

直流电机由定子和转子两大部分组成。直流电动机运行时静止不动的部分称为定子，定子的主要作用是产生磁场，由机座、主磁极、换向极、端盖、轴承和电刷装置等组成。运行时转动的部分称为转子，其主要作用是产生电磁转矩和感应电动势，是直流电动机进行能量转换的枢纽，所以通常又称为电枢，由转轴、电枢铁心、电枢绕组、换向器和风扇等组成。

一台直流电机原则上既可以作为电动机运行，也可以作为发电机运行，这种原理在电机理论中称为可逆原理。当原动机驱动电枢绕组在主磁极 N、S 之间旋转时，电枢绕组上感应出电动势，经电刷、换向器装置整流为直流后，引向外部负载(或电网)，对外供电，此时电机作直流发电机运行。如用外部直流电源，经电刷换向器装置将直流电流引向电枢绕组，则此电流与主磁极 N、S 产生的磁场互相作用，产生转矩，驱动转子与连接于其上的机械负载工作，此时电机作直流电机运行。

直流电机一般不调速，也可应用电子调速盒调速，但安装与单相交流电机相比起来，比较困难。它常为 24V 控制。

(6) 机器人产品设计时电动机选取需注意的参数　机器人产品设计时电动机选取需注意的参数有：外形、功率、转矩、转速、转动惯量、轴端、电流、安装方式、制动、重量。

2. 气动技术

(1) 典型气动技术　气动技术是利用压缩空气以气动设备驱动执行机构提供机械能量的综合系统。第二次世界大战至 20 世纪 60 年代中叶，纯气动技术有了很大发展，是工业界应用最广泛的传动和控制技术。

气动技术是将电能(或热能)转换成机械能，经气压产生机构(空气压缩机)转换成压力能，借助各种控制阀(压力、流量、方向控制阀等)将压力能传送到气压引动机构(气压驱动器)。

气动系统具有经济、安全可靠、便于操作等特点。利用气动技术，可提高劳动生产率，提高产品质量，改善劳动条件。随着工业自动化的高速发展，气动技术也变得越来越重要。

(2)气动系统各元件的特点　气动系统简而言之就是靠压缩空气来推动气缸运动进而带动元件运动。整个系统的基本组成包括空气压缩机(气泵)、油水分离器(俗称二联件)、电磁阀、气缸、各种辅助元件等几大要素组成，最终气缸连接执行结构，产生所需的运动。所有元件都需要快插接头，用以连接气管。

下面分别介绍各元件的特点。

1) 空气压缩机。

空气压缩机的工作原理一方面是发动机通过驱动空气压缩机曲轴，从而驱动活塞进行打气，打出的气体通过管线导入储气筒。另一方面储气筒又通过一根气管线将储气筒内的气体导入固定在空气压缩机上的调压阀内，从而控制储气筒内的气压。当储气筒内的气压未达到调压阀调定的压力时，从储气筒内进入调压阀的气体不能顶开调压阀阀门；当储气筒内的气压达到调压阀调定的压力时，从储气筒内进入调压阀的气体顶开调压阀阀门，进入空气压缩机内与调压阀相通的气道，并通过气道控制空气压缩机的进气口常开，从而使空气压缩机空负荷运转，达到减少动力损耗，保护空气压缩机的目的。当储气筒内的气压因损耗而低于调压阀调定的压力时，调压阀内的阀门由回位弹簧将其回位，断开空气压缩机的控制气路，空气压缩机又重新开始打气。

空气压缩机本身不论运输还是放置，倾斜角度都不能大于 45°，否则会发生漏油，造成空气压缩机损坏。空气压缩机体上有油标观察处，无论什么时候油量都必须在中间之上。用户使用一段时间后要经常观察，如果低于中间，需要自行购买空气压缩机用 20 号机油，从空气压缩机上方两个进气口处之一灌入即可。图 2-7 是空气压缩机。

2) 油水分离器。

它是过滤压缩空气中水、油和空气杂质的元件，还有调节压缩空气压力值的功能，因为空气压缩机本身一般全开为 8 个大气压(1 个大气压$\approx 10^5$Pa)，执行机构多数情况在 3~5 个大气压就足够使用，用油水分离器来控制，因此，油水分离器气管连接时就跟在空气压缩机的后面。气管连接时，油水分离器上有箭头指示，表示气路的走向，用户根据提示连接即可。图 2-8 是油水分离器。

图 2-7　空气压缩机

图 2-8　油水分离器

3）电磁阀。

一般都是直流 24V 或交流 220V 控制，控制通断来调整气流的走向。因其开关特性，工业上常用 PLC 进行顺序控制。当末端为多个执行气缸机构时，为了节省空间和资源，可以将多个电磁阀通过汇流板连接在一起，汇流板只有一个进气口就可以为所有连接的电磁阀供气。

除了一进一出电磁阀外，其余多路多通电磁阀上都有手动开关按钮，可以用手按进按钮，检查气路连接正确与否。一般情况下，电磁阀紧跟在油水分离器后面连接。图 2-9 是电磁阀。

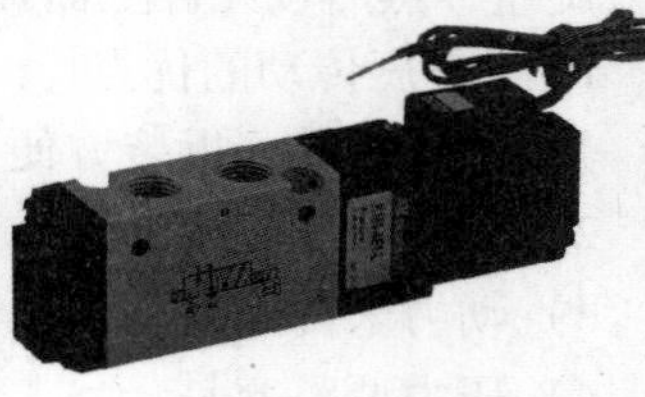

图 2-9　电磁阀

4）气缸。

它也是气动系统的执行机构，包括普通气缸、无杆气缸、导杆气缸、夹紧气缸、手爪气缸、摆动气缸和微型气缸等基本类型，如图 2-10 所示。

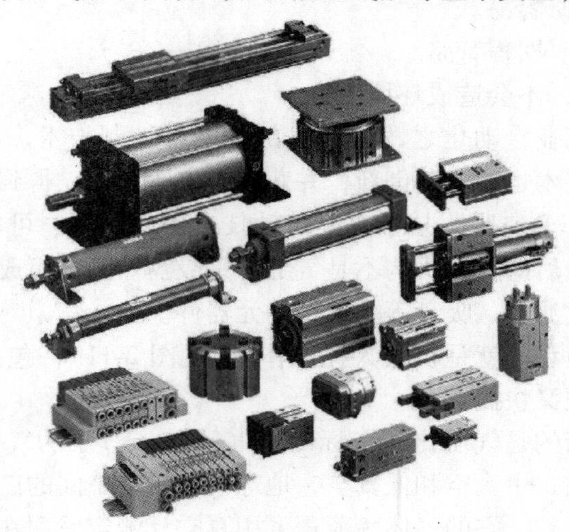

图 2-10　气缸

气缸体上一般都装有磁性开关，用以控制气缸轴的运动范围，也就是说，气缸轴到达磁性开关处停止。

气缸的选取一个是根据应用的场合和尺寸范围，还有一个重要的参数就是力，比如夹紧气缸的夹紧力、手爪气缸的夹紧力等。根据实际工件的尺寸重量都需要适合的气缸，一般在样本中可以由参数表对照即可。

5）气动辅助元件。

除以上四大块外，还有各种快插接头、三通及多通、防静电气管等多种气动元件。

（3）气动系统容易出现的问题　某些情况下，控制电磁阀气爪无动作，需检查以下方面：

1）电磁阀。当通电控制时，电磁阀会发出咔的声响，表示正常，或者拔出出口气管检查压缩空气是否流出。流出为正常，不流出无声音代表损坏，换上相同类型产品即可。

2）空气压缩机。空气压缩机损坏大多数情况就是因为缺少机油，造成过热损坏，所以检查的同时，也要经常注意。

3）气缸。使用过程中应防止碰撞，以免造成气缸轴变形，难以伸缩自如。

4）漏气。因为一套气动系统有很多辅件，包括各种快插接头等，如果接头没有拧紧，会发生漏气，造成气压不足，无法实现运动。

5）油水分离器。打开空气压缩机，需要调节油水分离器到所需压力，方法是向上拉开调节旋钮，然后按元件上面提示的方向转动，增大或者减小气压。

（4）气压传动的优点

1）构造简单，拆装方便。

2）没有爆炸危险。

3）动力来源方便，输送容易，储存简单。

4）压力调整容易。

5）速度较快，且容易调整。

6）操作温度较广，无超载危险。

7）坚固，轻便，维修容易。

8）行程可调整，不需回程管路。

9）清洁及保养方便，不会造成环境污染。

气动技术是被誉为工业自动化之“肌肉”的传动与控制技术，在加工制造业领域越来越受到人们重视。气动技术也在不断创新，并获得了广泛应用，得到了前所未有的发展。

（5）真空吸附技术　真空吸附技术也是气动技术中的一种，可以认为是普通典型气动系统的反作用，只不过最后的执行机构不是气缸而是吸盘。基本组成包括空气压缩机、真空发生器、电磁阀、真空过滤器、吸盘等基本气动元器件。

目前工业上应用最典型的就是机器人抓取作业（见图 2-11），包括纸箱等柔软物质的抓取，采用真空吸附既方便又快捷。

工业意义上的真空指的是气压比一个标准大气压（1atm）小的气体空间，是指稀薄的气体状态，又可分为高真空、中真空和低真空，地球以及星球中间的广大太空就是真空。一般可用特制的抽气机得到真空。它的气体稀薄程度用真空计测定，现在已能用分子抽气机和扩散抽气机得到 1/1011atm 的高真空。真空在科学技术、电真空仪器、电子管和其他电子仪器方面，都有很大用途。

真空吸附系统是在工业生产过程中不断发展得来的，当某些无抓手、易碎、易变形的工件搬运困难，难以用传统的夹持系统来操作时，在自动控制系统中，就应用了真空吸附系统。一套简单的真空吸附系统通常包括普通静音空气压缩机、电磁阀、真空发生器、真空过滤器、真空吸盘等元件，并按此顺序连接，其中真空吸附系统中，普通空气压缩机和真空发生器还可以用真空泵来代替。此外复杂系统还包括真空鼓风机、真空开关等元件。

下面具体介绍主要元件：

1）真空吸盘。用于直接吸附工件，真空吸盘(或真空夹具)能吸附在工件上的原因是由于环境压力(大气压力)大于吸盘与工件之间的压力，将吸盘与真空发生装置连接，吸盘内部空间的空气被抽去，当吸盘接触到工件时，大气和吸盘之间形成了密封，吸气大小与大气压和吸盘内部空间的压力差成正比。吸盘通常用于物体、零件、包装材料等被提起、传输、翻转或进行其他处理的场合。它常作为工件和真空发生器之间的“连接件”。图 2-12 是真空吸盘。

图 2-11　机器人真空吸附抓取作业

图 2-12　真空吸盘

真空吸盘是真空搬运系统的一种基本附件，通常由耐油橡胶、天然橡胶、硅橡胶、特殊化合物橡胶等材料制作。在一个系统设计开始，一定要确定如下的一些问题，之后才能进行正确的计算和选择：

① 工件的重量和尺寸是多少？

② 工件的表面状况如何(粗糙、网格状、光滑)？

③ 工件表面清洁吗？达到什么程度？

④ 工件的最高温度是多少？

⑤ 需要精确放置工件吗？

⑥ 工作周期是多长？

⑦ 搬运时最大速度是多少？

⑧ 搬运方式如何(移动、旋转、翻转)？

⑨ 会有哪些环境影响？

确定所有问题后，使用下列公式计算吸盘的吸力：吸力 = 吸盘面积×气压/安全系数。

一般在厂家提供的选件样本中，各种参数已经列表给出，只要明确以上问题，就可轻松选择，不需要计算。但在某些特殊场合(如垂直吸取物体、物体透气、搬运纸箱类等)，要提高安全系数。

2）真空过滤器。原理基本同油水分离器一样，但无调节压力作用，滤芯孔径为 80～100μm，螺纹连接口径为 1/8～3/4in（1in＝25.4mm），公称流量为标准状态下 100～2890L/min，材料为 PE 和不锈钢，尺寸范围广，保护真空发生装置免受灰尘损坏，滤芯可清洗和更换。图 2-13 是真空过滤器。

3）真空发生器。真空发生器产生真空的原理和传统真空泵是不一样的。它是让压缩空气在泵体内形成高速气流。气体的流动速度越高，当地的气体压力就越低（从伯努利方程可以得出），因此它也就具有越强的抽吸能力。真空发生器就是利用这种原理制成的。在同等真空抽气量的情况下，真空发生器体积小，基本不用维护，实现了真正的无油，是一种既可靠效率又高的真空泵。真空发生器分单级真空发生器和多级真空发生器两类，在消耗相同压缩空气的条件下，多级真空发生器在标准大气下的真空抽气量一般是单级真空发生器的好几倍，因此，多级真空发生器是真正高效率的真空泵。真空发生器的使用环境要求很简单，只要有压缩空气源，就可以使用真空发生器。图 2-14 是真空发生器。

4）真空泵。真空泵可以以低真空流量或低真空抽吸量提供高真空度。它们经常用以处理不透气工件。有各种类型的真空泵：干式真空泵、油润式真空泵、水环式真空泵，干式真空泵和水环式真空泵很少需要维护。另外，干式真空泵可依任何需要的方向安装，而油润式真空泵和水环式真空泵只能以水平方向安装。油润式真空泵需要经常维护，但是它可产生高达−0.98bar（1bar＝10^5Pa）的真空度。真空泵通常应用在如下场合：

人工真空搬运工具，包装机器和真空夹具设备。图 2-15 是真空泵。

图 2-13　真空过滤器

图 2-14　真空发生器

图 2-15　真空泵

5）真空鼓风机。与真空泵相反，真空鼓风机以高真空流量和高抽吸量产生低真空度。它们适合于操作透气工件，真空鼓风机也被称作“侧槽压缩机”，以“动力学”原理运作，齿轮的动能转移到空气中产生压力。真空鼓风机常用在如下场合：短时间内压缩大量空气、处理透气工件，例如袋状物、纸板箱和纸板。图 2-16 是真空鼓风机。

6）真空开关。真空开关有多种形式：机械式、气动式和电子式。对机械式和气动式真空开关来说，它们的横膈膜根据不同的真空水平起作用，从而使机械开关或阀动作；对电子式真空开关而言，其压阻传感器可测量真空度的高低，并转变成电信号。模拟电信号随真空度的增加而增加。图 2-17 是真空开关。

真空开关用来监测和控制过程，所有的真空开关都能调节起动值。一些型号的真空开关也可以调整转换滞后。

电子式真空开关、气动式真空开关和机械式真空开关的区别如下：

图 2-16　真空鼓风机

图 2-17　真空开关

电子式真空开关适用于那些需要高转换精度、重复性强、高转换频率及高使用寿命的场合。

电子式真空开关还具有小尺寸、可灵活地连续调整磁滞现象和多路切换点的优点。诸如VS-V-P-PNP 等类型的开关还能提供真空值的数值显示和两种独立设计的切换点。

气动式真空开关主要用于小发生器的直接转换或者完全监控气压过程的场合。此类开关的主要优点在于其内部的压力值可直接由真空开关的开合来控制。这意味着无需电力连接，降低了安装成本。

机械式真空开关主要用于对基本功能可靠性和开关设计的坚固性要求高于准确性和其他附加功能的场合。典型的应用场合是对安全要求很高的简单操作设备。真空度是由配有固定磁滞现象的真空开关来监控的。

3. 液压

液压优点是功率大，可省去减速装置而直接与被驱动的杆件相连，结构紧凑，刚度好，响应快，伺服驱动具有较高的精度。但需要增设液压源，易产生液体泄漏，不适合高、低温场合，故液压驱动目前多用于特大功率的机器人系统。

（1）液压系统的组成　一个完整的液压系统由五个部分组成，即动力元件、执行元件、控制元件、辅助元件和液压油。

1）动力元件。作用是将原动机的机械能转换成液体的压力能，指液压系统中的油泵，它向整个液压系统提供动力。

2）执行元件。作用是将液体的压力能转换为机械能(如液压缸和液压马达)，驱动负载做直线往复运动或回转运动。

3）控制元件，即各种液压阀，在液压系统中控制和调节液体的压力、流量和方向。

根据控制功能的不同，液压阀可分为压力控制阀、流量控制阀和方向控制阀。

根据控制方式的不同，液压阀可分为开关式控制阀、定值控制阀和比例控制阀。

4）辅助元件，指油箱、油管、管接头、密封圈、压力表等元件。

5）液压油。它是液压系统中传递能量的工作介质，有各种矿物油、乳化液和合成型液压油等几大类。

（2）液压元件

1）泵：齿轮泵、叶片泵、柱塞泵、螺杆泵等。

2）缸：液压缸、活塞液压缸、柱塞液压缸、摆动液压缸、组合液压缸。图 2-18 是液压缸。

3）马达：齿轮式液压马达、叶片液压马达、柱塞液压马达。图 2-19 是液压马达。

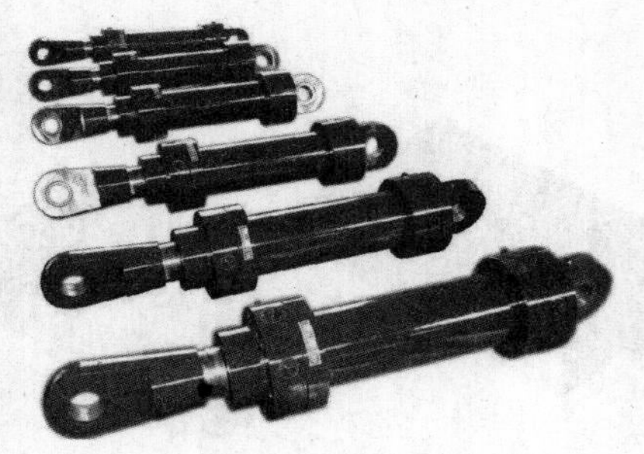

图 2-18　液压缸

图 2-19　液压马达

4）方向控制阀：单向阀、液控单向阀、梭阀、换向阀等。图 2-20 是方向控制阀。

5）压力控制阀：溢流阀、减压阀、顺序阀、压力继电器等。图 2-21 是压力控制阀。

6）流量控制阀：节流阀、调速阀、分流阀。图 2-22 是流量控制阀。

图 2-20　方向控制阀

图 2-21　压力控制阀

图 2-22　流量控制阀

7）辅助元件：油器、过滤器、冷却器、加热器、油管、管接头、油箱、压力计、流量计、油位油温计及密封装置等。

（3）液压阀　它是一种用压力油操作的自动化元件，受配压阀压力油的控制，通常与电磁配压阀组合使用，可用于远距离控制水电站油、气、水管路系统的通断。

液压阀用于降低并稳定系统中某一支路的油液压力，常用于夹紧、控制、润滑等油路。它有直动型与先导型之分，多用先导型。

（4）液压管接头的分类　它分为液压软管、高压球阀、意图奇的快速接头、卡套式管接头、焊接式管接头、高压软管。

（5）液压的原理　液压机是由两个大小不同的液缸组成的，在液缸里充满水或油。充水的叫“水压机”；充油的称“油压机”。两个液缸里各有一个可以滑动的活塞，如果在小活塞上加一定值的压力，根据帕斯卡定律，小活塞将这一压力通过液体的压力传递给大活塞，将大活塞顶上去。设小活塞的横截面积是 S_1，加在小活塞上的向下的压力是 F_1。于是，小活塞对液体的压强为 $P=F_1/S_1$，能够大小不变地被液体向各个方向传递，大活塞所受到的压强必然也等于 P。若大活塞的横截面积是 S_2，压强 P 在大活塞上所产生的向上的压力 $F_2=PS_2$，截面积是小活塞横截面积的倍数。由此可知，在小活塞上加一较小的力，则在大活塞上会得到很大的力。

（6）液压的优点　液压传动与机械传动和电气传动相比，具有以下优点：

1）液压传动的各种元件，可以根据需要方便、灵活地来布置。

2）运动惯性小、反应速度快。

3）操纵控制方便，可实现大范围的无级调速(调速范围达 2000：1)。

4）可自动实现过载保护。

5）一般采用矿物油作为工作介质，相对运动面可自行润滑，使用寿命长。

6）很容易实现直线运动。

7）很容易实现机器的自动化，当采用电液联合控制后，不仅可实现更高程度的自动控制过程，而且可以实现遥控。

（7）液压的缺点

1）由于流体流动的阻力和泄漏量较大，所以效率较低。如果处理不当，泄漏不仅污染场地，而且还可能引起火灾和爆炸事故。

2）由于工作性能易受到温度变化的影响，因此不宜在很高或很低的温度条件下工作。

3）液压元件的制造精度要求较高，因而价格较贵。

4）由于液体介质的泄漏及可压缩性影响，不能得到严格的传动比。

（8）液压系统的三大顽疾及解决办法

1）发热。由于传力介质(液压油)在流动过程中存在各部位流速的不同，导致液体内部存在一定的内摩擦，同时液体和管路内壁之间也存在摩擦，这些都是导致液压油温度升高的原因。温度升高将导致内外泄漏增大，降低其机械效率。同时由于较高的温度，液压油会发生膨胀，导致压缩性增大，使控制动作无法很好地传递。

解决办法：发热是液压系统的固有特征，无法根除只能尽量减轻。使用质量好的液压油、液压管路的布置中应尽量避免弯头的出现，使用高质量的管路以及管接头、液压阀等。

2）振动。液压系统的振动也是其痼疾之一。由于液压油在管路中的高速流动而产生的冲击以及控制阀打开关闭过程中产生的冲击都是系统发生振动的原因。强的振动会导致系统控制动作发生错误，也会使系统中一些较为精密的仪器发生错误，导致系统故障。

解决办法：液压管路应尽量固定，避免出现急弯。避免频繁改变液流方向，无法避免时应做好减振措施。整个液压系统应有良好的减振措施，同时还要避免外来振源对系统的影响。

3）泄漏。液压系统的泄漏分为内泄漏和外泄漏。内泄漏指泄漏过程发生在系统内部，例如液压缸活塞两边的泄漏、控制阀阀芯与阀体之间的泄漏等。内泄漏虽然不会产生液压油的损失，但是由于发生泄漏，既定的控制动作可能会受到影响，直至引起系统故障。外泄漏是指发生在系统和外部环境之间的泄漏。液压油直接泄漏到环境中，除了会影响系统的工作环境外，还会导致系统压力不够引发故障。泄漏到环境中的液压油还有发生火灾的危险。

解决办法：采用质量较好的密封件，提高设备的加工精度。

二、减速器

减速器一般用于低转速大扭矩的传动设备，如电动机。内燃机或其他高速运转的动力通过减速器的输入轴上的齿数少的齿轮啮合输出轴上的大齿轮来达到减速的目的，普通的减速器也会由几对相同原理的齿轮达到理想的减速效果，大小齿轮的齿数之比，就是减速比。减速器是一种动力传递机构，利用齿轮的速度转换器，将电动机的回转数减速到所要的回转数，并得到较大转矩。

1. 减速器的作用

1）降速同时提高输出扭矩，输出扭矩等于电动机输出扭矩乘以减速比，但要注意不能超出减速器额定扭矩。

2）降速的同时降低了负载的惯量，惯量的减少为减速比的二次方。

2. 减速器的种类

减速器种类较多，常见的种类如下：

（1）蜗轮蜗杆减速器　其主要特点是具有反向自锁功能，可以有较大的减速比（简称速比），输入轴和输出轴不在同一轴线上，也不在同一平面上。但是一般体积较大，传动效率不高，精度不高。

（2）行星减速器　其优点是结构比较紧凑，回程间隙小、精度较高，使用寿命很长，额定输出扭矩可以做的很大，但价格略贵。

（3）谐波减速器　谐波传动是利用柔性元件可控的弹性变形来传递运动和动力的，体积不大、精度很高，但缺点是柔性元件寿命有限，不耐冲击，刚性与金属件相比较差，输入转速不能太高。

3. 蜗轮蜗杆减速器

蜗轮蜗杆减速器常用于机器人旋转关节与大型码垛机器人等机电设备关节自由度减速驱动中。图 2-23 是蜗轮蜗杆减速器内部结构示意图。

图 2-23　蜗轮蜗杆减速器内部结构示意图

（1）蜗轮蜗杆减速器的优点　结构紧凑、安装方便、传动比大，在一定条件下具有自锁功能。

它是在蜗轮蜗杆减速器输入端加装一个斜齿轮减速器，构成的多级减速器。它可获得非常低的输出速度，比单级蜗轮减速器具有更高的效率，而且振动小、噪声低。

（2）常见问题及原因

1）减速器发热和漏油。为了提高效率，蜗轮减速器一般均采用有色金属做蜗轮，蜗杆则采用较硬的钢材。由于是滑动摩擦传动，运行中会产生较多的热量，使减速器各零件和密封之间热膨胀产生差异，从而在各配合面之间形成间隙，润滑油液由于温度的升高变稀，易造成泄漏。

造成这种情况的原因主要有四点：一是材质的搭配不合理；二是啮合摩擦面表面的质量差；三是润滑油添加量的选择不正确；四是装配质量和使用环境差。

2）蜗轮磨损。蜗轮一般采用锡青铜，配对的蜗杆材料用45钢淬硬至45～50HRC或40Cr淬硬至50～55HRC后，经蜗杆磨床磨削至粗糙度Ra为0.8μm。减速器正常运行时磨损很慢，某些减速器可以使用10年以上。如果磨损速度较快，就要考虑选型是否正确，是否超负荷运行，以及蜗轮蜗杆的材质、装配质量或使用环境等原因。

3）斜齿轮磨损。一般发生在立式安装的减速器上，主要与润滑油的添加量和油品种有关。立式安装时，很容易造成润滑油量不足，减速器停止运转时，电动机和减速器间传动齿轮油流失，齿轮得不到应有的润滑保护。减速器起动时，齿轮由于得不到有效润滑导致机械磨损甚至损坏。

4）蜗杆轴承损坏。发生故障时，即使减速箱密封良好，还是经常发现减速器内的齿轮油被乳化，轴承生锈、腐蚀、损坏。这是因为减速器在运行一段时间后，齿轮油温度升高又冷却后产生的凝结水与油混合。当然，也与轴承质量及装配工艺密切相关。

（3）保养方法

1）保证装配质量。可购买或自制一些专用工具，拆卸和安装减速器部件时，尽量避免用锤子等其他工具敲击；更换齿轮、蜗轮蜗杆时，尽量选用原厂配件和成对更换；装配输出轴时，要注意公差配合；要使用防粘剂或红丹油保护空心轴，防止磨损生锈或配合面积垢，维修时难拆卸。

2）润滑油和添加剂的选用。蜗齿减速器一般选用220#齿轮油，对重负荷、起动频繁、使用环境较差的减速器，可选用一些润滑油添加剂，使减速器在停止运转时齿轮油依然附着在齿轮表面，形成保护膜，防止重负荷、低速、高转矩和起动时金属间的直接接触。添加剂中含有密封圈调节剂和抗漏剂，使密封圈保持柔软和弹性，有效减少润滑油泄漏。

3）减速器安装位置的选择。位置允许的情况下，尽量不采用立式安装。立式安装时，润滑油的添加量要比水平安装时多很多，易造成减速器发热和漏油。

4）建立润滑维护制度。可根据润滑工作原则对减速器进行维护，做到每一台减速器都有责任人定期检查，发现温升明显，超过40℃或油温超过80℃，油的质量下降或油中发现较多的铜粉以及产生不正常的噪声等现象时，要立即停止使用，及时检修，排除故障，更换润滑油。加油时，要注意油量，保证减速器得到正确的润滑。

4. 行星减速器

行星减速器的主要传动结构为行星轮、太阳轮、外齿圈。它是三个行星轮围绕一个太阳轮旋转的减速器，其外形与内部结构示意图如图2-24所示。

图2-24　行星减速器的外形与内部结构示意图

行星减速器在机器人领域应用最为广泛，也是机电一体化设备中最常用的减速器。

行星减速器因为结构原因，一级减速器，最大速比可做到10；二级减速器，最大速比可做到64；三级减速器，最大速比可做到512。行星减速器更大的减速比，可按客户要求做到四级、五级甚至更多级。

相对其他减速器，行星减速器具有高刚性、高精度(单级可做到1分以内)、高传动效率、高的扭矩/体积比、终身免维护等特点。

(1) 特点

1) 重量轻、体积小，与常用圆柱齿轮减速器相比，重量减轻1/2以上，体积可以缩小1/3~1/2。

2) 传动效率高，单级传动效率达0.9，二级达0.94，三级达0.91。

3) 传动功率范围大，达到1kW~1300W。

4) 采用硬齿面技术，使用寿命长，使用性广。

(2) 使用条件

1) 高速轴最高转速不超过1500r/min。

2) 齿轮圆周速度不超过10m/s。

3) 工作环境温度为-40~45℃。

4) 可正反两方向运转。

因为这些特点，行星减速器多数是安装在步进电动机和伺服电动机上，用来降低转速，提升扭矩，匹配惯量。

工作温度一般为-25~100℃，通过改变润滑脂可改变其工作温度。

(3) 关于行星减速器的几个概念

1) 级数：行星齿轮的套数。由于一套行星齿轮无法满足较大的传动比，有时需要2套或者3套来满足用户较大的传动比的要求。由于增加了行星齿轮的数量，所以二级或三级减速器的长度会有所增加，效率会有所下降。

2) 回程间隙：将输出端固定，输入端顺时针和逆时针方向旋转，使输入端产生额定扭矩的(1±2%)时，减速器输入端有一个微小的角位移，此角位移就是回程间隙。单位是“分”，就是一度的六十分之一，也有人称之为背隙。

5. 谐波减速器

(1)谐波减速器的内部结构　谐波齿轮传动由三个基本构件组成，如图2-25所示。

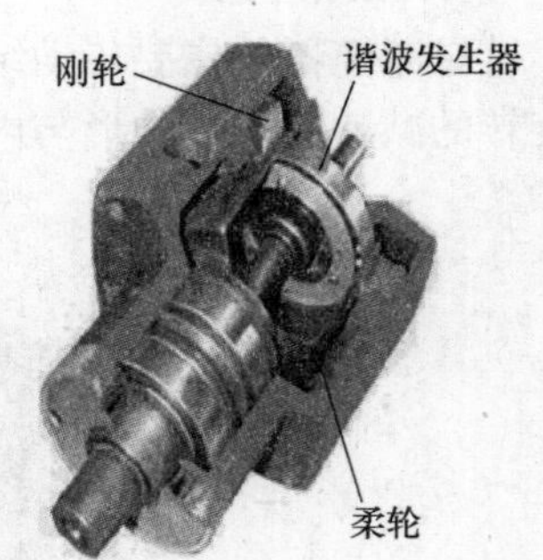

图2-25　谐波减速器内部结构

1) 谐波发生器(简称波发生器)。它由凸轮(通常为椭圆形)及薄壁轴承组成，随着凸轮转动，薄壁轴承的外环做椭圆形变形运动(弹性范围内)。

2) 刚轮。刚性的内齿轮。

3) 柔轮。薄壳形元件，具有弹性的外齿轮。

以上三个构件可以任意固定一个，成为减速传动及增速传动；或者发生器、刚轮主动，柔轮从动，成为差动机构(即转动的代数合成)。

谐波齿轮传动工作过程示意图如图2-26所示，当波发生器为主动时，凸轮在柔轮内转动，使长轴附近柔轮及薄壁轴承发生变形(可控的弹性变形)，这时柔轮的齿就在变形的过程中进入(啮合)或退出(啮出)刚轮的齿间，在波发生器的长轴处处于完全啮合，而短轴方向的齿就处于完全的脱开状态。

波发生器通常为椭圆形的凸轮，凸轮位于薄壁轴承内。薄壁轴承装在柔轮内，此时柔轮由原来的圆形而变成椭圆形，椭圆长轴两端的柔轮与与之配合的刚轮齿则处于完全啮合状态，即柔轮的外齿与刚轮的内齿沿齿高啮合。这使啮合区一般有 30%左右的齿处在啮合状态；椭圆短轴两端的柔轮齿与刚轮齿处于完全脱开状态，简称脱开；在波发生器长轴和短轴之间的柔轮齿，沿柔轮周长的不同区段内，有的逐渐退出刚轮齿间，处在半脱开状态，称之为啮出；有的逐渐进入刚轮齿间，处在半啮合状态，称之为啮入。

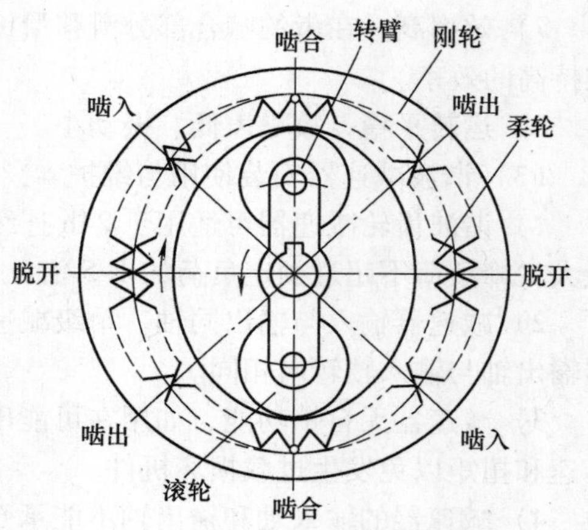

图 2-26　谐波齿轮传动工作过程示意图

波发生器在柔轮内转动时，迫使柔轮产生连续的弹性变形，此时波发生器的连续转动，就使柔轮齿的啮入—啮合—啮出—脱开这四种状态循环往复不断地改变各自原来的啮合状态。这种现象称之为错齿运动，正是这一错齿运动，使减速器可以将输入的高速转动变为输出的低速转动。

对于双波发生器的谐波齿轮传动，当波发生器顺时针转动 1/8 周时，柔轮齿与刚轮齿就由原来的啮入状态而变成啮合状态，而原来脱开状态就成为啮入状态。同样道理，啮出变为脱开，啮合变为啮出，这样柔轮相对刚轮转动(角位移)了 1/4 齿；同理，波发生器再转动 1/8 周时，重复上述过程，这时柔轮位移一个齿距。依此类推，波发生器相对刚轮转动一周时，柔轮相对刚轮的位移为两个齿距。

柔轮齿和刚轮齿在节圆处的啮合过程就如同两个纯滚动(无滑动)的圆环一样，两者在任何瞬间，在节圆上转过的弧长必须相等。由于柔轮比刚轮在节圆周长上少了两个齿距，所以柔轮在啮合过程中，就必须相对刚轮转过两个齿距的角位移，这个角位移正是减速器输出轴的转动，从而实现了减速的目的。

波发生器的连续转动，迫使柔轮上的一点不断地改变位置，这时在柔轮的节圆的任一点，随着波发生器角位移的过程，形成一个上下左右相对称的和谐波，故称之为“谐波”。

(2) 谐波齿轮传动的特点

1) 传动比大，单级传动比为 70~320。

2) 侧隙小。由于其啮合原理不同于一般齿轮传动，侧隙很小，甚至可以实现无侧隙传动。

3) 精度高。同时啮合齿数达到总齿数的 20%左右，在相差 180°的两个对称方向上同时啮合，因此误差被平均化，从而达到高运动精度。

4) 零件数少、安装方便。仅有三个基本部件，且输入轴与输出轴为同轴线，因此结构简单，安装方便。

5) 体积小、重量轻。与一般减速器比较，输出力矩相同时，通常其体积可减小 2/3，重量可减小 1/2。

6）承载能力大。因同时啮合齿数多，柔轮又采用了高疲劳强度的特殊钢材从而获得了高的承载能力。

7）效率高。在齿的啮合部分滑移量极小，摩擦损失少。即使在高减速比情况下，还能维持高的效率。

8）运转平稳，故噪声低、振动小。

（3）谐波减速器安装使用与维护

1）谐波齿轮减速器可适用于24h连续工作，可正反两个方向运转。起动或运转中短时最大尖峰负荷不超过额定负荷的1.5倍。

2）减速器输入与输出同轴。单级减速器输出轴与输入轴转向相反，内啮合复波式减速器输出轴与输入轴转向相同。

3）减速器无自锁功能，如用在可能出现逆旋转—增速时的场合必须严格限制低速轴的转速和扭矩以免发生过载损坏机件。

4）减速器的输入轴和输出轴不能承受较大的轴向力和径向力，当使用在有较大轴向力和径向力的场合时应采取适当措施。

5）与本减速器配套的传动装置采用联轴器连接时同轴度不得超过联轴器允许的范围。

6）当使用V带轮进行传动时，V带安装不能过紧以免造成轴承损坏。

7）当使用链轮进行传动时链轮安装不得过松，否则在起动时会产生冲击。

8）在减速器输入轴、输出轴上安装联轴器、齿轮、链轮、带轮等传动件时不允许直接用铁锤敲击，可用木锤、橡胶锤、纯铜、铅块等轻轻打入，也可利用轴端螺栓通过压板压入。

9）减速器安装使用时，必须注入润滑油(脂润滑除外)，油位高度以油标显示部位为准。在正常情况下润滑油可采用20号机油。

10）各系列谐波减速器中，25~80机型均采用00号半流体润滑脂(出厂时已加好)，100~250机型均采用20号机油或黏度相当、润滑更好的润滑油。

11）减速器在正常工作情况下第一次工作500h需更换新润滑油，以后可每工作3000~4000h更换一次，若工作在高温、多尘、有害气体及潮湿的恶劣条件下，则要适当缩短润滑油更换周期。

（4）谐波组件的安装与使用

1）以XB3型谐波齿轮为例，它是由柔轮、输入刚轮、输出刚轮和波发生器组成的。通常的安装使用方式是将输入刚轮固定，波发生器为输入运动(主动件)。柔轮与输出刚轮组成输出运动(从动件)。

2）由于柔轮与输出刚轮是采用零齿差的啮合传动方式，所以在安装时要与输入刚轮区别开，区别方法如下：

输入刚轮端面打有字头“S”，输出刚轮为“D”。

输入刚轮与输出刚轮的齿数有差别，齿数差为2。齿数少的是输出刚轮。

3）安装时要求输入刚轮、输出刚轮及波发生器相互位置的同轴度、垂直度为IT7级。

4）输入刚轮与输出刚轮安装时相邻的两端不得相接触，应有1mm间隙，避免传动中产生干涉摩擦。

5）使用中要保证润滑良好。

6. RV 减速器

RV 传动机构是在摆线针轮传动基础上发展起来的一种新型传动机构，它具有体积小、重量轻、传动比范围大，传动效率高等一系列优点，比单纯的摆线针轮行星传动机构具有更小的体积和更大的过载能力，且输出轴刚度大，因而在国内外受到广泛重视，在国外机器人的传动机构中，已在很大程度上逐渐取代单纯的摆线针轮行星传动和谐波传动。图 2-27 是 RV 减速器。

图 2-27　RV 减速器

RV 传动机构由渐开线圆柱齿轮行星减速器构和摆线针轮行星减速机构两部分组成。渐开线行星齿轮 2 与曲柄轴 3 连成一体（见图 2-28），作为摆线针轮传动部分的输入，如果渐开线中心轮 1 顺时针方向旋转，那么渐开线行星轮在公转的同时还沿逆时针方向自转，并通过曲柄轴带动摆线轮做偏心运动，此时，摆线轮在其轴线公转的同时，还将反向自转，即顺时针转动，同时还通过曲柄轴推动钢架结构的输出机构顺时针方向转动。

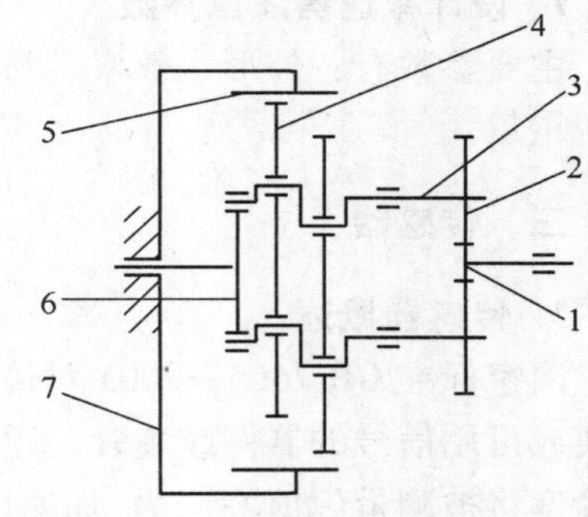

图 2-28　RV 传动简图

1—中心轮　2—行星齿轮　3—曲柄轴　4—摆线轮　5—针齿　6—输出盘　7—针齿壳

按照封闭差动轮系求解传动比的基本方法，可以计算出 RV 传动机构的传动比计算公式如下：

$$i_{16}=1+Z_2Z_3/Z_1$$

式中，Z_1为渐开线中心轮齿数；Z_2为渐开线行星轮齿数；Z_3为针轮齿数，$Z_3=Z_4+1$；Z_4为摆线轮齿数。

（1）特点　RV 传动作为一种新型传动，从结构上看，其基本特点可概括如下：

1）如果传动机构置于行星架的支撑主轴承内，那么这种传动的轴向尺寸可大大缩小。

2）采用二级减速器构，处于低速极的摆线针轮行星传动更加平稳，同时，由于转臂轴承个数增多且内外环相对转速下降，其寿命也可大大提高。

3）只要设计合理，就可以获得很高的运动精度和很小的回差。

4）RV 传动的输出机构是采用两端支承的尽可能大的钢性圆盘输出结构，比一般摆线减速器的输出架构（悬臂梁结构）具有更大的刚度，且抗冲击性能也有很大提高。

5）传动比范围大，因为即使摆线轮齿数不变，只改变渐开线齿数，就可以得到很多的速比。其传动比为 $i=31\sim171$。

传动效率高，其传动效率为 $\eta=0.85\sim0.92$。

6）与谐波传动相比，除了具有相同的速比大、同轴线传动、结构紧凑、效率高等特点外，最显著的特点是刚性好，传动刚度较谐波传动要大 2~6 倍，但重量却增加了 1~3 倍。

高刚度作用，可以大大提高整机的固有频率，降低振动；在频繁加、减速的运动过程中可以提高响应速度并降低能量消耗。

（2）摆线针轮减速器原理　摆线针轮减速器是一种应用行星式传动原理，采用摆线针齿啮合的新颖传动装置。摆线针轮减速器全部传动装置可分为三部分：输入部分、减速部分、输出部分。在输入轴上装有一个错位 180°的双偏心套，在偏心套上装有两个称为转臂的滚柱轴承，形成 H 机构，两个摆线轮的中心孔即为偏心套上转臂轴承的滚道，并由摆线轮与针齿轮上一组环形排列的针齿相啮合，以组成齿差为一齿的内啮合减速器构，为了减小摩擦，在速比小的减速器中，针齿上带有针齿套。当输入轴带着偏心套转动一周时，由于摆线轮上齿廓曲线的特点及其受针齿轮上针齿限制的原因，摆线轮的运动成为既有公转又有自转的平面运动，在输入轴正转周时，偏心套也转动一周，摆线轮于相反方向转过一个齿从而得到减速，再借助 W 输出机构，将摆线轮的低速自转运动通过销轴，传递给输出轴，从而获得较低的输出转速。

7. 设计减速器注意参数

主要参数有：外形、效率、与电动机连接方式、承受转矩、转动惯量、传动比、安装方式、重量。

三、传感器

1. 传感器概述

国家标准 GB 7665—2005 对传感器的定义是：“能感受规定的被测量并按照一定的规律转换成可用信号的器件或装置，通常由敏感元件和转换元件组成。”或者说是一种以一定的准确度将被测量（如位移、力、加速度等）转换为与之有确定对应关系的、易于精确处理和测量的某种物理量（如电量）的测量部件或装置。

传感器将检测感受到的信息，按一定规律变换成为电信号或其他所需形式的信息输出，以满足信息的传输、处理、存储、显示、记录和控制等要求。它是实现自动检测和自动控制的首要环节。传感器的发展正进入集成化、智能化研究阶段。把传感器件与信号处理电路集成在一个芯片上，就形成了信息型传感器；若再把微处理器集成到信息型传感器的芯片上，就是所谓的智能型传感器。

敏感元件直接感受被测量，并以确定关系输出物理量，如弹性敏感元件将力转换为位移或应变输出。

转换元件将敏感元件输出的非电物理量（如位移、应变、光强等）转换成电量参数（如电阻、电感、电容等）等。

基本转换电路将电路参数量转换成便于测量的电量，如电压、电流、频率等。

（1）类型

1）开关型：传感器的二值就是“1”和“0”，或合（ON）和分（OFF）。

2）脉冲型：计数型和代码型，例如码盘、光栅。

3）模拟型：输出是与输入物理量变化相对应的连续变化的电量，如电压、电流、电阻。

（2）传感器的分类　可以根据不同的观点对传感器进行分类：转换原理（传感器工作的基本物理或化学效应）；用途；输出信号类型以及制作材料和工艺等。

根据传感器工作原理，可分为物理传感器和化学传感器两大类：

物理传感器是指传感器工作时应用的是物理效应，诸如压电效应，磁致伸缩现象，离化、极化、热电、光电、磁电等效应。被测信号量的微小变化都将转换成电信号。

化学传感器包括那些以化学吸附、电化学反应等现象为因果关系的传感器，被测信号量的微小变化也将转换成电信号。

有些传感器既不能划分到物理类，也不能划分为化学类。但大多数传感器是以物理原理为基础运作的。

（3）传感器静态特性　传感器的静态特性是指对静态的输入信号，传感器的输出量与输入量之间的相互关系。因为这时输入量和输出量都和时间无关，它们之间的关系，即传感器的静态特性可用一个不含时间变量的代数方程，或以输入量作横坐标，把与其对应的输出量作纵坐标而画出的特性曲线来描述。表征传感器静态特性的主要参数有线性度、灵敏度、迟滞、重复性、漂移等。

1）线性度：指传感器输出量与输入量之间的实际关系曲线偏离拟合直线的程度。定义为在全量程范围内实际特性曲线与拟合直线之间的最大偏差值与满量程输出值之比。

2）灵敏度。灵敏度是传感器静态特性的一个重要指标。定义为输出量的增量与引起该增量的相应输入量的增量之比。灵敏度用 S 表示。

3）迟滞。传感器在输入量由小到大（正行程）及输入量由大到小（反行程）变化期间其输入输出特性曲线不重合的现象称为迟滞。对于同一大小的输入信号，传感器的正、反行程输出信号大小不相等，这个差值称为迟滞差值。

4）重复性。重复性是指传感器在输入量按同一方向做全量程连续多次变化时，所得特性曲线不一致的程度。

5）漂移。传感器的漂移是指在输入量不变的情况下，传感器输出量随着时间变化的现象。产生漂移的原因有两个方面：一是传感器自身结构参数；二是周围环境（如温度、湿度等）。

（4）传感器动态特性　所谓动态特性，是指传感器在输入变化时，它的输出特性。在实际工作中，传感器的动态特性常用它对某些标准输入信号的响应来表示。这是因为传感器对标准输入信号的响应容易用实验方法求得，并且它对标准输入信号的响应与它对任意输入信号的响应之间存在一定的关系，往往知道了前者就能推定后者。最常用的标准输入信号有阶跃信号和正弦信号两种，所以传感器的动态特性也常用阶跃响应和频率响应来表示。

2. 机器人常用传感器

1）称重传感器：电阻应变式称重传感器，用于检测工件重量。

2）机械开关：普通接近开关，用于检测运动部分是否到位。

3）光电开关：包括对射式、反射板式、漫反射式红外线光电开关，用于检测工件位置。

4）磁性开关：用于检测运动部分是否到位。

5）接近开关。

6）材质传感器：用于检测工件材质。

7）位移传感器：滑动电阻式位移传感器，用于检测孔深。

8）颜色/色标传感器：包括颜色传感器和色标传感器，用于检测工件颜色。

9）色标传感器。

10）形状传感器。

11）霍尔传感器。

12）光纤传感器。

13）圆光栅尺。它是由一对光栅副中的主光栅（即标尺光栅）和副光栅（即指示光栅）进行相对位移时，在光的干涉与衍射共同作用下产生黑白相间（或明暗相间）的规则条纹图形，称之为莫尔条纹。经过光电器件转换使黑白（或明暗）相同的条纹转换成正弦波变化的电信号，再经过放大器放大、整形电路整形后，得到两路相差为90°的正弦波或方波，送入光栅数显表计数显示。圆光栅尺是由很多很细的间格组成的，靠光来读取每次走过的光线数量，来算出走的尺寸，线越细精度越高。圆光栅尺可认为是编码器。

14）旋转编码器。旋转编码器是用来测量转速的装置应用于速度控制或位置控制系统的检测元件，分为增量式和绝对式、混合式。增量式编码器是将位移转换成周期性的电信号，再把这个电信号转变成计数脉冲，用脉冲的个数表示位移的大小。绝对式编码器的每一个位置对应一个确定的数字码，因此它的示值只与测量的起始和终止位置有关，而与测量的中间过程无关。

15）旋转变压器。它含有输出电信号与转子转角成某种函数关系的电感式角度传感元件，用于角度反馈。

16）光电编码器。它是将轴转动的角度信号转换为控制器可以接收的电信号，并反馈给控制器从而进行闭环控制。其中光电编码器是利用光电原理把机械角位移变成电信号，可以非常方便地测量电动机轴的角位移或角速度。按输出信号与对应角度的关系，光电编码器通常可分为增量式光电编码器、绝对式光电编码器及混合式光电编码器。增量式光电编码器每产生一个输出信号就对应轴的一个角位移，不能直接测量轴的绝对角度。绝对式光电编码器的每一个位置对应一个确定的数字码，因此它能直接测量轴的绝对角度。混合式光电编码器则是增量式和绝对式共有的编码器。

17）触觉传感器。

18）力传感器。

19）超声传感器。

20）激光传感器。

21）电子罗盘，包括平面电子罗盘和三维电子罗盘。

22）条码扫描器。

23）电子标签。

24）机器视觉 CCD。一个典型的机器视觉系统包括光源、镜头、CCD 照相机（机身）、图像采集卡、图像处理软件等。机器视觉检测系统采用 CCD 照相机将被检测的目标转换成图像信号，传送给专用的图像处理系统，根据像素分布和亮度、颜色等信息，转变成数字化信号，图像处理系统对这些信号进行各种运算来抽取目标的特征，如面积、数量、位置、长度，再根据预设的允许度和其他条件输出结果，包括尺寸、角度、个数、合格/不合格、有/无等，实现自动识别功能。

四、机器人基本概念与关键参数

1. 基本概念

（1）重复定位精度　它表示往复运动的物体，每次停止的位置与第一次调定的位置之间角度或长度的差值。差值越小，精度越高。

一般值：±0.08mm。

（2）精度　它表示观测结果、计算值或估计值与真值(或被认为是真值)之间的接近程度。

一般值：±0.08mm。

（3）分辨率　它表示设备输出最小位移或角度的能力。

（4）自由度　完全确定一个物体在空间位置所需要的独立坐标数目，叫作这个物体的自由度。

（5）柔性(适应性)　“柔性”是相对于“刚性”而言的，传统的“刚性”自动化生产线主要实现单一品种的大批量生产。其优点是生产率很高，由于设备是固定的，所以设备利用率也很高，单件产品的成本低。但价格相当昂贵，且只能加工一个或几个相类似的零件，难以应付多品种中小批量的生产。批量生产正逐渐被适应市场动态变化的生产所替换，一个制造自动化系统的生存能力和竞争能力在很大程度上取决于它是否能在很短的开发周期内，生产出较低成本、较高质量的不同品种产品的能力。柔性已占有相当重要的位置。

（6）柔性制造系统(FMS)　柔性制造系统是由数控加工设备、物料运储装置和计算机控制系统组成的自动化制造系统，它包括多个柔性制造单元，能根据制造任务或生产环境的变化迅速进行调整，适用于多品种、中小批量生产。简单地说，FMS 是由若干数控设备、物料运储装置和计算机控制系统组成的并能根据制造任务和生产品种变化而迅速进行调整的自动化制造系统。

（7）刚度　刚度是指零件在载荷作用下抵抗弹性变形的能力。零件的刚度(或称刚性)常用单位变形所需的力或力矩来表示，刚度的大小取决于零件的几何形状和材料种类(即材料的弹性模量)。

（8）强度　强度是指零件承受载荷后抵抗发生断裂或超过容许限度的残余变形的能力。也就是说，强度是衡量零件本身承载能力(即抵抗失效能力)的重要指标。强度是机械零部件首先应满足的基本要求。

（9）示教再现　这种方式适用于具有记忆再现功能的机器人。操作者预先进行逐步示教，机器人记忆有关作业程序、位置及其他信息，然后按照再现指令，逐条取出解读，在一定精度范围内重复被示教的程序，完成工作任务。

（10）上(下)位机　即人可以直接发出操控命令的计算机，一般是 PC，屏幕上显示各种信号变化(液压、水位、温度等)。下位机是直接控制设备获取设备状况的计算机、PLC、单片机等。上位机发出的命令首先给下位机，下位机再根据此命令解释成相应时序信号直接控制相应设备。下位机读取设备状态数据，通过相应处理以后反馈给上位机。

（11）组态软件　即人机界面/监视控制和数据采集软件。

（12）通信协议　通信协议是指通信双方的一种约定。约定包括对数据格式、同步方式、传送速度、传送步骤、纠错方式以及控制字符定义等问题做出统一规定，通信双方必须共同遵守。常用种类：TCP/IP 网络通信协议、串口通信协议、PROFIBUS 总线协议。

（13）接口　通过软件程序让某一软件或硬件运行起来，或者硬件通过电路让某一软件或硬件运行起来，这些都要通过接口来完成。例如：运动控制卡提供的接口、机器人提供的接口等。

（14）动态链接库　动态链接库（Dynamic Link Library,DLL）是一个可以被其他应用程序共享的程序模块，其中封装了一些可以被共享的例程和资源。它是一种软件接口方式。

（15）嵌入式控制器　实际上就是一台微型 PC。和普通 PC 相比，嵌入式控制器体积小、功耗低、硬件集成度高、可靠性好，很方便与控制系统安装在一起，同时又拥有强大的逻辑运算和信息处理能力，很适合应用在机器人和柔性制造等需要大量复杂运算的控制系统当中。

（16）变频器　它是一种用来改变三相交流电动机转速的电气设备。它首先是将电网的交流电变为直流电，然后用大功率电力电子元器件对直流电进行，变为脉冲型（PWM）驱动电压，并设一个可调频率的装置，使频率在一定范围内可调，用来控制电动机的转数。

（17）软件　软件开发环境：Windows XP、2000；软件运行环境：WindowsXP、2000，WINCE；软件开发工具：VC、VB、EVC（WindowsCE 下的软件开发工具）。

（18）控制系统　它是指由控制主体、控制客体和控制媒体组成的具有自身目标和功能的管理系统。控制系统意味着通过它可以按照所希望的方式保持和改变机器、机构或其他设备内任何感兴趣的量。

（19）伺服驱动器　伺服驱动器是将控制装置发出的运动命令信号（数字量脉冲、模拟量电压或电流）转化为可以驱动电动机的电流，用来控制伺服电动机，同时接收电动机编码器的反馈信号，并和指令脉冲进行比较，从而构成了一个位置的半闭环控制。所以伺服电动机不会出现丢步现象，每一个指令脉冲都可以得到可靠响应。

（20）常用电气控制类别

1）基于 PC 的控制系统。

2）基于嵌入式控制器的控制系统。

3）基于 PLC 的控制系统。

（21）步进电动机驱动器　它是把计算机控制系统提供的弱电信号放大为步进电动机能够接受的强电流信号的装置。

（22）总线　所谓总线（Bus），一般指通过分时复用的方式，将信息以一个或多个源部件的数字信号传送到一个或多个目的部件的一组传输线。

系统总线包含有三种不同功能的总线，即数据总线 DB（Data Bus）、地址总线 AB（Address Bus）和控制总线 CB（Control Bus）。我们常用的是包含以上三种功能的混合总线。

（23）工控机　一般把适合于工业环境使用的微型计算机系统称为工业控制计算机（工控机）所谓工业控制计算机，是指满足下述条件的计算机系统：

1）能够提供各种数据采集和控制功能。

2）能够和工业对象的传感器、执行机构直接接口。

3）能够在苛刻的工业环境下可靠运行。

特点：卧式结构类型，基于国际机柜标准，具有抗干扰能力，连续工作，稳定。钢结构机箱防尘、防磁、防冲击。专用底板，有 ISA+PCI 总线插槽。

（24）电控柜内接口电路板　控制接口电路板用于控制系统中各种控制信号的连接与处

理，其主要功能有：

1）向驱动器发出各种控制信号。

2）传递运动控制卡发出的命令脉冲信号及驱动器反馈的编码器脉冲信号。

3）为整个系统提供冗余保护，当驱动器发生报警时切断主电路电源。

4）放大处理伺服电动机制动器控制信号，控制伺服电动机制动器。

5）处理各轴的零位和限位开关信号。

6）提供大电流的通用 I/O 接口。

（25）单片机　它是一种集成电路芯片，采用超大规模技术把具有数据处理能力的微处理器（CPU）、随机存取数据存储器（RAM）、只读程序存储器（ROM）、输入输出电路（I/O 口）、可能还包括定时计数器、串行通信口（SCI）等电路集成到一块单块芯片上，构成一个最小然而完善的计算机系统。这些系统能在软件的控制下准确、迅速、高效地完成程序设计者事先规定的任务。

单片机控制系统能够取代以前利用复杂电子线路或数字电路构成的控制系统，可以软件控制来实现，并能够实现智能化。一个单片机应用系统能否被广泛地采用，关键在于是否有很高的性价比。硬件软化是提高系统性价比的实用方法。

在系统总体设计时，应尽可能减少硬件成本，能用软件实现的功能尽量用软件实现。在不增加成本的基础上，提高软件和硬件结构的通用性和可扩充性是十分重要的。

（26）奇异位形　当机器人机构处于某些稳定的位形时，其雅可比（Jacobian）矩阵成为奇异阵，行列式为零，这时机构的速度反解不存在，机构的这种位形就称为奇异位形。

它也称特殊位形，是机构的固有性质也是机器人机构的一个十分重要的运动学特性，机器人的运动、受力、控制以及精度等诸方面的性能都与机构的奇异位形密切相关。因此有必要对并联机构的奇异位形做更深入的研究，以减少和消除奇异位形的影响，进一步提高并联机构的性能，促进并联机构的实用化和产品化的发展。

奇异位形是并联机器人机构学研究的一项重要内容，同串联机器人一样，并联机器人也存在奇异位形，当机构处于奇异位形时其 Jacobian 矩阵为奇异阵，行列式值为零，此时机构速度反解不存在，存在某些不可控的自由度。另外当机构处于奇异位形附近时，关节驱动力将趋于无穷大从而造成并联机器人的损坏，因此在设计和应用并联机器人时应避开奇异位形。

Fichter 和曲义远等人发现了 Stewart 平台机构的奇异位形是上平台相对于下平台转过位置。一般情况下并联机构的奇异位形分为边界奇异、局部奇异和结构奇异三种形式。关于奇异位形的研究主要是寻找并联机器人在工作空间中何时处于奇异位形，如何避开奇异位形；关于并联机器人奇异位形研究的一个相关问题是如何避开工作空间中的奇异位形。虽然平面形并联机器人的工作空间和奇异位形可以同时确定，但如何确定工作空间中的奇异位形仍是一个有待进一步研究的问题。

2. 关键参数

1）自由度数。它是衡量机器人适应性和灵活性的重要指标，一般等于机器人的关节数。机器人所需要的自由度数决定于其作业任务。

2）负载能力。它是指机器人在满足其他性能要求的前提下，能够承载的负荷重量。

3）运动范围。它是指机器人在其工作区域内可以达到的最大距离。它是机器人关节长度和其构型的函数。

4）精度。它是指机器人到达指定点的精确程度。它与机器人驱动器的分辨率及反馈装置有关。

5）重复定位精度。它是指机器人重复到达同样位置的精确程度。它不仅与机器人驱动器的分辨率及反馈装置有关，还与传动机构的精度及机器人的动态性能有关。

6）控制模式，包括引导或点到点示教模式、连续轨迹示教模式、软件编程模式、自主模式。

7）运动速度，包括单关节速度、合成速度。

8）电源与电源容量。

9）动态特性：稳定、柔顺。

10）材料。

第三节　串联机器人

一、串联机器人概述

1. 串联机器人特性

串联机器人是一种典型的工业机器人，在自动搬运、装配、焊接、喷涂等工业现场中有着广泛的应用，本节以博实机器人技术有限公司生产的六自由度工业型串联机器人为例讲解机器人设计的过程与方法，该机器人结构紧凑，工作范围大，具有高度的灵活性，是进行运动规划和编程系统设计的理想对象。利用它可使学生能够模拟工业现场的实际运行状况。图 2-29 是六自由度串联机器人系统。

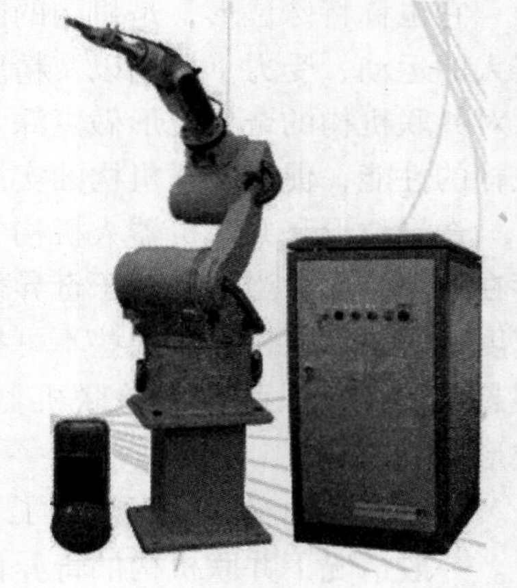

图 2-29　六自由度串联机器人系统

机器人特点如下：

1）机构采用关节式结构，按工业标准要求设计，速度快、柔性好。

2）模块化结构，简单、紧凑。

3）控制系统采用 Windows 系列操作系统，二次开发方便、快捷。

4）提供通用机器人语言编程系统，可通过图形示教自动生成机器人语言等程序。

5）机器人末端工具标配气动手爪。

6）内容涵盖机器人运动学、动力学、控制系统的设计、机器人轨迹规划等。

2. 串联机器人普遍设计方法

（1）方案设计

1）确定动力源。

2）确定机型。

3）确定自由度。

4）确定动力容量和传动方式。

5）优化运动参数和结构参数。

6）确定平衡方式和平衡质量。

7）绘制机构运动简图。

（2）结构设计　包括机器人驱动系统、传动系统的配置及结构设计，关节及杆件的结构设计，平衡机构的设计，走线及电器接口设计等。

（3）动特性分析　估算惯性参数，建立系统动力学模型进行仿真分析，确定其结构固有频率和响应特性。

3. 串联机器人控制方法

从工控领域总结串联机器人可采用以下控制方式：

1）基于 PLC 控制，通过梯形图，可以控制各关节运动，分为手动与自动两种形式。

2）基于 PCI 总线 6025 芯片的运动控制卡控制，控制卡介绍见相应说明书。

3）基于 PC104 总线的嵌入式控制器控制。

4）基于工业级 ARM+DSP 控制。

4. 串联机器人研发注意事项

1）注意谐波减速器安装部分的零件工艺性与形位公差控制。谐波减速器因刚度低，运行时容易造成振动，设计时应考虑尽量避免。

2）可用仿真软件分析机器人运动学与动力学特性，避免机械本体刚度低导致共振等不良因素产生。

3）合理设计机器人与电控柜线缆走向与布局，在整理、绑扎、安置线缆时，冗余线缆不要太长，不要让线缆叠加受力，线圈顺势盘整，固定扎绳不要勒得过紧。

4）机器人设计注意各关节运动干涉，并具备软硬限位防护，铭牌、警告等标签设计需符合国家标准。

5）注意轴承与减速器润滑，考虑维护与保养。

6）设计需考虑装配与拆卸工艺合理性，便于机器人设备修理与检测。

7）机器人末端工具接口统一，本体采用模块化设计。

二、六自由度工业型串联机器人

1. 工业型串联机器人设计思想

工业型串联机器人的设计，既要考虑串联结构的应用，又要考虑制作的成本。拟进行 10kg 负载设计，采用工业通用串联机器人结构形式，并在保证性能和可靠性的基础上，适当采用国产关键功能部件进行设计。

2. 工业型串联机器人设计方法

设计之初，考虑掌握和了解工业串联机器人的常见结构与常用关节功能部件。经过二维简图绘制、关节外购件查询，三维立体图设计绘制、计算和分析，校核更改立体图、必要的分析或重新计算，完善三维图、细节设计处理、出图等。

（1）关节结构　以中型串联结构为基础，教学应用上，考虑成本与可靠性、运行性能等因素，确定工业型串联机器人各关节结构如下（见图 2-30）：

1）关节 1 底部腰转，采用谐波减速器，伺服电动机驱动。

2）关节 2 大臂摆，采用 RV 减速器，伺服电动机驱动。

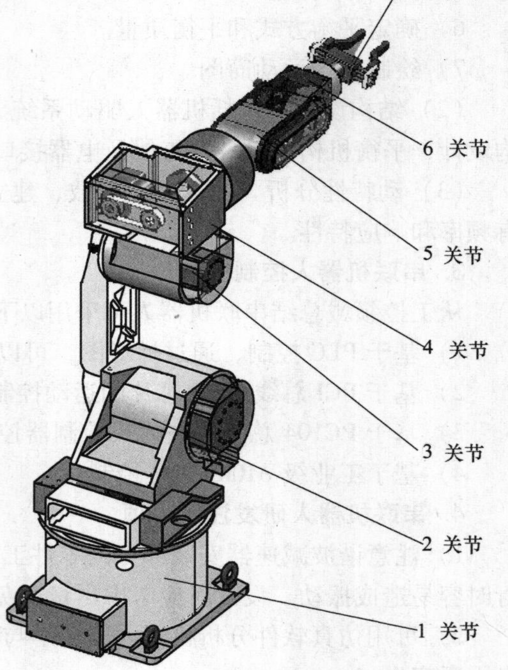

3）关节 3 小臂摆，采用 RV 减速器，伺服电动机驱动。

4）关节 4 小臂转，采用谐波减速器，步进电动机驱动，同步带传动。

5）关节 5 腕摆，采用谐波减速器，步进电动机驱动，同步带传动。

6）关节 6 腕转，采用谐波减速器，步进电动机驱动，同步带加锥齿轮传动。

（2）减速器应用

1）RV 减速器。RV 减速器造价较高，工业上关节 1～4 均为 RV 减速器，从成本考虑，只在关节 2、3 应用，以保证足够的动力学性能。关节 1、4 的负载能力相对关节 2、3 较小，负载动态变化也较小，因此可以利用谐波减速器代替。关节 2、3 承受力矩最大，且力矩随运动不断变化，谐波减速器刚度低，难以承受如此频繁的变化载荷，容易发生飞车及本体损坏的危险，造成事故，故此必须应用 RV 减速器。

末端执行器
6 关节
5 关节
4 关节
3 关节
2 关节
1 关节

图 2-30　六自由度串联机器人关节定义示意图

RV 减速器的常见类型有 RV 轴传动形式（见图 2-31）、中空齿轮传动形式（见图 2-32）、法兰形式等种类，工业机器人中，前两种最为常用，其中中空齿轮传动 RV 一般应用在关节 1、4，电动机连接齿轮偏置传动，中空部分用来穿越电缆。

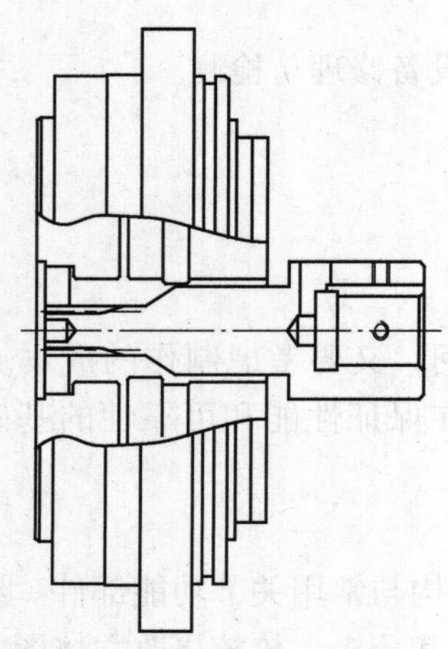

图 2-31　RV 轴传动 RV 减速器示意图

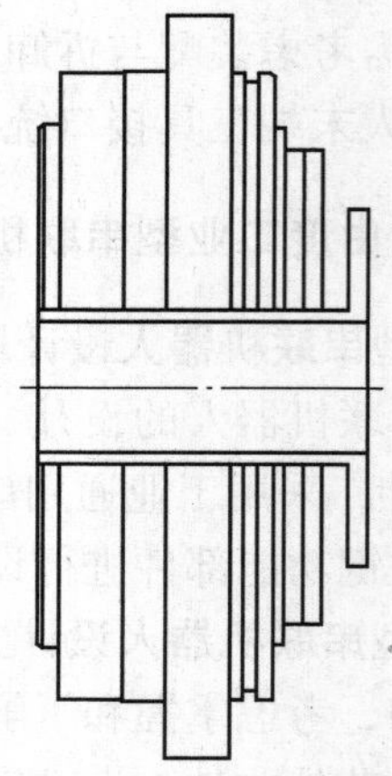

图 2-32　中空齿轮传动 RV 减速器示意图

2）RV 轴传动 RV 减速器。中型串联机器人 RV 减速器本体固定于基座上，用定位止口定位，伺服电动机与 RV 轴键联接直连，另一侧伸入 RV 减速器中心，RV 轴末端渐开线齿形花键与减速器行星齿啮合。减速器输出端直连机器人大臂。

由于 RV 减速器内部包含有圆锥滚子轴承，因此减速器在机器人应用中无需其他辅助支撑，结构简单，设计时注意零件同轴要求和减速器润滑，机器人大臂减速器中心处开有润滑及瞭望窗，用以减速器增加专用润滑脂润滑，润滑脂按照减速器样本要求进行一定量润滑。另一个作用是可以观察 RV 轴与减速器体齿轮啮合状态，避免错齿等现象发生。大臂窗口注意密封问题。

此类减速器中，电动机也可偏置安装，电动机轴连接齿轮，RV 轴一端连接齿轮，类似中空齿轮传动减速器形式。RV 轴传动 RV 减速器装配图如图 2-33 所示。

（3）中空齿轮传动 RV 减速器　此类减速器，电动机偏置安装，电动机轴直连同步带轮或齿轮，与 RV 减速器输入齿轮啮合传动，其他安装注意事项同 RV 轴传动 RV 减速器要求。中空齿轮传动 RV 减速器装配图如图 2-34 所示。

3. 工业型串联机器人具体设计过程

（1）设计方法与设计过程中注意事项　在基本条件具备后，接下来开始工业型串联机器人的具体设计过程，首先需了解串联机器人通常的设计方法与设计过程中需注意和了解的方面：

1）考虑机器人成本、用途后确定关节功能部件种类。

2）串联机器人正解与反解公式可由 MATLAB 等软件进行求解。

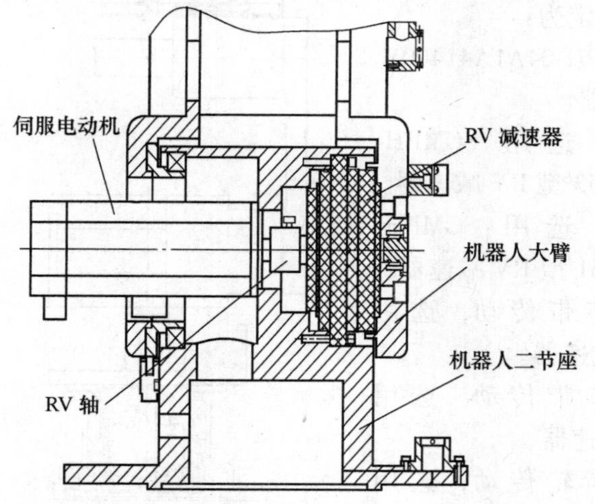

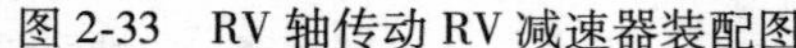

图 2-33　RV 轴传动 RV 减速器装配图

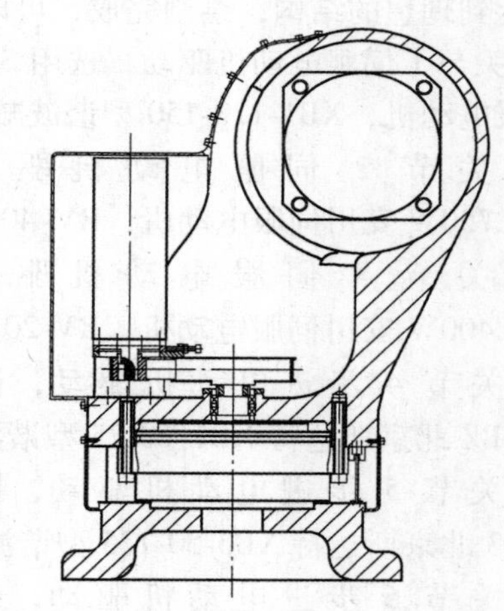

图 2-34　中空齿轮传动 RV 减速器装配图

3）静力矩取关节旋转最大力臂情况下所用的力矩数值，公式为静力矩 = FL，其中 F 为矢量力，单位为 N；L 为最大力臂矢量，单位为 m。

4）加速度力矩可认为机器人加速运动过程中所产生的动态力矩，可用惯性矩来描述，公式为加速度力矩 = $mL^2\omega$，其中 m 为本体质量，单位 kg；L 为最大力臂矢量，单位 m；ω 为角加速度。

5）角加速度可人为给定，需已知角速度与关节行程范围，设定机器人关节旋转从零到最大角度过程中，加速、减速时间一致，总体三等分，则可知加速时间为 t = 关节行程/（角速度×2），则角加速度公式为角加速度 = 角速度/t。

6）惯量比校核：机器人关节本体转动惯量与所用电动机减速器等部件有一定经验值，这个比值决定机器人运行时平稳性与动态性能的优劣。一定经验情况下，步进电动机驱动关节惯量比不大于 5，伺服电动机驱动关节惯量比不大于 10，此种情况下运行性能比较理想。

7）惯量比公式。惯量比=机器人本体转动惯量（谐波减速器/减速比二次方×电动机惯量），一般在机器人关节计算后进行此项校核。

8）机器人机械设计中需考虑行程开关安装位置，以及机器人各关节走线与防护等措施。注意开关类部件本体防护设计，电缆尽量不在本体运行中弯折。

9）机器人机械设计时每关节注意机械硬限位的设计，加强机器人运行安全性能。

10）机器人机械设计严格注意零件工艺性能与本体装配性能。

（2）二维简图设计　每个关节绘制二维简图，如图 2-35 所示。确定每个关节谐波型号，查询轴承等标准件尺寸，根据确定的关节尺寸，大致绘制图中每个关节的结构。根据结构尺寸，大致可以确定每个关节电动机尺寸范围，进而确定电动机大致型号。

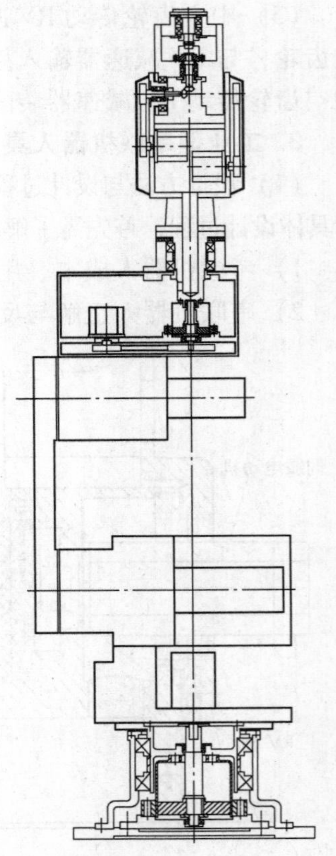

图 2-35　二维简图

绘制二维简图时，需先了解谐波典型结构，以及电动机与减速器连接方法，并通过以往的经验，初步确定各关节谐波型号和尺寸，以上过程根据经验多寡或许经过多次反复才能基本达到理想的结构，绘制完成，可以确定为：

1）关节 1 伺服电动机驱动，选用 SGMPH-04A1A41400W 安川伺服电动机，XB1-120-150 型谐波减速器。

2）关节 2 伺服电动机驱动，选用 SGMPH-08A1A4C750W 安川伺服电动机，RV-40E-153 型 RV 减速器。

3）关节 3 伺服电动机驱动，选用 SGMPH-04A1A4C400W 安川伺服电动机，RV-20E-161 型 RV 减速器。

4）关节 4 步进电动机驱动，同步带传动，选用 34HS300BZ 北京斯达特 XB1-60-75 型谐波减速器。

5）关节 5 步进电动机驱动，同步带传动。选用 23HS2003 北京斯达特 XB3-50-125 型谐波减速器。

6）关节 6 步进电动机驱动，锥齿轮传动，选用 23HS2003 北京斯达特 XB1-32-80 型谐波减速器。

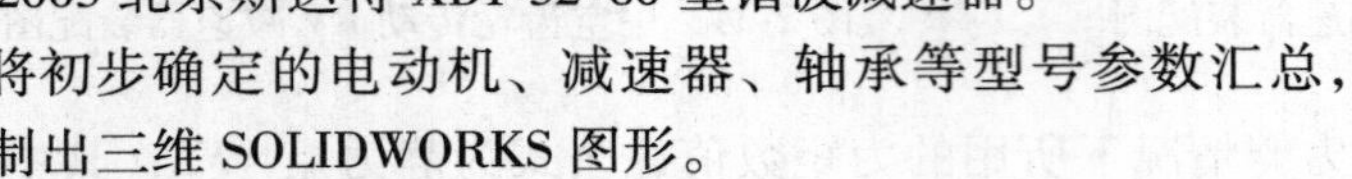

将初步确定的电动机、减速器、轴承等型号参数汇总，并绘制出三维 SOLIDWORKS 图形。

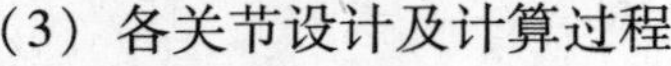

（3）各关节设计及计算过程

1）关节 6 设计过程。关节 6 由 23HS2003 型步进电动机驱动，通过锥齿轮与 XB1-32-80 型谐波减速器谐波轴连接，以下将根据负载及关节壳体零件重量等计算电动机与减速器的具体型号：

① 计算。由三维图可知，关节 6 及气动手爪共重 1.5kg，额定负载 10kg，总体关节 6 受力 11.5kgf（1kgf=9.8N），最大力臂 0.05m，设定角速度 60°（π/3）/s，行程范围 360°，可知关节 6 计算结果为：

加速时间：$t=\frac{360}{60\times2}\text{s}=3\text{s}$

角加速度：$\omega=\frac{\frac{\pi}{3}}{3}/s^2=\pi/9/s^2$

关节 6 转动惯量：$11.5\times0.05^2kg\cdot m^2=0.02875kg\cdot m^2$

静力矩：$9.8\times11.5N\times0.05m=5.635N\cdot m$

加速度力矩：$11.5\times0.05^2\times(\pi/9)N\cdot m=0.005N\cdot m$

关节 6 合力矩：$2.254N\cdot m+0.002N\cdot m=5.64N\cdot m$

② 选型。参照北京斯达特步进电动机样本手册，选定步进电动机为 23HS2003 混合式两相步进电动机，由步进电动机矩频特性可知，步进电动机转速为 720r/min 时，输出扭矩约为 $0.42N\cdot m$，转动惯量为 $0.275kg\cdot cm^2$。

参照北京谐波技术研究所的谐波减速器样本，选定 XB1-32-80 型谐波减速器，谐波减速比为 80，额定承受扭矩 $6.5N\cdot m$。

③ 校核。谐波减速器效率为 95%，校核各参数如下：

电动机减速器输出力矩：$0.42\times80N\cdot m=33.6N\cdot m$

谐波减速器额定承受力矩：$6.5\times95\%N\cdot m=6.175N\cdot m$

安全系数：6.175/5.64=1.1，满足教学机器人安全要求。

惯量比校核：$0.02875/(80^2\times0.0000275)=0.16$，符合要求。

④ 关节 6 结构细化。关节 6 中，步进电动机带动同步带轮转动，通过锥齿轮传动谐波减速器 9 带动波发生器使谐波减速器定制钢轮产生减速输出，实现六节运动。

机器人设计除零件工艺性和装配工艺性外，还要全面考虑到电气控制、软件运行时各相关状态，如限位开关位置、各电缆走线与安全性等。

关节 6 旋转范围为 360°，控制中只采用一个零位光电开关(机器人中尽量采用光电开关,机械限位避免使用,因光电开关响应快,精度高)。

关节 6 走线方式：光电开关电缆从六节轴承座下方引出，可利用线夹固定在六节电动机支架一侧，并进入六节开关走线孔。

关节 6 示意图如图 2-36 所示。

2）关节 5 设计过程。关节 5 由 23HS2003 型步进电动机驱动，通过同步带轮与 XB3-50-125 型谐波减速器谐波轴连接，以下将根据负载及关节壳体零件重量等计算电动机与减速器的具体型号：

① 计算。由三维图可知，关节 5 和气动手爪共重 4.0kg，负载重 10kg，中心偏置为 100mm 左右，六节偏移转轴约为 250mm，要求角速度为 60°/s，计算时按照每关节行程时间三等分来分配加速时间求解角加速度，即加速、匀速、减速分别占时间的 1/3。由已知计算得：

角加速度：行程 180°，角速度 60°/s，由时间三等分可知加速时间为 1.5s，则角加速度为$(\pi/3)/1.5/s^2=(2\pi/9)/s^2$

静态保持转矩：$14\times9.8\times(0.10+0.25)/2N\cdot m=24N\cdot m$

关节 5 转动惯量：$14\times(0.1+0.25)^2/2^2kgf\cdot m^2=0.42875kg\cdot m^2$

动态加速转矩：$14\times(0.1+0.25)^2/2^2\times(2\pi/9)N\cdot m=0.3N\cdot m$

总转矩：$24N\cdot m+0.3N\cdot m=24.3N\cdot m$

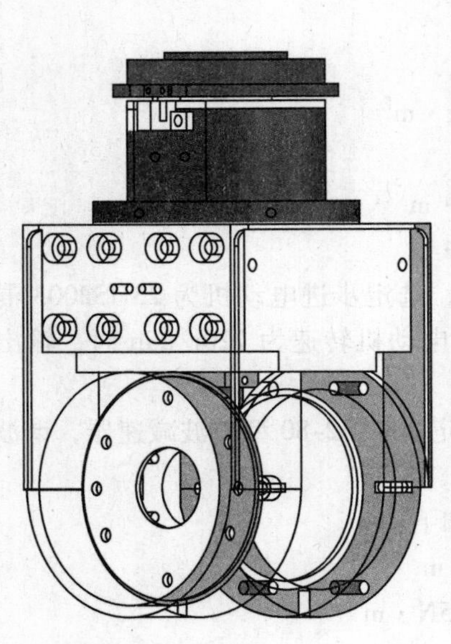

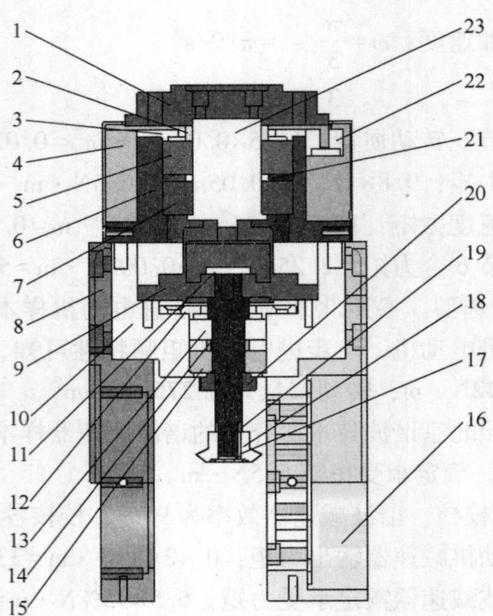

图 2-36 关节 6 示意图

1—六节连接盘 2—六节外隔套 3—六节外轴承盖 4—六节罩 5—深沟球轴承 1 6—六节轴承座 7—深沟球轴承 2 8—六节左支架 9—谐波减速器 10—六节左支架 2 11—六节谐波柔轮压片 12—六节轴承盖 13—六节球轴承 1 14—六节轴承隔套 15—六节球轴承 2 16—六节右支架 17—锥齿轮挡片 18—键 19—锥齿轮调整套 20—六节锁紧螺母 21—六节隔套 22—六节光电挡片 23—六节轴

② 选型。参照北京斯达特步进电动机样本手册，选定步进电动机为 23HS2003 混合式两相步进电动机，由步进电动机矩频特性可知，步进电动机转速为 720r/min 时，输出扭矩约为 0.42N·m，转动惯量为 0.275kg·cm^2。

参照北京谐波技术研究所的谐波减速器样本，选定 XB3-50-125 型谐波减速器，谐波减速比为 125，额定承受扭矩为 44N·m。

③ 校核。谐波减速器效率为 95%，校核各参数如下：

电动机减速器输出力矩：0.42×80N·m＝33.6N·m

谐波减速器额定承受力矩：44×95%N·m＝41.8N·m

安全系数：33.6/24.3＝1.38，满足教学机器人安全要求

惯量比校核：0.42875/(125^2×0.0000275)＝0.99，符合要求

④ 关节 5 结构细化。关节 5 中，步进电动机 23 带动五节左带轮 22，通过同步带传动五节左侧轴 14，驱动波发生器使谐波减速器定制钢轮产生减速输出，实现五节运动。

机器人设计除零件工艺性和装配工艺性外，还要全面考虑到电气控制、软件运行时各相关状态，如限位开关位置、各电缆走线与安全性等。

关节 5 旋转范围为 180°，控制中只采用两个限位光电开关。

关节 5 走线方式：光电开关电缆从两侧进入五节进线孔与电动机线汇合，然后整体从图示五六节电动机支架下方引出，汇合电缆穿过四节轴，进入三节电动机支架。

关节 5 示意图如图 2-37 所示。

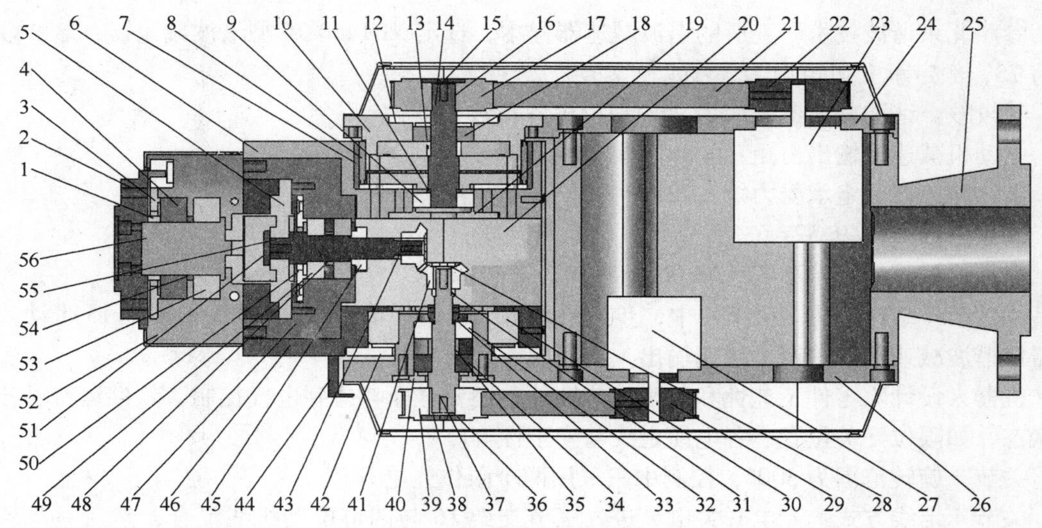

图 2-37 关节 5 示意图

1—六节外隔套 2—六节法兰盘 3—六节外轴承盖 4—六节球轴承 1 5—谐波减速器 6—六节左支架 7—五节左钢套 8—滚针轴承保持架 9—五节球轴承 1 10—谐波减速器 11—五节左谐波内隔套 12—五节左内轴承盖 13—五节左谐波外隔套 14—五节左侧轴 15—五节左带轮压片 16—五节左带轮键 17—五节左带轮 1 18—五节球轴承 2 19—五节左内轴承盖 20—六节罩 21—同步齿形带 22—五节左带轮 2 23—步进电动机 24—五节左连接板 25—五六节电动机支架 26—五节右连接板 27—步进电动机 28—锥齿轮挡片 29—五节右侧带轮 1 30—球轴承 31—锥齿轮调整套 32—角接球轴承 1 33—五节右侧锁紧螺母 34—角接触球轴承 2 35—五节右轴承隔套 36—五节右带轮压片 37—五节右侧轴 38—带轮键 39—五节右侧带轮 2 40—五节右外轴承盖 41—五节锥齿轮 42—五节右外轴承盖 43—锥齿轮调整套 44—五节限位开关动片 45—六节锁紧螺母 46—六节右支架 47—五节右支架 48—六节轴承隔套 49—角接触球轴承 50—六节轴承盖 51—六节谐波柔轮压片 52—六节开关罩 53—六节球轴承 2 54—隔套 55—六节谐波轴 56—六节轴

3）关节 4 设计过程。关节 4 由 34HS300BZ 型步进电动机驱动，通过联轴器与 XB1-60-75 型谐波减速器谐波轴连接，以下将根据负载及关节壳体零件重量等计算电动机与减速器具体型号：

① 计算。由三维图可知：重量 5kg，6 节 4kg，负载 10kg，中心偏置 50mm；要求角速度为 60°/s；计算时按照每关节行程时间三等分来分配加速时间求解角加速度，即加速匀速减速分别占时间的 1/3。由已知计算得：

角加速度：行程 300°角速度 60°/s，由时间三等分可知加速时间为 2.5s，则角加速度为 $(\pi/3)/2.5/s^2=(2\pi/15)/s^2$

关节 4 转动惯量：$19.0\times0.05^2kg\cdot m^2=0.0475kg\cdot m^2$

静态保持转矩：$19.0\times9.8\times0.05N\cdot m=9.5N\cdot m$

动态加速转矩：$19.0\times0.05^2kg\cdot m^2\times(2\pi/15)/s^2=0.02N\cdot m$

总转矩：$9.5N\cdot m+0.02N\cdot m=9.52N\cdot m$

② 选型。参照北京斯达特步进电动机样本手册，选定步进电动机为 34HS300BZ 混合式两相步进电动机，由步进电动机矩频特性可知，步进电动机转速为 750r/min 时，输出扭矩约为 0.8N·m，转动惯量为 $4kg\cdot cm^2$。

参照北京谐波技术研究所的谐波减速器样本，选定 XB1-60-75 型谐波减速器，谐波减速比为 75，额定承受扭矩为 72N·m。

③校核。谐波减速器效率为 95%，校核各参数如下：

电动机减速器输出力矩：0.8×75N·m = 60N·m

谐波减速器额定承受力矩：72×95%N·m = 68.4N·m

安全系数：60/9.52 = 6.3，满足教学机器人安全要求。

惯量比校核：$0.0475/75^2/0.0004 = 0.02$，符合要求。

④关节 4 结构细化。关节 4 中，步进电动机 1 带动同步带轮 3，通过谐波轴 13 带动波发生器使谐波减速器柔轮产生减速输出，实现四节运动。

机器人设计除零件工艺性和装配工艺性外，还要全面考虑到电气控制、软件运行时各相关状态，如限位开关位置、各电缆走线与安全性等。

关节 4 旋转范围为 300°，控制中只采用两个限位光电开关。

关节 4 走线方式：光电开关电缆进入三节支架 16 与四节电动机线汇合，然后整体从图示三节支架下方引出，通过波纹弹簧管固定在三节电动机支架一侧。

关节 4 示意图如图 2-38 所示。

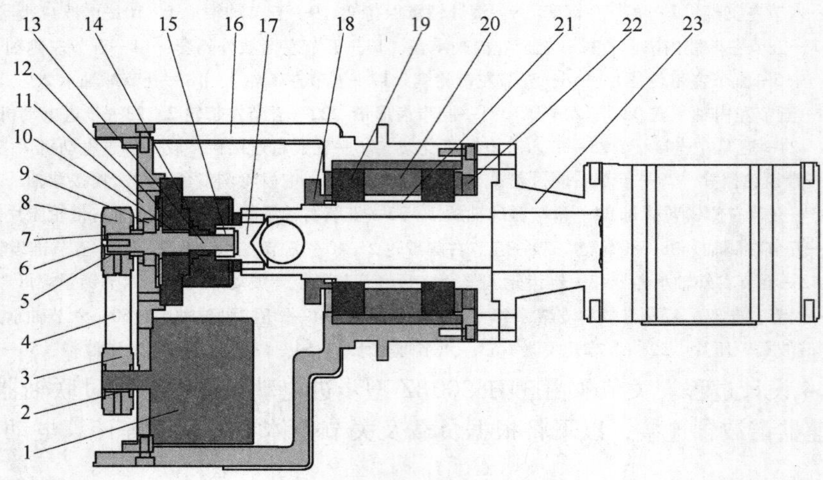

图 2-38　关节 4 示意图

1—步进电动机　2，5—带轮键　3，8—带轮　4—同步带　6—四节带轮挡片　7—四节带轮隔套　9—球轴承　10—谐波轴键　11—四节电动机支架　12—四节谐波减速器　13—谐波轴　14—四节谐波套　15—球轴承　16—三节支架　17—四节轴　18—四节锁紧螺母　19—圆锥滚子轴承　20—四节钢套　21—四节轴承隔套　22—四节轴承盖　23—五六节电动机支架

4）关节 3 设计过程。关节 3 由 SGMPH-04A1A4C400W 安川伺服电动机驱动，通过同步带轮和同步带与 RV-20E-161 型 RV 减速器轴连接，以下将根据负载及关节壳体零件重量等计算电动机与减速器的具体型号：

① 计算。由三维图可知：重量 25kg，中心偏置 400mm；要求角速度为 60°/s；计算时按照每关节行程时间三等分来分配加速时间求解角加速度，即加速、匀速、减速分别占时间的 1/3。由已知计算得：

角加速度：行程 120°，角速度 60°/s，由时间三等分可知加速时间为 1s，则角加速度为 $(\pi/3)/1/s^2 = (\pi/3)/s^2$

关节 3 转动惯量：25.0×0.4^2kg·m^2=4kg·m^2

静态保持转矩：25×9.8×0.4N·m=100N·m

动态加速转矩：$25.0\times0.4^2\times(\pi/3)$N·m=4.2N·m

总转矩：100N·m+4.2N·m=104.2N·m

② 选型。参照安川伺服电动机样本手册，选择 SGMPH-04A1A4C400W 安川伺服电动机驱动，由电动机矩频特性可知，电动机转速为 3000r/min 时，输出扭矩约为 1.27N·m，转动惯量为 0.331kg·cm^2。

参照 RV 减速器样本，选定 RV-20E-161 型 RV 减速器，减速比为 161，额定承受扭矩为 188N·m。

③ 校核。减速器效率为 95%，校核各参数如下：

电动机减速器输出力矩：1.27×161N·m=204.5N·m

减速器额定承受力矩：188×95%N·m=178.6N·m

安全系数：178.6/104.2=1.7，满足教学机器人安全要求。

惯量比校核：4/（$161^2\times0.00003$）=4.66，符合要求。

④ 关节 3 结构细化。关节 3 中，伺服电动机 6 带动 RV 减速器输入轴 5，驱动谐波减速器柔轮产生减速输出，实现三节运动。

机器人设计除零件工艺性和装配工艺性外，还要全面考虑到电气控制、软件运行时各相关状态，如限位开关位置、各电缆走线与安全性等。

关节 3 旋转范围为 120°，控制中只采用两个限位光电开关。

关节 3 走线方式：光电开关电缆进入机器人大臂 4 后从机器人大臂下方引出，通过电动机电缆向上进入三节电动机支架 1 汇合四节电动机电缆，穿过波纹弹簧管进入机器人大臂。

关节 3 示意图如图 2-39 所示。

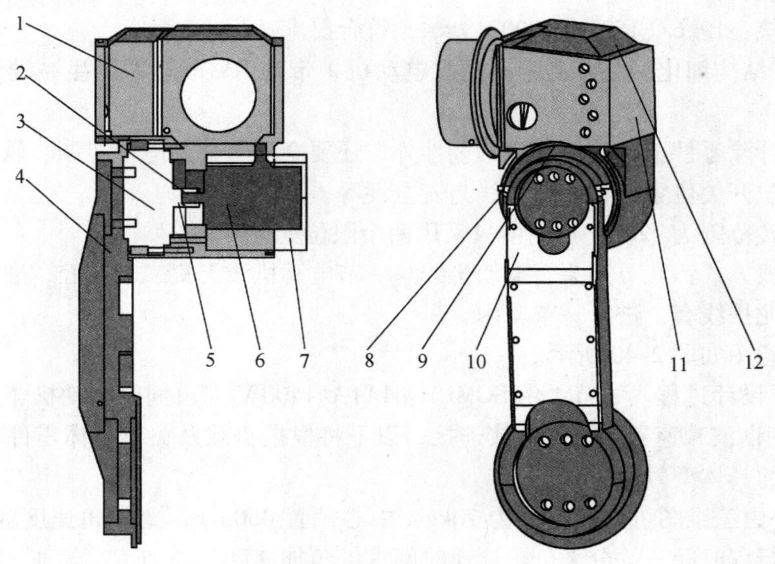

图 2-39 关节 3 示意图

1—三节支架 2—键 3—RV 减速器 4—机器人大臂 5—RV 减速器输入轴 6—伺服电动机 7—三节电动机罩 8—光电开关 9—光电开关动片 10—大臂过线罩 11—三节侧罩 12—三节上盖

5）关节 2 设计过程。关节 2 由 SGMPH-08A1A4C750W 安川伺服电动机驱动，通过 RV 减速器输入轴与 RV-40E-153 型 RV 减速器连接，以下将根据负载及关节壳体零件重量等计算电动机与减速器的具体型号：

① 计算。由三维图可知：重量 40kg，中心偏置 700mm；要求角速度为 90°/s；计算时按照每关节行程时间三等分来分配加速时间求解角加速度，即加速、匀速、减速分别占时间的 1/3。由已知计算得：

角加速度：行程 120°，角速度 90°/s，由时间三等分可知加速时间为 0.75s，则角加速度为$(\pi/2)/0.75/s^2=(2\pi/3)/s^2$

关节 2 转动惯量：$40.0\times0.7^2kg\cdot m^2=19.6kg\cdot m^2$

静态保持转矩：$40.0\times9.8\times0.7N\cdot m=274.4N\cdot m$

动态加速转矩：$40.0\times0.7^2\times(2\pi/3)N\cdot m=41N\cdot m$

总转矩：$274.4N\cdot m+41N\cdot m=315.4N\cdot m$

② 选型。参照安川电动机样本手册，选定 SGMPH-08A1A4C750W 安川伺服电动机驱动，由伺服电动机矩频特性可知，电动机转速为 3000r/min 以下时，输出扭矩约为 2.36N·m，转动惯量为 $2.1kg\cdot cm^2$。

参照 RV 减速器样本，选定 RV-40E-153 型 RV 减速器，谐波减速比为 153，额定承受扭矩为 3339N·m。

③ 校核。减速器效率为 95%，校核各参数如下：

电动机减速器输出力矩：$2.39\times153N\cdot m=365.57N\cdot m$

电动机减速器输出最大力矩：$7.16\times153N\cdot m=1095.5N\cdot m$

减速器额定承受力矩：$3339\times80\%N\cdot m=2671.2N\cdot m$

安全系数：365.57/315.4=1.16，满足教学机器人安全要求。

惯量比校核：$19.6/(153^2\times0.00021)=4$，符合要求。

④ 关节 2 结构细化。关节 2 中，伺服电动机 1 带动 RV 减速器产生减速输出，实现二节运动。

机器人设计除零件工艺性和装配工艺性外，还要全面考虑到电气控制、软件运行时各相关状态，如限位开关位置、各电缆走线与安全性等。

关节 2 旋转范围为 120°，控制中只采用两个限位光电开关。

关节 2 走线方式：二节开关、电动机线与一节电动机线汇集二节座腔，通过防护板孔下行进入一节尼龙护线套，进入一节罩内。

关节 2 示意图如图 2-40 所示。

6）关节 1 设计过程。关节 1 由 SGMPH-04A1A41400W 安川伺服电动机驱动，电动机与 XB1-120-150 型谐波减速器谐波轴直接连接，以下将根据负载及关节壳体零件重量等计算电动机与减速器的具体型号：

① 计算。由三维图可知：重量为 70kg，中心偏置 450mm；要求角速度为 60°/s；计算时按照每关节行程时间三等分来分配加速时间求解角加速度，即加速、匀速、减速分别占时间的 1/3。由已知计算得：

角加速度：行程 300°，角速度 60°/s，由时间三等分可知加速时间为 2.5s，则角加速度为$(\pi/3)/2.5/s^2=(2\pi/15)/s^2$。

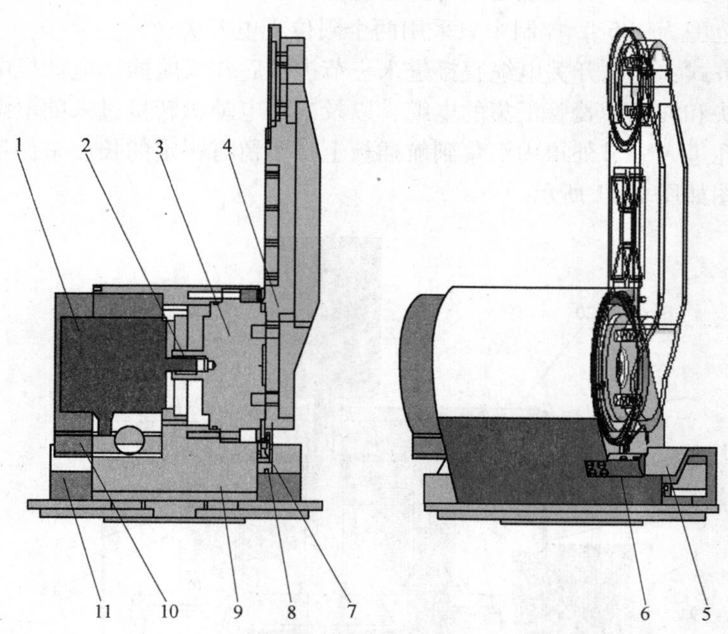

图 2-40　关节 2 示意图

1—二节电动机　2—键　3—RV 减速器　4—机器人大臂　5—左护板　6—硬限位
7—光电开关　8—开关护板　9—二节支座　10—二节电动机罩　11—右护板

关节 1 转动惯量：$70.0\times0.45^2\text{kg}\cdot\text{m}^2=14.2\text{kg}\cdot\text{m}^2$

静态保持转矩：由于电动机输出转矩的方向与负载产生弯矩的方向互相垂直，所以静态保持转矩为 0，但是关节 1 在匀速转动时要克服摩擦力所需要的转矩：

$20.0\times0.1\times0.45\text{N}\cdot\text{m}=0.9\text{N}\cdot\text{m}$

动态加速转矩：$70.0\times0.5^2\times(2\pi/15)\text{N}\cdot\text{m}=6\text{N}\cdot\text{m}$

总转矩：$0.9\text{N}\cdot\text{m}+6\text{N}\cdot\text{m}=6.9\text{N}\cdot\text{m}$

② 选型。参照安川电动机样本手册，选定 SGMPH-04A1A41400W 安川伺服电动机驱动，由伺服电动机矩频特性可知，步进电动机转速为 3000r/min 以下时，输出扭矩约为 $1.27\text{N}\cdot\text{m}$，转动惯量为 $0.331\text{kg}\cdot\text{cm}^2$。

参照北京谐波技术研究所的谐波减速器样本，选定 XB1-120-150 型谐波减速器，谐波减速比为 150，额定承受扭矩为 $450\text{N}\cdot\text{m}$。

③ 校核。谐波减速器效率为 95%，校核各参数如下：

电动机减速器输出力矩：$1.27\times150\text{N}\cdot\text{m}=190.5\text{N}\cdot\text{m}$

谐波减速器额定承受力矩：$450\times95\%\text{N}\cdot\text{m}=427.5\text{N}\cdot\text{m}$

安全系数：$190.5/6.9=27.6$，满足教学机器人安全要求。

惯量比校核：$14.2/(150^2\times0.000033)=19$，符合要求。

④ 关节 1 结构细化。关节 1 中，伺服电动机 1 带动波发生器轴 15，驱动谐波减速器柔轮产生减速输出，实现一节运动。

机器人设计除零件工艺性和装配工艺性外，还要全面考虑到电气控制、软件运行时各相关状态，如限位开关位置、各电缆走线与安全性等。

关节 1 旋转范围为 300°，控制中只采用两个限位光电开关。

关节 1 走线方式：光电开关电缆直接进入一节护罩后并入航插，电动机电缆穿过二节座汇合通过过线接头和波纹弹簧管汇集的电缆，以及二节电动机转接过来的电缆一起通过一节输出轴上的过线孔进入一节外罩内汇集到航插板上，要留有一定的长度来保证一节的行程。

关节 1 示意图如图 2-41 所示。

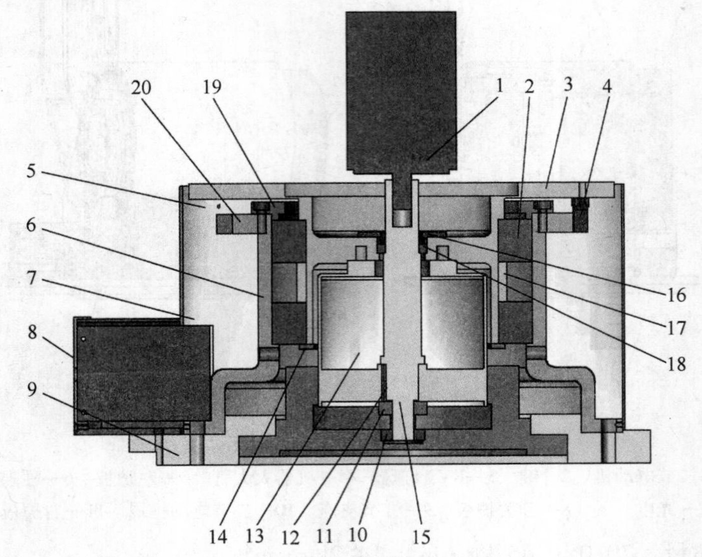

图 2-41 关节 1 示意图

1—伺服电动机 2—角接触球轴承 3—一节输出轴 4—一节限位挡块 5—光电开关 6—一节轴承座 7—一节外罩 8—一节航插板 9—一节底座 10—深沟球轴承 11—隔套 12—键 1 13—谐波减速器 14—轴承压盖 15—波发生器轴 16—轴承压盖 17—隔套 18—深沟球轴承 19—大轴承压盖 20—一节限位块

第四节 并联机器人

一、并联机器人概述

早期发明的六自由度并联机构，作为飞行模拟器，主要用于训练飞行员。后来有人提出并联机构用于机器人手臂，将该机构按操作器设计，并成功用于装配生产线，标志着真正意义上的并联机器人的诞生，从此推动了并联机器人的发展。

1. 并联机器人优点

相对于串联机器人来说，并联机器人具有以下优点：

1）与串联机构相比，刚度大，结构稳定。

2）承载能力强。

3）精度高。

4）运动惯性小。

5）在位置求解上，串联机构正解容易，反解困难，而并联机器人正解困难，反解容易。

由于机器人的在线实时计算是要求计算反解的，这对串联机构实现很难，而对并联机构却很容易实现，这就促使人们快速发展并联机器人，因而扩大了整个机器人的应用领域。

2. 并联机器人分类

（1）按自由度的数目分类　并联机器人可做 F 自由度（DOF）操作，则称其为 F 自由度并联机器人。例如：一并联机器人有六个自由度，称其为 6-DOF 并联机器人。冗余并联机器人，即其自由度大于六的并联机构。欠秩并联机器人，即机构的自由度小于其阶的并联机构。

（2）按并联机构的输入形式分类　可将并联机器人分为：线性驱动输入并联机器人和旋转驱动输入并联机器人。研究较多的是线性驱动输入并联机器人，这种类型的机器人位置反解非常简单，且具有唯一性。旋转驱动输入型并联机器人与线性驱动输入并联机器人相比，具有结构更紧凑、惯量更小、承载能力相对更强等优点；但它的旋转输入形式决定了位置反解的多解性和复杂性。

（3）按支柱的长度是否变化分类　可将并联机器人分为两种。一种为采用可变化的支柱进行支撑上下平台的并联机器人。例如被称为 Hexapod 的六杆并联机器人，运动平台和基座由六个长度可变化的支柱连接，每个支柱的两端分别由铰链连接在运动平台和基座上，通过调节支柱的长度来改变运动平台的位姿。另一种为采用固定长度的支柱进行支撑上下平台的并联机器人。例如被称为 Hexaglide 的六杆并联机器人，运动平台和基座是由六个长度固定的支柱连接的，每个支柱一端由铰链连接在运动平台上，另一端通过铰链连接在基座上，该端铰链可沿着基座上固定的滑道上下进行移动，由此来改变运动平台的位姿。

3. 并联机器人运动学分析

运动学中的主要参数：位置、位移、速度、加速度和时间。

运动学分析主要研究并联机构正反解问题。当给定并联机器人上平台的位姿参数时，求解各输入关节的位置参数是并联机器人运动学位姿反解问题。当给定并联机器人各输入节点的位置参数时，求解并联机器人上平台的位姿参数是并联机器人的运动学正解问题。

与串联机器人相反，并联机器人位置反解比较容易，而正解非常复杂。最为普遍的研究方法有两种：数值解法和解析解法。

数值解法数学模型简单，可以求解任何并联机构，但是不能求得机构的所有位置解。学者们使用了多种降维搜索算法，来获得位置正解。

数值解法是指求解一组非线性方程，非线性方程是矢量环方程经过一些具体结构的代数处理后，直接导出的，从而求得与输入位移对应的运动平台的位置和姿态。由于其省去了烦琐的数学推导，计算方法简单，但此方法计算速度较慢，不能保证获得全部解，并且最终的结果与初值的选取有关。学者们提出对于含三角平台的并联机构可以简化为只含有一个变量的非线性方程一维搜索法，明显地提高了求解速度。学者们又提出了一种基于同伦函数的新迭代法，不需选取初值就可求出全部解。该方法用于求解一般的 6-SPS 并联机构的位置正解，较方便地求出了全部 40 组解。

解析法是通过消元法消去机构约束方程中的未知数，从而获得输入输出方程中仅含一个未知数的多项式，该方法能够求得全部的解。输入输出的误差效应可以定量地表示出来，并可以避免奇异问题，在理论和应用上都有重要意义。

4. 并联机器人动力学分析

动力学是研究物体的运动和作用力之间的关系，并联机器人是一个复杂的动力学系统，存在着严重的非线性，由多个关节和多个连杆组成，具有多个输入和输出，它们之间存在着错综复杂的耦合关系。因此，要分析机器人的动力学特性，必须采用系统的方法。现有的分析方法很多，有拉格朗日(lagrange)方法、牛顿・欧拉(Newton・Euler)方法、高斯(Gauss)方法、凯恩(Kane)方法、旋量(对偶数)方法和罗伯逊・魏登堡(Roberson・Wittenburg)方法等。

早期进行动力学讨论的是 Ficher 和 Merlet，在忽略连杆的惯性和关节的摩擦后，得出了 Stewart 机器人的动力学方程。Do 和 Yang 通过 Newton-Euler 法，在假定关节无摩擦，各支杆为不对称的细杆(即重心在轴上且绕轴向的转动惯量可以忽略)条件下，完成了 Stewart 机器人的逆动力学分析。

5. 奇异结构分析

并联机器人的特征之一是高刚度，然而，若并联机器人在奇异位移时，会造成很大的问题。因为机器人处于该位置时不能承受任何负载，其操作平台具有多余的自由度，机构将失去控制。因而，在设计和使用并联机器人时，必须将奇异位姿排除在工作领域之外。

另一种方法是奇异位置方程，通过求解该方程来确定奇异位置。Shi 和 Fenton 应用正瞬态运动学方程来确定奇异矩阵。Sefrioui 和 Gossellin 针对一平面的 3-DOF 并联机器人推导出奇异轨迹的解析表达式。

Fitcher 发现了 Stewart 平台机构的奇异位置：即运动平台平行基座时，绕 Z 轴旋转±(正、负)的位置。机构奇异形位可以通过分析机构的雅可比矩阵行列式等于零的条件求得。

6. 工作空间分析

工作空间分析是设计并联机器人操作器的首要环节。机器人的工作空间是机器人操作器的工作区域，是衡量机器人性能的重要指标。根据操作器工作时的位姿特点，工作空间可分为可达工作空间和灵活工作空间。可达工作空间是指操作器上某一参考点可以到达的所有点的集合，这种工作空间不考虑操作的位姿。灵活工作空间是指操作器上某一参考点可以从任何方向到达的点的集合。

并联机器人的一个最大弱点是工作空间小，应该说这是一个相对的概念。同样的机构尺寸，串联机器人比并联机器人工作空间大；具备同样的工作空间，串联机构比并联机构小。

二、六自由度并联机器人

1. 六自由度并联机器人设计要求

已知了设计的用途，在进行六自由度并联机器人设计时，初步确定负载要求为 20kg，机器人总体高度在 900mm 左右，运动范围见表 2-1。

表 2-1　六自由度并联机器人运动参数

动作范围	X	Y	Z	θ_x	θ_y	θ_z
	±150mm	±150mm	±150mm	±20°	±20°	±30°
运动平台最大运动速度	X			100mm/s		
	Y			100mm/s		
	Z			100mm/s		
	θ_x			20°/s		
	θ_y			20°/s		
	θ_z			30°/s		

由此暂定各杆长度尺寸，进而绘制六自由度并联机器人机构简图如图 2-42 所示。

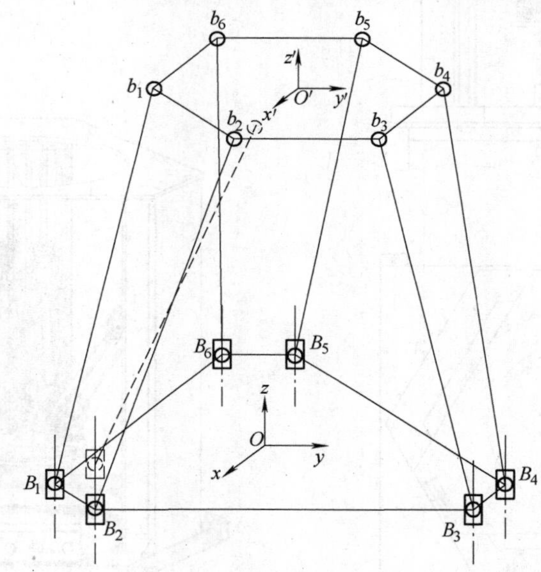

图 2-42　六自由度并联机器人机构简图

开始设计初期，需要仔细敲定每个杆的结构和所应用连杆功能部件如电动机、减速器的型号和参数，之后将各功能部件用三维软件绘制模型并赋予材质，与实际重量相当。

桌面型并联机器人电动机类型选取：步进电动机选取白山混合式两相步进电动机，伺服电动机选取富士伺服电动机及增量式编码器；滚珠丝杠根据精度要求选用台湾产 COMTOP、上银或 THK 产品。

2. 六自由度并联机器人具体设计过程

（1）设计过程中的注意事项

1）考虑机器人成本、用途后确定各连杆和立柱功能部件种类。

2）机器人的计算可以参照桌面型并联机器人的计算公式。

3）机器人机械设计中需考虑行程开关安装位置，以及机器人各关节走线与防护等措施。注意开关类部件本体防护设计，电缆尽量不在本体运行中弯折。

4）机器人机械设计时各关节注意机械硬限位的设计，加强机器人运行安全性能。

5）机器人机械设计严格注意零件工艺性能与本体装配性能。

（2）二维简图设计　绘制二维简图如图 2-43 所示，确定电动机型号，查询轴承等标准件尺寸，根据确定的尺寸，大致绘制每个连杆和立柱结构。根据结构尺寸，大致可以确定电动机尺寸范围，进而确定电动机大致型号。

将初步确定的电动机、滚珠丝杠、轴承等型号参数汇总，并绘制出三维 SOLIDWORKS 图形如图 2-44 所示。

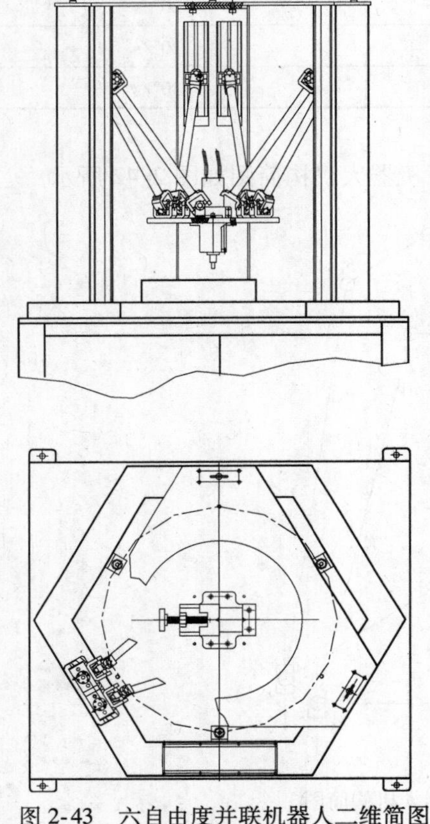

图 2-43　六自由度并联机器人二维简图

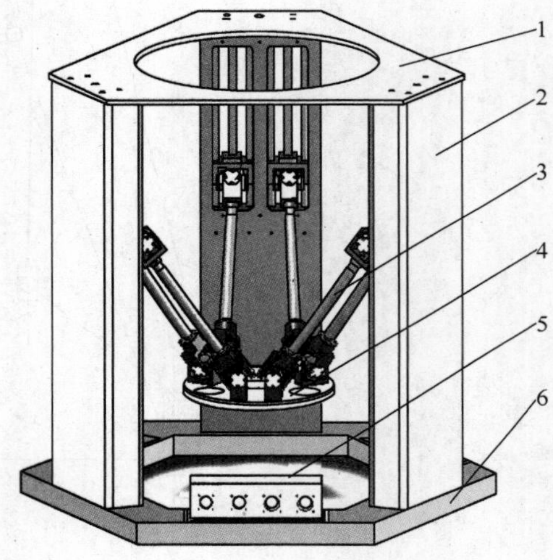

图 2-44　六自由度并联机器人三维图

1—上盖　2—立柱机构　3—连杆机构

4—运动平台　5—航插盒　6—底座及盖板

每个连杆采用伺服电动机驱动，选用 100W 富士伺服电动机，滚珠丝杠采用 COMTOP 的 SFU1605 型。

（3）各主要部件的设计过程

1）立柱的设计过程。连杆、滑块以及运动平台总质量：$m_1 = 20\text{kg}$

负载质量：$m_2 = 20\text{kg}$

行程长度：$l_s = 320\text{mm}$

最高速度：$v_{max} = 0.1\text{m/s}$

加速时间：$t_1 = 0.1\text{s}$

减速时间：$t_3 = 0.1\text{s}$

重复定位精度：±0.07mm

驱动电动机：伺服电动机转速 3000r/min

电动机惯性矩：$J_m=5\times10^{-5}kg\cdot m^2$

阻力：$f=50N$；游隙：0.1mm。

① 丝杠精度的选择。丝杠精度一般取每 300mm 为一单位，参照丝杠精度等级表选取 C7 精度。

② 轴向游隙的选择。丝杠垂直使用时，轴向负荷作用一个方向，不存在游隙问题，水平使用则必须查表选取在一定游隙范围内的滚珠丝杠，通常指的是螺杆直径范围。

③ 丝杠轴长度选择。因行程一定，长度需要去掉限位开关及连接板的尺寸加上丝杠两端支撑部分的长度，此处大概估算一个数值，不影响后续计算，具体设计中检验就可。

此处大约长度为 400mm。

④ 导程计算。导程也相当于丝杠螺杆部分的螺距，是丝杠每转一圈前进的距离。已知电动机转速为 3000r/min，工作台速度为 0.1m/s，可知导程为 $0.1\times60\times1000/3000mm=2mm$，因为电动机使用时转速通常不会大于额定转速，即导程也必须在 2mm 以上才能满足要求。由丝杠标准系列产品可知，有 4mm、5mm、10mm 系列，为了满足最小分辨率要求，又不能使导程过于增大，造成成本增加，故此选择 5mm。

⑤ 丝杠螺杆直径选择。由以上可知，丝杠导程 5 的螺杆直径有 10mm、12mm、16mm 等，此处选择直径 16mm。

⑥ 轴向力计算。先求加速度 $a=v_{max}/t_1=0.1/0.1m/s^2=1.0m/s^2$

上升加速时 $F_{a1}=(m_1+m_2)g+f+(m_1+m_2)a=460N$

上升匀速时 $F_{a2}=(m_1+m_2)g+f=440N$

上升减速时 $F_{a3}=(m_1+m_2)g+f-(m_1+m_2)a=400N$

下降加速时 $F_{a4}=(m_1+m_2)g-f-(m_1+m_2)a=360N$

下降匀速时 $F_{a5}=(m_1+m_2)g-f=380N$

下降减速时 $F_{a6}=(m_1+m_2)g-f+(m_1+m_2)a=400N$

可知最大轴向力为 460N。

⑦ 轴向力校核。一般丝杠样本参数中提供丝杠轴向径向负荷数值。考虑到冲击作用，由经验可知，最大轴向力应该小于提供参数轴向负荷的一半即可。

此处 $460N\ll7800/2N$ 不存在问题。

⑧ 负载产生的静扭矩。此处最大扭矩为上升状态，可知最大扭矩：

$T_1=F_{a1}\times l/2\pi\eta=406N\cdot mm$(效率 $\eta=0.9$;l 为导程)

同理按此公式可求出其他五个状态的静扭矩 $T_2\sim T_6$，此处略。

⑨ 加速产生的扭矩。$N=v\times60\times1000/$导程$=0.1\times60\times1000/4r/min=1500r/min$

计算角加速度 $\omega=2\pi N/(60t)=2\times3.14\times1500/(60\times0.1)rad/s^2=1570rad/s^2$($N$ 为最高使用转速,取 1500r/min)

计算丝杠惯性矩 $J_s=2.3\times10^{-5}kg\cdot m^2$

整体工作台惯性矩 $J=(m_1+m_2)(l/2\pi)^2\times A^2\times10^{-6}+J_s\times A^2=4.83\times10^{-5}kg\cdot m^2$，其中 A 为减速比，此处无减速器存在，取值为 1。

根据上述可知，加速所需要的扭矩为

$T_7=(J+J_m)\omega=5.2\times10^{-5}\times1570N\cdot m=81.6N\cdot mm$

则上升加速所需扭矩即最大扭矩为

$T_{k1}=T_2+T_7=388\text{N}\cdot\text{mm}+81.6\text{N}\cdot\text{mm}=469.6\text{N}\cdot\text{mm}$

其他匀速、减速、下降等状态相似，用户可自行算出。

2）电动机的扭矩。电动机瞬间产生的最大转矩为 955N · mm，电动机额定转矩为 318N · mm，如果是步进电动机，最大扭矩也要小于步进电动机额定转矩。另外注意，选择步进电动机，其转矩应该是在规定运行速度下的转矩，因为步进电动机有其特性，速度越大，扭矩越小。由此可以据此选择相应的电动机。

以上相关计算是根据滚珠丝杠在垂直使用情况下计算出来的，而六自由度并联机器人的每个连杆的受力情况是非常复杂的。在水平方向瞬时加减速的时候，有的滚珠丝杠和所在的电动机所承受的扭矩要比正常加速时大近一倍，而滚珠丝杠所承受的径向力也比以上计算的大一些。选择电动机和滚珠丝杠时要求留有一定的余量和安全系数。

3）惯性矩匹配原则。在非标设计过程中，这一原则至关重要，直接影响整体设备的稳定性和可靠性，或者说电动机控制上能发挥更大的功能，具有更高的稳定性，很多时候设计人员并不注意这个。

惯性矩匹配原则：

① 设备系统惯性矩与伺服电动机惯性矩比值要小于 10。

② 设备系统惯性矩与步进电动机比值最好要小于 5。

根据上述计算的整体惯性矩 $J=4.83\times10^{-5}\text{kg}\cdot\text{m}^2$ 可知如果用伺服电动机，伺服电动机的惯性矩必须在 $4.83\times10^{-6}\text{kg}\cdot\text{m}^2$ 之上，按此选取即可。一般电动机惯性矩参数样本中就可提供。

选择好电动机和滚珠丝杠，按照外形尺寸要求完成立柱整体设计并装配。电动机、丝杠装配示意图如图 2-45 所示。

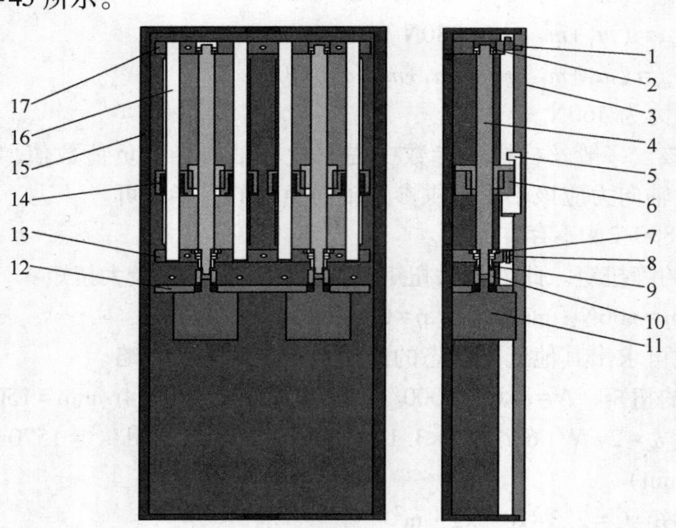

图 2-45　电动机、丝杠装配示意图

1—光电开关　2—深沟球轴承　3—防护罩　4—丝杠　5—开关撞片　6—滑块　7—压紧螺母　8—机械限位开关　9—锁紧螺母　10—联轴器　11—驱动电动机　12—电动机支座　13—下支座　14—直线轴承　15—立柱　16—光杠　17—上支座

4）传动部分结构特点。滚动螺旋传动采用滚珠丝杠，滚珠丝杠副是由丝杠、螺母、滚珠等零件组成的机械元件，其作用是将旋转运动转变为直线运动或将直线运动转变为旋转运动，它是传统滑动丝杠的进一步延伸发展。与传统滑动丝杠相比，它用滚动摩擦代替滑动摩擦，减少了螺旋传动的摩擦，提高了效率，克服了低速运动时的爬行现象。这一发展的深刻意义如同滚动轴承对滑动轴承所带来的改变一样。

滚动螺旋传动的结构形式很多，如图 2-46 所示。当螺杆或螺母转动时，滚珠依次沿螺纹滚道滚动，借助于返回装置使滚珠不断循环。

滚珠返回装置的结构可分为外循环式和内循环式两种。

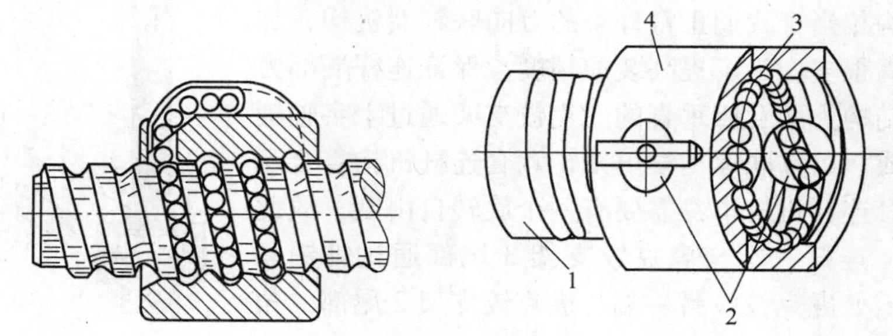

图 2-46　滚动螺旋传动的结构图

1—螺杆　2—反向器　3—滚珠　4—螺母

图 2-46a 为外循环式，滚珠在螺母的外表面经导路返回槽中循环。图 2-46b 为内循环式，每一圈螺纹有一反向器，滚珠只在本圈内循环式。外循环式加工方便，但径向尺寸大。

滚动螺旋传动的特点如下：

① 采用丝杠螺母副把电动机的旋转运动变为直线运动。

② 采用循环式直线滚动导轨约束平台面的运动，动静摩擦系数差别小，灵敏度高，起动阻力小，不易出现爬行现象。

③ 刚性好、抗振性强，能承受较大的冲击和振动。

④ 运动灵活平稳，能微量准确运动，定位精度高。

⑤ 结构紧凑，体积小。

导向部分采用的是直线轴承与圆柱导轨的形式，如图 2-47 所示。

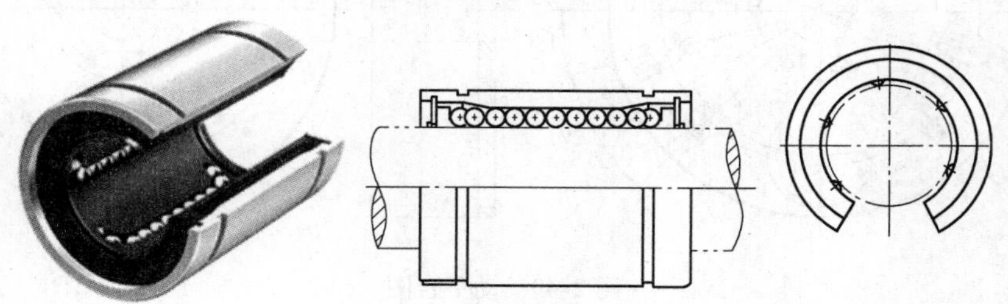

图 2-47　直线轴承结构图

直线轴承具有以下特点：

① 摩擦系数小，只有 0.001～0.004，节省动力。微量移动灵活、准确，低速时无蠕动爬行现象。

② 精度高，行程长，移动速度快，具有自调整能力，可降低匹配件加工精度，维修、润滑简便。导轨与导套呈圆柱形，造价低，但滚动体与轴呈点接触，承载能力较小，适用于精度要求较高、载荷较轻的场合。

③ 由于均采用滚动部件，无法形成自锁，所以在步进电动机的后部使用电磁制动器保证在失电情况下的位置保持。

5）连杆的设计过程。根据并联机器人的负载，初步确定连杆直径；通过有限元分析最后确定连杆直径，同时设计连杆两端的具体结构。连杆机构示意图如图 2-48 所示。

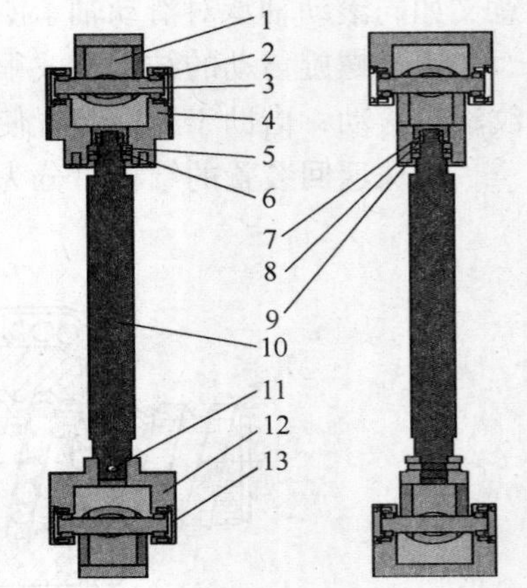

图 2-48　连杆机构示意图

1—虎克铰支架 1　2—深沟球轴承　3—十字轴　4—虎克铰支架 2　5—角接触球轴承　6—隔套　7—锁紧螺母　8—垫圈　9—轴承压盖 1　10—连杆　11—锥销　12—虎克铰支架 3　13—轴承压盖 2

虎克铰机构相当于我们正常理解的万向联轴器机构，加工装配精度要高很多。为了提高装配精度，保证连杆端部力传递顺畅，其结构为两互相垂直的虎克铰支架通过十字轴辅以轴承连接而成。由并联运动学可知，六套连杆机构复合运动过程中，每套连杆机构本身需要有一个旋转自由度，故此采用图示机构，连杆一端与虎克铰支架 3 尾部通过锥销紧固，称之为固定处虎克铰。另一端与虎克铰支架 2 尾部的角接触轴承连接，具有了旋转自由度，称之为旋转处虎克铰。

6）动平台和静平台的设计。根据虎克铰支架的具体尺寸，确定动平台上虎克铰支架所在中心线的直径，以及动平台(运动平台)外廓最小直径；为了能够模拟加工，要在动平台上安装 800W 电主轴，如图 2-49 所示。

确定静平台(上盖)上立柱滚珠丝杠所在中心线的直径，并根据立柱的整体尺寸确定静平台的整体尺寸，如图 2-50 所示。

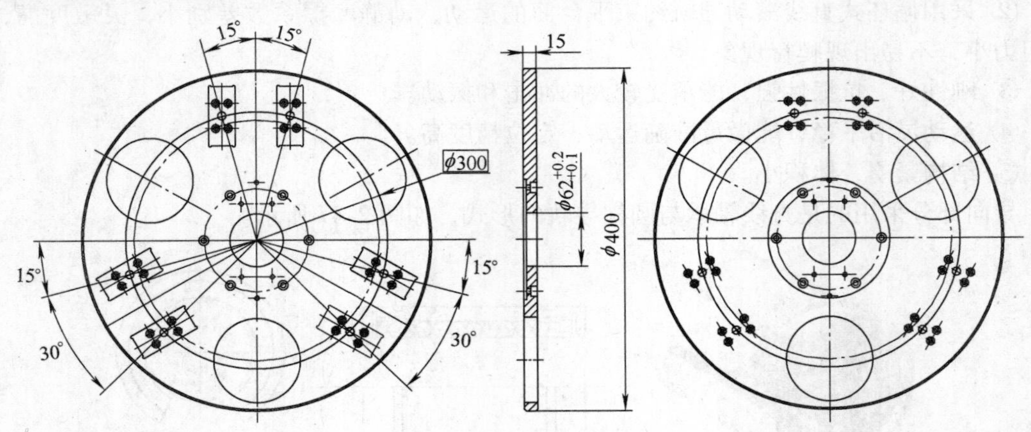

图 2-49　动平台图

验证得到动、静平台以及各连杆的尺寸，如图 2-51 所示。

根据机器人的具体结构得到如下参数：

自由度：6

杆长：$l=500$mm

上平台外接圆直径：$R=385.3$mm

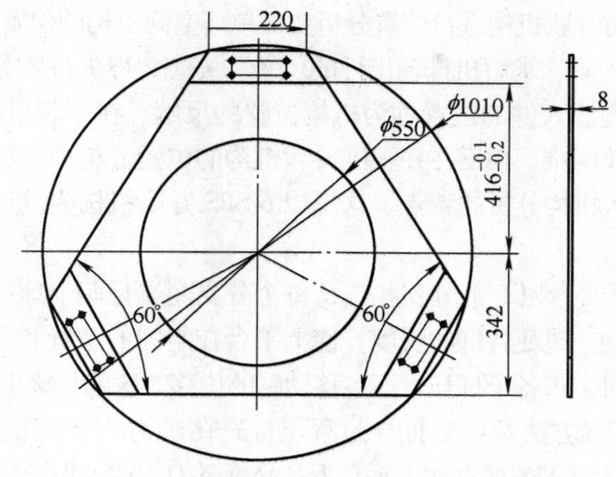

图 2-50　静平台图

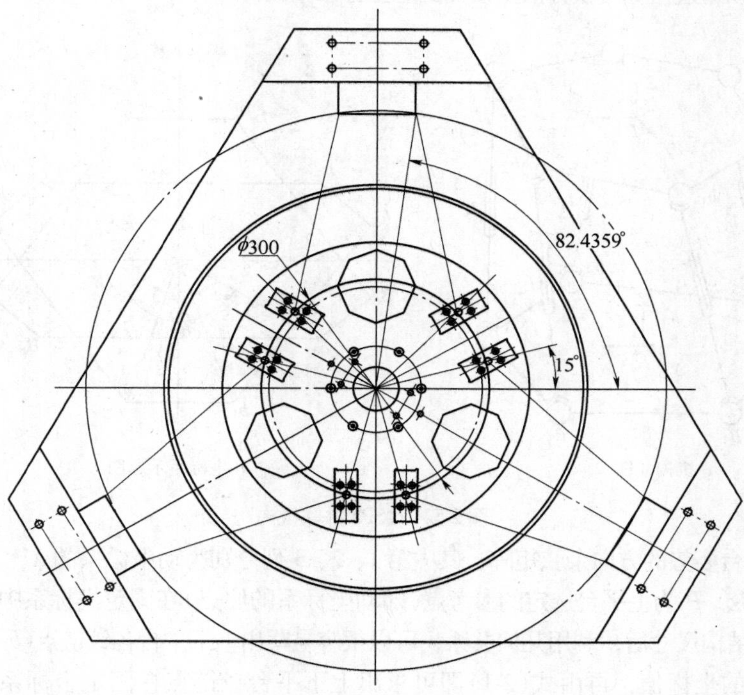

图 2-51　动、静平台图

下平台外接圆直径：$r=150$mm

各杆行程：300mm

驱动元件方向：Z 向

驱动元件最小伸长量：263.32mm

驱动元件最大伸长量：563.32mm

$\alpha=82.43°$

$\beta=15°$

机构的位置分析是求解机构的输入与输出构件之间的位置关系。这是机构运动分析的最基本的任务，也是机构速度、加速度、受力分析、误差分析、工作空间分析、动力分析和机构综合等的基础。由于并联机构复杂，对并联机构进行位置分析要比单环空间机构的位置分析复杂得多。

若已知机构主动件的位置，求解机构输出件的位置和姿态，称为位置分析的正解；若已知输出件的位置和姿态，求解机构输入件的位置称为机构位置的反解。在串联机器人机构的位置分析中，正解比较容易，而反解比较困难。相反在并联机器入机构的位置分析中，反解比较简单而正解却十分复杂，这正是并联机器人机构分析的特点。这里以 6-SPS 并联机构为例讨论并联机构的位置反解方法。

6-SPS 并联机构的上下平台以 6 个分支相连，每个分支两端是两个球铰，中间是一移动副。驱动器推动移动副做相对移动，改变各杆的长度，使上平台在空间的位置和姿态发生变化。当给定上平台在空间的位置和姿态时，求各个杆长，即各移动副的位移，这就是该机构的位置反解。

7）并联机器人坐标变换方法及反解推导过程。首先在机构的上、下平台上各建立一坐标系，如图 2-52 所示，动坐标系 P-$X'Y'Z'$建立在上平台上，坐标系 O-XYZ 固定于下平台上。在动坐标系中的任一向量 X'可以通过坐标变换方法变换到固定坐标系中的 R。

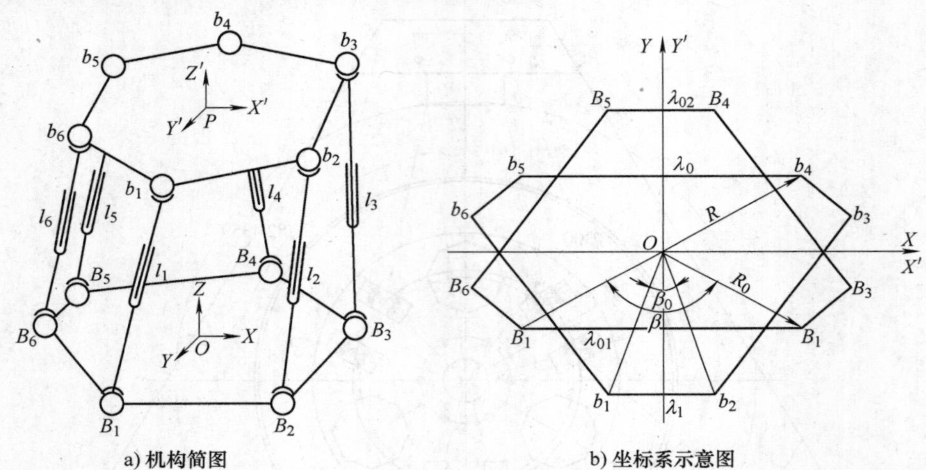

a) 机构简图　　b) 坐标系示意图

图 2-52　6-SPS 并联机构

设 T 为上平台姿势的方向余弦矩阵，其中第 1、2、3 列分别为动坐标系的 X'、Y'和 Z'在固定坐标系中的方向余弦，P 为上平台选定的参考点(即动坐标系的原点)在固定坐标系中的位置矢量。当给定机构的各个结构尺寸后，利用几何关系，可以很容易写出上下平台各铰链点(b_i,B_i,$i=1,2,\cdots,6$)在各自坐标系中的坐标值，再由式(2-1)即可求出上下平台铰链点在固定坐标系(O-XYZ)中的坐标值。

$$
\begin{gathered}
R=TP'+P \\
T=\begin{bmatrix} d_{11} & d_{12} & d_{13} \\ d_{21} & d_{22} & d_{23} \\ d_{31} & d_{32} & d_{33} \end{bmatrix} \\
P=\{X_p \quad Y_p \quad Z_p\}
\end{gathered}
\tag{2-1}
$$

6 个驱动器杆长矢量 L_i($i=1,2,\cdots,6$)可在固定坐标系中表示为

$$
L_i=b_i-B_i \quad (i=1,2,\cdots,6) \tag{2-2}
$$

从而得到机构的位置反解计算方程为

$$l_i=\sqrt{l_{ix}^2+l_{iy}^2+l_{iz}^2} \quad (i=1, 2, \cdots, 6) \tag{2-3}$$

式中，l_{ix}、l_{iy}、l_{iz}和l_i为第i个杆长矢量在x轴、y轴和z轴上的分量与矢量长度。

将已知参数代入机构的位置反解计算方程，给定机器人的末端坐标就可以计算出各杆的伸长量。通过位置反解计算，机器人的结构参数完全满足设计要求。

习　题

1. 机器人由哪几大部分组成？各有什么作用？
2. 细分驱动器的细分数是否能代表精度？
3. 串联机器人的优点有哪些？
4. 并联机器人与串联机器人的主要区别是什么？

第三章　现场总线控制技术

第一节　现场总线控制技术概述

随着计算机、控制器、通信和 CRT 显示器技术的发展，信息交换沟通的领域正迅速覆盖从工厂的现场设备到控制管理的各个层次，覆盖从工段、车间、工厂、企业至世界各地的市场。控制领域也因此发生了一次技术变革，这次变革使传统的控制系统(如集散式控制系统)无论在结构上，还是在性能上都发生了巨大的飞跃，这次变革的基础就是现场总线控制技术的产生，现场总线控制技术也称为工控局域网。它是 20 世纪 80 年代起步，90 年代迅速发展起来的工业控制技术。

一、自动控制系统的发展过程

纵观控制系统的发展史，不难发现，每一代新的控制系统都是针对老一代控制系统存在的缺陷而给出的解决方案，最终在用户需求和市场竞争两大外因的推动下占领市场的主导地位。

1. 基地式气动仪表控制阶段(Pneumatic Control System, PCS)

20 世纪 50 年代以前，由于当时的生产规模较小，检测控制仪表还处于发展的初级阶段，所采用的仅仅是安装在生产现场的设备，它们只具有简单测控功能，其信号仅在本仪表内起作用，一般不能传送给别的仪表或系统，即各测控点只能成为封闭状态，无法与外界沟通信息，操作人员只能通过对生产现场的巡视，了解生产过程的状况。

2. 模拟仪表控制系统(Analogous Control System, ACS)

随着生产规模的扩大，操作人员需要综合掌握多点的运行参数与信息，需要同时按多点的信息实行操作控制，于是出现了气动、电动系列的单元组合式仪表，出现了集中控制室，生产现场各处的参数通过统一的模拟信号，如：0.02~0.1MPa 的气动信号，4~20mA 的电流信号等，送往集中控制室，操作人员可以坐在控制室内纵观生产流程各处的状况，可以把各单元仪表的信号按需要组合成复杂控制系统。模拟仪表控制系统在 20 世纪 60~70 年代占主导地位，其缺点是模拟信号精度低，易受干扰。

3. 集中式数字控制系统(Computer Control System, CCS)

集中式数字控制系统在 20 世纪 70~80 年代占主导地位，采用单片机、PLC 或微机作为控制器，控制器内部传输的是数字信号，因此克服了模拟仪表控制系统中模拟信号精度低的缺陷，提高了系统的抗干扰能力。集中式数字控制系统的优点是易于根据全局情况进行控制计算和判断，在控制方式、控制机的选择上可以统一调度和安排；不足的是对控制器本身要求很高，必须具有足够的处理能力和极高的可靠性，当系统任务增加时，控制器的效率和可靠性将急剧下降，一旦控制器出现某种故障，就会造成所有控制回路瘫痪、生产停产的严重局面，这种系统很难为生产过程所接受。

4. 集散式控制系统(Distributed Control System,DCS)

集散式控制系统(DCS)在20世纪80~90年代占主导地位，其核心思想是集中管理、分散控制，即管理与控制相分离，上位机用于集中监视管理功能，若干下位机分散到现场实现分布式控制，各上、下位机之间用控制网络互联以实现相互之间的信息传递。因此这种集散式控制系统体系结构有利地克服了集中式数字控制系统中对控制器处理能力和可靠性要求高的缺点。在集散式控制系统中，分布控制思想的实现正是得益于网络技术的发展和应用，遗憾的是，不同的DCS厂家为达到垄断经营的目的而对其控制通信网络采用各自专用的封闭形式，从而使不同厂家的DCS系统之间以及DCS与上层信息网络之间难以实现网络互联和信息共享。因此集散式控制系统从该角度而言，实质是一种封闭专用的、并不具有可互联操作的分布式控制系统，而且造价昂贵。在这种情况下，用户对网络控制系统提出了开放性和降低成本的迫切要求。

5. 现场总线控制系统(Fieldbus Control System,FCS)

现场总线控制系统(FCS)正是顺应以上潮流而诞生的，它用现场总线控制这一开放的、具有可互联操作的网络技术，将现场各控制器及仪表设备互联，构成现场总线控制系统，同时控制功能彻底下放到现场，降低了安装成本和维护费用，因此现场总线控制系统(FCS)实质上是一种开放的、具有互联操作性、完全分散的分布式控制系统，有望成为21世纪控制系统的主导产品。

二、现场总线控制技术简介

现场总线控制技术是连接现场智能设备和自动化控制设备的双向串行、数字式多点通信网络，它也被称为现场低层设备控制网络(INFRANET)。

现场总线控制技术将专用微处理器置入传统的测量控制仪表，使它们各自都具有数据计算和数据通信能力，采用可进行简单连接的双绞线等作为总线，把多个测量控制仪表和自动化控制设备连接成网络系统，并按公开、规范的通信协议，在位于现场的多个微机化测量控制设备之间以及现场仪表与远程监控计算机之间，实现数据传输和信息交换，形成各种适应实际需要的自动控制系统。

1. 现场总线控制技术体系结构

现场总线控制系统是将自动化设备最底层的现场控制器和现场智能仪表设备互联的实时控制通信网络，遵循ISO的OSI开放系统参考模型的全部或部分协议。

现场总线控制系统是最底层的控制网络，即FCS各节点分散到现场，构成一种彻底的分布式控制体系结构。网络拓扑结构任意，可为总线型、星形、环形等，通信介质不受限制，可用双绞线、电力线、无线及红外线等各种形式。FCS形成的底层控制网很容易与企业内部网和全球信息网互联，构成一个完整的企业网络三级体系结构。

2. 现场总线控制技术与局域网的区别

1）功能比较。FCS连接自动化设备最底层的现场控制器和现场智能仪表设备，网线上传输的是小批量的数据信息，如检测信息、状态信息、控制信息等，传输速率低，但实时性高。简而言之，现场总线是一种实时控制网络。局域网用于连接局部区域的计算机，网线上传输的是大批量的数字信息，如文本、声音、图像等，传输速率高，但不要求实时性。从这个意义而言，局域网是一种高速信息网络。

2）实现方式比较。现场总线控制可采用各种通信介质，如双绞线、电力线、无线及红外线等，实现成本低。局域网需要专用电缆，如同轴电缆、光纤等，实现成本高。

三、现场总线控制技术标准

1. 制定标准的主要机构

（1）国际

1）国际标准化组织。国际标准化组织（International Organization for Standardization，ISO）是一个全球性的非政府组织，是国际标准化领域中一个十分重要的组织。

2）国际电工委员会。国际电工委员会（International Electrotechnical Commission，IEC）成立于1906年，至今已有100多年的历史。它是世界上成立最早的国际性电工标准化机构，负责有关电气工程和电子工程领域中的国际标准化工作。

3）国际电信联盟。国际电信联盟（International Telecommunication Union，ITU）是联合国专门机构之一，由无线电通信、标准化和发展三大核心部门组成，其成员包括191个成员国和700多个部门成员及部门准成员，其前身为根据1865年签订的《国际电报公约》成立的国际电报联盟。

（2）国内　我国现行的标准架构由国际标准、国家标准、行业标准、地方标准及企业标准五级构成。其中国家标准和行业标准又分别有强制性和推荐性两大类。涉及到国家安全、卫生、健康、环保、反欺诈的可以制定强制性标准，此外只能申请推荐性标准。

而国家标准、行业标准、地方标准、企业标准从效力上是递减的。《中华人民共和国标准化法》和《标准化法实施条例》规定了各级标准的制定单位和程序。

1）国家标准化管理委员会。国家标准化管理委员会（Standardization Administration of the People's Republic of China，SAC，中华人民共和国国家标准化管理局）为中华人民共和国国家质量监督检验检疫总局管理的事业单位，是国务院授权的履行行政管理职能、统一管理全国标准化工作的主管机构。

2）国家发展和改革委员会。国家发展和改革委员会委托有关行业协会（联合会）、行业标准计划单列单位对行业标准制定过程的起草、技术审查、编号、报批、备案及出版等工作进行管理。

（3）制定现场总线标准的具体委员会

1）国际电工委员会第65分委员会（IEC/TC65/SC65C）。IEC下设的TC65（Technical Committee，TC），成立于1969年，负责工业过程测量和控制的标准化工作。

TC65下设的SC65C（Sub Committee，SC），是负责测量和控制系统的数字通信的标准化的分委员会。

2）国际电工委员会第17分委员会（IEC/TC17/SC17B）。IEC下设的TC17，是负责电气标准化的委员会。

TC17下设的SC17B，是负责低压电器标准化的分委员会。

3）中华人民共和国工业过程测量和控制标准化技术委员会（SAC/TC124）。SAC下设的TC124，是负责全国工业过程测量和控制标准化工作。

2. 现场总线控制技术国际标准

1）IEC 61158（第四版）国际标准共有 20 种类型（2007 年 7 月通过，维护期 5 年，到 2012 年），分别是：

Type1：TS 61158 现场总线；Type2：CIP 现场总线；Type3：PROFIBUS 现场总线；Type4：P-NET 现场总线；Type5：FF HSE 高速以太网；Type6：SwifNet 被撤销；Type7：WorldFIP 现场总线；Type8：INTERBUS 现场总线；Type9：FF H1 现场总线；Type10：PROFINET 实时以太网；Type11：TCnet 实时以太网；Type12：EtherCAT 实时以太网；Type13：Ethernet Powerlink 实时以太网；Type14：EPA 实时以太网；Type15：Modbus-RTPS 实时以太网；Type16：SERCOS Ⅰ、Ⅱ现场总线；Type17：VNET/IP 实时以太网；Type18：CC-Link 现场总线；Type19：SERCOS Ⅲ实时以太网；Type20：HART 现场总线。

2）IEC 62026（IEC/TC17/SC17B）国际标准共有 4 种类型，分别是：

① AS-i（Actuator Sensor Interface 执行器传感器接口，德国 Siemens 等公司支持）。

② DeviceNet（美国 Rockwell 等公司支持）。

③ SDS（Smart Distributed System 灵巧式分散型系统，美国 Honeywell 等公司支持）。

④ Seriplex（串联多路控制总线）。

3）ISO 国际标准共有 2 种类型，分别是：

① CAN（Controller Area Networks 控制器局域网络，德国 BOSCH 公司支持）。

② CC-Link（日本三菱等公司支持）。

3. 现场总线控制技术国家标准

《国家标准化发展纲要》明确提出两个阶段目标：

第一阶段：在 2010 年基本建成重点突出、结构合理、适应市场的技术标准体系，使我国标准化工作达到中等发达国家水平。具体目标为：关联的国际标准采标率由目前的 44% 增加到 80%，标准制修订由 2000 项/年增加到 6000 项/年，标准制定周期由 4.5 年缩短到 2 年，标龄由 10.2 年缩短到 5 年以内。

第二阶段：在 2015 年实现标准总体水平达到国际先进水平，家用电器、能源、汽车等重点领域技术标准达到国际领先水平。具体目标为：我国自主创新技术的标准比例达到 20%（约 5000 项）；以我国标准为基础制定国际标准和重点参与制定的国际标准达到 2000 项；相关联的国际标准采标率达到 90% 以上；我国成为国际标准化组织的常任理事国，我国承担国际 TC、SC 的比例达到 10%；形成龙头企业积极跟踪和参与国际标准、国家标准修订工作的机制。

国家标准头字母有以下 3 种，含义如下：

GB：强制性国家标准，不管引用的标准是什么时候，都必须采用。

GB/T：推荐性国家标准。

GB/Z：指导性国家标准。

现场总线控制技术国家标准共有 14 种类型。

（1）EPA

1）《用于工业测量与控制系统的 EPA 系统结构与通信规范》GB/T 20171—2006

简介：本标准定义了基于 GB/T 15629.3—1995、IEEE std 802.11、IEEE std 802.15 以

及 RFC 791、RFC 768、RFC 793 等协议的 EPA(Ethernet for Plant Automation)系统结构、数据链路层协议、应用层服务定义与协议规范以及基于 XML 的设备描述规范。

2)《用于工业测量与控制系统的 EPA 规范 第 2 部分：协议一致性测试规范》GB/T 26796.2—2011。

简介：本部分规定了 EPA 协议一致性测试的内容、EPA 协议一致性测试系统的结构，定义了抽象测试集和可执行测试集的生成方法，UTA 与 LT、UTA 与 IUT 间的通信规范以及静态文档的生成规范。

本部分适用于对声明为基于 EPA 标准的产品(设备与系统)进行 EPA 协议一致性测试。

3)《用于工业测量与控制系统的 EPA 规范 第 3 部分：互可操作测试规范》GB/T 26796.3—2011。

简介：本部分规定了 EPA 互可操作测试系统的结构、测试原理和测试方法，适用于对声明为基于 EPA 标准的产品(设备与系统)进行 EPA 互可操作测试。

4)《用于工业测量与控制系统的 EPA 规范 第 4 部分：功能块的技术规范》GB/T 26796.4—2011。

简介：本部分规定了 EPA(Ethernet for Plant Automation)的用户层功能块规范，目的是为基于功能块应用定义基本的功能块，为功能块的互操作建立一个规范性基础，适用于基于 EPA 标准的产品(测量仪表、控制设备等)的功能块实现。

5)《工业通信网络 现场总线规范 第 2 部分：物理层规范和服务定义》GB/T 16657.2—2008。

简介：本部分规定了工业通信网络现场总线组成部分的要求、必要的媒体和网络配置要求。

(2)NCUC-Bus

1)《机床数控系统 NCUC-Bus 现场总线协议规范 第 1 部分：总则》GB/T 29001.1—2012。

简介：规定了机床数控系统 NCUC-Bus(NCUnion of China FieldBus,数控联盟总线,以下简称 NCUC-Bus)的数据类型和基本的数据传输方式，确立了 NCUC-Bus 用于机床数控系统及工业自动化控制过程而制定的通信协议规范。规定了 NCUC-Bus 网络拓扑结构、设备模型、网络层次模型、通信状态机的主要内容和通信过程一般原则。适用于机床数控系统。其他用途的数控系统可参照本部分。

2)《机床数控系统 NCUC-Bus 现场总线协议规范 第 2 部分:物理层》GB/T 29001.2—2012。

简介：规定了机床数控系统 NCUC-Bus 的数据类型和基本的数据传输方式，确立了 NCUC-Bus 用于机床数控系统及工业自动化控制过程而规定的通信协议规范。规定了 NCUC-Bus 物理层的要求，同时规定了介质和网络组态的要求。适用于机床数控系统，其他用途的数控系统可参照本部分。

3)《机床数控系统 NCUC-Bus 现场总线协议规范 第 3 部分:数据链路层》GB/T 29001.3—2012。

简介：规定了机床数控系统 NCUC-Bus 的数据类型和基本的数据传输方式，确立了 NCUC-Bus 用于机床数控系统及工业自动化控制过程而制定的通信协议规范。规定了 NCUC-Bus 数据链路层提供各装置之间基本的、有实效性的报文通信规则，同时定义了 NCUC-Bus

数据链路层协议。适用于机床数控系统，其他用途的数控系统可参照本部分。

4)《机床数控系统 NCUC-Bus 现场总线协议规范 第 4 部分：应用层》GB/T 29001.4—2012。

简介：规定了机床数控系统 NCUC-Bus 的数据类型和基本的数据传输方式，确立了 NCUC-Bus 用于机床数控系统及工业自动化控制过程而规定的通信协议规范。规定了机床数控系统 NCUC-Bus 的应用层协议规范。适用于机床数控系统，其他用途的数控系统可参照本部分。

5)《机床数控系统 NCUC-Bus 现场总线协议规范 第 5 部分：一致性测试》GB/T 29001.5—2013。

(3) Modbus

1)《基于 Modbus 协议的工业自动化网络规范 第 1 部分：Modbus 应用协议》GB/T 19582.1—2008。

简介：本部分为基于 Modbus 协议的自动化网络规范规定了 Modbus 应用协议，主要内容包括总体描述、功能码分类、功能码描述、异常响应等内容。

2)《基于 Modbus 协议的工业自动化网络规范 第 2 部分：Modbus 协议在串行链路上的实现指南》GB/T 19582.2—2008。

简介：GB/T 19582.2 首次发布时间为 2004 年 9 月 21 日，本部分第一次修订。本部分为基于 Modbus 协议的自动化网络规范规定了 Modbus 协议在串行链路上的实现指南，主要内容包括 Modbus 数据链路层、物理层、安装和文档、实现等级等。本部分从实施之日起代替 GB/Z 19582.2—2004 并于该日起予以废止。

3)《基于 Modbus 协议的工业自动化网络规范 第 3 部分：Modbus 协议在 TCP/IP 上的实现指南》GB/T 19582.3—2008。

简介：本部分为基于 Modbus 协议的自动化网络规范规定了 Modbus 协议在 TCP/IP 上的实现指南，主要内容包括功能描述和实现指南等。

4)《Modbus 测试规范　第 1 部分：Modbus 串行链路一致性测试规范》GB/T 25919.1—2010。

简介：本部分主要是针对串行链路 Modbus 子设备，其目的旨在确认 Modbus 子设备与 GB/T 19582.2—2008 的符合性，适用于工业、交通、电力、楼宇控制等领域，规定 Modbus 串行链路一致性测试系统的结构、测试方法。

5)《Modbus 测试规范　第 2 部分：Modbus 串行链路互操作测试规范》GB/T 25919.2—2010。

简介：本部分主要是针对串行链路 Modbus 子设备，其目的旨在确认 Modbus 子设备与 GB/T 19582.2—2008 的符合性，适用于工业、交通、电力、楼宇控制等领域，规定 Modbus 串行链路互操作性测试系统的结构、测试方法。

(4) PROFIBUS

1)《测量和控制数字数据通信　工业控制系统用现场总线 类型 3：PROFIBUS 规范》JB/T 10308.3—2005。

简介：本标准共两册，分为六个部分：概述和导则、物理层规范和服务定义、数据链路层服务定义、数据链路层协议规范、应用层服务定义、应用层协议范围。

2)《测量和控制数字数据通信 工业控制系统用现场总线 类型 3：PROFIBUS 规范 第 1 部

分:概述和导则》GB/T 20540. 1—2006。

简介：本部分解释了 PROFIBUS 规范的结构和内容，并阐述了它与 GB/T 9387 OSI 基本参考模型结构的关系。

3)《测量和控制数字数据通信 工业控制系统用现场总线 类型 3:PROFIBUS 规范 第 2 部分:物理层规范和服务定义》GB/T 20540. 2—2006。

简介：本部分规定了现场总线组成部分的要求以及媒体和网络组态的要求。

4)《测量和控制数字数据通信 工业控制系统用现场总线 类型 3:PROFIBUS 规范 第 3 部分:数据链路层服务定义》GB/T 20540. 3—2006。

简介：本部分规定了自动化环境中设备之间严格时间要求的基本报文通信，补充了 OSI 基本参考模型，用以指导开发严格时间要求的通信的数据链路协议。

5)《测量和控制数字数据通信 工业控制系统用现场总线 类型 3:PROFIBUS 规范 第 4 部分:数据链路层协议规范》GB/T 20540. 4—2006。

简介：本部分规定了用于从一个数据链路用户实体到另一个对等的用户实体实时地传输数据和控制信息的协议规程，并在这些数据链路实体之间形成分布式数据链路服务的提供者；通过此协议传输数据和控制信息所使用的现场总线数据链路(DL)协议数据单的结构，以及其作为物理接口数据单的表达法。

6)《测量和控制数字数据通信 工业控制系统用现场总线 类型 3:PROFIBUS 规范 第 5 部分:应用层服务定义》GB/T 20540. 5—2006。

简介：本部分规定了 IEC 现场总线应用层的结构和服务，这些规定与 OSI 基本参考模型(GB/T 9387—1995~2008)和 OSI 应用层结构(GB/T 17176—1997)一致。

7)《测量和控制数字数据通信 工业控制系统用现场总线 类型 3:PROFIBUS 规范 第 6 部分:应用层协议规范》GB/T 20540. 6—2006。

简介：本部分规定了远程应用之间的交互作用；定义了应用层协议，它对应于 GB/T 20540. 5—2006 中规定的应用层服务定义。

8)《PROFIBUS 过程控制设备行规》GB/T 27526—2011。

简介：本标准规定了用于操作、调试、维护和诊断的基本设备的参数集，以及实现由用户集团和设备制造商所定义参数的连贯性机制。适用于过程控制(例如:化工、食品、水/污水处理、电站和基础工业)中使用的变送器、阀、二进制设备以及其他装置。规定的 PROFIBUS 过程控制设备行规分为两类：A 类和 B 类。A 类行规描述了简单设备的通用参数，其范围限于操作阶段的基本功能。该基本集由具有测量值状态的过程变量(例如:温度、压力和物位)、标签(TAG)名称和工程单位组成。B 类行规的范围是用于过程控制的设备，它是 A 类行规定义的扩展，并覆盖用于标识、调试、维护和诊断的更复杂的应用功能。

(5) PROFINET

1)《测量和控制数字数据通信 工业控制系统用现场总线 类型 10:PROFINET 规范 第 1 部分:应用层服务定义》GB/Z 20541. 1—2006。

简介：本部分规定了 IEC 现场总线应用层的结构和服务、远程应用之间的交互作用和通信模型规范。

2)《测量和控制数字数据通信 工业控制系统用现场总线 类型 10:PROFINET 规范 第 2 部分:应用层协议规范》GB/Z 20541. 2—2006。

简介：本部分规定了定义应用实体调用之间信息交换和交互作用的总线应用层(FAL)协议，以及一组依据对等数据链路实体在通信时刻要执行的步骤来表达的通信规则。

3)《工业通信网络 现场总线规范 类型10：PROFINET IO 规范 第1部分：应用层服务定义》GB/Z 25105.1—2010。

4)《工业通信网络 现场总线规范 类型10：PROFINET IO 规范 第2部分：应用层协议规范》GB/Z 25105.2—2010。

5)《工业通信网络 现场总线规范 类型10：PROFINET IO 规范 第3部分：PROFINET IO 通信行规》GB/Z 25105.3—2010。

6)《PROFIBUS & PROFINET 技术行规 PROFIdrive 第1部分：行规规范》GB/T 25740.1—2013。

7)《PROFIBUS & PROFINET 技术行规 PROFIdrive 第2部分：行规到网络技术的映射》GB/T 25740.2—2013。

(6) PROFIsafe《基于 PROFIBUS DP 和 PROFINET IO 的功能安全通信行规-PROFIsafe》GB/Z 20830—2007。

简介：本指导性技术文件为首次发布。本标准化指导性技术文件定义了基于 PROFIBUS DP 和 PROFINET IO 的功能安全通信行规——PRDFIsafe，适用于加工工业、流程工业、燃料工程和公共运输等领域的通信功能安全应用。

(7) CC-Link

1)《CC-Link 控制与通信网络规范 第1部分：CC-Link 协议规范》GB/T 19760.1—2008。

简介：本部分规定了 CC Link 协议规范适用于自动化控制领域。

2)《CC-Link 控制与通信网络规范 第2部分：CC-Link 实现》GB/T 19760.2—2008。

简介：本部分修改采用 CC-Link 协会标准 BAP-05027-F《CC-Link 规范 实现》，其技术内容与 BAP-05027-F 完全一致。

GB/T 19760—2008 与 GB/Z 19760—2005 比较，在技术内容上未做调整，在结构上划分成4个部分，以适应不同用户单独使用的需求。本部分代替 GB/Z 19760—2005《控制与通信总线 CC-Link 规范》中的“CC-Link 实现”部分。适用于自动化控制领域。本部分中所有标有“必要”的项目必须被安装在所开发的 CC-Link 接口中。

3)《CC-Link 控制与通信网络规范 第3部分：CC-Link 行规》GB/T 19760.3—2008。

简介：本部分规定了 CC Link 行规，适用于自动化控制领域。

4)《CC-Link 控制与通信网络规范 第4部分：CC-Link/LT 协议规范》GB/T 19760.4—2008。

简介：本部分规定了 CC-Link/LT(Control& CommunicationLink/LT)协议规范，适用于自动化控制领域。

5)《控制与通信网络 CC-Link Safety 规范 第1部分：概述/协议》GB/Z 29496.1—2013。

6)《控制与通信网络 CC-Link Safety 规范 第2部分：行规》GB/Z 29496.2—2013。

7)《控制与通信网络 CC-Link Safety 规范 第3部分：实现》GB/Z 29496.3—2013。

(8) DeviceNet《低压开关设备和控制设备 控制器 设备接口(CDI) 第3部分：DeviceNet》GB/T 18858.3—2012。

简介：本标准规定了单个或多个控制器与控制回路设备或开关元件间的一种接口系统的

技术要求。主要内容包括：控制器和开关元件间的接口要求；DeviceNet 设备的正常工作条件；机构和性能要求。

（9）AS-Interface

1）《低压开关设备和控制设备 控制器 设备接口（CDI） 第 1 部分：总则》GB/T 18858.1—2012。

简介：本部分适用于在低压开关设备和控制设备与控制器（如可编程序控制器、个人计算机等）之间的接口。不适用于由 IEC/SC65C 研究的称为现场总线的更高层工业通信网络。

2）《低压开关设备和控制设备 控制器 设备接口（CDI） 第 2 部分：执行器传感器接口（AS-i）》GB/T 18858.2—2012。

简介：本部分规定了单个控制设备和开关元件之间的一种通信方法，并对具有规定的通信接口的部件建立可互操作性系统。完整的系统称为"执行器传感器接口（AS-i）"。本部分描述连接开关元件，如在 GB/T 14048—2006~2013 范围内的低压开关设备和控制设备，与控制设备的方法。该方法也可用于连接其他的电器和元件。此标准范围内描述到输入和输出时，其含义是对主站而言的，对于应用的含义则相反。

本部分的目的是为控制电路设备和开关元件之间规定以下要求：

① 传输系统要求，及从站、主站和机电设备之间的接口要求。

② 在本部分范围内，任意网络中不同电器的完整互操作要求；。

③ 符合本部分描述的网络内设备的可互换性的要求。

④ 从站、机电设备和主站的正常工作条件。

⑤ 结构和性能要求。

⑥ 一致性验证。

（10）Control 和 Ether Net/IP

1）《测量和控制数字数据通信 工业控制系统用现场总线 类型 2：ControlNet 和 EtherNet/IP 规范 第 1 部分：一般描述》GB/Z 26157.1—2010。

简介：本指导性技术文件规定了确定性控制网络上一个设备的一般要求，适用于其他部分都对应于 GB/T 9387—1995~2008 所定义的七层 OSI 模型中的一个特定的层。

2）《测量和控制数字数据通信 工业控制系统用现场总线 类型 2：ControlNet 和 EtherNet/IP 规范 第 2 部分：物理层和介质》GB/Z 26157.2—2010。

简介：本指导性技术文件规定了确定性控制网络上节点物理层以及传送介质的要求，适用于确定性控制网络物理层和介质的定义对应于 GB/T 9387—1995~2008 的 7 层 OSI 模型中第 1 层的定义。

3）《测量和控制数字数据通信 工业控制系统用现场总线 类型 2：ControlNet 和 EtherNet/IP 规范 第 3 部分：数据链路层》GB/Z 26157.3—2010。

简介：本指导性技术文件规定了在具有确定性的控制网络上节点的数据链路层需求，适用于确定性控制网络的数据链路层对应于与 GB/T 9387—1995~2008 一致的 OSI 七层模型中的第 2 层定义。

4）《测量和控制数字数据通信 工业控制系统用现场总线 类型 2：ControlNet 和 EtherNet/IP 规范 第 4 部分：网络层及传输层》GB/Z 26157.4—2010。

简介：本指导性技术文件规定了在确定的控制网络上的一个节点的网络和传输层的要

求，适用于确定的控制网络的网络和传输层对应于符合 GB/T 9387—1995~2008 的七层 OSI 模型的第 3 层和第 4 层。

5）《测量和控制数字数据通信　工业控制系统用现场总线　类型 2：ControlNet 和 EtherNet/IP 规范　第 5 部分：数据管理》GB/Z 26157.5—2010。

简介：本指导性技术文件规定了确定性控制网络中设备的数据管理要求，描述的数据管理对应于 GB/T 9387—1995~2008 标准中所定义的七层 OSI 模型中的表示层。它定义了用于规定与应用层交互的数据格式的一般方式。

6）《测量和控制数字数据通信　工业控制系统用现场总线　类型 2：ControlNet 和 EtherNet/IP 规范 第 6 部分：对象模型》GB/Z 26157.6—2010。

简介：本指导性技术文件适用于确定性控制网络上设备中对象模型的要求，同时也规定了公共服务和通用状态码，适用于确定性控制网络上的对象模型对应于 GB/T 9387—1995~2008 七层 OSI 模型中的第 7 层。

7）《测量和控制数字数据通信　工业控制系统用现场总线　类型 2：ControlNet 和 EtherNet/IP 规范　第 7 部分：设备行规》GB/Z 26157.7—2010。

简介：本指导性技术文件规定了在确定性控制网络上运行的设备的设备行规，适用于确定性控制网络的设备行规对应于 GB/T 9387—1995~2008 七层 OSI 模型的第七层的定义。

8）《测量和控制数字数据通信 工业控制系统用现场总线　类型 2：ControlNet 和 EtherNet/IP 规范　第 8 部分：电子数据表》GB/Z 26157.8—2010。

简介：本指导性技术文件规定了以下两方面的要求：通过网络进行远程设备组态的一些选项和设备中嵌入的组态参数。通过这些功能要素，使用者可以选择和修改设备的组态设置，以用于一个特定的应用。

本指导性技术文件适用于以下内容：

① 用于设备组态的标准方法。

② 电子数据表(EDS)的构成和要求。

③ 对于产品开发者和组态工具设计者的要求和资料性注释。

电子数据表符合 GB/T 9387—1995~2008 定义的七层 OSI 模型的第七层的定义。

9）《测量和控制数字数据通信 工业控制系统用现场总线　类型 2：ControlNet 和 EtherNet/IP 规范　第 9 部分：站管理》GB/Z 26157.9—2010。

简介：本指导性技术文件规定了挂在确定性控制网络上的设备的站管理实体要求。适用于确定性控制网络的站管理实体对应于 GB/T 9387—1995~2008 七层 OSI 模型的站管理定义。

10）《测量和控制数字数据通信 工业控制系统用现场总线　类型 2：ControlNet 和 EtherNet/IP 规范　第 10 部分：对象库》GB/Z 26157.10—2010。

简介：本指导性技术文件规定了标识对象应当提供关于设备的标识和一般信息，适用于标识对象的实例 1 应出现于所有的设备中。第一个实例应当标识整个设备。它被用于电子钥匙匹配，并被希望确定在网络上有何节点的应用所使用。其他的实例是可选的。它们可以由设备提供，用于给出关于设备和它的子系统的其他信息。

11）《测量和控制数字数据通信 工业控制系统用现场总线　类型 2：Control Net 和 Ether Net/IP 规范》JB/T 10308.2—2006。

简介：本部分规定了确定性控制网络上一个设备的一般要求。

（11）INTERBUS

1）《测量和控制数字数据通信 工业控制系统用现场总线 类型8:INTERBUS 规范》JB/T 10308.8—2005。

2）《测量和控制数字数据通信 工业控制系统用现场总线 类型8:INTERBUS 规范 第1部分:概述》GB/Z 29619.1—2013。

3）《测量和控制数字数据通信 工业控制系统用现场总线 类型8: INTERBUS 规范 第2部分:物理层规范和服务定义》GB/Z 29619.2—2013。

4）《测量和控制数字数据通信 工业控制系统用现场总线 类型8:INTERBUS 规范 第3部分:数据链路服务定义》GB/Z 29619.3—2013。

5）《测量和控制数字数据通信 工业控制系统用现场总线 类型8:INTERBUS 规范 第4部分:数据链路协议规范》GB/Z 29619.4—2013。

6）《测量和控制数字数据通信 工业控制系统用现场总线 类型8:INTERBUS 规范 第5部分:应用层服务的定义》GB/Z 29619.5—2013。

7）《测量和控制数字数据通信 工业控制系统用现场总线 类型8:INTERBUS 规范 第6部分:应用层协议规范》GB/Z 29619.6—2013。

（12） HART

1）《符合 HART 协议的智能电动执行机构通用技术条件》JB/T 10233—2001。

2）《基于 HART 协议的电磁流量计通用技术条件》GB/T 29815—2013。

3）《基于 HART 协议的阀门定位器通用技术条件》GB/T 29816—2013。

4）《基于 HART 协议的压力/差压变送器通用技术条件》GB/T 29817—2013。

5）《基于 HART 协议的质量流量计通用技术条件》JB/T 10233—2001。

6）《工业通信网络 现场总线规范 类型20:HART 规范 第1部分:HART 有线网络物理层服务定义和协议规范》GB/T 29910.1—2013。

7）《工业通信网络 现场总线规范 类型20:HART 规范 第2部分:HART 有线网络数据链路层服务定义和协议规范》GB/T 29910.2—2013。

8）《工业通信网络 现场总线规范 类型20:HART 规范 第3部分:应用层服务定义》GB/T 29910.3—2013。

9）《工业通信网络 现场总线规范 类型20:HART 规范 第4部分:应用层协议规范》GB/T 29910.4—2013。

10）《工业通信网络 现场总线规范 类型20:HART 规范 第5部分:WirelessHART 无线通信网络及通信行规》GB/T 29910.5—2013。

11）《工业通信网络 现场总线规范 类型20:HART 规范 第6部分:应用层附加服务定义和协议规范》GB/T 29910.6—2013。

（13）LONWORKS

1）《控制网络 LONWORKS 技术规范 第1部分:协议规范》GB/Z 20177.1—2006。

简介：本部分规定了控制网络的通信协议，主要包括协议分层概述、MAC 子层、链路层、网络层、事务控制子层、传输层、会话层、表示/应用层及网络管理和诊断等内容，适用于自动控制系统及产品的设计、制造、集成、安装和维护。

2）《控制网络 LONWORKS 技术规范 第2部分:电力线信道规范》GB/Z 20177.2—2006。

简介：本部分规定了如何在电力线媒体上实现数据和控制信息交换，包括电力线网络的一般性描述，网络允许拓扑和配置规则的规范等内容，适用于自动控制系统及产品的设计、制造、集成、安装和维护。

3）《控制网络 LONWORKS 技术规范 第 3 部分：自由拓扑双绞线信道规范》GB/Z 20177.3—2006。

简介：本部分规定了自由拓扑双绞线信道规范，主要涉及物理层及其与媒体访问控制层和媒体的接口，另外对物理层之外的其他层控制的对物理层操作的参数也做了说明，适用于自动控制系统及产品的设计、制造、集成、安装和维护。

4）《控制网络 LONWORKS 技术规范 第 4 部分：基于隧道技术在 IP 信道上传输控制网络协议的规范》GB/Z 20177.4—2006。

简介：本部分规定了基于隧道技术在 IP 信道上传输控制网络协议的规范，包括通用要求、CN/IP 设备规范、IP 传输机制、CN/IP 设备配置、CN/IP 报文和操作方式以及包格式等内容，适用于自动控制系统及产品的设计、制造、集成、安装和维护。

（14）CAN

1）《船用柴油机监控系统 CAN 总线应用层通信协议技术要求》CB/T 4239—2013。

简介：本标准规定了船用柴油机监控系统 CAN 总线应用层通信协议的一般要求、设备资源、通信对象等，适用于船用柴油机监控系统 CAN 总线应用层通信协议。

2）《电动汽车电池管理系统与非车载充电机之间的通信协议》QC/T 842—2010。

简介：本标准规定了电动汽车电池管理系统（简称 BMS）与非车载充电机（简称充电机）之间的通信协议，适用于电动汽车非车载充电。该标准的 CAN 标识符为 29 位，通信波特率为 250kbit/s，但该标准不限于 29 位标识符和 250kbit/s 通信波特率，如使用其他格式，可参照该标准制定其 CAN 标识符。标准数据传输采用低位先发送的格式。

四、现场总线控制技术的特点

1. 开放性和互操作性

开放性意味着现场总线控制技术将打破 DCS 大型厂家的垄断，给中小企业的发展带来平等竞争的机遇。互操作性实现控制产品的“即插即用”功能，从而使用户对不同厂家工控产品有更高的选择余地。

2. 彻底的分散性

彻底的分散性意味着系统具有较高的可靠性和灵活性，系统很容易重组和扩建，且容易维护。

3. 低成本

相对 DCS 而言，FCS 开放的体系结构和 OEM 技术将大大地缩短产品的开发周期，降低开发成本，且彻底分散的分布式结构将一对一模拟信号传输方式变为一对 N 的数字信号传输方式，节省了模拟信号传输过程中大量的 A-D、D-A 转换装置，布线成本和维护费用低。因此从总体上来看，FCS 的成本大大低于 DCS 的成本。

可以说，开放性、分散性和低成本是现场总线控制技术的三大特征，它的出现将使传统的自动控制系统产生划时代的变革。这场变革的深度和广度将超过历史上任何一次变革，必将开创自动控制的新纪元。

第二节　典型现场总线控制技术

现场总线技术发展迅速，种类繁多。目前我国现场总线标准有十多类，包括 EPA 用于工业测量与控制系统的 EPA 系统结构与通信规范、机床数控系统 NCUC-Bus 现场总线协议规范、Modbus 协议的工业自动化网络规范、PROFIBUS、PROFINET 测量和控制数字数据通信工业控制系统用现场总线、PROFIBUS DP 和 PROFINET IO 的功能安全通信行规 PROFIsafe、CC-Link 控制与通信网络规范、DeviceNet 低压开关设备和控制设备 控制器 设备接口(CDI)、AS-Interface 低压开关设备和控制设备 控制器 设备接口(CDI)、Control 和 Ether Net/IP 测量和控制数字数据通信工业控制系统用现场总线、INTERBUS 测量和控制数字数据通信工业控制系统用现场总线、HART 协议、控制网络 LONWORKS 技术规范、CAN 总线及基金会现场总线等 70 余个国家标准。

一、EPA

EPA 是 Ethernet for Plant Automation 的缩写，它是 Ethernet、TCP/IP 等商用计算机通信领域的主流技术直接应用于工业控制现场设备间的通信，并在此基础上建立的应用于工业现场设备间通信的开放网络通信平台。

1. EPA 简介

EPA 是一种全新的适用于工业现场设备的开放性实时以太网标准，将大量成熟的 IT 技术应用于工业控制系统，利用高效、稳定、标准的以太网和 UDP/IP 协议的确定性通信调度策略，为适用于现场设备的实时工作建立了一种全新的标准。这一项目得到了中国政府“863”高科技研究与发展计划的支持。在国家标准化管理委员会、全国工业过程测量与控制标准化技术委员会的支持下，由浙江大学、浙江中控技术有限公司、中国科学院沈阳自动化研究所、重庆邮电大学、清华大学、大连理工大学、上海工业自动化仪表研究院、机械工业仪器仪表综合技术经济研究所、北京华控技术有限责任公司等单位联合成立的标准起草工作组，经过 3 年多的技术攻关，提出了基于工业以太网的实时通信控制系统解决方案。

EPA 实时以太网技术的攻关，以国家“863”计划 CIMS 主题系列课题“基于高速以太网技术的现场总线控制设备”“现场级无线以太网协议研究及设备开发”“基于‘蓝牙’技术的工业现场设备、监控网络其及关键技术研究”，以及“基于 EPA 的分布式网络控制系统研究和开发”“基于 EPA 的产品开发仿真系统”等滚动课题为依托，先后解决了以太网用于工业现场设备间通信的确定性和实时性、网络供电、互可操作、网络安全、可靠性与抗干扰等关键性技术难题，开发了基于 EPA 的分布式网络控制系统，首先在化工、制药等生产装置上获得成功应用。

在此基础上，标准起草工作组起草了我国第一个拥有自主知识产权的现场总线国家标准《用于工业测量与控制系统的 EPA 系统结构与通信规范》。同时，该标准被列入现场总线国际标准 IEC 61158(第 4 版)中的第十四类型，并列为与 IEC 61158 相配套的实时以太网应用行规国际标准 IEC 61784-2 中的第十四应用行规簇(Common Profile Family 14，CPF14)，标志着中国第一个拥有自主知识产权的现场总线国际标准——EPA，得到国际电工委员会的正式承认，并全面进入现场总线国际标准化体系。

2. EPA 发展历程

2001 年 10 月，由浙江大学牵头，以浙大中控为主，清华大学、大连理工大学、中科院沈阳自动化所、重庆邮电学院、TC124 等单位联合承担国家“863”计划 CIMS 主题重点课题“基于高速以太网技术的现场总线控制设备”，开始制定 EPA 标准。

2002 年 10 月，浙大中控“基于以太网的 EPA 网络通信技术及其控制系统”项目通过了浙江省科技厅组织的技术鉴定。

2003 年 01 月，EPA 国家标准起草工作组成立。

2003 年 01 月，浙江大学、浙大中控主持制定的《用于工业测量与控制系统的 EPA 系统结构与通信标准》通过专家评审。

2003 年 04 月，在 EPA 标准的基础上，课题组开发了基于 EPA 的分布式网络控制系统原型验证系统，并在杭州龙山化工厂的联碱碳化装置上成功试用。

2004 年 05 月，浙江大学、浙大中控主持制定的《EPA 标准》(征求意见稿)通过国家标准委员会的审核。

2004 年 09 月，浙大中控 EPA 实时以太网震撼 MICONEX2004——第十五届多国仪器仪表展览会 MICONEX2004。

2004 年 10 月，EPA 实时以太网在第六届中国国际高新技术成果交易会上广受关注。

2004 年 11 月，“EPA 基于高速以太网技术的现场总线控制设备”荣获第六届上海国际工业博览会创新奖。

2005 年 01 月，“2004 年度工控及自动化领域十大新闻”评选结果揭晓，“EPA 为 IEC 收录，作为 PAS 国际标准予以发布”荣膺十大新闻之列。

2005 年 02 月，我国自主研发的实时以太网 EPA 通信协议 Real time Ethernet EPA（Ethernet for Plant Automation）顺利通过 IEC 各国家委员会的投票，正式成为 IEC/PAS 62409 文件。

2005 年 12 月，EPA 被正式列入现场总线国际标准 IEC 61158(第 4 版)中的第十四类型，并列为与 IEC 61158 相配套的实时以太网应用行规国际标准 IEC 61784-2 中的第十四应用行规簇(Common Profile Family 14,CPF14)。

二、NCUC-Bus 现场总线技术

高速高精控制是现代数控系统的发展趋势，传统的“脉冲量或模拟量接口”已经不能满足现代数控系统高速高精加工的通信要求，全数字现场总线技术成为数控系统通信发展的主流。我国的数控系统如果单纯地引用国外现场总线技术，不仅费用高昂，而且难以突破国外的技术壁垒。数控系统内部的数据通信协议标准是制约我国高档数控系统技术水平的主要瓶颈。要用“中国脑”装备“中国制造”，必须开发具有自主知识产权的数控系统现场总线技术。

2008 年初，为加快中国高档数控系统的技术研发，在国家发改委的大力支持下，武汉华中数控股份有限公司、大连光洋科技工程有限公司、沈阳高精数控技术有限公司、广州数控设备有限公司、浙江中控电气技术有限公司等五家联盟成员企业成立了机床数控系统现场总线联盟。他们一边联合研发核心技术，一边联合制定国家标准。

目前，具有自主知识产权的 NCUC-BUS 现场总线技术的研发取得重大进展，我国高档数控系统标准 NCUC-BUS 协议“出炉”。华中数控自主研制的、配置 NCUC-BUS 现场总线

的“华中8型”高档数控系统已在大连、四川等地投入使用，并陆续与国家重大专项支持的29台高档数控机床配套，主要指标达到国外高档数控系统的指标要求。

由华中数控牵头制定的国家标准《机床数控系统 NCUC-BUS 现场总线协议规范》正在突破国外数控强国的围堵，建立自主创新的民族数控产业标准。

三、Modbus 通信协议

Modbus 通信协议是由 Modicon（现为施耐德电气公司的一个品牌）在1979年发明的，是全球第一个真正用于工业现场的总线协议。

1. Modbus 协议简介

为更好地普及和推动 Modbus 在基于以太网上的分布式应用，目前施耐德公司已将 Modbus 协议的所有权移交给 IDA（Interface for Distributed Automation，分布式自动化接口）组织，并成立了 Modbus-IDA 组织，为 Modbus 今后的发展奠定了基础。在中国，Modbus 已经成为国家标准 GB/T 19582—2008。

Modbus 协议是应用于电子控制器上的一种通用语言。通过此协议，控制器相互之间、控制器经由网络（例如以太网）和其他设备之间可以通信。它已经成为一通用工业标准，有了它，不同厂商生产的控制设备可以连成工业网络，进行集中监控。此协议定义了一个控制器能认识使用的消息结构，而不管它们是经过何种网络进行通信的。它描述了一控制器请求访问其他设备的过程，如何回应来自其他设备的请求，以及怎样侦测错误并记录。它制定了消息域格局和内容的公共格式。

当在一 Modbus 网络上通信时，此协议决定了每个控制器需要知道它们的设备地址，识别按地址发来的消息，决定要产生何种行动。如果需要回应，控制器将生成反馈信息并用 Modbus 协议发出。在其他网络上，包含了 Modbus 协议的消息转换为在此网络上使用的帧或包结构。这种转换也扩展了根据具体的网络解决节地址、路由路径及错误检测的方法。此协议支持传统的 RS-232、RS-422、RS-485 和以太网设备。许多工业设备，包括 PLC、DCS、智能仪表等都在使用 Modbus 协议作为它们之间的通信标准。

2. Modbus 的特点

1）标准、开放，用户可以免费、放心地使用 Modbus 协议，不需要交纳许可证费，也不会侵犯知识产权。目前，支持 Modbus 的厂家超过400家，支持 Modbus 的产品超过600种。

2）Modbus 可以支持多种电气接口，如 RS-232、RS-485 等，还可以在各种介质上传送，如双绞线、光纤、无线等。

3）Modbus 的帧格式简单、紧凑，通俗易懂。用户使用容易，厂商开发简单。

四、PROFIBUS

PROFIBUS 现场总线控制技术（Process FieldBus）由德国西门子公司1987年推出。它是世界上应用最广泛的现场总线技术，主要包括最高波特率可达12Mbit/s的高速总线 PROFIBUS-DP（H2）和用于过程控制的本安型低速总线 PROFIBUS-PA（H1）。DP 和 PA 的完美结合使得 PROFIBUS 现场总线在结构和性能上优越于其他现场总线。PROFIBUS 既适合于自动化系统与现场信号单元的通信，也用于可以直接连接带有接口的变送器、执行器、传动装置和其他现场仪表及设备，对现场信号进行采集和监控，并且用一对双绞线替代了传统的大量的传输电缆，大量节省了电缆的费用，也相应节省了施工调试以及系统投运后的维护时间和费用。根据统计，使用 PROFIBUS 可以使工程总造价降低 20%~40%。

产品有三类，即 FMS 用于主站之间的通信、DP 用于制造业从站之间的通信，PA 用于过程控制行业从站之间的通信。目前主要使用的是总线桥技术和总线桥产品。

1. 总线桥技术

该技术通过 RS-232、RS-485 等串行通信接口或网关接口，将智能现场设备连接到 PROFIBUS 总线上。这样一些传统的仪表及现场设备公司，就可以通过该技术降低成本。

2. 总线桥产品

（1）OEM 系列　通过与设备开发企业技术合作，免费提供 PROFIBUS 接口开发技术，并以 OEM 方式提供 PROFIBUS 接口的专用逻辑芯片。

（2）桥系列　通过 RS-232、RS-485 等串行通信接口，将智能现场设备，如变频器、温度巡检仪、回路调节器等接到 PROFIBUS 上，可免费替用户编写设备通信程序。

（3）网关系列　用于不同现场总线控制之间的接口，目前有 PROFIBUS-CAN、PROFIBUS-LONWORKS、PROFIBUS-TCP/IP（INTERNET）。

由于 PROFIBUS 开发生产的 FCS 产品开发时间早至 10 年前，限于当时计算机网络水平，大多建立在 IT 网络标准基础上，随着应用领域的不断扩大和用户要求越来越高，现场总线控制产品只能在原有 IT 协议框架上进行局部的修改和补充，以至在控制系统内部增加了很多转换单元（如各种耦合器），这为该产品的进一步发展带来了一定的局限性。

五、PROFINET

PROFINET 由 PROFIBUS 国际组织（PROFIBUS International，PI）推出，是新一代基于工业以太网技术的自动化总线标准。作为一项战略性的技术创新，PROFINET 为自动化通信领域提供了一个完整的网络解决方案，囊括了诸如实时以太网、运动控制、分布式自动化、故障安全以及网络安全等当前自动化领域的热点话题，并且，作为跨供应商的技术，可以完全兼容工业以太网和现有的现场总线（如 PROFIBUS）技术，保护现有投资。PROFINET 是适用于不同需求的完整解决方案，其功能包括 8 个主要的模块，依次为实时通信、分布式现场设备、运动控制、分布式自动化、网络安装、IT 标准和信息安全、故障安全和过程自动化。

通过代理服务器技术，PROFINET 可以无缝地集成现场总线 PROFIBUS 和其他总线标准。今天，PROFIBUS 是世界范围内唯一可覆盖从工厂自动化场合到过程自动化应用的现场总线标准。集成 PROFIBUS 现场总线解决方案的 PROFINET 是过程自动化领域应用的完美体验。

作为国际标准 IEC 61158 的重要组成部分，PROFINET 是完全开放的协议，PROFIBUS 国际组织的成员公司在 2004 年的汉诺威展览会上推出了大量带有 PROFINET 接口的设备，为 PROFINET 技术的推广和普及起到了积极的作用。随着时间的流逝，作为面向未来的新一代工业通信网络标准，PROFINET 必将为自动化控制系统带来更大的收益和便利。

六、PROFIsafe

虽然具有分布式 I/O 的自动化解决方案广泛使用了 PROFIBUS DP 和新引入的 PROFINET IO，但故障安全应用仍然依赖于传统电气技术的另一条或专用的总线，这限制了无缝集成和互操作性。2005 年 9 月由 PNO 发布的最新版 PROFIsafe 安全行规（V2.0）描述了安全外围设备和安全控制器间的通信。它是对标准 PROFIBUS DP 和 PROFIBUS IO 的补充技术，用于减少安全控制器和安全设备间数据传输的失效率和错误率，以达到或超过相关标准要求的等级。

随着现场总线技术的发展和广泛应用，故障安全通信技术近年来也得到了飞速发展，安全总线系统的应用使得工业控制系统更具安全性和可用性，同时提高了系统灵活性，有效节约了布线和工程施工的成本。与 SafetyBus 这种独立的安全网络和独立的安全 PLC 相比，Siemens 推出的安全通信协议 PROFIsafe 将安全设备和标准设备的数据流完全整合在以 PROFIBUS 为平台的总线系统中，使标准设备和安全设备能同时共用一条通信链路。从 1999 年 PROFIsafe 引入以来，TUV 已经认证了其在 PROFIBUS 上运用的安全性，达到了 IEC 61508 中 SIL3 的等级，最近它还获得了 PROFINET 上使用安全性的认证。开放架构的 PROFIsafe 使得选择其他厂商的产品成为可能。目前有大量的厂商都提供支持 PROFIsafe 的设备，如 Banner、Beckhoff、Sick、Turck 和 Wago 等。

与传统安全系统相比，PROFIsafe 具有如下优点：

1）安全通信和标准通信在同一根电缆上共存。

2）PROFIsafe 的故障安全性建立在单信道通信系统之上，安全通信不通过冗余电缆来达到目的。

3）标准通信部件，如电缆、专用芯片、DP-栈软件等，无任何变化。

4）故障安全措施封闭在终端模块中（F-Master、F-Slave），采用专利 SIL 监视器获得极高的安全性。

5）最高故障安全完整性等级为 SIL3（IEC 61508）。

6）既可用于低能耗（Ex-i）的过程自动化，又可用于反应迅速的制造业自动化。

PROFIsafe 使标准现场总线技术和故障安全技术合为一个系统，即故障安全通信和标准通信在同一根电缆上共存，安全通信不通过冗余电缆来实现。这不仅在布线上和品种多样性方面可以节约成本，而且也方便日后系统的改造。

七、CC-Link

CC-Link 是 Control&Communication Link（控制与通信链路系统）的缩写，在 1996 年 11 月，由三菱电机为主导的多家公司推出，其增长势头迅猛，在亚洲占有较大份额，目前在欧洲和北美发展迅速。在其系统中，可以将控制和信息数据同时以 10Mbit/s 高速传送至现场网络，具有性能卓越、使用简单、应用广泛、节省成本等优点。它不仅解决了工业现场配线复杂的问题，同时具有优异的抗噪性能和兼容性。CC-Link 是一个以设备层为主的网络，同时也可覆盖较高层次的控制层和较低层次的传感层。2005 年 7 月 CC-Link 被中国国家标准委员会批准为中国国家标准指导性技术文件。

八、DeviceNet

DeviceNet 是 20 世纪 90 年代中期发展起来的一种基于 CAN（Controller Area Network）技术的开放型、符合全球工业标准的低成本、高性能的通信网络，最初由美国 Rockwell 公司开发应用。DeviceNet 现已成为国际标准 IEC 62026-3《低压开关设备和控制设备控制器设备接口》，并已被列为欧洲标准，也是实际上的亚洲和美洲的设备网标准。2002 年 10 月

DeviceNet 被批准为中国国家标准 GB/T 18858.3—2002，并于 2003.4.1 起实施。

目前，DeviceNet 技术属于“开放 DeviceNet 厂商协会”ODVA 组织所有。ODVA 在世界范围拥有 300 多家著名自动化设备厂商的会员（如 Rockwell、ABB、Omron 等）。我国的 ODVA 组织由上海电器科学研究所牵头成立，目前正积极推广该技术。

DeviceNet 是一种低成本的通信总线。它将工业设备（如限位开关、光电传感器、阀组、电动机起动器、过程传感器、条形码读取器、变频驱动器、面板显示器和操作员接口）连接到网络，从而消除了昂贵的硬接线成本。直接互连性改善了设备间的通信，并同时提供了相当重要的设备级诊断功能，这是通过硬接线 I/O 接口很难实现的。

DeviceNet 是一种简单的网络解决方案，它在提供多供货商同类部件间的可互换性的同时，减少了配线和安装工业自动化设备的成本和时间。DeviceNet 不仅仅使设备之间以一根电缆互相连接和通信，更重要的是它给系统带来了设备级的诊断功能。该功能在传统的 I/O 上是很难实现的。

DeviceNet 是一个开放的网络标准，规范和协议都是开放的，供货商将设备连接到系统时，无需为硬件、软件或授权付费。任何对 DeviceNet 技术感兴趣的组织或个人都可以从开放式 DeviceNet 供货商协会（ODVA）获得 DeviceNet 规范，并可以加入 ODVA，参加对 DeviceNet 规范进行增补的技术工作组。

DeviceNet 的许多特性沿袭于 CAN，CAN 总线是一种设计良好的通信总线，它主要用于实时传输控制数据。DeviceNet 的主要特点是：短帧传输，每帧的最大数据为 8 个字节；具有无破坏性的逐位仲裁技术；网络最多可连接 64 个节点；数据传输波特率为 128kbit/s、256kbit/s、512kbit/s；采用点对点、多主或主/从通信方式；采用 CAN 的物理和数据链路层规约。

九、AS-Interface

AS-Interface（Actuator-Sensor-Interface），即执行器-传感器-接口。AS Interface 总线能够直接连接二进制执行器和传感器，形成自动化底层控制系统，是属于现场总线（FIELDBUS）下层设备层的监控网络系统，是一个比较小的低成本的属于设备层的总线技术。AS-Interface 总线体系为主从结构。

AS-Interface 主机和控制器（IPC、PLC、DC）总称为系统主站（MASTER）。从站（SLAVE）有两种：一种是带有 AS-Interface 通信芯片的智能传感器/执行器；另一种是分离型 I/O 模块连接普通的传感器/执行器。

主、从站之间使用非屏蔽非绞接的两芯电缆，其中使用的标准 AS-Interface 扁平电缆使用专业的穿刺安装方法，连接简单可靠。在 2 芯电缆上除传输信号外，还传输网络电源。

AS-Interface 总线系统是一个开放的系统，它通过主站中的网关可以和多种现场总线（如 FF、Profibus、DeviceNet、Ethernet 等）相连接。AS-Interface 主站作为上层现场总线的一个节点，同时又可以完全分散地挂接一定量的 AS-Interface 从站。

十、ControlNet

ControlNet 基础技术是美国 Rockwell Automation 公司自动化技术研究发展起来的。1995 年 10 月开始面世，1997 年 7 月由 Rockwell 等 22 家企业发起成立 ControlNet 国际化组织（CI），是个非赢利独立组织，主要负责向全世界推广 ControlNet 技术（包括测试软件）。目前已有 50 多个公司参加，如 ABB Roboties 、Honeywell Inc.、日本横河、东芝、Omron 等大公司。ControlNet 是实时的控制层网络，在单一物理介质链路上，可以同时支持对时间有苛刻要求的实时 I/O 数据的高速传输，以及报文数据的发送，包括编程和组态数据的上载/下载以及对等信息传递等。在所有采用 ControlNet 的系统和应用中，其高速的控制和数据传输能力提高了实时 I/O 的性能和对等通信的能力。

十一、INTERBUS

INTERBUS 是德国的 Phoenix Contact 公司 1984 年推出的较早的现场总线，用于连接传感器/执行器的信号到计算机控制站，是一种开放的串行总线系统，2000 年 2 月成为国际标准 IEC 61158。INTERBUS Club 是 INTERBUS 设备生产厂家和用户的全球性组织，目前在 17 个国家和地区设立了独立的 Club 组织，共有 500 多个成员。INTERBUS 采用国际标准化组织 ISO 的开放化系统互联 OSI 的简化模型(1、2、7 层)，即物理层、数据链路层、应用层，具有强大的可靠性、可诊断性和易维护性。它采用集总帧型的数据环通信，具有低速度、高效率的特点，并严格保证了数据传输的同步性和周期性，该总线的实时性、抗干扰性和可维护性也非常出色。INTERBUS 广泛地应用到汽车、烟草、仓储、造纸、包装、食品等工业，成为国际现场总线的领先者。

INTERBUS 是一个传感器/调节器总线系统，特别适用于工业用途，能够提供从控制级设备至底层限定开关的一致的网络互联。它通过一根单一电缆来连接所有的设备，而无需考虑操作的复杂度，并允许用户充分利用这种优势来减少整体系统的安装和维护成本。

INTERBUS 总线包括远程总线网络和本地总线网络，两种网络传送相同的信号但电平不同。远程总线网络用于远距离传送数据，采用 RS-485 传输，网络本身不供电，远程网络采用全双工方式进行通信，通信速率为 500kbit/s。本地总线网络连接到远程网络上，网络的总线终端(BUS Terminal,BT)上的 BK 模块负责将远程网络数据转换为本地网络数据。

INTERBUS 总线上的主要设备有总线终端(BUS Terminal,BT)上的 BK 模块、I/O 模块和安装在 PC 或 PLC 等上位主设备中的总线控制板。总线控制板是 INTERBUS 总线上的主设备，用于实现协议的控制、错误的诊断、组态的存储等功能。I/O 模块实现在总线控制板和传感器/执行器之间接收和传输数据，可处理的数据类型包括机械制造和流程工业的所有标准信号。

十二、HART 协议

HART 是 Highway Addressable Remote Transducer 的缩写，即可寻址远程传感器高速通道的开放通信协议，由美国 Rosemount 公司于 1985 年推出的一种用于现场智能仪表和控制室设备之间的通信协议。其特点是在现有模拟信号传输线上实现数字信号通信，属于模拟系统向数字系统转变的过渡产品。其通信模型采用物理层、数据链路层和应用层三层，支持点对点主从应答方式和多点广播方式。由于它采用模拟数字信号混和，难以开发通用的通信接口芯片。HART 能利用总线供电，可满足本质安全防爆的要求，并可用于由手持编程器与管理系统主机作为主设备的双主设备系统。

HART 协议为 HART 装置提供具有相对低的带宽，适度响应时间的通信，经过 10 多年的发展，HART 技术在国外已经十分成熟，并已成为全球智能仪表的工业标准。HART 协议于 20 世纪 80 年代后期开发，并于 90 年代初移交到 HART 基金会。从那时起，它已经更新了好几次。每一次的协议更新都确保更新向后兼容以前的版本。HART 协议当前的版本是 7.3 版。“7” 表示主修订号码，而 “3” 表示次修订号码。

HART 协议采用基于 Bell202 标准的 FSK 频移键控信号，在低频的 4~20mA 模拟信号上叠加幅度为 0.5mA 的音频数字信号进行双向数字通信，数据传输率为 1.2kbit/s。由于 FSK 信号的平均值为 0，不影响传送给控制系统模拟信号的大小，保证了与现有模拟系统的兼容性。在 HART 协议通信中主要的变量和控制信息由 4~20mA 传送，在需要的情况下，另外的测量、过程参数、设备组态、校准、诊断信息通过 HART 协议访问。

十三、LONWORKS

LONWORKS(Local Operating Network)是由美国 Echelon 公司于 20 世纪 90 年代初推出的现场总线，并由 Motorola、Toshiba 公司共同倡导。它采用 ISO/OSI 模型的全部 7 层通信协议，采用面向对象的设计方法，通过网络变量把网络通信设计简化为参数设置，支持双绞线、同轴电缆、光缆和红外线等多种通信介质，通信速率从 300bit/s 至 1.5Mbit/s 不等，直接通信距离可达 2700m(78kbit/s)，被誉为通用控制网络。LONWORKS 技术采用的 LonTalk 协议被封装到 Neuron(神经元)的芯片中，并得以实现。采用 LONWORKS 技术和神经元芯片的产品，被广泛应用在楼宇自动化、家庭自动化、保安系统、办公设备、交通运输、工业过程控制等行业。

LONWORKS 技术是支持完全分布式的网络控制技术，是开放的、可互操作的控制系统的一个技术平台。近年来，LONWORKS 的用户、系统集成商和 OEM 产品生产商的队伍迅速扩大，其中包括世界上许多著名的自动化厂商，如 Honeywell、ABB、Philips、HP 等。而 LONWORKS 最大的应用领域在楼宇自动化，它包括建筑物监控系统的所有领域，即人口控制、电梯和能源管理、消防/救生/安全、照明、保暖通风、测量、保安等。在工业控制领域，LONWORKS 在半导体制造厂、石油、印刷、造纸等应用领域都占有重要的地位。LON(Local Operating Networks)是 Echelon 公司开发的现场总线，并开发了配套的 LonWorks 技术。它是一种开放的总线平台技术，该技术给各种控制网络应用提供端到端的解决方案。LON 和 LONWORKS 技术可以应用于工业控制、交通控制、楼宇自动化等领域。

十四、CAN

控制器局域网(Controller Area Network,CAN)最早由德国 BOSCH 公司推出，它广泛用于离散控制领域，其总线规范已被 ISO 国际标准组织制定为国际标准(ISO11898)，得到了 Intel、Motorola、NEC 等公司的支持。CAN 协议分为两层：物理层和数据链路层。CAN 的信号传输采用短帧结构，传输时间短，具有自动关闭功能，具有较强的抗干扰能力。CAN 支持多主工作方式，并采用了非破坏性总线仲裁技术，通过设置优先级来避免冲突，通信距离最远可达 10km，通信速率最高可达 1Mbit/s，网络节点数实际可达 110 个。已有多家公司开发了符合 CAN 协议的通信芯片。在北美和西欧，CAN 总线协议已经成为汽车计算机控制系统和嵌入式工业控制局域网的标准总线，并且拥有以 CAN 为底层协议专为大型货车和重工机械车辆设计的 J1939 协议。近年来，它所具有的高可靠性和良好的错误检测能力受到重视，被广泛应用于汽车计算机控制系统以及环境温度恶劣、电磁辐射强和振动大的工业环境。

十五、基金会现场总线

基金会总线(Foundation Fieldbus ,FF)是在过程自动化领域得到广泛支持和具有良好发展前景的技术。其前身是以美国 Fisher-Rosemount 公司为首，联合 Foxboro、横河、ABB、西门子等 80 家公司制订的 ISP 协议和以 Honeywell 公司为首，联合欧洲等地的 150 家公司制订的 World FIP 协议。屈于用户的压力，这两大集团于 1994 年 9 月合并，成立了现场总线基金会，致力于开发出国际上统一的现场总线协议。它在 ISO/OSI 开放系统层上增加了用户层。用户层主要针对自动化测控应用的需要，定义了信息存取的统一规则，采用设备描述语言规定了通用的功能块集。由于这些公司代表了该领域现场自控设备发展的方向，因而由它们组成的基金会所颁布的现场总线规范具有一定的权威性。1996 年在芝加哥举行的 ISA96 展览会上，由现场总线基金组织实施，首次向世界展示了来自 40 多家厂商的 70 多种符合 FF 协议的产品并将这些分布在不同楼层展览大厅不同展台上的 FF 展品，用醒目的橙红色电缆，展现了基金会现场总线的基本概貌。基金会现场总线分低速 H1 和高速 H2 两种通信速率。H1 的传输速率为 31. 25kbit/s，通信距离可达 1900m(可加中继器延长)，可支持总线供电防爆环境。H2 的传输可分为 1Mbit/s 和 2. 5Mbit/s 两种，其通信距离分别为 750m 和 500m。物理传输介质可支持双绞线、光缆和无线发射，协议符合 IEC 1158-2 标准。基金会现场总线物理媒介的传输信号采用曼彻斯特编码。基金会现场总线的主要技术内容，包括 FF 通信协议、用于完成开放互连模型中第 2~7 层通信协议的通信栈(Communication Stack)、属性及操作功能块，实现系统组态、调度、管理等功能的系统软件以及构筑集成自动化系统、网络系统的系统集成技术。

第三节　PROFIBUS 现场总线控制技术

一、概述

PROFIBUS(Process FieldBus)现场总线控制技术，是一种国际性的开放的现场总线控制标准。从 1991 年德国颁布 FMS 标准(DIN19245)至今已经历了 20 余年，现已为全世界所接受，其应用领域覆盖了机械加工、过程控制、电子交通及楼宇自动化等各个领域。PROFIBUS 于 1995 年成为欧洲标准，EN50 170 于 1999 年成为国际标准(IEC 61158-3)。目前世界上许多自动化技术生产厂家都为他们生产的设备提供 PROFIBUS 接口。PROFIBUS 在众多的现场总线控制标准中以其超过 40%的市场占有率稳居榜首，其产品每年增长 20%~30%。以著名的西门子公司为例，可以提供上千种 PROFIBUS 产品，并已经把它们应用在中国的许多自动化控制系统中，其应用范围如图 3-1 所示。

PROFIBUS 根据应用特点分为 PROFIBUS-DP、PROFIBUS-FMS、PROFIBUS-PA 三种兼容版本，如图 3-2 所示，特点如下：

1）PROFIBUS-DP：属于设备总线，主要应用于复杂现场设备和分布式 I/O。物理结构为 RS-485，传输速率为 9. 6~12Mbit/s。

2）PROFIBUS-FMS：属于系统总线，应用于车间级，网络监控。物理结构为 RS-485，传输率为 9. 6kbit/s~12Mbit/s。

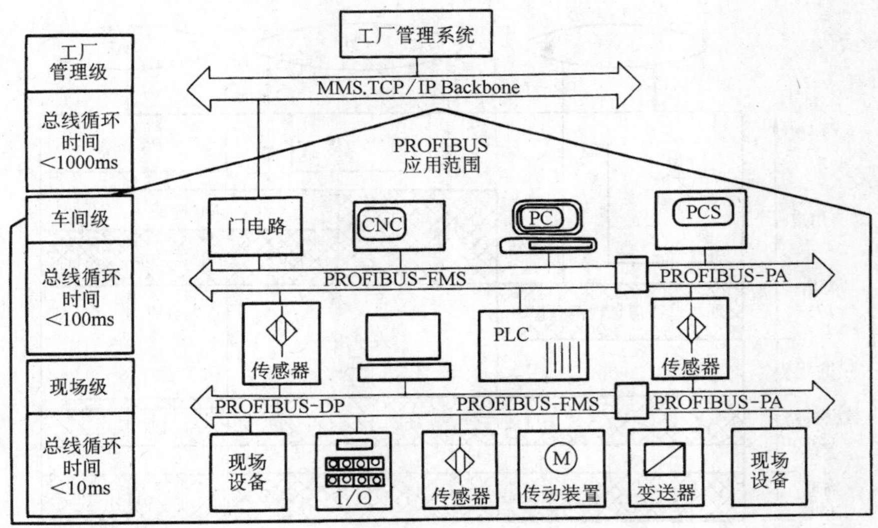

图 3-1　PROFIBUS 应用范围

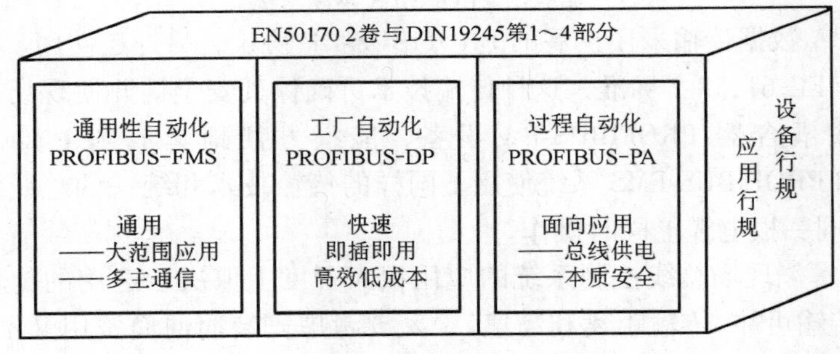

图 3-2　PROFIBUS 系列

3）PROFIBUS-PA：属于设备总线，主要应用于两线制供电等。传输速率为 31.25kbit/s，它在保持 DP 协议的同时，增加了对现场仪表的馈电功能，执行标准是 IEC 61158-2。

1. PROFIBUS 的基本特性

PROFIBUS 可使分散式数字化控制器从现场底层到车间级网络化，该系统分为主站和从站。主站决定总线的数据通信，当主站得到总线控制权（令牌）时，没有外界请求也可以主动发送信息。从 PROFIBUS 协议讲，主站也称为主动站。

从站为外围设备，典型的从站包括：输入输出装置、阀门、驱动器和测量发送器。它们没有总线控制权，仅对接收到的信息给予确认或当主站发出请求时向它发送信息。从站也称为被动站。由于从站只需总线协议的一小部分，所以实施起来特别经济。

（1）协议结构　PROFIBUS 协议的结构定向根据 ISO 7498 国际标准以开放系统互联网络 OSI 为参考模型，结构如图 3-3 所示。

PROFIBUS-DP 使用第 1 层、第 2 层和用户接口，第 3 层到第 7 层未加以描述。PROFIBUS-FMS 第 1、2、7 层均加以定义，应用层包括现场总线控制信息规范（Fieldbus Message Specification，FMS）和低层接口（Lower Layer Interface，LLI）。

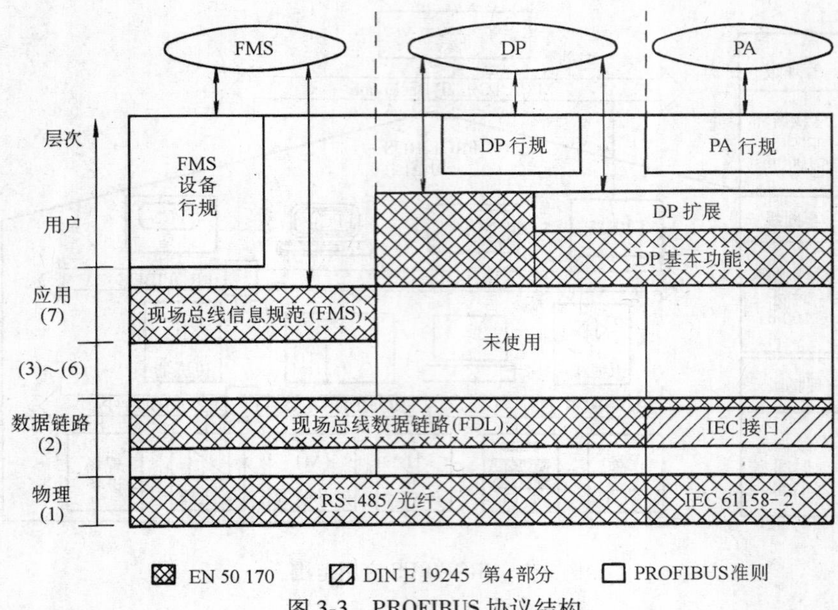

图 3-3 PROFIBUS 协议结构

PROFIBUS-PA 数据传输采用扩展的 PROFIBUS-DP 协议，另外还使用了描述现场设备行为的行规，根据 IEC 61158-2 标准，这种传输技术可确保其安全性并使现场设备通过总线供电。使用分段式耦合器 PROFIBUS-PA 设备，能很方便地集成到 PROFIBUS-DP 网络。PROFIBUS-DP 和 PROFIBUS-FMS 系统使用了同样的传输技术和统一的总线访问协议，因而这两套系统可在同一根电缆上同时操作。

（2）传输技术　现场总线控制系统的应用很大程度上取决于选用的传输技术，既要考虑总线的要求(传输可靠、传输距离和高速)，又要考虑安装简便而费用又不大的机电因素。当涉及过程自动化时，数据和电源的传送往往需要由同一根电缆完成。由于单一的传输技术不可能满足所有的要求，因此 PROFIBUS 提供了以下三种类型：DP 和 FMS 的 RS-485 传输、PA 的 IEC 61158-2 传输、光纤(FO)传输。

1）DP 和 FMS 的 RS-485 传输。RS-485 传输是 PROFIBUS 最常用的一种，通常称为 H2，采用屏蔽双绞铜线电缆，共用一根导线对，适用于需要高速传输和设施简单而又便宜的各个领域。RS-485 传输技术的基本特性见表 3-1。

表 3-1　RS-485 传输技术的基本特性

网络拓扑	线性总线，两端有终端电阻。短截线的波特率≤1.5Mbit/s
介质	屏蔽双绞电缆，也可取消屏蔽，取决于环境条件(EMC)
站点数	每段 32 个站，不带转发器，带转发器最高可到 127 站
插头连接器	最好为 9 针 D 插头连接器

RS 485 操作容易，总线结构允许增加或减少站点，分步投入不会影响到其他站点的操作。

传输速度可选用 9.6kbit/s～12Mbit/s，一旦设备投入运行，全部设备均需选用同一传输速度。电缆的最大长度取决于传输速度，见表 3-2。

表 3-2　RS-485 传输速度与 A 型电缆的距离

波特率/kbit · s^{-1}	9.6	19.2	93.75	187.5	500	1500	12000
距离(段)/m	1200	1200	1200	1000	400	200	100

2）PA 的 IEC 61158-2 传输技术。IEC 61158-2 传输技术能满足石化工业的要求，它可保持其本质安全性并使现场设备通过总线供电，此项技术是一种位同步协议，可进行无电流的连续传输，通常称之为 H1。

IEC 61158-2 传输技术原理如下：

① 每段只有一个电源。

② 各站发送信息时不向总线供电。

③ 各站现场设备所消耗的为常量稳态基本电流。

④ 现场设备采用，无源的电流吸收装置等。

⑤ 主总线两端起无源终端线的作用。

⑥ 允许使用总线型、树形和星形网络。

⑦ 设计时可采用冗余的总线段，用于提高可靠性。

IEC 61158-2 传输技术特性见表 3-3。

表 3-3　IEC 61158-2 传输技术特性

数据传输	数字式，位同步，曼彻斯特编码	防爆型	可能进行本质和非本质安全操作
传输速度	31.25kbit/s，电压式	拓扑	总线型或树形，或两者相结合形
数据可靠性	预兆性，避免误差采用起始和终止限定符	站数	每段最多 32 个，总数最多 126 个
电缆	双绞线(屏蔽或非屏蔽)	转发器	可扩展至最多 4 只
远程电源	可选附件，通过数据线		

如图 3-4 所示，PROFIBUS-PA 的网络拓扑结构可以有多种形式，总线型结构可使沿着现场总线控制电缆的连接点与供电线路的装置相似，现场总线控制电缆通过现场设备连接成回路，也可对一台或多台现场设备进行分支连接。人工控制、监控设备和分段耦合器可以将 IEC 61158-2 传输技术的总线段与 RS-485 传输技术的总线段连接，耦合器可使 RS-485 信号与 IEC 61158-2 信号相适配，它们为现场设备的远程电源供电，供电装置可限制 IEC 61158-2 总线段的电流和电压，其相关参数见表 3-4 和表 3-5。

表 3-4　标准供电装置(操作值)

型　号	应 用 领 域	供电电压/V	供电最大电流/mA	最大功率/W	典 型 站 数
Ⅰ	ExiA/iB ⅡC	13.5	110	1.8	8
Ⅱ	ExiB ⅡC	13.5	110	1.8	8
Ⅲ	ExiB ⅡB	13.5	250	4.2	22
Ⅳ	不具有本质安全	24	500	12	32

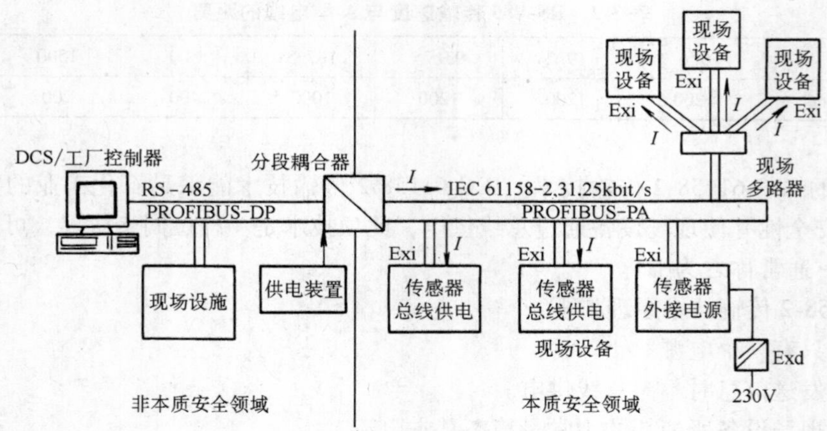

图 3-4　过程自动化典型结构图

表 3-5　IEC 61158-2 传输设备的线路长度

供电装置	Ⅰ型	Ⅱ型	Ⅲ型	Ⅳ型	Ⅴ型	Ⅵ型
供电电压/V	13.5	13.5	13.5	24	24	24
∑工作电流/mA	≤110	≤110	≤250	≤110	≤250	≤500
$q=0.8\text{mm}^2$ 的线长度(参考)/m	≤900	≤900	≤400	≤1900	≤1300	≤650
$q=1.5\text{mm}^2$ 的线长度(参考)/m	≤1000	≤1500	≤500	≤1900	≤1900	≤1900

如果外接电源设备，则允许带有适当的隔离装置将总线供电设备与外接电源设备连接在本质安全总线上。

3）光纤传输技术。在电磁干扰很大的环境下应用 PROFIBUS 系统时，可使用光纤传输技术，以增长高速传输的最大距离。便宜的塑料纤维导体供距离在 50m 以内时使用，玻璃纤维导体供距离在 1km 内时使用。许多厂商提供专用的总线插头可将 RS-485 信号转换成光纤信号或光纤信号转换成 RS-485 信号，这样就为在同一系统上使用 RS-485 和光纤传输技术提供了一套开关控制十分方便的方法。

（3）总线存取协议　PROFIBUS 的 DP、FMS 和 PA 均使用单一的总线存取协议，通过 OSI 参考模型的第 2 层实现，包括数据的可靠性以及传输协议和报文的处理。在 PROFIBUS 中，第 2 层称为现场总线控制数据链路(Fieldbus Data Link，FDL)。介质存取控制(Medium Access Control，MAC)具体控制数据传输的程序，MAC 必须确保在任何时刻只能有一个站点发送数据。PROFIBUS 协议的设计旨在满足介质存取控制的基本要求。

在复杂的自动化系统(主站)间通信时，必须保证在限定的时间间隔中，任何一个站点要有足够的时间来完成通信任务；在复杂的程序控制器和简单的 I/O 设备(从站)间通信时，应尽可能快速又简单地完成实时传输。因此，PROFIBUS 总线存取协议包括主站之间的令牌传递方式和主站与从站之间的主从方式，如图 3-5 所示。

令牌传递程序保证了每个主站在一个规定的时间框内得到总线存取权(令牌),令牌是一条特殊的电文,它在所有主站中循环一周的最长时间是事先规定的,在 PROFIBUS 中,令牌只在各主站之间通信时使用。

主从方式允许主站在得到总线存取令牌时可与从站通信,每个主站均可向从站发送或索取信息,通过这种方法有可能实现下列系统配置:纯主—从系统、纯主—主系统(带令牌传递)、混合系统。

图 3-5 中的三个主站构成令牌逻辑环,当某主站得到令牌电文后,该主站可在一定的时间内执行主站的工作,在这段时间内,它可依照主—从关系表与所有从站通信,也可依照主—主关系表与所有主站通信。

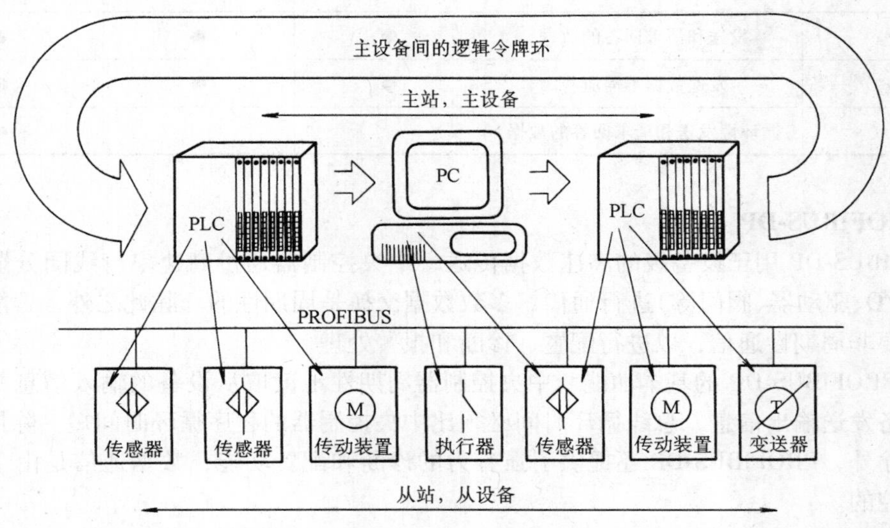

图 3-5 PROFIBUS 总线存取协议

令牌环是所有主站的组织链,按照主站的地址构成逻辑环,在这个环中,令牌在规定的时间内按照地址的升序在各主站中依次传递。

在总线系统初建时,主站介质做出 MAC 的任务是制定总线上的站点分配并建立逻辑环,在总线运行期间,断电或损坏的主站必须从环中排除,新上电的主站必须加入逻辑环。另外,总线存取控制保证令牌按地址升序依次在各主站间传送,各主站的令牌具体保持时间的长短取决于该令牌配置的循环时间。此外,PROFIBUS 介质存取控制的特点是监测传输介质及收发器是否损坏,检查站点地址是否出错(如地址重复)以及令牌错误(如多个令牌丢失)。

第 2 层的另一个重要任务是保证数据的完整性,这是依靠所有电文的海明距离㊀HD=4,按照国际标准 IEC 870-5-1 制定的使用特殊的起始和结束定界符、无间距的字节同步传输及每个字节的奇偶校验保证的。

第 2 层按照非连接的模式操作,除提供点对点逻辑数据传输外,还提供多点通信(广播

㊀ 海明距离是衡量协议安全性的一个指标。HD=4 意味着当数据包中有三个位同时出错时,仍可以被系统校验出来,而不会当成是另外一个数据包。

及有选择广播)功能。

在 PROFIBUS-FMS、DP 和 PA 中使用了第 2 层服务的不同子集，详见表 3-6，这项服务称为上层协议通过第 2 层的服务存取点(SAPS)。在 PROFIBUS-FMS 中，这些服务存取点用来建立逻辑通信地址的关系表；在 PROFIBUS-DP 和 PA 中，每个 SAP 点都赋予一个明确的功能。在各主站和从站当中，可同时存在多个服务存取点，服务存取点有源 SSAP 和目标 DSAP 之分。

表 3-6 PROFIBUS 数据链路层的服务

服　务	功　能	DP	PA	FMS
SDA	发送数据要应答			●
SRD	发送和请求回答的数据	●	●	●
SDN	发送数据不需应答	●	●	●
CSRD	循环性发送和请求回答的数据			●

2. PROFIBUS-DP

PROFIBUS-DP 用于设备级的高速数据传送，中央控制器通过高速串行线同分散的现场设备(如 I/O、驱动器、阀门等)进行通信，多数数据交换是周期性的。除此之外，智能化现场设备还需要非周期性通信，以进行配置、诊断和报警处理。

(1) PROFIBUS-DP 的基本功能　中央控制器周期性地读取从设备的输入信息并周期性地向从设备发送输出信息，总线循环时间必须比中央控制器的程序循环时间短。除周期性用户数据传输外，PROFIBUS-DP 还提供了强有力的诊断和配置功能，数据通信是由主机和从机进行监控的。

1) 传输技术。

① RS-485 双绞线双线电缆或光缆。

② 波特率为 9.6kbit/s~12Mbit/s。

2) 总线存取。

① 各主站间令牌传送，主站与从站间数据传送。

② 支持单主或多主系统。

③ 主—从设备，总线上最多站点数为 126。

3) 功能。

① DP 主站和 DP 从站间的循环用户数据传送。

② 各 DP 从站的动态激活和撤销。

③ DP 从站组态的检查。

④ 强大的诊断功能，三级诊断信息。

⑤ 输入或输出的同步。

⑥ 通过总线给 DP 从站赋予地址。

⑦ 通过总线对 DP 主站(DPM1)进行配置。

⑧ 每个 DP 从站最大为 246B 的输入和输出数据。

4) 设备类型。

① 第一类 DP 主站(DPM1)：中央可编程序控制器，如 PLC、PC 等。

② 第二类 DP 主站(DPM2)：可编程、可组态、可诊断的设备。

③ DP 从站：带二进制或模拟输入输出的驱动器、阀门等。

5）诊断功能。经过扩展的 PROFIBUS-DP 诊断功能是对故障进行快速定位，诊断信息在总线上传输并由主站收集，这些诊断信息分为三类：

① 本站诊断操作。诊断信息表示本站设备的一般操作状态出现异常，如温度过高、电压过低等。

② 模块诊断操作。诊断信息表示一个站点的某具体 I/O 口模块出现故障(如 8 位输出模块)。

③ 通道诊断操作。诊断信息表示一个单独的输入输出位的故障(如某输出通道短路)。

6）系统配置。PROFIBUS-DP 允许构成单主站或多主站系统，这就为系统配置组态提供了高度的灵活性。系统配置的描述包括：站点数目、站点地址和输入输出数据的格式，诊断信息的格式以及所使用的总体参数等。

输入和输出信息量大小取决于设备形式，目前允许的输入和输出信息最多不超过 246B。

单主站系统中，在总线系统操作阶段只有一个活动主站。图 3-6 为一个单主站系统的配置图，PLC 为一个中央控制部件。单主站系统可获得最短的总体循环时间。

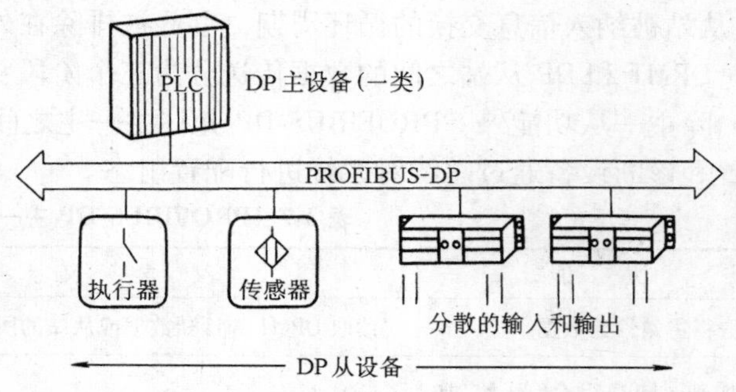

图 3-6　PROFIBUS-DP 单主站系统

多主站配置中，总线上的主站与各自的从站构成相互独立的子系统或是作为网上的附加配置和诊断设备，如图 3-7 所示。任何一个主站均可读取 DP 从站的输入输出映像，但只有一个主站(在系统配置时指定的 DPM1)可对 DP 从站写入输出数据，多主站系统的循环时间要比单主站系统长。

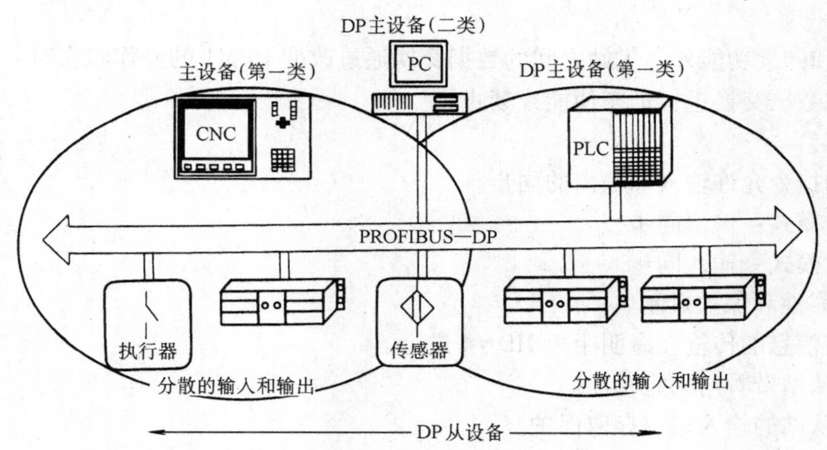

图 3-7　PROFIBUS-DP 多主站系统

7）运行模式。PROFIBUS-DP 规范包括了对系统行为的详细描述，以保证设备的互换性，系统行为主要取决于 DPM1 的操作状态，这些状态由本地或总体的配置设备所控制，主要有以下三种状态：

① 运行。输入和输出数据的循环传送。DPM1 由 DP 从站读取输入信息并向 DP 从站写入输出信息。

② 清除。DPM1 读取 DP 从站的输入信息并使输出信息保持为故障—安全状态。

③ 停止。只能进行主—主数据传送，DPM1 和 DP 从站之间没有数据传送。DPM1 设备在一个预先设定的时间间隔内以有选择的广播方式，将其状态发送到每一个 DP 的有关从站。如果在数据传送阶段中发生错误，系统将做出反应。

8）通信。

① 点对点(用户数据传送)或广播(控制指令)。

② 循环主—从用户数据在 DPM1 和有关 DP 从站之间的传输由 DPM1 按照确定的递归顺序自动执行。在对总体系统进行配置时，用户对从站与 DPM1 的关系下定义并确定哪些 DP 从站被纳入信息交换的循环周期，哪些被排除在外。

DPM1 和 DP 从站之间的数据传送分为三个阶段：参数设定、组态配置、数据交换。

除主—从功能外，PROFIBUS-DP 允许主—主之间的数据通信，见表 3-7。这些功能可使配置和诊断设备通过总线对系统进行配置组态。

表 3-7　PROFIBUS-DP 主—主通信功能

功　能	含　义	DPM1	DPM2
取得主站诊断数据	读取 DPM1 的诊断数据或从站的所有诊断数据	M	O
加载—卸载组合(开始,加载/卸载,结束)	加载或卸载 DPM1 及有关 DP 从站的全部配置参数	O	O
激活参数(广播)	同时激活所有已编址的 DPM1 的总线参数	O	O
激活参数	激活已编址的 DPM1 的总线或改变其操作状态	O	O

注：M 表示必备功能；O 表示可选功能。

除加载和卸载功能外，主站之间的数据交换通过改变 DPM1 的操作状态对 DPM1 与各个 DP 从站间的数据交换进行动态使能或禁止。

9）同步。

① 控制指令允许输入和输出的同步。

② 同步模式：输出同步。

③ 锁定模式：输入同步。

10）可靠性和保护机制。

① 所有信息的传输在海明距离 HD=4 进行。

② DP 从站带看门狗定时器。

③ DP 从站的输入输出存取保护。

④ DP 主站上带可变定时器的用户数据传送监视。

（2）DP 扩展功能　DP 扩展功能允许非循环的读写功能并中断并行于循环数据传输的应答。另外，对从站参数和测量值的非循环存取可用于某些诊断或操作员控制站(二类主站,DPM2)。有了这些扩展功能，PROFIBUS-DP 可满足某些复杂设备的要求，例如过程自动化的现场设备、智能化操作设备和变频器等。这些设备的参数往往在运行期间才能确定，而且与循环性测量值相比很少有变化。因此，与高速周期性用户数据传送相比，这些参数的传送具有低优先级。

DP 扩展功能可选，与 DP 基本功能兼容。DP 扩展实现通常采用软件更新的办法。DP 扩展的详细规格参阅 PROFIBUS 技术准则 2.082 号。

DPM1 和 DP 从站间的扩展数据通信：一类 DP 主站(DPM1)与 DP 从站间的非循环通信功能是通过附加的服务存取点 51 来执行的。在服务序列中，DPM1 与从站建立的连接称为 MSAC—C1，它和 DPM1 与从站之间的循环数据传送紧密联系在一起。连接建立成功之后，DPM1 可通过 MSCY—C1 连接进行循环数据传送，通过 MSAC—C1 连接进行非循环数据传送。

1）DDLM 读写的非循环读写功能。这些功能用来读或写访问从站中任何所希望的数据，采用第 2 层的 SRD 服务，在 DDLM 读/写请求传送之后，主站用 SRD 报文查询，直到 DDLM 读/写响应出现。图 3-8 为读访问示例。

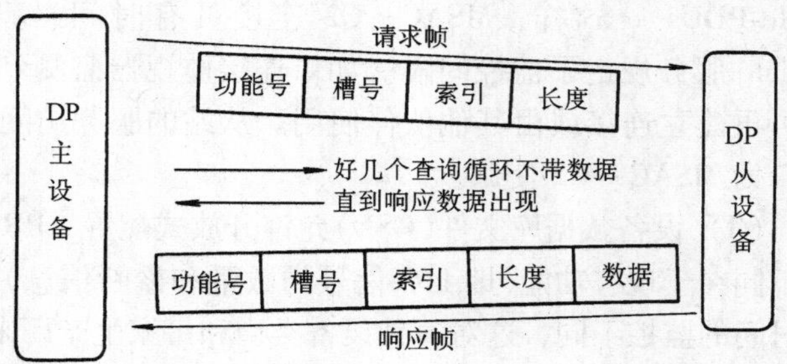

图 3-8　读服务执行过程

数据块寻址假定 DP 从站的物理设计是模块式的或在逻辑功能单元(模块)的内部构成。此模型用于数据循环传送的 DP 基本功能，其中每个模块的输入或输出字节数是常量，并在用户数据报文中按固定位置来传送。寻址基于标识符(即输入或输出,数据字节等)，从站的所有报文组成从站的配置，并在启动期间由 DPM1 检查。

此模型也用作新的非循环服务的基础。一切能进行读或写的数据块被认为是属于图 3-9 所示模块的。数据块通过槽号和索引寻址。槽号寻址、索引寻址属于模块的数据块，每个数据块包含多达 256B，如图 3-9 所示。

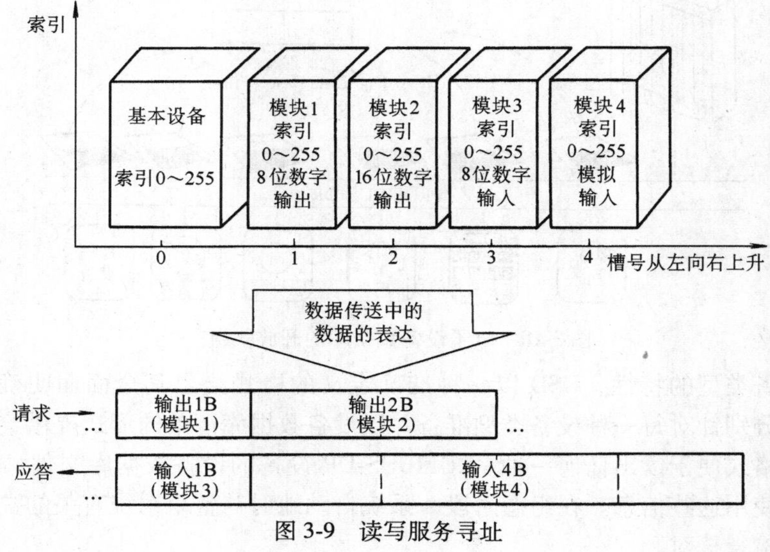

图 3-9　读写服务寻址

涉及模块时，模块的槽号是指定的，从1开始顺序递增，0号留给设备本身。紧凑型设备当作虚拟的一个单元，也用槽号和索引寻址。

可以利用数据块中的长度信息对数据块的部分进行读写。如果数据存取成功，则DP从站以实际的读写响应，否则DP从站给出否定应答，对问题准确分类。

2）报警响应。PROFIBUS-DP的基本功能允许DP从设备通过诊断信息向主设备自发地传送事件，当诊断数值迅速变化时，有必要将传送频率调到PLC的速度，新的DDLM _ Alarm _ Ack用来显性响应从DP从设备上收到的报警数据。

3）DPM2与从站间的扩展数据传送。DP扩展允许一个或几个诊断或操作员控制设备(DPM2)对DP从站的任何数据块进行非循环读/写服务。这种面向连接的，称为MSAC—C2。新的DDLM _ Initiate服务用于用户数据传输开始之前建立连接，从站用确认应答(DDLM _ Initiate. res)确认连接成功。通过DDLM读写服务，可为用户传送数据，在传送用户数据的过程中，允许任意长时间的间歇。主设备在这些间歇中可以自动插入监视报文(Idle-PDUs)，这样，MSAC—C2连接具有时间自动监控的功能。建立连接时，DDLM _ Initiate服务规定了监控间隔。如果连接监视器监测到故障，将自动终止主站和从站的连接，还可再建立连接或由其他伙伴使用。从站的服务访问点40~48和DPM2的服务访问点50保留，为MSAC—C2使用。

（3）设备数据库文件(GSD)允许开放式配置　PROFIBUS设备具有不同的性能特征，特征的不同在于现有功能(即I/O信号的数量和诊断信息)的不同或总线参数的不同，例如波特率和时间的监控不同，这对每种设备类型和每家生产厂来说均各有差别。为达到PROFIBUS简单的即插即用配置，这些特性均在电子数据单中具体说明，有时称为设备数据库文件或GSD文件。标准化的GSD数据将通信扩大到操作人员控制一级，使用基于GSD的组态工具可将不同厂商生产的设备集成在一个总线系统中，简单且用户界面友好，如图3-10所示。

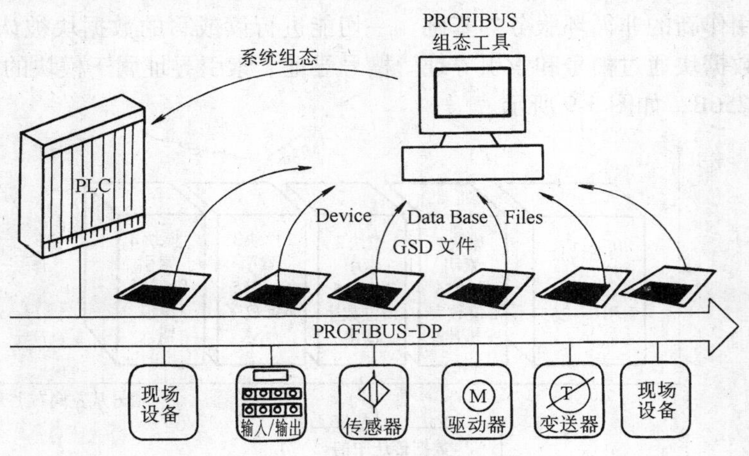

图3-10　电子设备数据库的开放式组态

对一种设备类型的特性，GSD以一种准确定义的格式给出其全面而明确的描述。GSD文件由生产商分别针对每一种设备类型准备并以设备数据库清单的形式提供给用户，此种明确定义的文件格式便于读出任何一种PROFIBUS-DP设备的设备数据库文件，并且在组态总线系统时自动使用这些信息。在组态阶段，系统自动地对与整个系统有关的数据的输入误差和前后一致性检查核对。

GSD 分为以下三部分：

1）总体说明，包括厂商和设备名称、软硬件版本情况、支持的波特率、可能的监控时间间隔及总线插头的信号分配。

2）DP 主设备相关规格，包括所有只适用于 DP 主设备的参数(例如可连接的从设备的最多台数或加载和卸载能力)，而从设备没有这些规定。

3）从设备的相关规格，包括与从设备有关的所有规定(例如 I/O 通道的数量和类型、诊断测试的规格及 I/O 数据的一致性信息)。

所有 PROFIBUS-DP 设备的 GSD 文件均按 PROFIBUS 标准进行了符合性试验，在 PROFIBUS 用户组织的 WWW · SERVER 中有 GSD 库。

每种类型的 DP 从设备和每种类型的 1 类 DP 主设备一定有一个标识号。主设备用此标识号识别哪种类型设备连接后不产生协议的额外开销。主设备将所连接的 DP 设备的标识号与在组态工具指定的标识号进行比较，直到具有正确站址的正确的设备类型连接到总线上后，用户数据才开始传送。这可避免组态错误，从而大大提高安全级别。

厂商必须为每种 DP 从设备类型和每种 DPM1 类 DP 主设备类型向 PROFIBUS 用户组织申请标识号。各地区办事处均可领取申请表格。

(4) PROFIBUS-DP 行规　行规对用户数据的含义做了具体说明，并且具体规定了 PROFIBUS-DP 如何用于应用领域，利用行规可使不同厂商所生产的不同零部件互换使用。PROFIBUS-DP 行规如下所示，括号内的数字是文件编号。

1）NC/PC 行规(3.052)，描述如何通过 PROFIBUS-DP 对操作机器人和装配机器人进行控制。根据详细的顺序图解，从高级自动化设施的角度描述机器人的运动和程序控制。

2）编码器行规(3.062)，描述带单转或多转分辨率的旋转编码器、角度编码器和线性编码器与 PROFIBUS-DP 的连接。这些设备分两种等级定义了基本功能和附加功能，例如标定、中断处理和扩展的诊断。

3）变速传动行规(3.071)。传动技术设备的主要生产厂共同制定了 PROFIdrive 行规。此行规规定了传动设备如何参数化以及如何传送设定值和实际值，这样不同厂商的传动设备可以互换。此行规包括对速度控制和定位的必要的规格参数，规定了基本的传动功能而又为特殊应用扩展和进一步发展留有余地。

4）操作员控制和过程监视行规(HMI)，规定了操作员控制和过程监视设备(HMI)如何通过 PROFIBUS-DP 连接到更高级的自动化设备上。此行规使用扩展的 PROFIBUS-DP 功能进行通信。

3. PROFIBUS-PA

PROFIBUS-PA 是 PROFIBUS 的过程自动化解决方案。PA 将自动化系统与带有现场设备，例如压力、温度和液位变送器的过程控制系统连接起来，PA 可以取代 4~20mA 的模拟技术。PA 在现场设备的规划、电缆敷设、调试、投入运行和维护方面可节省成本 40%以上，并可提供多功能和安全性。图 3-11 所示为常规的 4~20mA 系统与基于 PROFIBUS-PA 的系统在布线方面的区别。

从现场设备到现场多路器的布线基本相同，但如果测量点很分散，则 PROFIBUS-PA 所需的电缆要少得多，而使用常规的接线方法，每条信号线路必须连接在过程控制系统的 I/O 模块上。

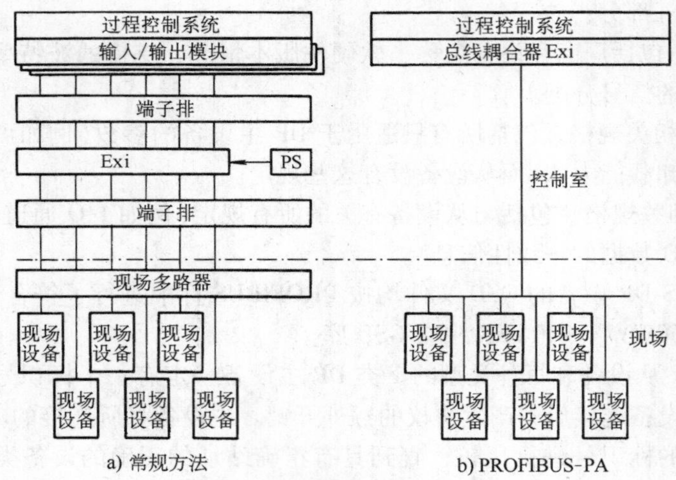

图 3-11　两种传输技术比较

常规方法，每台设备需要分别供电（必要时甚至对潜在的爆炸区配单独供电电源）。相反地，使用 PROFIBUS-PA 时只需要一条双绞线就可传送信息并向现场设备供电。这样不仅节省了布线成本，而且减少了过程控制系统所需的 I/O 模块数量，由于总线的操作电源来自单一的供电装置，也不再需要绝缘装置和隔离装置，PROFIBUS-PA 可通过一条简单的双绞线来进行测量、控制和调节，也允许向现场设备供电，即使在本质安全地区也如此。PROFIBUS-PA允许设备在操作过程中进行维修、接通或断开，即使在潜在的爆炸区也不会影响到其他站点。PROFIBUS-PA 是在与过程工业（NAMUR）的用户们密切合作下开发的，因此它满足这一应用领域的特殊要求：

1）过程自动化独特的应用行规以及来自不同厂商的现场设备的互换性。

2）增加和去除总线站点，即使在本质安全地区也不会影响到其他站点。

3）过程自动化中的 PROFIBUS-PA 总线段和制造自动化中的 PROFIBUS-DP 总线段之间通过段耦合器实现通信透明化。

4）同样的两条线，基于 IEC 61158-2 技术可进行远程供电和数据传输。

5）在潜在的爆炸区使用防爆型“本质安全”或“非本质安全”。

（1）PROFIBUS-PA 传输协议　PROFIBUS-PA 使用 PROFIBUS-DP 的基本功能传输测量值和状态，使用 PROFIBUS-DP 扩展功能对现场设备参数进行操作。

传输采用基于 IEC 61158-2 的两线技术。PROFIBUS 总线存取协议（第 2 层）和 IEC 61158-2 技术（第 1 层）之间的接口在 DIN19245 系列标准的第 4 部分中做了规定。

在 IEC 61158-2 段传输时，报文被加上起始和结束界定符。图 3-12 为其原理图。

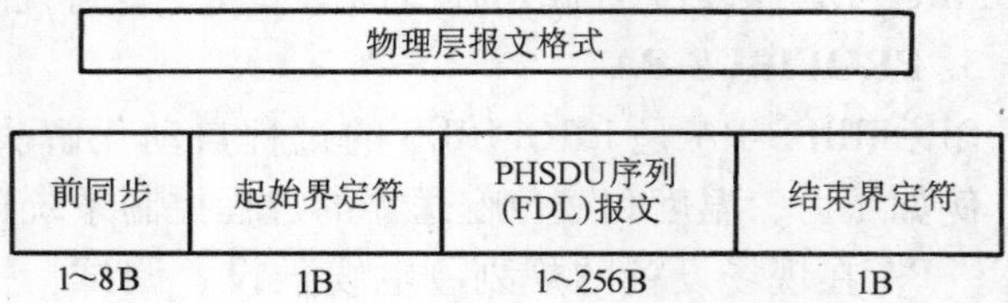

图 3-12　总线上 PROFIBUS-PA 数据传输

（2）PROFIBUS-PA 行规　PROFIBUS-PA 行规保证了不同厂商生产的现场设备的互换性和互操作性，它是 PROFIBUS-PA 的组成部分，可从 PROFIBUS 用户组织订购，订购号为 3.042。

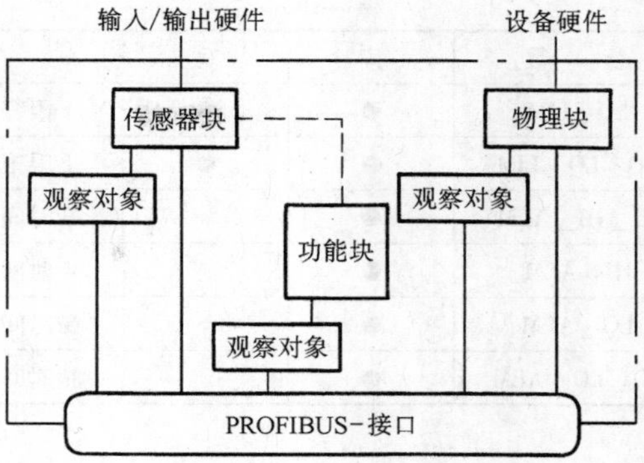

PA 行规的任务是为现场设备类型选择实际需要的通信功能，并为这些设备功能和设备行为提供所有需要的规格说明。

PA 行规包括适用于所有设备类型的一般要求和用于各种设备类型组态信息的数据单。

PA 行规使用功能块模型，如图 3-13 所示，该模型也符合国际标准化的要求。目前，已对所有通用的测量变送器和以下一些设备类型的设备数据单做了规定：

图 3-13　PROFIBUS-PA 功能块模型

1）压力、液位、温度和流量的测量变送器。

2）数字量输入和输出。

3）模拟量输入和输出。

4）阀门。

5）定位器。

设备行为用标准化变量描述，变量取决于各测量变送器。图 3-14 为压力变送器的参数图，以“模拟量输入”功能块描述。

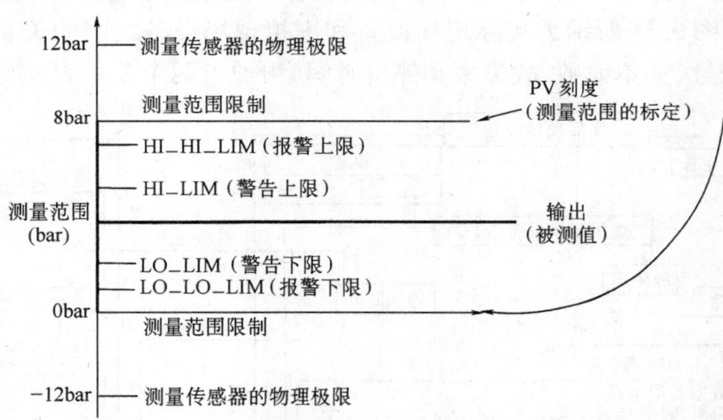

图 3-14　PROFIBUS-PA 行规中压力变送器的参数图

其中，1 巴(bar) = 100kPa = 0.1MPa。

每个设备都提供 PROFIBUS-PA 行规中规定的参数，见表 3-8。

表 3-8　模拟量输入功能块(AI)参数

参　数	读	写	功　能
OUT	●		过程变量和状态的当前测量值
PV _ SCALE	●	●	测量范围上限和下限的过程变量的标定，单位编码和小数点后位数
PV _ FTIME	●	●	功能块输出的上升时间，以秒表示
ALARM _ HYS	●	●	报警功能滞后，以测量范围的百分数表示
HI _ HI _ LIM	●	●	上限报警，如果超出，报警和状态位置 1
HI _ LIM	●	●	上限警告，如果超出，警告和状态位置 1

（续）

参　数	读	写	功　能
LO _ LIM	●	●	下限警告，如果低于，警告和状态位置 1
LO _ LO _ LIM	●	●	下限报警，如果低于，中断和状态位置 1
HI _ HI _ ALM	●		带时间标记的上限报警状态
HI _ ALM	●		带时间标记的上限警告状态
LO _ ALM	●		带时间标记的下限警告状态
LO _ LO _ ALM	●		带时间标记的下限报警状态

4. PROFIBUS-FMS

PROFIBUS-FMS 的设计旨在解决车间一级的通信，这一级可编程序控制器(PLC 和 PC)主要是互相通信。在此应用领域内，高级功能比快速系统反应时间更重要。

（1）PROFIBUS-FMS 的应用层　应用层提供用户可用的通信服务，有了这些服务才可能存取变量、传送程序并控制执行，而且可传送事件。PROFIBUS-FMS 应用层包括以下两个部分：现场总线控制信息规范(FMS)，描述通信对象和服务；低层接口(LLI)，用于将 FMS 适配到第 2 层。

（2）PROFIBUS-FMS 的通信模型　PROFIBUS-FMS 的通信模型可以使分散和应用过程利用通信关系表统一到一个共用的过程中。现场设备中用来通信的那部分应用设备称为虚拟现场设备(VFD)。图 3-15 所示为实际现场设备和虚拟现场设备之间的关系。此例中，只有 VFD 中的某几个变量(如单元数、故障率和停机时间)可通过两个关系表读写。

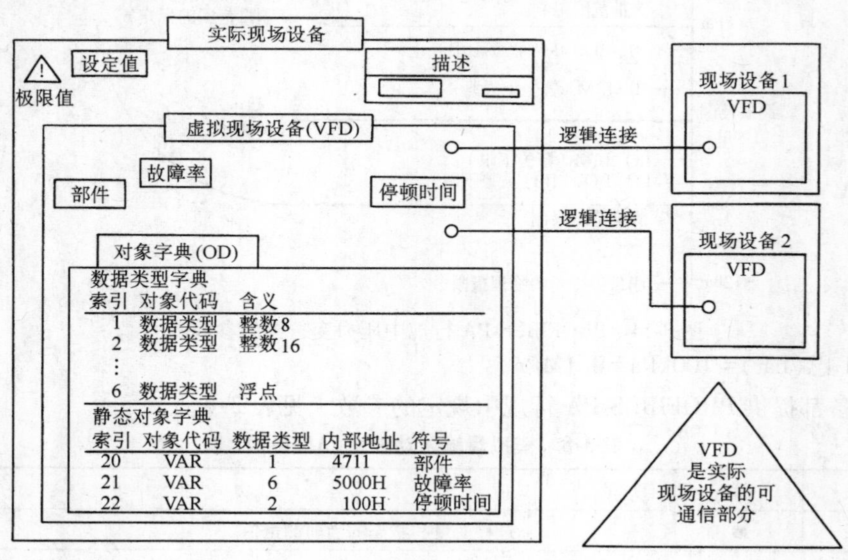

图 3-15　带对象字典的虚拟现场设备

（3）通信对象和对象字典(OD)　每个 FMS 设备的所有通信对象都填入该设备的本地对象字典中。对于简单设备，对象字典可能预先定义。涉及复杂设备时，对象字典可在本地或远程组态和加载。对象字典包括描述、结构和数据类型以及通信对象的内部设备地址和它们在总线上的标志(索引或名称)之间的关系。

1）对象字典包括下列元素。

① 头：包含对象字典结构的有关信息。

② 静态数据类型表：所支持的静态数据类型列表。

③ 变量列表的动态列表：所有已知变量表列表。

④ 动态程序列表：所有已知程序列表。

对象字典的各部分只有当设备实际支持这些功能时才提供。

静态通信对象填入静态对象字典中，它们可由设备的制造者预定义或在总线系统组态时指定。

2）FMS 能识别五种通信对象。

① 简单变量。

② 数组(一系列相同类型的简单变量)。

③ 记录(一系列不同类型的简单变量)。

④ 域。

⑤ 事件。

3）FMS 可识别两种类型的动态通信对象。

① 程序调用。

② 变量列表(一系列简单变量、数组或记录)。

逻辑寻址是 FMS 通信对象寻址的优选方法，用一个 16 位无符号数短地址(索引)进行存取。每个对象有一个单独的索引，作为选项，对象可以用名称或物理地址寻址。为避免非授权存取，每个通信对象可选存取保护，只有用一定的口令才能对一个对象进行存取，或对某设备组存取。在对象字典中每个对象可分别指定口令或设备组。此外，可对存取对象的服务进行限制(如只读)。

(4) PROFIBUS-FMS 服务　FMS 服务是 ISO 9506 制造信息规范(Manufacturing Message Specification,MMS)服务的子集，已在现场总线控制应用中被优化，而且增加了通信对象管理和网络管理功能。通过总线的 FMS 服务的执行用服务序列描述，包括被称为服务原语的几个互操作，服务原语描述请求者和应答者之间的互操作。

有关 FMS 服务的具体说明，详见 PROFIBUS 通信协议。

(5) PROFIBUS-FMS 和 PROFIBUS-DP 混合操作　FMS 和 DP 设备在一条总线上的混合操作是 PROFIBUS 的一个主要优点。两种协议可以同时在一个设备上执行，这些设备称为混合设备。

能够进行混合操作是因为两种协议均使用统一的传输技术和总线存取协议，不同的应用功能由第 2 层的不同的服务存取点区分。

有关 FMS 的功能，详见 PROFIBUS 通信协议。

(6) PROFIBUS-FMS 行规　FMS 提供了广泛的功能以满足普遍的应用。FMS 行规做了如下定义(括号中的数字为 PROFIBUS 用户组织的文件号)：

1）控制器间通信(3.002)。这一通信行规定义了用于 PLC 控制器之间通信的 FMS 服务。根据控制器的等级对每个 PLC 必须支持的服务、参数和数据类型做了规定。

2）楼宇自动化行规(3.011)。此行规用于提供特定的分类和服务作为楼宇自动化的公共基础。行规描述了使用 FMS 的楼宇自动化系统如何进行监控、开环和闭环控制、操作员控制、报警处理和档案管理。

3）低压开关设备(3.032)。这是一个以行业为主的 FMS 应用行规，规定了 FMS 通信过程中的低压开关设备的应用行为。

二、PROFIBUS 通信协议

1. PROFIBUS 与 ISO/OSI 参考模型

如前所述，PROFIBUS 是一种现场总线控制技术，因此可以将数字自动化设备从底级(传感器/执行器)到中间执行级(单元级)分散开来。通信协议按照应用领域进行了优化，故几乎不需要复杂的接口即可实现。参照 ISO/OSI 参考模型，PROFIBUS 只包含第 1、2 和第 7 层。

现对图 3-16 所示的 PROFIBUS 协议层或子层说明如下。

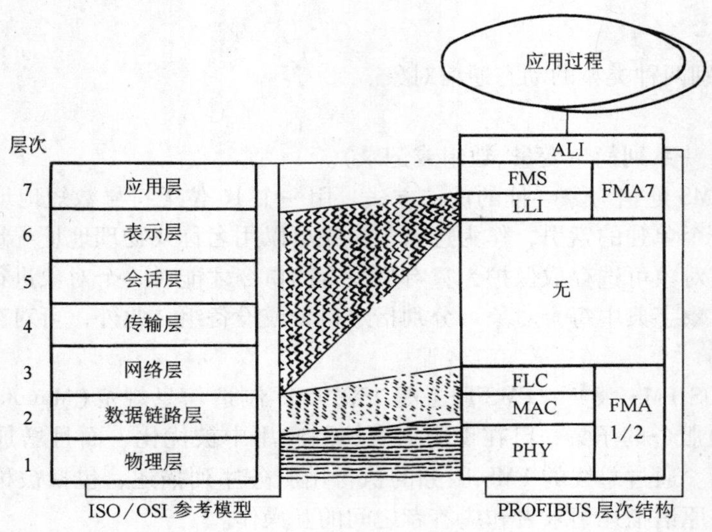

图 3-16　ISO/OSI 参考模型与 PROFIBUS 体系结构比较

(1) PROFIBUS 第 1 层　PHY：第 1 层规定了线路介质、物理连接的类型和电气特性。PROFIBUS 通过采用差分电压输出的 RS-485 实现电流连接，在线性拓扑结构下采用双绞线电缆，树形结构还可能用到中间继电器。

(2) PROFIBUS 第 2 层　MAC：第 2 层的介质存取控制(MAC)子层描述了连接到传输介质的总线存取方法。PROFIBUS 采用一种混合访问方法，由于不能使所有设备在同一时刻传输，所以在 PROFIBUS 主设备(Masters)之间用令牌的方法。为使 PROFIBUS 从设备(Slave)之间也能传递信息，从设备由主设备循环查询。图 3-17 描述了上述两种方法。

FLC：第 2 层的现场总线控制链路控制(FLC)子层规定了对低层接口(LLI)有效的第 2 层服务，提供服务访问点(SAP)的管理和与 LLI 相关的缓冲器。

FMA1/2：第 2 层的现场总线控制管理(FMA1/2)完成第 2 层(MAC)特定的总线参数的设定和第 1 层(PHY)的设定。FLC 和 LLI 之间的 SAPs 可以通过 FMA1/2 激活或撤销。此外，第 1 层和第 2 层可能出现的错误事件会被传递到更高层(FMA7)。

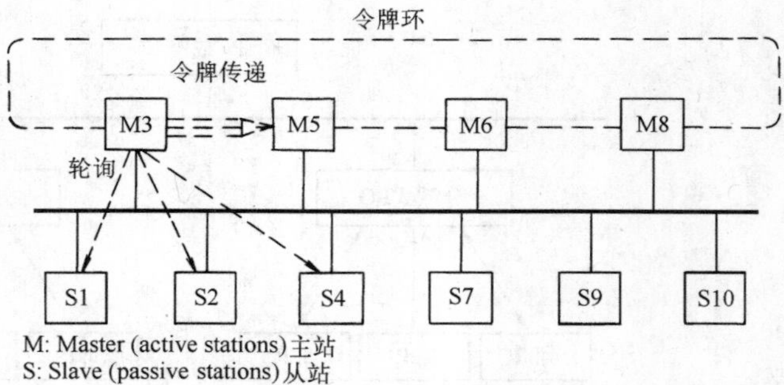

图 3-17　PROFIBUS 总线存取方法

(3) PROFIBUS 第 3～6 层　第 3～6 层在 PROFIBUS 中没有具体应用，但是这些层要求的任何重要功能都已经集成在“低层接口”(LLI)中，例如连接监控和数据传输的监控。

(4) PROFIBUS 第 7 层　LLI：低层接口(LLI)将现场总线控制信息规范(FMS)服务映射到第 2 层(FLC)的服务。除了上面已经提到的监控连接或数据传输，LLI 还检查在建立连接期间用于描述一个逻辑连接通道的所有重要参数。可以在 LLI 中选择不同的连接类型，主—主连接或主—从连接。数据交换既可以是循环的也可以是非循环的。

FMS：第 7 层的现场总线控制信息规范(FMS)子层将用于通信管理的应用服务和用于用户的用户数据(变量、域、程序、时间通告)分组。借助于此，才可能访问一个应用过程的通信对象。FMS 主要用于协议数据单元(PDU)的编码和译码。

FMA7：与第 2 层类似，第 7 层也有现场总线控制管理(FMA7)。FMA7 保证 FMS 和 LLI 子层的参数化以及总线参数向第 2 层(FMA1/2)的传递。在某些应用过程中，还可以通过 FMA7 把各个子层的事件和错误显示给用户。

(5) PROFIBUS ALI　位于第 7 层之上的应用层接口(ALI)，构成了到应用过程的接口。ALI 的目的是将过程对象转换为通信对象。转换的原因是每个过程对象都是由它在所谓的对象字典(OD)中的特征(数据类型、存取保护、物理地址)所描述的。

2. PROFIBUS 设备配置

两个设备之间交换数据或信息的通信是通过信道进行的，因此有逻辑信道和物理信道之分。图 3-18 表示了这两种信道。逻辑信道是从用户视角来看的，可以有不同的特征。为了描述这些特性，已经定义了 PROFIBUS 参数，提供了这些信道的定量和定性的定义。

1) 根据设备是否具有 PROFIBUS 接口，PROFIBUS 设备配置有如下三种形式。

① 总线接口型：现场设备不具备 PROFIBUS 接口，采用分散式 I/O 作为总线接口与现场设备连接，这种形式在应用现场总线技术初期容易推广。如果现场设备能分组，组内设备相对集中，这种模式会更好地发挥现场总线技术的优点。总线接口型系统框图如图 3-18 所示。

② 单一总线型：现场设备都具备 PROFIBUS 接口，这是一种理想情况，可使用现场总线技术，实现完全的分布式结构，可充分获得这一先进技术所带来的利益。新建项目可能具有这种条件，就目前来看，这种方案设备成本会较高。单一总线型系统接口如图 3-19 所示。

③ 混合型：现场设备部分具备 PROFIBUS 接口，这将是一种相当普遍的情况，这时应采用 PROFIBUS 现场设备加分散式 I/O 混合使用的办法。无论是旧设备改造还是新建项目，

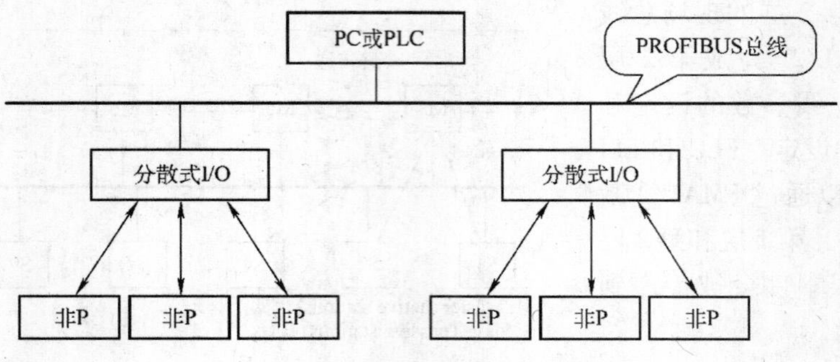

图 3-18　总线接口型系统框图

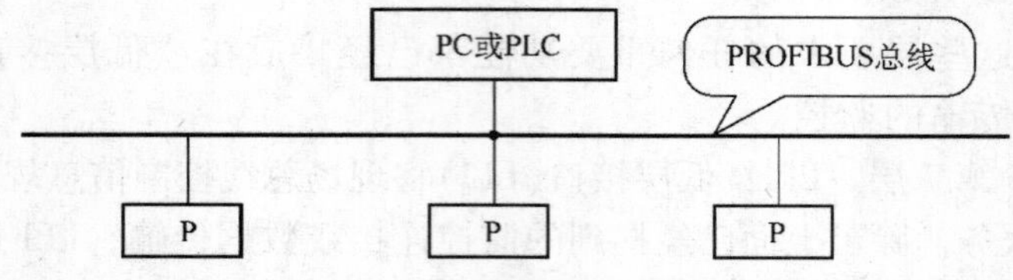

图 3-19　单一总线型系统接口

希望全部使用具备 PROFIBUS 接口现场设备的场合可能不多，分散式 I/O 可作为通用的现场总线接口，是一种灵活的集成方案。混合型系统接口如图 3-20 所示。

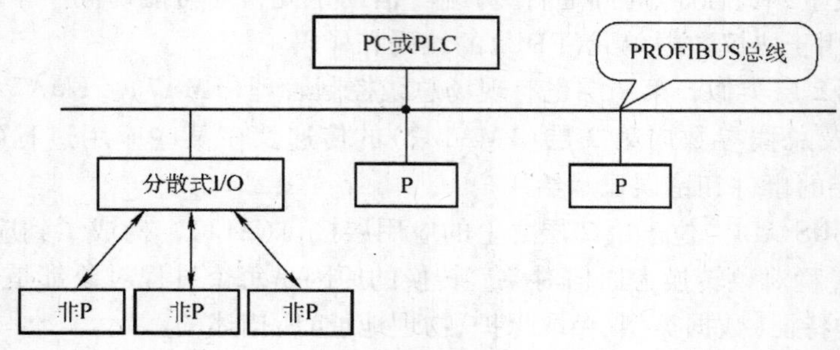

图 3-20　混合型系统接口

2）根据实际应用需要的系统结构类型有如下几种。

① 结构类型 1：以 PLC 或控制器作为一类主站，不设监控站，但调试阶段需配置一台编程设备。这种结构类型，PLC 或控制器完成总线通信管理、从站数据读写、从站远程参数化工作。结构类型 1 如图 3-21 所示。

② 结构类型 2：以 PLC 或控制器作为一类主站，监控站通过串口与 PLC 一对一连接。这种结构类型，监控站不在 PROFIBUS 网上，不是二类主站，不能直接读取从站数据和完成远程参数化工作。监控站所需的从站数据只能从 PLC 或控制器中读取。结构类型 2 如图 3-22 所示。

③ 结构类型 3：以 PLC 或其他控制器作为一类主站，监控站（二类主站）连接到 PROFIBUS 总线上。这种结构类型，监控站在 PROFIBUS 网上作为二类主站，可完成远程编程、参数化及在线监控功能。结构类型 3 如图 3-23 所示。

④ 结构类型 4：使用 PC 加 PROFIBUS 网卡作为一类主站，监控站与一类主站一体化。这是一个低成本方案，但 PC 应选用具有高可靠性、能长时间连续运行的工业级 PC。对于

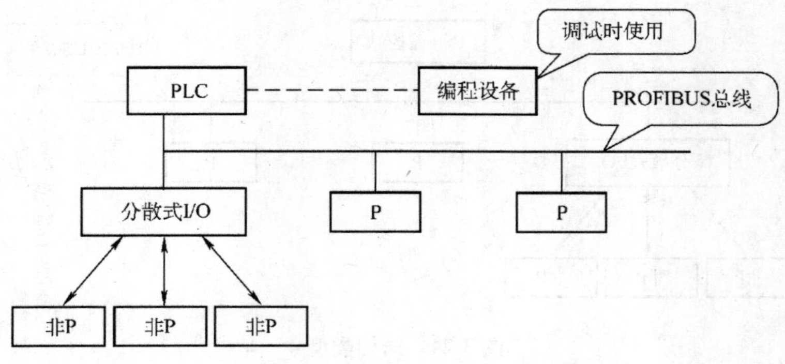

图 3-21　结构类型 1

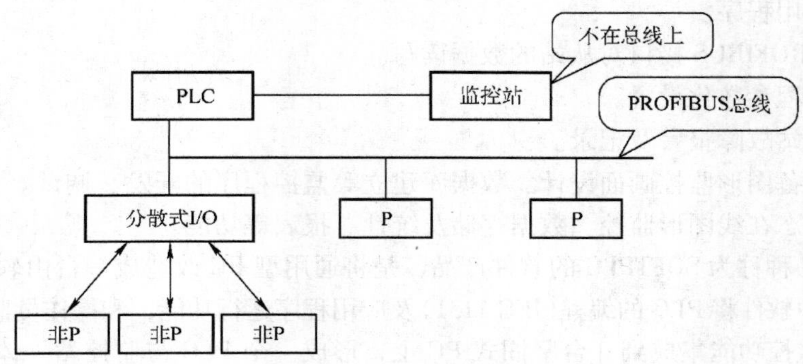

图 3-22　结构类型 2

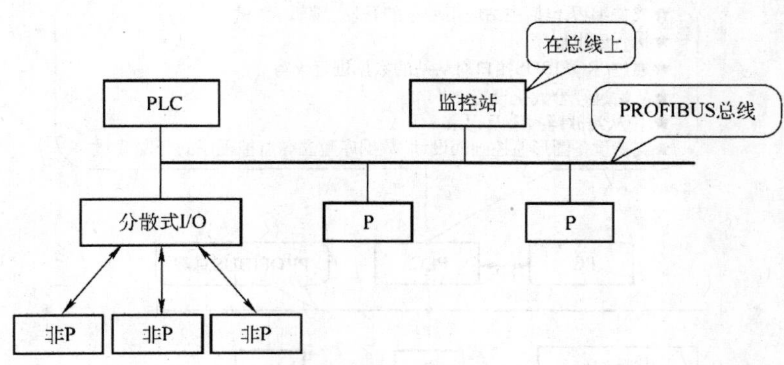

图 3-23　结构类型 3

这种结构类型，PC 故障将导致整个系统瘫痪。另外，通信模板厂商通常只提供一个模板的驱动程序，总线控制、从站控制程序、监控程序可能要由用户开发，因此应用开发工作量可能会比较大。结构类型 4 如图 3-24 所示。

⑤ 结构类型 5：坚固式 PC(COMPACT COMPUTER)+PROFIBUS 网卡+SOFTPLC 的结构形式。如果上述方案中 PC 换成一台坚固式 PC(COMPACT COMPUTER)，系统可靠性将大大增强，足以使用户信服。但这是一台监控站与一类主站一体化控制器工作站，要求它的软件完成如下功能：

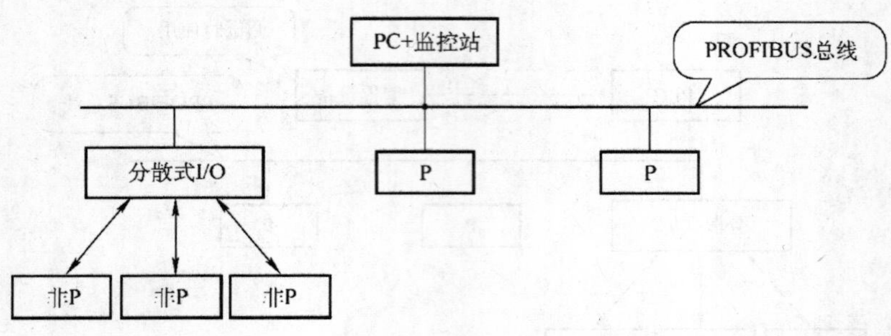

图 3-24　结构类型 4

▼ 支持编程，包括主站应用程序的开发、编辑、调试。

▼ 执行应用程序。

▼ 通过 PROFIBUS 接口对从站的数据读写。

▼ 从站远程参数化设置。

▼ 主、从站故障报警及记录。

▼ 主站设备图形监控画面设计、数据库建立等监控程序的开发、调试。

▼ 设备状态在线图形监控、数据存储及统计、报表等功能。

近来出现一种称为 SOFTPLC 的软件产品，是将通用型 PC 改造成一台由软件(软逻辑)实现的 PLC。这种软件将 PLC 的编程(IEC 1131)及应用程序运行功能，和操作员监控站的图形监控开发、在线监控功能集成到一台坚固式 PC 上，形成一个 PLC 与监控站一体的控制器工作站。这种产品密切结合现场总线控制技术，将有很好的发展前景。结构类型 5 如图 3-25 所示。

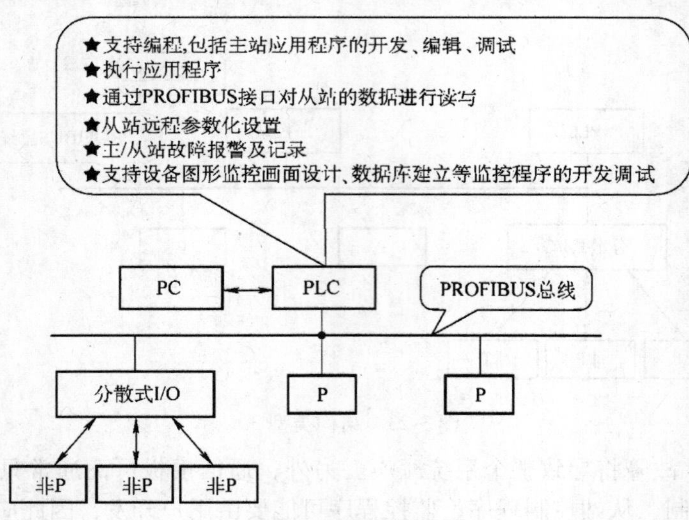

图 3-25　结构类型 5

3. 应用 PROFIBUS 应考虑的几个问题

当我们面对一个实际应用问题，希望应用现场总线控制技术构成一个系统时，可遵循以下步骤，逐一思考以下几个问题并给出答案或做出选择，最终即可得到一个应用现场总线控制技术的实际问题的解决方案。

（1）项目是否适于使用现场总线控制技术　任何一种先进技术，超出其适用范围也不会得到好的效果，因此可着重考虑以下几个问题：

1）现场被控设备是否分散？

这是决定使用现场总线控制技术的关键。现场总线控制技术适合于分散的、具有通信接口的现场受控设备的系统。现场总线的技术优势是节省了大量现场布线成本，使系统故障易于诊断与维护。对于具有集中 I/O 的单机控制系统，现场总线控制技术没有明显优势。当然，有些单机控制，在设备上很难留出空间布置大量的 I/O 走线时，也可考虑使用总线控制技术。

2）系统对底层设备有无信息集成要求？

现场总线控制技术适合对数据集成有较高要求的系统，如需要建立车间监控系统、建立全厂的 CIMS 系统。在底层使用现场总线控制技术可将大量丰富的设备及生产数据集成到管理层，为实现全厂的信息系统提供重要的底层数据。

3）系统对底层设备有无较高的远程诊断、故障报警及参数优化要求？

现场总线控制技术适合要求有远程操作及监控的系统。

（2）系统有无实时性要求　所谓系统的实时性，是指现场设备之间，在最坏情况下完成一次数据交换，系统所能保证的最小时间。简单地说，就是现场设备的通信数据更新速度。以下实际应用可能对系统的实时性提出要求。

1）快速互锁联锁控制、故障保护：现场设备之间需要快速互锁联锁控制，完成设备故障保护功能。系统实时性影响到产品加工精度，系统实时性不高，可能会导致设备损坏，或影响产品加工质量。

2）闭环控制：现场设备之间构成闭环控制系统，系统的实时性影响到产品质量，如产品薄厚不均、大小不一、成分不同等。

影响系统实时性的因素如下：

① 现场总线数据传输速率高，具有更好的实时性。

② 数据传输量小的系统具有更好的实时性。

③ 从站数目少的系统具有更好的实时性。

④ 主站数据处理速度快使系统具有更好的实时性。

⑤ 单机控制 I/O 方式比现场总线方式要有更好的实时性。

⑥ 在一条总线上的设备比经过网桥或路由的设备具有更好的实时性。

⑦ 有时主站应用程序的大小、计算复杂程度也影响系统响应时间，这与主站设计原理有关。

如果实际应用问题对系统响应有一定的实时要求，可根据具体情况分析是否采用总线技术。

（3）有无应用先例　有无应用先例也是决定是否采用 PROFIBUS 技术的一个关键。因为，对于一个实际应用项目，技术问题复杂，很难用精确的数学分析、仿真方法给出技术可行性论证。对重大项目的决策，应用先例或应用业绩是简单而又颇具说服力的证明。一般来说，如在相同行业有类似应用，可以说明一些关键技术上已经有所保证。PROFIBUS 技术已在制造业、流程行业、楼宇、电力、交通等许多行业有应用业绩。

（4）采用什么样的系统结构配置　用户决定采用现场总线 PROFIBUS 技术后，下一个问题就是采用什么样的系统结构配置。

1）系统结构形式：

① 如何分层？是否需要车间层监控？

② 有多少从站？分布如何？从站设备如何连接？现场设备是否具备 PROFIBUS 接口？可否采用分散式 I/O 连接从站？哪些设备需选用智能型 I/O 控制？根据现场设备地理分布进行分组并确定从站个数及从站功能的划分。

③ 有多少主站？分布如何？如何连接？

④ 系统结构类型。见前文讲过的图 3-21～图 3-25。

2）选型。

① 根据系统是离散量控制还是流程控制，现场级选用 PROFIBUS-DP 或 PA？是否需要本质安全？

② 根据系统对实时性要求，决定现场总线的数据传输速率。

③ 是否需要车间级监控？选用 FMS、监控站及连接形式。

④ 根据系统可靠性要求及工程经费，决定主站形式及产品。

（5）如何与车间自动化系统或全厂自动化系统连接

1）是否需要车间级监控？

如果需要车间级监控或需要为车间级监控留出接口，主站应配置 FMS 接口。从站应接到 PROFIBUS-FMS 网上，因此监控站也要考虑配置 PROFIBUS-FMS 网卡。

2）设备层数据如何进入车间管理层数据库？

设备层数据，如 PROFIBUS-DP 数据进入车间管理层数据库，首先要进入监控层 PROFIBUS-FMS 的监控站，监控站的监控软件包具有一个在线监控数据库，这个数据库的数据分两个部分：一是在线数据，如设备状态、数值数据、报警信息等；另一类为历史数据，是对在线数据进行了一些统计分类以后存储的数据，可作为生产数据完成日、月、年报表及设备运行记录报表。这部分历史数据通常需要进入车间级管理数据库。自动化行业流行的实时监控软件，如 FIX、INTOUCH、WIZCON、WINCC、RSVIEW 等，都具有 MICRO 系列数据库接口，如 ACCESS、SYBASE、FOBASE。工厂管理层数据库通过车间管理层得到设备层数据。

三、PROFIBUS 安装接线

下面以 9 针 D 型连接器(RS-485)为例介绍。

1）对 PROFIBUS-DP、PROFIBUS-FMS 提供的连接器是 9 针 D 型。

2）插座部分被安装在设备上。

3）如果其他连接器能提供必要的命令信号也允许使用。

（1）针脚分配(见表 3-9)

表 3-9 针脚分配

针脚号	信　号	规　定	针脚号	信　号	规　定
1	shield	屏蔽/保护地	6	VP	终端电阻的供电电源
2	m24	24V 输出电源地	7	P24	输出电压 24V
3	RXD/TXD—P	接收/传输数据阳极(+)	8	RXD/TXD—N	接收/传输数据阴极(-)
4	CNTR—P	中继器控制信号(方向控制)	9	CNTR—R	中继器控制信号(方向控制)
5	DGND	数据传输“地”电位			

（2）拓扑　这里提供的拓扑是总线型。

1）在总线的开头和结尾必须有终端电阻。

2）一段可以由最多 32 个站组成。

主站、从站接线图如图 3-26 所示。

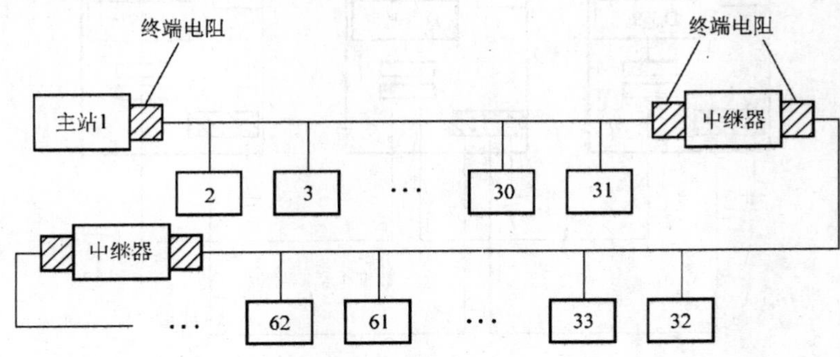

图 3-26　主站、从站接线图

注：中继器没有站地址，但它们被计算在每段的最大站数中。

安装 RS-485 接线图(一)如图 3-27 所示；A 型电缆的总线终端电阻接线图如图 3-28 所示；安装 RS-485 接线图(二)如图 3-29 所示；RS-485 屏蔽接地接线图如图 3-30 所示。

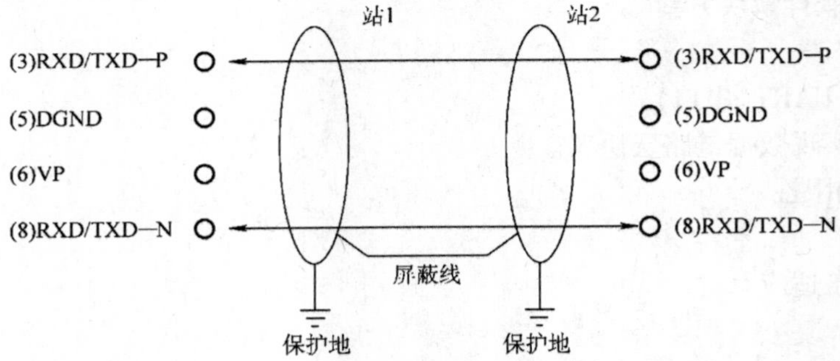

图 3-27　安装 RS-485 接线图(一)

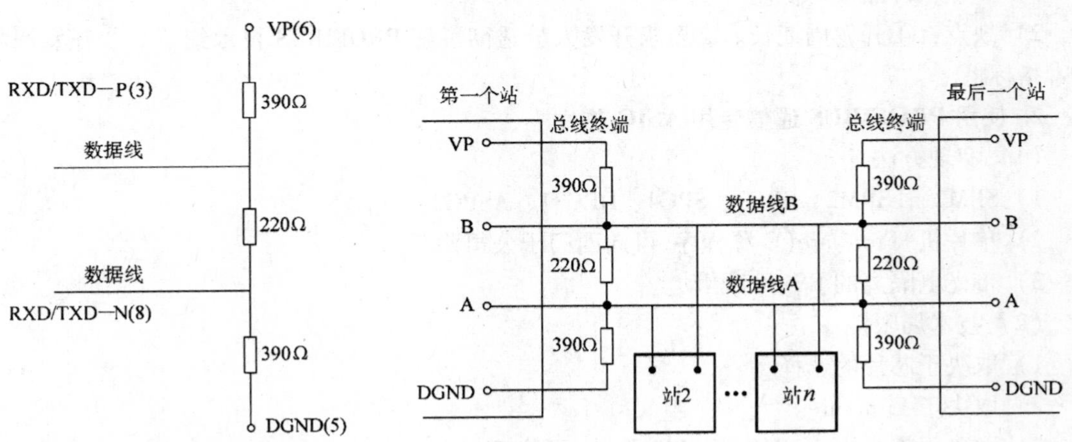

图 3-28　A 型电缆的总线终端电阻接线图

图 3-29　安装 RS-485 接线图(二)

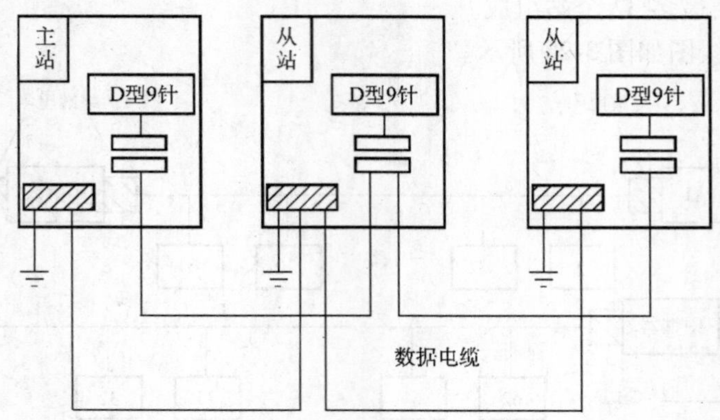

图 3-30　RS-485 屏蔽接地接线图

四、PROFIBUS 解决方案

1. 单片机+软件解决方案

（1）实现方法

1）单片机+UART（串口）。

2）由软件实现数据链路层协议。

（2）技术局限性

1）波特率。

2）波特率自适应。

3）测试过程复杂。

（3）开发者基础知识　开发者必须了解协议相关内容的细节。

（4）方案优缺点

1）优点：产品成本低。

2）缺点：①开发周期长。②要求开发人员透彻了解 PROFIBUS 技术细节。③开发产品技术指标低。

2. 使用 PROFIBUS 通信专用 ASIC 芯片

（1）实现方法

1）SPM2、LSPM2、SPC3、SPC4、DPC31、ASPC2。

2）单片机+Firmware（C 源程序，可向西门子公司购买）。

3）带光电隔离的 RS-485 驱动。

（2）技术局限性

1）取决于芯片的选择。

2）取决于 Firmware。

3）取决于带光电隔离的 RS-485 驱动（可实现：PROFIBUS-DP、PROFIBUS-PA、主/从站，波特率 9.6kbit/s~12Mbit/s）。

（3）开发者的工作和必要的技术基础

1）开发者的工作：

①电路设计制作。②Firmware 编程单片机与 ASIC 芯片的结合。③编程 GSD 文件。④调试。

2）必要的技术基础：

① PROFIBUS 协议相关内容，特别是基本概念、技术术语。不必了解细节，开发者是协议使用者。②ASIC 芯片的技术内容。③GSD 文件。④选择可选功能时，如同步、锁定、安全模式、用户外部诊断、用户参数化报文等，需要对功能的概念、要求有细致的了解，并通过 Firmware 实现。⑤能够搭建一个调试与测试平台，需要 PROFIBUS 系统配置有关技术基础。

（4）方案优缺点

1）优点：①产品成本较低。②技术指标高。③自主性高。

2）缺点：①开发周期长。②要求开发人员了解一定的 PROFIBUS 技术细节。③70%的首次开发产品第一次认证测试不合格。

3. 应用总线桥技术的解决方案

（1）实现方法

1）使用嵌入式 PROFIBUS 接口。

2）按照接插件和引脚定义，改产品电路板。

3）将用户样板源程序，连接到用户产品软件中。

4）按照一个推荐的调试系统和 GSD 文件调试产品。

（2）技术局限性　仅取决于选择使用嵌入式 PROFIBUS 接口型号。

（3）开发者的工作和必要的技术基础

1）开发者的工作：

① 按照接插件和引脚定义，改产品电路板。

② 将用户样板源程序，连接到用户产品软件中。

③ 按照一个推荐的调试系统和 GSD 文件调试产品。

2）必要的技术基础：

① 有单片机产品开发经验。

② 有 PROFIBUS 产品应用经验。

（4）方案优缺点

1）优点：①开发人员不必了解 PROFIBUS 技术细节。②开发周期短。③技术指标高，技术升级快。④拥有产品的自主知识产权。⑤产品符合技术指标，测试认证快。

2）缺点：①产品结构复杂。②成本高。

4. 上述三种方案比较

（1）单片机方案

1）特点：产品成本低、技术指标低、开发周期长、技术要求高。

2）适用范围：适合研究和学习 PROFIBUS 的学生、教师、研究人员。开发目标不是产品化，而是技术研究和教学。

（2）专用 ASIC 芯片方案

1）特点：开发技术要求高、开发周期长、产品成本较低，开发成本高。

2）适用范围：PROFIBUS 产品市场批量大，技术资金雄厚的大企业。

（3）嵌入式 PROFIBUS 接口方案

1）特点：开发周期短，开发成本低，产品技术指标高，开发技术要求不高。

2）适用范围：①专业制造现场设备仪表的企业，其产品可以带来新的市场和利润。②企业没有 FCS 开发基础。③产品将走多种总线的技术道路。④要求开发周期短、开发费用低、技术成熟快。

五、PROFIBUS 技术标准认证、测试

1. 做 PROFIBUS 产品测试与认证的目的

1）现场总线 PROFIBUS 的一个重要技术特征是标准化和开放性，即声明基于 PROFIBUS 技术的产品在技术上必须符合 PROFIBUS 技术标准，必须能够与第三方厂家产品及系统互联。因此，PROFIBUS 产品的一致性和互操作性测试是必需的，是检验产品是否符合 PROFIBUS 技术标准，实现不同厂家产品互联、互操作的技术保证。

2）测试检验产品是否符合（遵守、兼容）PROFIBUS 技术标准，这就是所谓产品的“一致性测试”，即产品与标准的一致性；测试检验产品是否能与其他厂家的系统与产品实现互联、互操作，这就是所谓产品的“互操作性测试”。

3）PROFIBUS 产品测试实验室主要完成 PROFIBUS 产品的“一致性与互操作性”技术测试。

4）客户产品经过 PROFIBUS 产品测试实验室测试合格，实验室以一个中立技术机构名义，向使用产品的客户保证，产品在技术上满足了 PROFIBUS 标准的一致性和互操作性要求。

2. 测试与认证对产品技术发展的重要性及给产品开发商带来的利益

1）PROFIBUS 产品测试将保证产品开发的技术标准化和产品的兼容性，保证 PROFIBUS 技术及产品开发技术的健康发展，规范市场竞争，在用户中建立良好的信誉，这将为所有从事 PROFIBUS 技术研发和产品生产的企业带来长久的利益。

2）PROFIBUS 产品测试可以帮助企业在技术上走上一条标准化、符合国际发展趋势、众多国内外企业产品支持的技术发展道路。

3）PROFIBUS 产品测试与认证可以提高产品在客户中的信任度，从而有利于产品在市场上的竞争。

3. 产品测试的技术依据

产品测试依据以下技术标准：

（1）JB/T 10308.3—2005《测量和控制数字数据通信工业控制系统用现场总线　第 3 部分　PROFIBUS 规范》中华人民共和国机械行业标准。

（2）PROFIBUS Standard

PROFIBUS Specification（FMS，DP，PA）. All normative Parts of the PROFIBUS Specification. According to European Standard EN 50 170 Vol. 2（Version 1.0）.

（3）PROFIBUS Guidelines

Test Specifications for PROFIBUS DP-Slaves（Draft）. Specifications of test procedure for Certification of DP-Slaves（Version 1.0）.

（4）GSD Specification for PROFIBUS-DP（Draft）

Definition of the GSD-File formats for DP（Version 1.0）.

（5）PROFIBUS Profiles

A. Profile for NC/RC Controllers. DP profile for NC/RC Controllers(Version 1.0).

B. Profile for Encoders. DP profile for rotary, angle and linear encoders(Version 1.1).

C. Profile for Variable Speed Drives. FMS-/DP-Profile for electric drive technique(Version 2.2).

D. Profile for HMI Devices(Draft). DP-Profile for Human Machine Interface devices(Version 1.0).

E. Profile for Failsafe with PROFIBUS(Draft). DP-Profile for Safety Applications(Version 1.0).

（6）中国 PROFIBUS 产品测试实验室章程　内容略。

4. PROFIBUS-DP 从站的主要测试内容

首先应该明确，PROFIBUS 产品测试是产品通信功能测试，即产品的一致性和互操作性测试，因此测试不包括产品性能品质的测试(如安全性测试、可靠性测试、抗 EMC 干扰测试等)。

PROFIBUS-DP 从站的主要测试内容如下：

① GSD 文件。②RS-485 特性。③不同波特率条件下的传输特性。④TSDR。⑤从站状态转换。⑥同步、锁存等功能。⑦与标准的一致性测试。⑧互操作性测试。

第四节　PROFIBUS 系统实例

下面介绍用 PROFIBUS 控制技术(智能模块)构成的水位控制系统，本实例用到 PROFIBUS 现场总线控制(智能模块)和组态王软件，因此在实施前必须学习组态王软件。

1. 系统原理框图

水位控制系统原理框图如图 3-31 所示。

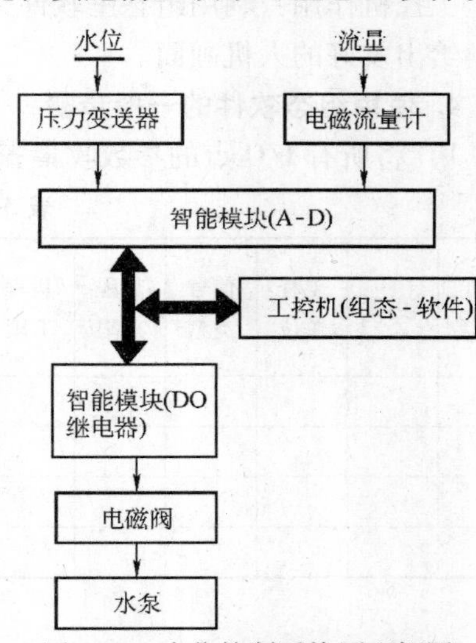

图 3-31　水位控制系统原理框图

2. 所需设备

所需设备清单见表 3-10。

3. 系统组成

（1）被控对象　水箱。

（2）被控参数　水位、流量。

（3）电容式差压变送器　2 台，作用是将水位变为4~20mA 电流信号。

（4）电磁流量计　2 台，作用是将流量信号变为4~20mA 电流信号。

（5）电磁阀　4 台，作用是控制进水和出水，交流 220V，通电开阀。

表 3-10　设备清单

设备名称	作　用	型　号	数　量	生产厂家
压力变送器	将水位信号变成 4~20mA 电流信号	1151GP	2	西安仪表厂
电磁流量计	将流量信号变成 4~20mA 电流信号	MDBB—25	2	合肥仪表总厂
电磁阀	控制管道流量开或关	ZCLF—10	4	丹东电磁阀厂

（续）

设备名称	作用	型号	数量	生产厂家
A-D 转换模块(8 路)	将水位或流量信号接入总线	Orient—2010	1	中机浦发集团有限公司
DO 继电器模块(8 路)	将总线信号变成开关信号	Orient—2250	1	中机浦发集团有限公司
水泵	抽水用		1	
工控机	控制、组态用		1	
组态王软件	控制、组态用	KingView6.5	1	北京亚控科技发展有限公司

（6）水泵　作用是抽水。

（7）控制模块

1）Orient—2000 PROFIBUS—PC 主站适配卡。

作用：将 PC 总线计算机作为主站连入 PROFIBUS 总线网，作为总线接口，完成对现场总线控制上的设备进行数据存取。

2）Orient—2010 A-D 转换模块。

作用：完成 8 路模拟量 A-D 转换，将数据送上 PROFIBUS 总线网，它只能作为从站，自动适应网上波特率。

3）Orient—2250 DO 继电器模块。

作用：从 PROFIBUS 总线网接收 8 路开关量，它只能作为从站，自动适应网上波特率。

工控机作用：利用组态王软件，完成模拟画面、趋势曲线、报表、报警、人工干预等状态，给出友好的人机画面。

4. 使用组态软件的一般步骤

1）将所有 I/O 点的参数收集齐全，并填入表 3-11 和表 3-12 中。

表 3-11　模拟量 I/O 点的参数表

I/O 位号名称	说明	工程单位	信号类型	量程上限	量程下限	报警上限	报警下限	是否做量程变换	裸数据上限	裸数据下限	变化率报警	偏差报警	正常值	I/O 类型

表 3-12　开关量 I/O 点的参数表

I/O 位号名称	说明	正常状态	信号类型	逻辑极性	是否需要累积运行时间	I/O 类型

2）清楚使用的 I/O 设备的生产商、种类、型号，使用的通信接口类型，采取的通信协

议，以便在定义 I/O 设备时做出准确选择。

3）将所有 I/O 点的 I/O 标识收集齐全，并填写表格，I/O 标识是惟一确定 I/O 点的关键字，组态软件通过 I/O 设备发出 I/O 标识来请求其对应的数据。在大多数情况下，I/O 标识是 I/O 点的地址或位号名称。

4）根据工艺过程绘制、设计画面结构的画面草图。

5）按照第一步统计出的表格，建立实时数据库，正确组态各种变量参数。

6）根据第一步和第二步的统计结果，在实时数据库中建立实时数据库变量与 I/O 点的一一对应关系，即定义数据连接。

7）根据第四步设计的画面结构的画面草图，组态每一幅静态操作画面(主要是绘图)。将操作画面中的图形对象与实时数据库变量建立动画连接关系，规定动画属性和幅度，并对组态内容进行分段和总体调试。

5. 系统投入运行实施步骤

1）明确系统任务，制定硬件、软件总体规划，确定总线电缆拓扑结构，选定所用组态软件。

2）确定输入信号的类型、数量、量程及分布情况。

3）确定所需模块的类型、数量，确定每个模块的安装位置，确定每个模块的站号，确定所需计算机及其他仪表的数量。

4）铺设总线电缆，安装模块及其他仪表，铺设信号电缆、接线。

5）运行模块配置，按所分配的站号及每个模块上的具体连线情况，配置系统。

6）运行所选组态软件的“组态”部分，完成模拟画面、趋势、报表、报警等组态，给出友好的人机画面。

7）运行模块驱动，再运行组态王软件，系统即投入正常运行。

习　题

1. 简述现场总线控制技术与局域网的区别。
2. 简述 PROFIBUS 的基本特性。
3. 简述 PROFIBUS-DP 的基本功能。

第四章　气动自动化设备

气动自动化设备是近年来兴起的一类新的典型生产设备，它已得到工业领域各个行业的普遍认可，并且受到越来越多的重视。本章主要介绍气动设备各组成环节及应用实例。

第一节　气动自动化设备的概况

气动自动化设备是利用压缩空气作为传递动力或信号的工作介质，配合气动控制系统的主要气动元件，与机械、液压、电气、电子(包含 PLC 控制器和微型计算机)等部分或全部综合构成的控制回路，使气动元件按生产工艺要求的工作状况，自动按设定的顺序或条件动作的一种自动化设备。

一、气动设备的应用现状

随着工业机械化和自动化的发展，气动设备越来越广泛地应用于各个领域里，例如汽车制造业、气动机器人、医用研磨机、电子焊接自动化、家用充气筒、喷漆气泵等，特别是成本低廉、结构简单的气动自动化装置已得到了广泛的应用，在工业企业自动化中处于重要的地位。

调查资料表明，目前气动控制装置在下述几个方面有普遍的应用。

1）汽车制造业：其中包括汽车自动化生产线，车体部件的自动搬运与固定，自动焊接等。

2）半导体电子及家电行业：例如用于硅片的搬运，元器件的插入及锡焊，家用电器等的组装。

3）加工制造业：其中包括机械加工生产线上工件的装夹及搬运，冷却、润滑液的控制，铸造生产线上的造型、捣固、合箱等。

4）介质管道输送业：可以说，用管道输送介质的自动化流程绝大多数采用气动设备，例如石油加工、气体加工、化工等。

5）包装业：其中包括各种半自动或全自动包装生产线，例如聚乙烯、化肥、酒类、油类、煤气罐装、各类食品等的包装。

6）机器人：例如装配机器人、喷漆机器人、搬运机器人以及焊接机器人等。

7）其他：例如车辆的制动装置，车门开闭装置，颗粒状物质的筛选，鱼雷、导弹的自动控制装置等。至于各种气动工具等，当然也是气动技术应用领域的一个重要方面。

二、气动设备的组成

一个完整的气动设备由气压发生器、控制元件、执行元件、控制器、检测装置和辅助元件组成，其组成框图如图 4-1 所示。

（1）气压发生器　气压发生器即能源元件，它是获得压缩空气的装置，其主体部分是

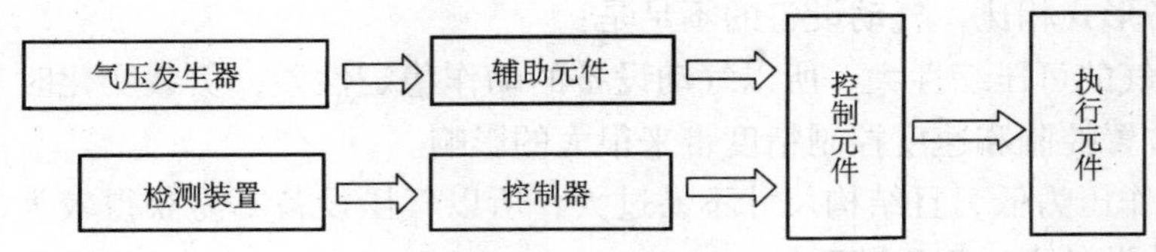

图 4-1　气动设备组成框图

空气压缩机或真空泵，它将原动机供给的机械能转换成气体的压力能。

（2）控制元件　控制元件是用来调节和控制压缩空气的压力、流量和流动方向，以便使执行机构按要求的程序和性能工作。控制元件分为压力控制阀、流量控制阀和方向控制阀。

（3）执行元件　气动执行元件是以压缩空气为工作介质，将气体能量转换成机械能的能量转换装置。执行元件分为实现直线运动的气动缸、实现回转运动的气动马达和在一定角度范围内摆动的摆动气马达。

（4）辅助元件　辅助元件是用于辅助保证气动系统正常工作，主要由净化压缩空气的净化器、过滤器、干燥器、分水滤器等，有供给系统润滑的油雾器，有消除噪声的消声器，有提供系统冷却的冷却器，还有连接元件的管件和所必需的仪器、仪表等。

（5）检测装置　检测装置用来检测气缸的运动位置、判断工件有无、检测工件的性质等，它提供给控制器输入信号，以实现对系统的控制。

（6）控制器　控制器是用来对检测装置提供的信号进行逻辑运算，提供给执行元件（如电磁阀等）输出信号，使控制系统按照预定的要求有序工作。

三、气动设备的优缺点

气动设备能够得到迅速发展和广泛应用的原因，是由于它具有如下优点：

1）用空气作为传动介质，来源方便，取之不尽，用之不竭，只要有压缩机即可比较简单地得到压缩空气。用后直接排入大气而不污染环境，且不需回气管路，故气动系统管路较简单。

2）与液压传动相比，气压传动反应快，动作迅速，一般只需 0.02~0.03s 就可以建立起需要的压力和速度。在一定的超载运行下也能保证系统安全工作，并且不易发生过热现象。因此，它特别适用于实现系统的自动控制。

3）空气的黏度较小（约为油黏度的万分之一），在管道中流动时的沿程压力损失小，所以节能、高效。它有利于集中供气和远距离输送。

4）空气的性质受温度的影响小，高温下不会发生燃烧和爆炸，使用安全，所以对工作环境的适应性好，特别是在易燃、易爆、高尘埃、强磁、辐射及振动等恶劣环境中，比液压、电气及电子控制都优越。

5）由于工作压力较低（一般为 0.4~0.8MPa），降低了气动元件对材质和精度的要求，使气动元件结构简单、成本低、寿命长。

6）由于气体的可压缩性，便于实现系统的过载保护。

7）介质清洁，管道不易堵塞，不存在介质变质及介质的补充和更换问题。元件使用方便，维护简单。

与其他设备形式相比，气动设备的不足是：

1）由于空气的可压缩性大，所以气动设备的动作稳定性差，负载变化时对工作速度的影响较大，给位置控制和速度控制精度带来很大的影响。

2）由于工作压力低，且结构尺寸不易过大，所以气压设备不易获得较大的输出力和力矩。因此，气动设备不适于重载系统。

3）气动装置中的信号传递速度比光、电信号慢，故不宜用于信号传递速度要求十分高的复杂线路中。同时，实现生产过程的遥控也较困难，但对于一般机械设备，气动信号的传递速度是能满足需要的。

4）气动设备有较大的排气噪声，尤其在超音速排气时，需要加装消声器。

5）因工作介质空气本身无润滑性能，如不是采用无给油气动元件，需在气路中设置给油润滑装置。

6）气压设备有泄漏，这是能量的损失。一定的外泄漏也是允许的，但应尽可能减少泄漏。

四、气动设备的发展趋势

1. 功能不断增强，体积不断缩小

小型化气动部件，如气缸、阀和模块正应用于许多工业领域。微型气动设备在精密机械加工（如钟表制造业）、电子工业（如印制电路板的生产）和模块装配等场合，以及制药工业和医疗技术、食品加工和包装技术等方面都有了广泛应用，并正在继续向微型化方向发展。

2. 模块化和集成化

气动的最大优点之一是具有单独元件的组合能力，无论是各种不同大小的控制器，或是不同功率的控制元件，在一定的应用条件下，都具随意组合性。集成化应充分兼顾模块化，即在设计时必须考虑集成模块或单元的兼容性。

3. 智能气动设备

智能气动设备是指具有集成微处理器，并具有处理指令和程序控制功能的元件或单元。最典型的智能气动设备是内置可编程序控制器（PLC）的阀岛。阀岛可用常规的电子方式或总线方式控制。

4. 整套供应

完整的模块及独立的功能单元使人们只需进行简单的组装即可投入使用，因此整套供应一方面可以大大节省现场装配、调整时间，另一方面现场操作无需配套各种经过专门培训的技术人员。

第二节　气动执行元件

在气动设备中，气动执行元件是一种将压缩空气的能量转化为机械能，实现直线运动、摆动或回转运动的传动装置。

气动执行元件有三大类：产生直线往复运动的气缸、在一定角度范围内摆动的摆动气马达（也曾称摆动气缸）以及产生连续转动的气动马达。这里主要讨论气缸。

一、气缸

（一）普通气缸

普通气缸是指在缸筒内只有一个活塞和一根活塞杆的气缸，有单作用气缸和双作用气缸两种。

1. 动作原理

（1）双作用气缸　气缸一般由缸筒、前后缸盖、活塞、活塞杆、密封件和紧固件等零件组成，图 4-2 所示为普通双作用气缸的结构原理图。缸筒在前后缸盖之间由四根螺杆将其紧固锁定(图中未画出)。缸内有与活塞杆相连的活塞，活塞上装有活塞密封圈。为防止漏气和外部灰尘的侵入，前缸盖上装有活塞杆用密封圈和防尘圈。这种双作用气缸被活塞分成两个腔室：有杆腔(简称头腔或前腔)和无杆腔(简称尾腔或后腔)。有活塞杆的腔室称为有杆腔，无活塞杆的腔室称为无杆腔。

当从无杆腔端的气口输入压缩空气时，若气压作用在活塞右端面上的力克服了运动摩擦力、负载等各种反作用力，推动活塞前进，有杆腔内的空气经该端气口排入大气，使活塞杆伸出。同样，当有杆腔端气口输入压缩空气时，活塞杆退回到初始位置。通过无杆腔和有杆腔的交替进气和排气，活塞杆伸出和退回，气缸实现往复直线运动。

气缸缸盖上未设置缓冲装置的气缸称为无缓冲气缸，缸盖上设置缓冲装置的气缸称为缓冲气缸。图 4-2 所示为缓冲气缸。缓冲装置由节流阀、缓冲柱塞和缓冲密封圈等组成。当气缸行程接近终端时，由于缓冲装置的作用，可以防止高速运动的活塞撞击缸盖现象的发生。

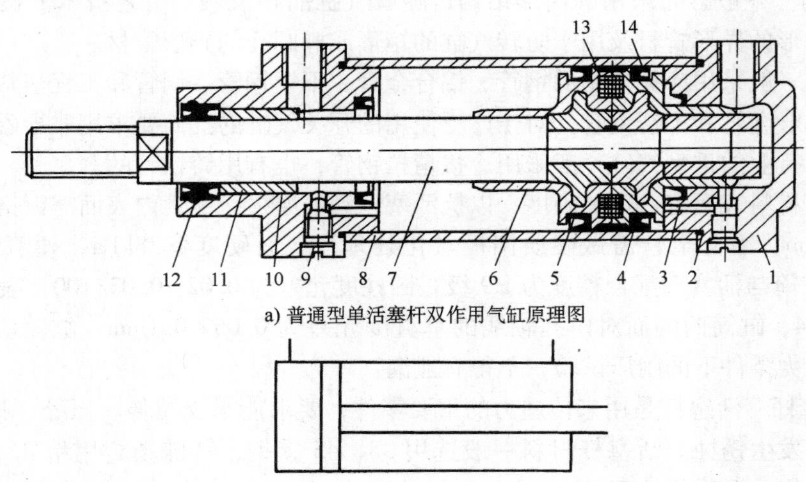

图 4-2　普通型单活塞杆双作用气缸

1—后缸盖　2—密封圈　3—缓冲密封圈　4—活塞密封圈　5—活塞　6—缓冲柱塞　7—活塞杆　8—缸筒　9—缓冲节流阀　10—导向套　11—前缸盖　12—防尘密封圈　13—磁铁　14—导向环

（2）单作用气缸　所谓单作用气缸，是指压缩空气仅在气缸的一端进气，推动活塞运动。而活塞的返回是借助于弹簧力、膜片张力及重力等。

图 4-3 所示为弹簧复位的单作用气缸，在活塞的一侧装有使活塞杆复位的弹簧，在另一端缸盖上开有呼吸用的气口。除此之外，其结构基本上和双作用气缸相同。图示单作用气缸

的缸筒和前后缸盖之间采用滚压铆接方式固定。弹簧装在有杆腔内，气缸活塞杆初始位置处于退回的位置，这种气缸称为预缩型单作用气缸；弹簧装在无杆腔内，气缸初始位置为伸出位置的，称为预伸型气缸。

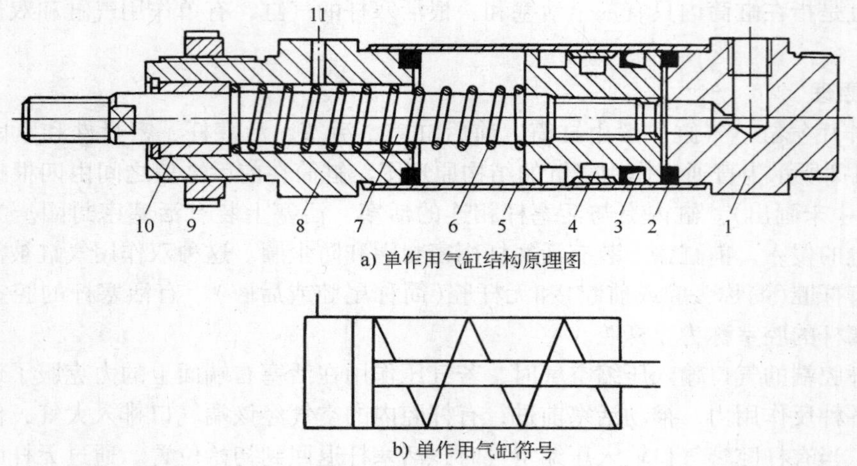

a) 单作用气缸结构原理图

b) 单作用气缸符号

图 4-3 普通型单活塞杆单作用气缸

1—后缸盖 2—橡胶缓冲垫 3—活塞密封圈 4—导向环 5—活塞
6—弹簧 7—活塞杆 8—前缸盖 9—螺母 10—导向套 11—呼吸孔

2. 结构

（1）缸筒　一般缸筒采用圆筒形结构，随着气缸品种发展、工艺技术的提高，已广泛采用方形、矩形的异形管材及用于防转气缸的矩形或椭圆孔的异形管材。

缸筒材料一般采用冷拔拉制的钢管、铝合金管、不锈钢管、铜管和工程塑料管。中小型气缸大多用铝合金管和不锈钢管，对于广泛使用的开关气缸的缸筒要求用非导磁材料。用于冶金、汽车等行业的重型气缸一般采用冷拔精拉钢管，也有用铸铁管的。

要求缸筒材料表面有一定的硬度，以抗活塞运动的磨损。钢管内表面需镀铬研磨，镀层厚度为 0.02mm；铝合金管需做硬质阳极氧化处理，表面硬度≥38kPa，硬氧膜层厚度为 30~50μm。缸筒与活塞动配合精度为 H9 级，圆柱度允差为 0.02~0.03/100，表面粗糙度为 *Ra* 为 0.2~0.4，缸筒两端面对内孔轴线的垂直度允差为 0.05~0.1mm。缸筒应能承受 1.5 倍最高工作压力条件下的耐压试验，不得有泄漏。

（2）活塞杆　活塞杆是用来传递力的重要零件，要求能承受拉伸、压缩、振动等负载，表面耐磨，不发生锈蚀。活塞杆材料一般选用 35、45 碳钢，特殊场合用精轧不锈钢材料。钢材表面需镀铬及调质热处理。

气缸使用时必须注意活塞杆强度问题。第一，由于活塞杆头部的螺纹受冲击而遭受破坏；第二，大多数场合活塞杆承受的是推力负载，必须考虑细长杆的压杆稳定性；第三，气缸水平安装时，活塞杆伸出因自重而引起活塞杆头部下垂的问题。

（3）活塞　气缸活塞受气压作用产生推力并在缸筒内滑动。在高速运动场合，活塞有可能撞击缸盖，因此，要求活塞具有足够的强度和良好的滑动特性。对气缸用的活塞应充分重视其滑动性能，特别是耐磨性和不发生“咬缸”现象。

活塞的宽度与采用密封圈的数量、导向环的形式等因素有关。一般活塞宽度越小，气缸的总长就越短。从使用上讲，活塞的活动面小容易引起早期磨损，如“咬缸”现象。一般对标准气缸而言，活塞宽度为缸径的20%~25%，该值需综合考虑使用条件，由活塞与缸筒、活塞杆与导向套的间隙尺寸等因素来决定。

（4）导向套　导向套用作活塞杆往复运动时的导向。因此，与对活塞的要求一样，要求导向套具有良好的滑动性能，能承受由于活塞杆受重载时引起的弯曲、振动及冲击。在粉尘等杂物进入活塞杆和导向套之间的间隙时，要求活塞杆表面不被划伤。实际上，导向套材料完全符合上述要求是困难的。导向套采用聚四氟乙烯和其他的合成树脂材料，也有用铜颗粒烧结的含油轴承材料。

3. 密封

（1）缸盖与缸筒连接的密封　一般采用O形密封圈安装在缸盖与缸筒配合的沟槽内，构成静密封。有时也采用橡胶等平垫圈安装在连接止口上，构成平面密封。

（2）活塞的密封　活塞有两处地方需要密封：一处是活塞与缸筒间的动密封，除了用O形圈和唇形圈外，也有用W形密封，它是把活塞与橡胶硫化成一体的一种密封结构，W形密封是双向密封，轴向尺寸小；另一处是活塞与活塞杆连接处的静密封，一般用O形密封圈。

（3）活塞杆的密封　一般在缸盖的沟槽里放置唇形圈和防尘圈，或防尘组合圈，保证活塞杆往复运动的密封和防尘。

（4）缓冲密封　有两种方法：一种是采用孔用唇形圈安装在缓冲柱塞上；另一种是采用气缸缓冲专用密封圈，它是用橡胶和一个圆形钢圈硫化成一体结构，压配在缸盖上作缓冲密封。这种缓冲专用密封圈的性能比前者好。

（二）气动夹

气动夹主要是针对机械手的用途而设计的，它可以用来抓取物体，实现机械手的各种动作。图4-4为平行开闭内外径把持式气动夹工作原理图，图示位置为气动夹闭状态。此时压缩空气由进气口1向左运动，通过传动杠杆带动卡爪沿导轨向外张开，活塞A在传动杠杆及滚子的带动下向右运动，活塞腔内的气体由进气口2排出。当压缩空气由进气口2输入时，推动活塞A、B向左、右运动，通过传动杠杆带动卡爪沿导轨向内闭合，输出把持力，实现平行开闭内外径把持动作。

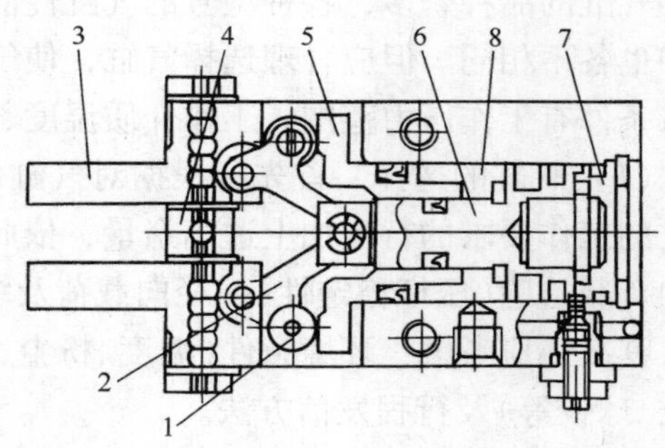

图4-4　平行开闭内外径把持式气动夹工作原理图
1—滚子　2—传动杠杆　3—卡爪　4—导轨　5—活塞A
6—活塞B　7—进气口1　8—进气口2

（三）开关气缸

开关气缸又称带磁性开关气缸，是指在气缸的活塞上有永久磁环，利用直接安装在缸筒上的行程开关来检测气缸活塞位置的一种气缸。

（四）真空吸盘

真空吸盘是真空系统中的执行元件，用于将表面光滑且平整的工件吸起并保持住，柔软又有弹性的吸盘可确保不会损坏工件。

图4-5所示为常用真空吸盘的结构。通常真空吸盘是由橡胶材料与金属骨架压制而成的。橡胶材料有丁腈橡胶、聚氨酯和硅橡胶等，它们的工作温度范围分别为-20~80℃、

-20~60℃、-40~200℃。其中硅橡胶吸盘适用于食品工业。

图 4-5a 所示为圆形平吸盘，图 4-5b 为波纹形吸盘，其适应性更强，允许工件表面有轻微的不平、弯曲和倾斜，同时波纹形吸盘吸持工件在移动过程中有较好的缓冲性能。无论是圆形平吸盘，还是波纹形吸盘，都可在大直径吸盘结构上增加一个金属圆盘，用以增加强度。

真空吸盘的安装是靠吸盘的螺纹直接与真空发生器或真空安全阀、空心活塞杆气缸相连，如图 4-6 所示。

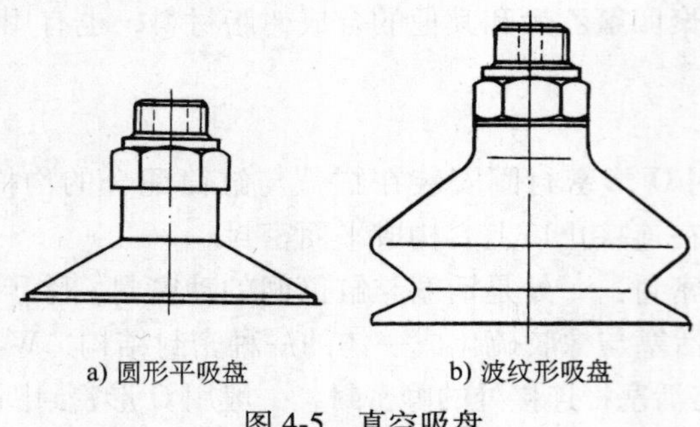

图 4-5　真空吸盘

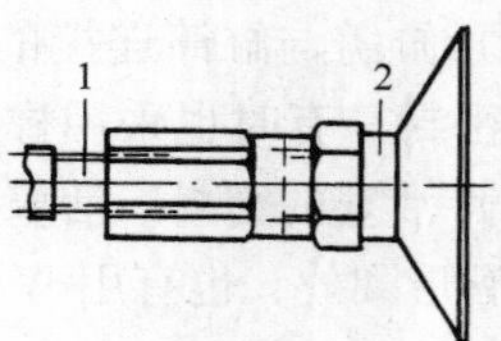

图 4-6　真空吸盘的连接

1—活塞杆　2—吸盘

气动机械手在抓取物体时，究竟是选抓手，还是选真空吸盘，没有严格规定，一般根据具体工况条件而定。对于平板的抓取，通常较多使用真空吸盘，而对于方形、圆形的物体，既可采用抓手也可采用真空吸盘来完成。

（五）气缸的选择与使用

气缸的品种繁多，各种型号的气缸性能和使用条件不尽相同，且各生产厂家规定的技术条件也各不相同。但应合理选择气缸，使气缸符合正常的工作条件，从而获得满意的效果。这些条件有工作压力范围、工作介质温度、环境条件（温度等）及润滑条件。

（1）气缸的选择　首先，根据对气缸的工作要求，选定气缸的规格、缸径和行程。按气缸的工作要求的行程加上适当余量，依此值选取相近的标准行程作为预选行程，依次进行轴向负载检验（压杆稳定性）、径向载荷及缓冲性能校核。

其次还应考虑：环境条件（温度、粉尘、腐蚀性等）、安装方式、活塞杆的连接方式（内外螺纹、球铰等）及行程发信方法。

1）缸径。气缸的缸筒内径尺寸见表 4-1（摘自 GB/T 2348—1993《液压气动系统及元件—缸内径及活塞杆外径》）。

表 4-1　气缸缸筒内径尺寸　　（单位：mm）

8	10	12	16	20	25	32	40	50	63	80	(90)	100	(110)
125	(140)	160	(180)	200	(220)	250	(280)	320	(360)	400	(450)	500	

注：圆括号内尺寸为非优先选用者。

2）行程。气缸行程应选择生产厂商提供的标准行程。但有的用户不是这样选用的，而是根据实际设计计算值选择的，这样的选择是不合理的。若气缸用作推送重物或挤压工作，当气缸行程到达终点时，工作气压作用在活塞上的力完全有可能全部作用在缸盖上，而不是通过活塞杆作用在重物或工件上。也就是说，由于制造公差或安装误差，气缸行程到达终点时，重物或工件没有受到气缸输出力的作用。当然，选用标准行程（比实际行程长）就避免了这种现象的发生。这就不难理解为什么国际标准规定的气缸行程允差全是正公差而没有负公差的原因了。同时，选择标准行程也有利于厂商组织生产，及时供货。

气缸活塞行程系列按照优先次序分成三个等级顺序选用，见表4-2~表4-4。

表4-2 活塞行程第一优先系列 （单位：mm）

25	50	80	100	125	160	200	250	320	400
500	630	800	1000	1250	1600	2000	2500	3200	4000

表4-3 活塞行程第二优先系列 （单位：mm）

	40			63		90	110	140	180
220	280	360	450	500	700	900	1100	1400	1800
2200	2800	3600							

表4-4 活塞行程第三优先系列 （单位：mm）

240	260	300	340	380	420	480	530	600	650
750	850	950	1050	1200	1300	1500	1700	1900	2000
2400	2600	3000	3400	3800					

（2）气缸的使用

1）气缸安装方式。采用脚架式、法兰式安装时，应尽量避免安装螺栓本身直接受推力或拉力负荷；同时，要使安装底座有足够的刚性，如图4-7所示结构，安装底座因刚性不足受推力作用发生变形，这将对活塞运动产生不良影响。

采用尾部悬挂中间摆动（耳环中间轴销型）安装时，活塞杆顶端连接销位置与安装件轴的位置处于同一方向。采用中间轴销摆动式安装时，除注意活塞杆顶端连接销的位置外，还应注意气缸轴心线与轴支架的垂直度。气缸的中心应尽量靠近轴销的支点，以减小弯矩，使气缸活塞杆的导向套不至承受过大的横向载荷。缸体的中心高度比较大时，可将安装螺栓加粗或将螺栓的间距加大。

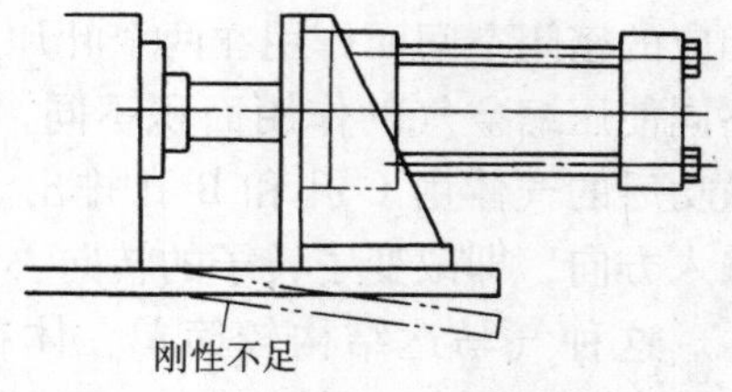

图4-7 安装底座刚性不足发生变形

2）安全规范。气缸使用的工作压力超过1.0MPa，或容积超过450L时，应作为压力容器处理，遵守压力容器的有关规定。气缸使用前应检查各安装连接点有无松动。操纵上应考虑安全联锁。

进行顺序控制时，应检查气缸的工作位置。当发生故障时，应有紧急停止装置。工作结束后，气缸内部的压缩空气应予以排放。

3）工作环境。

① 环境温度。通常规定气缸的工作温度为5~60℃。气缸在5℃以下使用，有时会因压缩空气中所含的水分凝结给气缸动作带来不利影响。

在高温使用时，可选用耐用气缸，同时注意高温空气对行程开关、管件及换向阀的影响。

② 润滑。气缸通常采用油雾润滑，应选用推荐的润滑油，使密封圈不产生膨胀、收缩的影响，且与空气中的水分混合不产生乳化。

③ 接管。气缸接入管道前，必须清除管道内的脏物，防止杂物进入气缸。

（3）维护保养

1）使用中应定期检查气缸各部位有无异常现象，各连接部位有无松动等，轴销、耳环式安装的气缸活动部位定期加润滑油。

2）气缸检修重新装配时，零件必须清洗干净，特别需防止密封圈剪切、损坏，注意唇形密封圈的安装方向。

3）气缸拆下长时间不使用时，所有加工表面应涂防锈油，进、排气口加防尘堵塞。

二、气动马达

气动马达简称气马达，它的作用是把压缩空气的压力转化为机械能，实现输出轴的旋转运动并输出转矩，驱动做旋转运动的执行机构。

1. 气马达的分类和工作原理

气马达按工作原理的不同可分为容积式和动力式两大类。在气动设备中主要采用的是容积式。容积式又分齿轮式、活塞式、叶片式和膜片式等，其中叶片式和活塞式两种应用最广泛。

（1）叶片式气马达的工作原理　图 4-8 即是叶片式气马达的工作原理图。压缩空气由 A 孔输入后分为两路：一路经定子两端密封盖的槽进入叶片底部（图中未示），将叶片推出抵于定子内壁上，相邻叶片间形成密闭空间以便起动。由 A 孔进入的另一路压缩空气就进入相应的密闭空间而作用在两个叶片上。由于叶片伸出量不同使压缩空气的作用面积不同，因而产生了旋转差。做功后的气体由 C 孔和 B 孔排出。若改变压缩空气的输入方向，即改变了转子的转向。

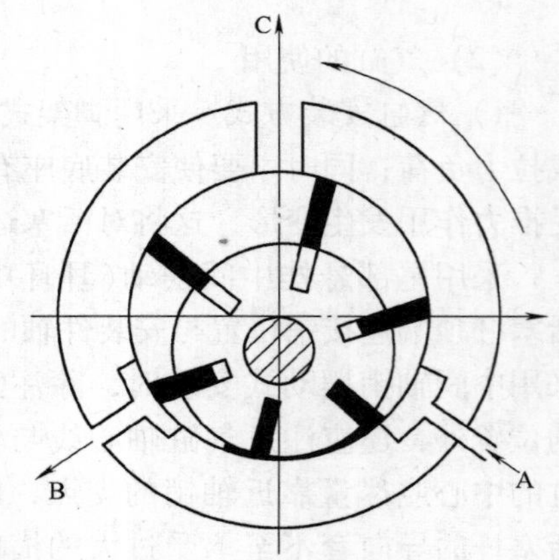

图 4-8　叶片式气马达的工作原理图

这种气马达结构较简单，体积小、重量轻、泄漏小、起动转矩大且转矩均匀、转速高（每分钟几千转至两万转）。其缺点是叶片磨损较快，噪声较大。这种气马达多为中小功率（1~3kW）型。

（2）径向活塞式气马达的工作原理　径向活塞式气马达的工作原理图如图 4-9 所示。压缩空气经进气口进入分配阀（又称配气阀）后再进入气缸，推动活塞及连杆组件运动，从而迫使曲轴转动。曲轴转动的同时，带动固定在轴上的分配阀同步转动，使压缩空气随着分配阀角度位置的改变而进入不同的缸内，依次推动各个活塞运动。由各活塞及连杆组件依次带动曲轴使之连续旋转，与此同时与进气缸处于相对应位置的气缸处于排气状态。

图 4-10 是径向活塞式气马达的结构图。压缩空气经进气口（图中未画出）进入配气阀套 8 及配气阀 7，经配气阀及配气阀套上的孔和槽以及马达外壳 10 上的斜孔进入气缸 6，推动活塞及连杆组件 5 运动，活塞及连杆组件又带动曲轴 13 转动。曲轴的旋转又带动了被紧固

螺钉 14 固定在曲轴上的配气阀同步旋转。配气阀的旋转使各气缸依次配气，从而实现了曲轴的连续旋转运动。

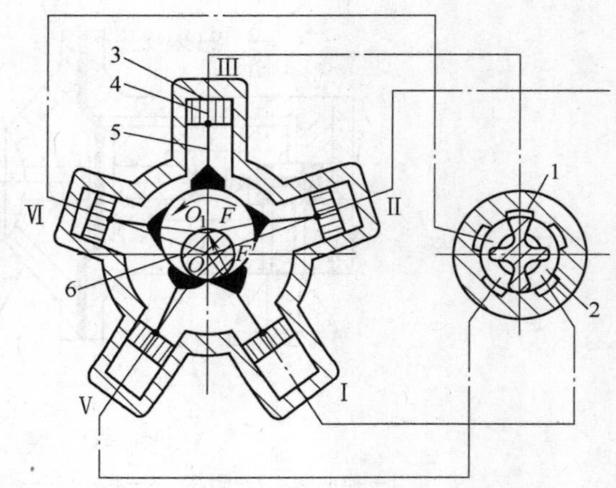

图 4-9　径向活塞式气马达的工作原理图

1—配气阀套　2—配气阀芯　3—气缸体　4—活塞　5—连杆组件　6—曲轴

活塞式气马达的起动转矩和功率较大，转速大多在 250 ~ 1500r/min，功率在 0.7~25kW范围内。这种马达密封性好，容易换向，允许过载。其缺点是结构较复杂，价格高。

（3）膜片式气马达的工作原理　图 4-11 是膜片式气马达的工作原理图。它实际上是薄膜式气缸的具体应用，当气缸活塞杆做往复运动时，通过推杆端部的棘爪使棘轮做间歇性转动。

图中 1 为换向阀，压缩空气经通道 A 进入换向阀再经通道 C 进入工作腔，推动膜片、棘爪，使棘轮转动。在行程结束时拨杆 6 拨动阀芯 2，使工作腔通过 C、B 排气，膜片由弹簧推动复位，阀芯 2 随之复位，开始新的工作循环。这种马达运动慢，有断续性，但产生的转矩大。

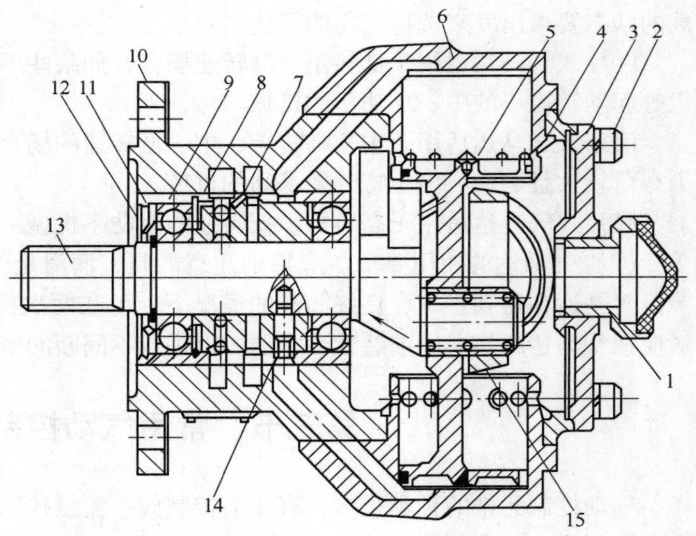

图 4-10　径向活塞式气马达的结构图

1—防尘帽组件　2—螺母及垫圈　3—后盖　4—活塞环　5—活塞及连杆组件　6—气缸　7—配气阀　8—配气阀套　9—轴承　10—外壳　11—孔用弹性挡圈　12—护油挡圈　13—曲轴　14—紧固螺钉　15—滚针轴承

2. 气马达特点

（1）可以无级调速　通过控制调节进气阀（或排气阀）的开闭程度来控制调节压缩空气的流量，就能控制调节马达的转速，从而实现无级调速。

（2）能够正反向旋转　通过操纵换向阀来改变进、排气方向，就能实现马达的正、反转换向，且换向的时间短、冲击小。气马达换向的一个主要优点是，它具有几乎是瞬间升到全速的能力。叶片式气马达可在一转半的时间内升到全速；活塞式气马达可在不到 1s 的时间内升至全速。

（3）工作安全　能适应恶劣的工作环境，在易燃、易爆、高温、振动、潮湿、粉尘等不利条件下均能正常工作，且操纵方便，维修简单。

（4）有过载保护作用　过载时马达只是降低转速或停车，过载解除后即可重新正常运转。

（5）起动转矩较高　可直接带负载起动，起、停迅速，且可长时间满载运行，温升较小。

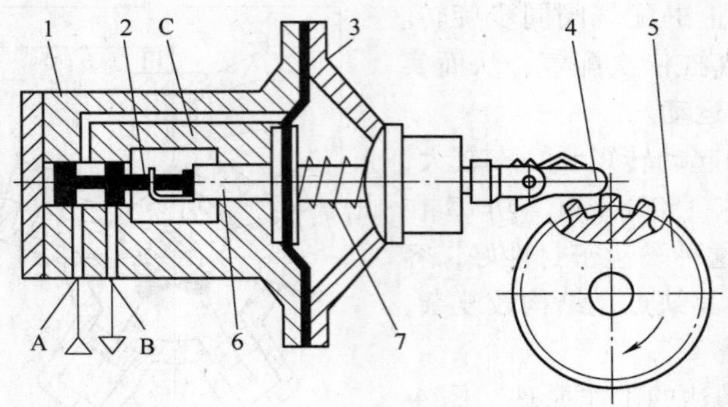

图 4-11　膜片式气马达

1—换向阀　2—阀芯　3—膜片　4—棘爪　5—棘轮　6—拨杆　7—弹簧

（6）功率范围及转速范围较宽　功率小至几百瓦，大至几十千瓦。

3. 气马达的选择及使用要求

（1）气马达的选择　不同类型的气马达具有不同的特点和适用范围，因此主要要从负载的状态要求出发来选择适用的马达。

叶片式气马达适用于低转矩、高转速场合，如某些手提工具、复合工具、传送带、升降机等起动转矩小的中、小功率的机械。

活塞式气马达适用于中、高转矩，中、低转速的场合，如起重机、绞车、绞盘、拉管机等载荷较大且起动、停止特性要求高的机械。

膜片式气马达适用于高转矩、低转速的小功率机械。

（2）气马达的使用要求　应特别注意的是，润滑是气马达正常工作不可缺少的一个环节。气马达在得到正确、良好润滑的情况下，可在两次检修之间至少运转 2500～3000h。一般应在气马达的换向阀前装置油雾器，以进行不间断润滑。

第三节　常用气动控制元件

气动控制元件的种类很多，有压力控制阀、流量控制阀、方向控制阀等。本节主要介绍方向控制阀中的电磁阀，其他只做一简单介绍。

一、电磁阀

1. 基本结构

电磁阀是气动控制元件中最主要的元件，品种规格繁多，结构各异。按操纵方式分，有直动式和先导式两类。按结构分，有滑柱式、截止式和同轴截止式三类。按密封形式分，有间隙密封和弹性密封两类。按所用电源分，有直流和交流两类。按使用环境分，有普通型和防爆型等。按润滑条件分，有不给油润滑和油雾润滑等。下面以直动式电磁阀为例加以介绍。

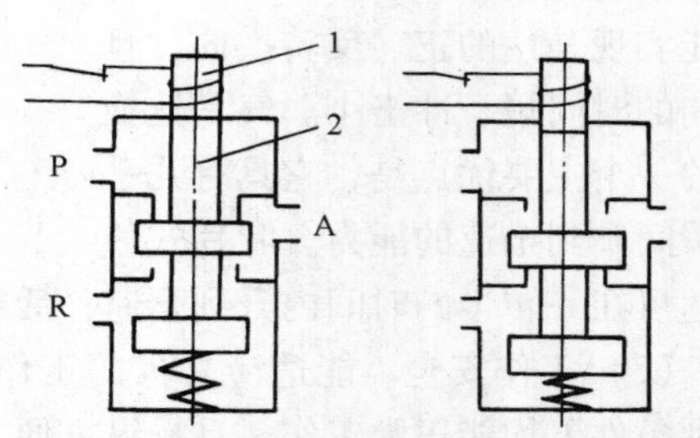

图 4-12　单电控直动式电磁阀工作原理图

1—电磁铁　2—阀芯

直动式电磁阀是利用电磁力直接推动阀杆(阀芯)换向。根据阀芯复位的控制方式分，有单电控和双电控两种，图 4-12 所示为单电控直动式电磁阀工作原理图。图 4-12a 为电磁线圈未通电时，P、A 断开，阀没有输出，图 4-12b 为电磁线圈通电时，电磁铁推动阀芯向下移动，使 P→A 接通，阀有输出。

图 4-13 所示为双电控直动式电磁阀工作原理图，图 4-13a 为电磁铁 1 通电，电磁铁 2 断电状态，阀芯 3 被推至右侧，A 口有输出，B 口排气。若电磁铁 1 断电，阀芯位置不变，仍为 A 口有输出，B 口排气，即阀具有记忆功能。

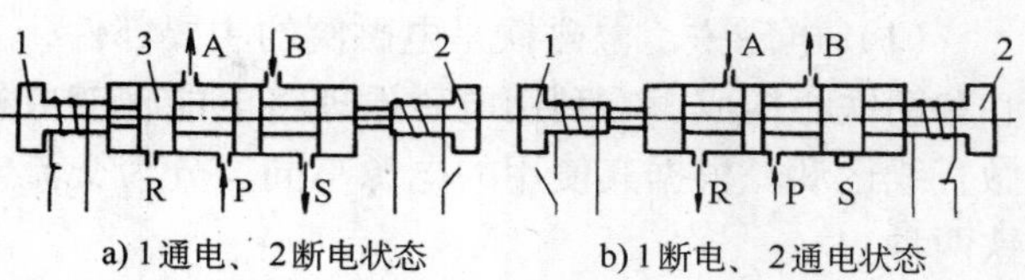

图 4-13　双电控直动式电磁阀工作原理图

图 4-13b 为电磁铁 1 断电、电磁铁 2 通电状态，阀芯被推至左侧，B 口有输出，A 口排气。同样，电磁铁 2 断电时，阀的输出状态不变。

直动式电磁阀特点是结构简单、紧凑、换向频率高。但用于交流电磁铁时，如果阀杆卡死就有烧坏线圈的可能。阀杆的换向行程受电磁铁吸合行程的限制，因此只适用于小型阀。通常将直动式电磁换向阀称为电磁先导阀。

图 4-14 所示为二位二通直动式电磁阀，动铁心为螺管式(I 型)，在动铁心端部带有密封橡胶垫，可直接封住阀座孔口。这种阀的换向行程短，公称通径为 0.5~2.5mm，功率低，是一种小流量阀。

图 4-15 所示为二位三通直动式电磁阀，图示位置为阀处于断电关闭状态，动铁心在弹簧力作用下，使铁心上的密封垫与阀座保持良好的密封。此时，P、A 不通，A、R 相通，阀没有输出。当通电时，动铁心受电磁力作用被吸向上，P、A 相通，排气口封闭，阀有输出。

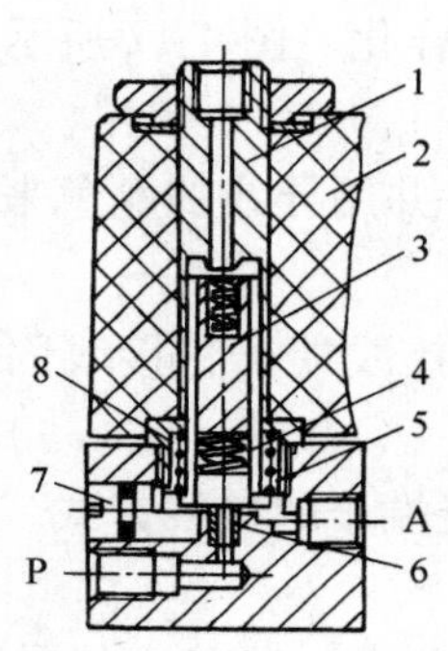

图 4-14　二位二通直动式电磁阀

1—静铁心　2—线圈　3—动铁心　4、8—弹簧　5—密封垫　6—阀座　7—手动装置

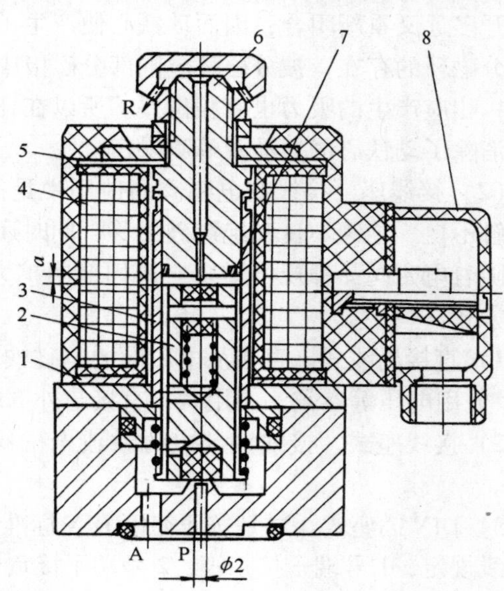

图 4-15　二位三通直动式电磁阀

1—下导磁板　2—动铁心　3—隔磁套管　4—线圈　5—上导磁管　6—静铁心　7—分磁环　8—接线盒

使用直动式的双电控电磁阀应特别注意的是，两侧的电磁铁不能同时通电，否则将使电磁线圈烧坏。为此，在电气控制回路上，通常设有防止同时通电的联锁回路。

2. 电气结构

电磁阀电气结构包括电磁铁、接线座及保护电路。

（1）电磁铁　电磁铁是电磁阀的主要部件，主要由线圈、静铁心和动铁心构成。它利用电磁原理将电能转变成机械能，使动铁心做直线运动。根据其使用的电源不同，分为交流电磁铁和直流电磁铁两种。

图 4-16 所示为电磁阀中常用电磁铁的两种结构形式：T 形和 I 形。

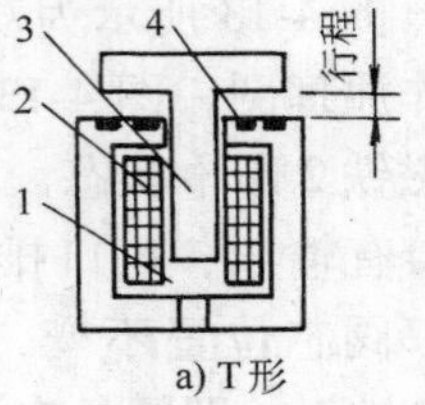

a) T形

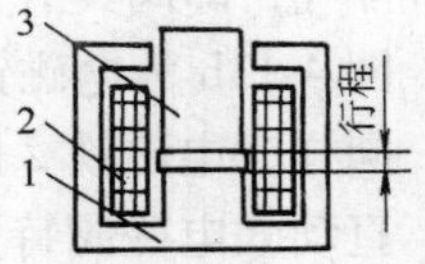

b) I形

图 4-16　电磁铁结构
1—静铁心　2—线圈
3—动铁心　4—分磁环

T 形电磁铁适用于交流电磁铁，用高导磁的硅钢片层叠制成，具有铁损低、发热小的特点，但所需吸引行程和体积较大，主要用于行程较大的直动式电磁阀。

I 形电磁铁用圆柱形磁性材料制成，铁心的吸合面通常制成平面状或圆锥形。I 形电磁铁吸力较小，行程也较短，适用于直流电磁铁和小型交流电磁铁，常用作小型直动式和先导式电磁阀。

在静铁心吸合面环形槽内压入了分磁环。分磁环一般采用电阻率较小的材料（如黄铜、纯铜等）制成。分磁环的作用是用来消除电磁铁采用交流电工作时动铁心的振动。当电磁铁采用 50Hz 单相交流电时，由于交变磁通所产生的吸力在每一周期内有两次经过零点，所以 50Hz 的电流，每秒有 100 次经过零点。当吸力为零时，动铁心因失去吸力将返回。但在极短的时间内吸力又逐渐增加，使得动铁心没有离开多远又重新闭合，因而动铁心便产生了振动造成吸合不稳定，这种振动会产生噪声。由于分磁环的存在，被分磁环包围部分磁极中的磁通与未被包围部分磁极中的磁通就有了相位差，相应产生的吸力也有相位差。所以在任何一个瞬间，动铁心的总吸力都不会等于零，这就消除了动铁心的振动及蜂鸣噪声。

（2）接线座　接线在电磁阀的使用中是简单而重要的一步，接线应方便、可靠，不得有接触不良、绝缘不良和绝缘破损等，同时还应考虑电磁阀更换方便。

随着电磁阀品种规格增多，适用范围扩大，接线方式也多样化。图 4-17 所示为常用的接线方式。

1）直接出线式。直接从电磁阀的电磁铁塑封中引出导线，并用导线的颜色来表示 AC、DC 及使用电压等参数。使用时，直接与外部端子接线。

2）接线座式。接线座与电磁铁或电磁阀制成一体，使用接线端子将接线固定的接线方式。

3）DIN 插座式。这是按照德国 DIN 标准设计的插座式接线端子的接线方式。对于直流电接线规定，1 号端子接正极，2 号端子接负极。

4）接插座式。在电磁铁或电磁阀上装设的接插座接线方式，带有连接导线的插口附件。

（3）保护电路及其他

1）保护电路。电磁阀的电磁线圈是感性负载。在控制回路接通或断开的瞬态过渡过程

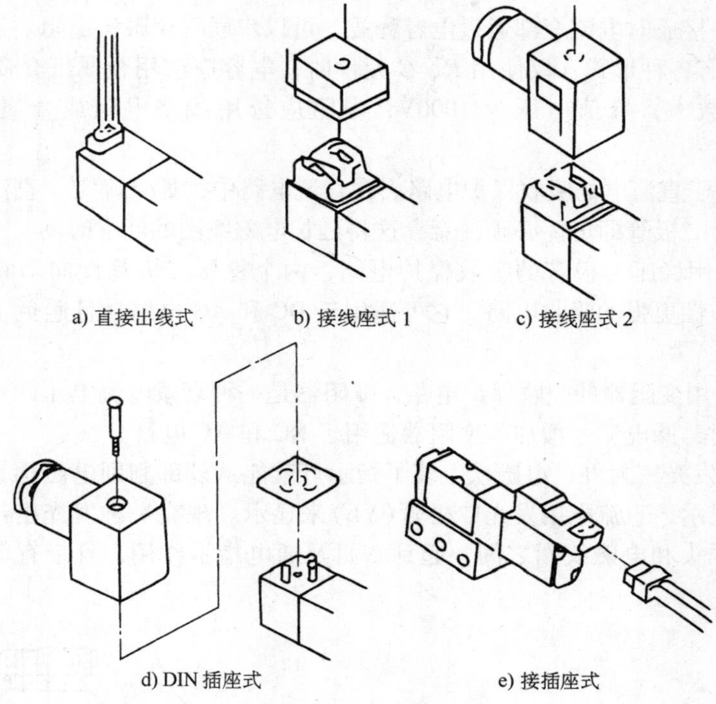
a) 直接出线式　b) 接线座式 1　c) 接线座式 2

d) DIN 插座式　e) 接插座式

图 4-17　接线方式

中，电感线圈储存或释放的电磁能产生的峰值电压(电流)将击穿绝缘层，也可能产生电火花而烧坏触点(通常都涂敷保护材料)。若在回路中加上吸收回路，可使电磁能以缓慢的稳定速度释放，从而避免上述不利影响。图 4-18 所示为保护电路。

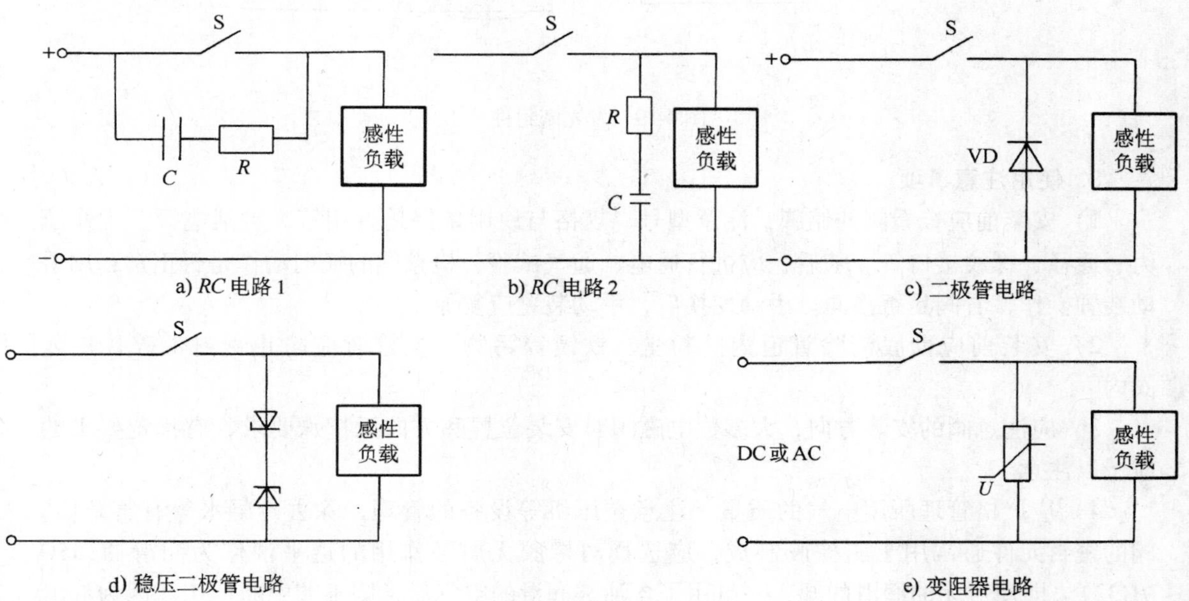

a) RC 电路 1　b) RC 电路 2　c) 二极管电路

d) 稳压二极管电路　e) 变阻器电路

图 4-18　保护电路

图 4-18a 为最简单的 *RC* 吸收保护电路，就是在触点上串联一个电容，以吸收电磁能。为了防止回路开关接通时电流全部通过电容释放，可以串联一个限流电阻。

RC 吸收电路有各种形式，仅使用 *R*、*C* 元件时，电容应选用金属纸介质型或金属塑料介质型，介电常数大，峰值电压为 1000V；电阻应选用线绕电阻或金属膜电阻，功率为 0.5W。

图 4-18b 为用于直流电的吸收保护电路。在直流电路中，如果确定了直流电极性，只需在线圈上并联一个二极管即可。必须注意，这将延长电磁线圈的断电时间。

图 4-18c 为采用稳压二极管的吸收保护电路，两个稳压二极管反向串联后并联在线圈上，这是一种适应性更强的吸收电路。它可适用于 DC 和 AC 电路，且避免了电磁线圈的断电时间延迟。

图 4-18d 为采用变阻器的吸收保护电路，变阻器是一种衰减电流电压的理想元件。只有当超过额定电压时，漏电流才增加。变阻器适用于 DC 和 AC 电路。

2）指示灯、发光密封件。电磁铁上装了指示灯就能从外部判别电磁阀是否通电，一般交流电用氖灯来显示，直流电用发光二极管（VL）来显示。现有一种发光密封件，通电后能发黄光，安装在插头和电磁线圈之间，起到密封及通电指示作用，且带有保护电路，如图 4-19 所示。

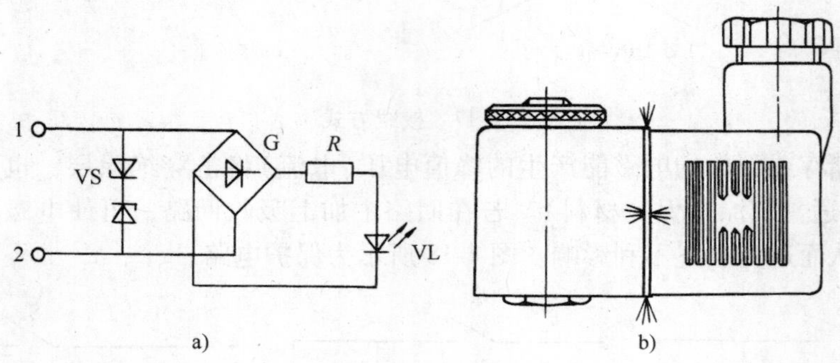

图 4-19　发光密封件

3. 使用注意事项

1）安装前应查看阀的铭牌，注意型号、规格与使用条件是否相符，包括电源、工作压力、通径、螺纹接口等。随后，应进行通电、通气试验，检查阀的换向动作是否正常；用手动装置操作，看阀是否换向。手动切换后，手动装置应复原。

2）安装前应彻底清除管道内的粉尘、铁锈等污物。接管时应防止密封带碎片进入阀内。

3）应注意阀的安装方向，大多数电磁阀对安装位置和方向无特殊要求，有指定要求的应予以注意。

4）应严格管理所用空气的质量，注意空压机等设备的管理，除去冷凝水等有害杂质。阀的密封元件通常用丁腈橡胶制成，应选择对橡胶无腐蚀作用的透平油作为润滑油（ISO VG32）。即使对无油润滑的阀，一旦用了含油雾润滑的空气后，则不能中断使用。因为润滑油已将原有的油脂洗去，中断后会造成润滑不良。

5）对于双电控电磁阀应在电气回路中设联锁回路，为防止两端电磁铁同时通电而烧毁线圈。

6）使用小功率电磁阀时，应注意继电器节电保护电路 *RC* 元件的漏电流造成的电磁铁误动作。因为此漏电流在电磁线圈两端产生漏电压，若漏电压过大，则会使电磁铁一直通电而不能关断，此时可接入漏电阻。

7）应注意采用节流的方式和场合。对于截止式阀或有单向密封的阀，不宜采用排气节流阀，否则将引起误动作。对于内部先导式电磁阀，其入口不得节流。

8）所有阀的呼吸孔或排气孔不得阻塞。

4. 电气性能

（1）防护等级　在电磁线圈上通常印有 IP65 字样，这字样就表示了防护等级。防护等级用代号表示，代号符合国际标准。代号由字母 IP（国际防护标准）和两个防护等级的代码数字表示。表 4-5 列出了防护代码的含义。防护等级代号举例，如图 4-20 所示。

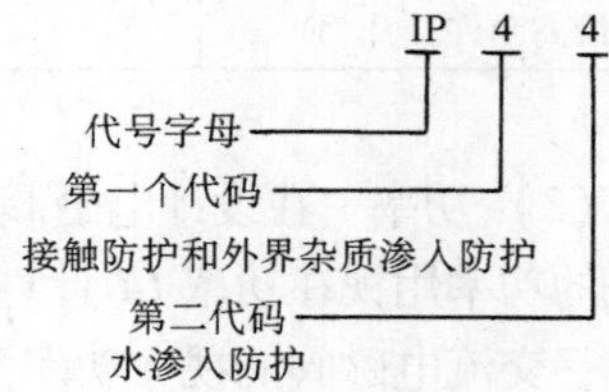

图 4-20　防护等级代号

表 4-5　防护代码含义

等级	代码	说　明	注　释
接触和外界杂质渗入防护等级	0	无防护	对人接触到带电设备和壳体内的运动部件没有特别的防护。对固体杂质渗入电气设备没有防护
	1	大颗粒杂质渗入的防护	防护偶然接触和大面积接触到带电设备和内部部件，例如手接触，但不防护有意接触。防护直径大于 50mm 的固体杂质渗入设备
	2	中等尺寸杂质渗入的防护	防护手指接触到带电设备和内部运动部件。防护直径大于 12mm 的固体杂质渗入设备
	3	细颗粒杂质渗入的防护	防护厚度大于 2.5mm 的工具、金属线及类似物接触到带电设备和内部运动部件。防护直径大于 2.5mm 的固体杂质渗入设备
	4	微型颗粒杂质渗入的防护	防护厚度大于 1mm 的工具、金属线及类似物接触到带电设备和内部运动部件。防护直径大于 1mm 的固体杂质渗入设备
	5	尘埃淤积的防护	完全防护接触到带电设备和内部运动部件。防护具有危害性的尘埃淤积。虽不能完全阻挡尘埃渗入，但尘埃渗入量应不足以干扰操作
	6	尘埃渗入的防护	完全防护接触到带电设备和内部运动部件。防护尘埃渗入
水渗入防护等级	0	无防护	没有特别的防护
	1	水竖直滴入的防护	竖直滴下的水滴对设备没有危害作用
	2	水斜向滴入的防护	斜向（偏离竖直方向不大于 15°）滴下的水滴对设备没有任何危害作用
	3	浇散性水渗入的防护	斜向（偏离竖直方向不大于 60°）滴下的水滴对设备没有任何危害作用
	4	飞溅水的防护	从任何方向飞溅的水流对设备没有任何危害作用
	5	水流喷射的防护	从任何方向喷射到设备的水流对设备没有任何危害作用
	6	淹入水中的防护	短时间的淹入水中（例如波浪冲洗）对设备没有任何危害作用
	7	浸入水中的防护	在特定的压力和时间条件下，设备进入水中不会有水渗入而产生危害作用
	8	潜入水中的防护	在特定的压力下，设备长时间浸入水下不会有水渗入而产生危害作用

（2）温升与绝缘种类　电磁阀线圈通电后就会发热，达到热稳定平衡时的平均温度与环境温度之差称为温升。线圈的最高允许温升是由线圈的绝缘种类决定的(见表 4-6)。电磁阀的环境温度由线圈的绝缘种类所决定的最高允许温度和电磁线圈的温升值来决定，一般电磁线圈为 B 种绝缘，最高允许温升则为 130℃。

表 4-6　温升与绝缘种类

绝缘种类	A	E	B	F	H
允许温升/℃	65	80	90	115	140
最高允许温升/℃	105	120	130	155	180

（3）功率　在设计电磁阀控制回路时，需计算回路中电流等参数。计算时应注意，交流电磁铁的功率用视在功率 UI 计算，单位为 V·A；直流电磁铁用消耗功率 P 计算，单位为 W。例如，一交流电磁阀的视在功率为 16V·A，使用电压为 220V，则流过交流电磁铁的电流为 73mA。若已知直流电磁阀的消耗功率为 2W，使用电压为 24V，则流过直流电磁铁的电流为 83mA。

二、流量控制阀

在气动设备中，流量控制阀主要是对压缩空气的流量进行控制，从而控制气缸的运动速度、延时阀的延时时间等。

1. 工作原理

下面以先导式速度控制阀为例，介绍其速度控制过程。

图 4-21 所示为先导式速度控制阀。当阀的控制口 Z 无信号输入时，气流沿 A→B 节流；当 Z 口输入控制信号后，活塞在控制气压作用下，通过阀杆将单向阀打开，使气流沿 A→B 方向自由通过。但阀处于反向流动(B→A)状态时，不管 Z 口有无信号，气流总是从 B→A 自由通过。

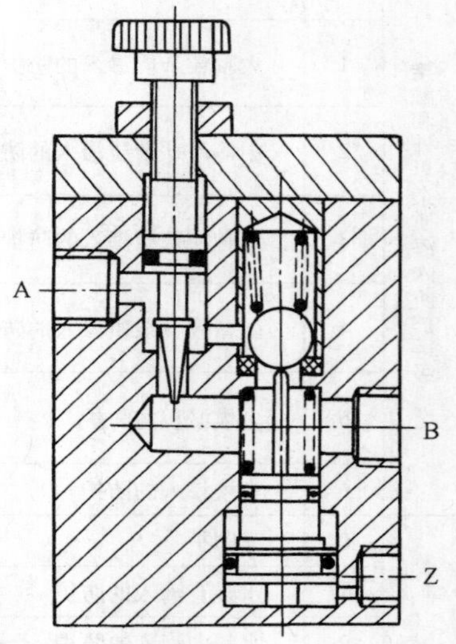

图 4-21　先导式速度控制阀

先导式速度控制阀可用来实现气缸的两种速度运动，如图 4-22 所示。阀上的虚线表示控制口 Z。当气缸伸出运动时，先导式速度控制阀 2 有控制气压，单向阀打开，气缸有杆腔中的压缩空气经先导式速度控制阀 2、控制阀 3 满流排气。当气缸活塞杆上的压块压下机控阀 4 的滚轮后，机控阀 4 切换，先导式速度控制阀 2 的控制口 Z 信号消失，单向阀关闭，空气经先导式速度控制阀 2 节流排气，活塞杆伸出速度减慢。调节速度控制阀 1、先导式速度控制阀 2 开度，可以改变气缸的速度。

2. 选择与使用

选用时考虑以下几点：

1）根据气动装置或气动执行元件的进、排气口通径来选择。

2）根据流量调节范围及使用条件来使用。

用流量控制的方法控制气缸的速度，由于受空气压缩性及阻力的影响，一般气缸的运动速度不得低于 30mm/s。在气缸速度控制中，若能注意以下几点，则在多数场合可以达到比较满意的程度。

① 彻底防止管路中的气体泄漏，包括各元件接管处的泄漏，如接管螺纹的密封不严、软管的弯曲半径过小、元件的质量欠佳等因素都会引起泄漏。

② 要注意减小气缸的摩擦力，以保持气缸运动的平衡。为此，应选用高质量的气缸，使用中要保持良好的润滑状态。要注意正确、合理地安装气缸，超长行程的气缸应安装导向支架。

③ 气缸速度控制有进气节流和排气节流两种。用排气节流的方法比进气节流稳定、可靠。

④ 加在气缸活塞杆上的载荷必须稳定。若载荷在行程中途有变化或变化不定，其速度控制相当困难，甚至不可能。在不能消除载荷变化的情况下，必须借助液压传动，如气-液阻尼缸、气-液转换器等，以达到运动平稳、无冲击。

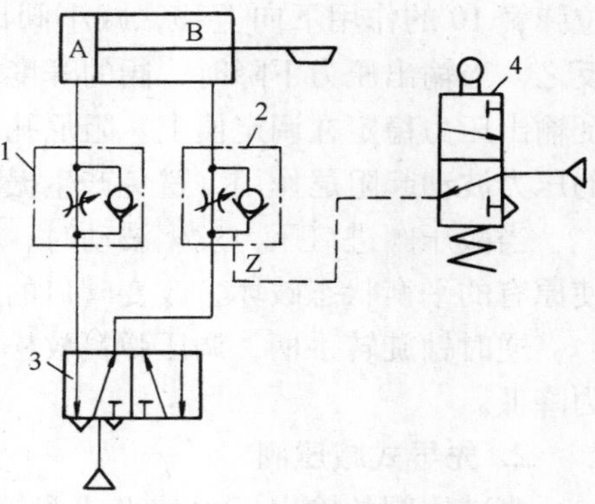

图 4-22　气缸速度控制回路

1—速度控制阀　2—先导式速度控制阀　3—换向阀　4—机控阀

三、减压阀

减压阀的作用是将较高的输入压力调到规定的输出压力，并能保持输出压力稳定，不受空气变化及气源压力波动的影响。减压阀的调压方式有直动式和先导式两种。

1. 直动式减压阀

图 4-23 为直动式减压阀的结构原理图及其图形符号。如顺时针旋转手柄 1，经过调压弹簧 2、3，推动膜片 5 和阀杆 6 下移，使阀芯 9 也下移，打开阀口便有气流输出。同时，输出气压经阻尼孔 7 在膜片 5 上产生向上的推力。这个作用力总是企图把阀门关小，使输出压力下降，这样的作用称为负反馈。当作用在膜片上的反馈力与弹簧力相平衡时，减压阀便有稳定的压力输出。

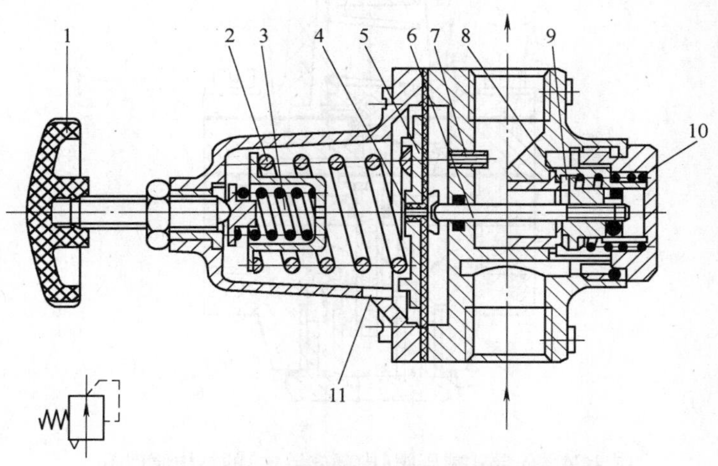

图 4-23　直动式减压阀的结构原理图及其图形符号

1—手柄　2、3—调压弹簧　4—溢流口　5—膜片　6—阀杆　7—阻尼孔　8—阀座　9—阀芯　10—复位弹簧　11—排气孔

当减压阀输出负载发生变化，如压力增高时，则输出端压力将膜片向上推，阀芯 9 在复位弹簧 10 的作用下向上移，减小阀口开度，使输出压力下降，直到达到调定的压力为止。反之，当输出压力下降时，阀的开度增大，流量加大，使输出压力上升直至调定值，从而保证输出压力稳定在调定值上。阻尼孔的主要作用是提高调压精度，并在负载变化时，对输出的压力波动起阻尼作用，避免产生振荡。

当减压阀进口压力发生波动时，输出压力也随之变化直接通过阻尼孔作用在膜片下部，使原有的平衡状态破坏，改变阀口的开度，达到新的平衡，保持其输出压力不变。

逆时针旋转手柄，调压弹簧放松，膜片在输出压力作用下向上变形，阀口变小，输出压力降低。

2. 先导式减压阀

当减压阀的输出压力较高或配管内径很大时，用调压弹簧直接调压，输出压力波动较大，阀的尺寸也会很大，为克服这些缺点可采用先导式减压阀。

先导式减压阀的工作原理和主阀结构与直动式减压阀基本相同。先导式减压阀所采用的调压空气是由小型直动式减压阀供给的。若把小型直动式减压阀装在主阀的内部，则称为内部先导式减压阀。若将小型直动式减压阀装在主阀的外部，则称为外部先导式减压阀。

图 4-24 为先导式减压阀(内部先导式)的结构原理图。当喷嘴 4 与挡板 3 之间的距离发生微小变化(零点几毫米)时，就会使 B 室中的压力发生明显变化，从而使膜片 10 产生较大位移，并控制阀芯 6，使之上下移动并使进气阀口 8 开大或关小。先导式减压阀对阀芯控制的灵敏度提高，使输出压力的波动减小，因而稳压精度比直动式减压阀高。

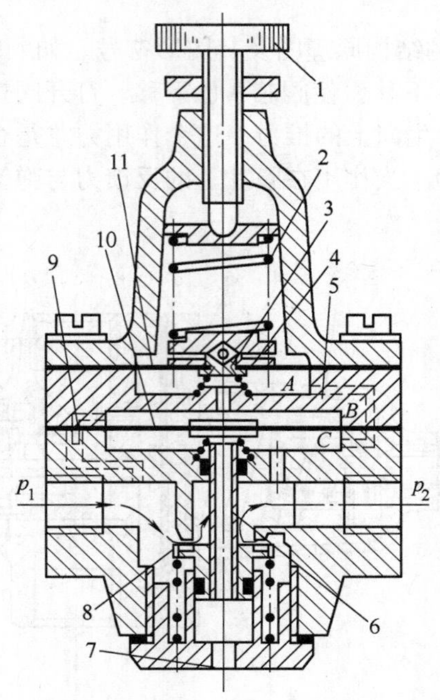

图 4-24　先导式减压阀(内部先导式)的结构原理图

1—旋钮　2—调压弹簧　3—挡板　4—喷嘴　5—孔道　6—阀芯　7—排气口
8—进气阀口　9—固定节流口　10、11—膜片　A—上气室　B—中气室　C—下气室

3. 减压阀的选择与使用

为使气动设备能正常工作，选用减压阀时应考虑下述一些问题：

1）根据所要求的工作压力、调压范围、最大流量和稳压精度来选择减压阀。减压阀的公称流量是主要参数，一般与阀的接管口径相对应。稳压精度高时应选用先导式精密减压阀。

2）在易燃、易爆等人不易接近的场合，应选用外部先导式减压阀。但遥控距离不宜超过 30m。

3）减压阀一般采用管式连接，特殊需要也可用板式连接。减压阀常与过滤器、油雾器联用，因此应考虑采用气动二联件或三联件，以节省空间。

4）为了操作方便，减压阀一般都垂直安装，且按阀体箭头指向接管，不能将方向装错。

5）减压阀不用时应旋松手柄，以免阀内膜片因长期受力而变形。

6）减压阀清洗装配时，金属零件应用矿物油洗净，橡胶件用肥皂液清洗后用水洗净并吹干。装配时，滑动部分的表面要除润滑脂。膜片、密封圈极易划伤，装配时要注意。

第四节　常用气动检测元件

在气动自动化设备中，传感器主要用于测量设备运行中工具或工件的位置等物理参数，并将这些参数转换为相应的信号，以一定的接口形式输入控制器。本节主要涉及位移测量的位置传感器、电子开关及各类接近开关。

在一定的距离(几毫米至十几毫米)内检测物体有无的传感器称为接近开关。它给出的是开关信号(高电平或低电平)，有的还具有较大的负载能力(如直接驱动继电器工作等)。目前许多接近开关将传感头与测量转换电路及信号处理电路做在一个壳内，壳体上多带有螺纹，以便于安装和调整距离。接近开关在工业中主要用于产品计数、测速、确定物体位置并控制其运动状态以及自动安全保护等。

气动自动化设备中常用的接近开关有电感式接近开关、电容式接近开关、光电开关、霍尔式接近开关、电子舌簧式行程开关和压力开关等。

一、电感式传感器

在气动自动化系统中常用作检测元件位置的接近开关是一种电感式传感器，属于变磁阻工作原理。在电感线圈中输入的是交流电流，当铁心与衔铁之间的磁阻变化时(由被测物体的位移量引起的)，线圈的自感系数 L 或互感系数 M 产生变化，引起后续电桥桥路的桥臂中阻抗 Z 变化，当电桥失去平衡时，输出电压与被测的机械位移量成正比。

1. 特点

电感式传感器用作发信装置，可非接触检测金属物体的运动，并将检测结果转化为电信号输出，广泛应用于机器人、生产线、机械加工及传送系统等场合。有如下特点：

1）传感器能检测所有穿过或停留在高频磁场中的金属物体。

2）传感器是非接触式的，即传感头与被测物体不直接接触。

3）传感器的传感头无需配专门的机械装置(如滚轮、机械手柄等)。

4）传感器靠电子装置接收检测信号，便于信号处理。

2. 电感式接近开关的基本工作原理

外界的金属性物体对传感器的高频-振荡器产生非接触式感应作用。

振荡器即是由缠绕在铁氧体磁心上的线圈构成的 *LC* 振荡电路。振荡器通过传感器的感应面，在其前方产生一个高频交变的电磁场。图 4-25 是电感式接近开关的感辨头及电路框图。

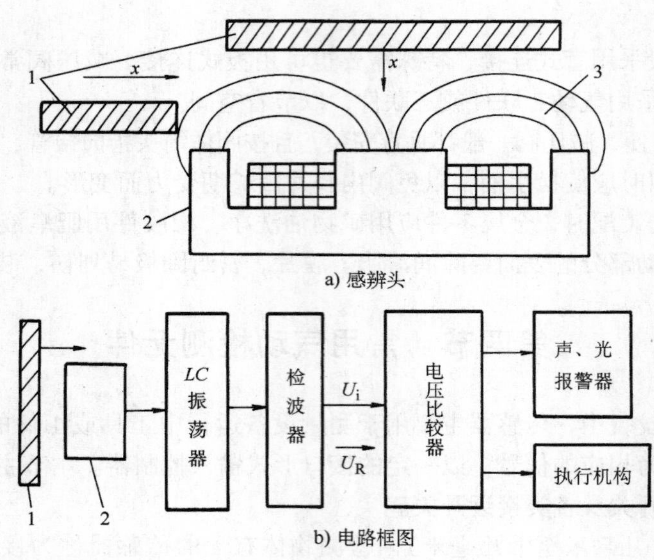

图 4-25 电感式接近开关

1—导电运动物体 2—感辨头 3—磁力线

当外界的金属性导电物体接近这一磁场，并到达感应区时，在金属物体内产生涡流效应，即称之为阻尼现象。这一振荡的变化，即被开关的后置电路放大处理并转换为一个确定的输出信号，触发开关驱动控制器件，从而达到非接触式目标检测的目的。

表 4-7 所示为一种用电感检测原理工作的 SIEN—4B 型接近开关的主要性能。它采用直流电压工作，内置保护电路和 LED 显示。对于不同的金属材料，它的额定检测距离是不同的。

表 4-7 SIEN—4B 型接近开关的主要性能

额定检测距离：0. 8mm	迟滞：0. 010~0. 16mm	电压降：<2V
实际检测距离：0. 72~0. 88mm	工作电压：0~30V	残余电流：<0. 1mA
有效检测距离：0. 64~0. 96mm	允许电压波动：±10%	切换频率：3000Hz
可靠检测距离：0. 64mm	无效电流：≤10mA	短路保护：内置
重复精度：0. 04mm	额定输出电流：200mA	接线极性容错：内置

二、电容式接近开关

1. 工作原理

电容式接近开关的感应面由两个同轴金属电极构成，很像“打开的”电容器的电极(见

图 4-26）。电极 A 和电极 B 连接在高频振子的反馈回路中。该高频振子无测试目标时不感应，当测试目标接近传感器表面时，它就进入了由这两个电极构成的电场，引起 A、B 之间的耦合电容增加，电路开始振荡。每一次振荡的振幅均由一数据分析电路测得，并形成开关信号（见图 4-27）。

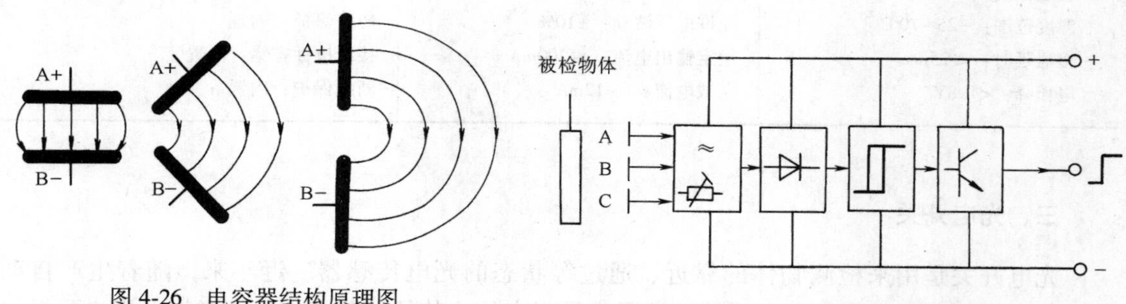

图 4-26　电容器结构原理图

图 4-27　电容检测电路框图

2. 物理分析

电容式接近开关既能被导体目标感应，也能被非导体目标感应。以导体为材料的测试目标对传感器的感应面形成一个反电极，由极板 A 和极板 B 构成了串联电容 C_a 和 C_b（见图 4-28）。该串联电容的电容量总是大于无测试目标时由电极 A 和 B 所构成的电容量。因为金属具有高传导性，所以金属测试目标可获得最大开关距离。在使用电容式传感器时不必像使用电感式传感器那样，对不同金属采用不同的校正系数。

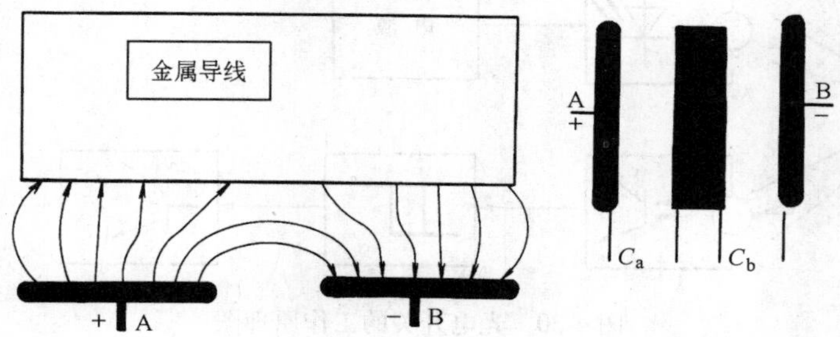

图 4-28　电容检测金属原理图

以非导体（绝缘体）为材料的测试目标可用以下方式感应其开关：将一块绝缘体放在电容器的电极 A 和 B 之间（见图 4-29），使其电容量增加。增加量取决于介电常数。

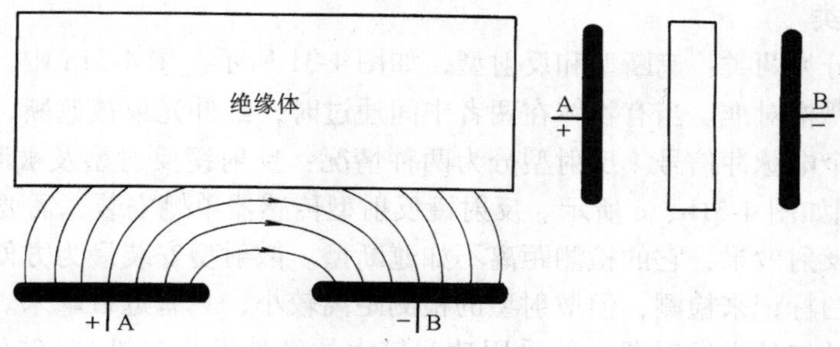

图 4-29　电容检测非金属原理图

表 4-8 为一种用电容检测原理工作的 BC10—M30—VP4X 型接近开关的主要性能。

表 4-8　BC10—M30—VP4X 型接近开关的主要性能

额定检测距离：10mm	开关滞后：2%~20%	残余电流：<0.1mA
重复精度：≤2%	工作电压：10~65V	切换频率：100Hz
温度范围：-25~70℃	允许电压波动：±10%	短路保护：内置
接通延时：≤25ms	额定输出电流：≤200mA	接线极性容错：内置
电压降：<1.8V	空载电流：6~12mA	断线保护：内置

三、光电开关

光电开关是用来检测物体的靠近、通过等状态的光电传感器。近年来，随着生产自动化、机电一体化的发展，光电开关已发展成系列产品，其品种及产量日益增加，用户可根据生产需要，选用适当规格的产品，而不必自行设计光路及电路。

从原理上讲，光电开关是由红外发射元件与光敏接收元件组成的，其检测距离可达数十米。

1. 工作原理

如图 4-30 所示，光电检测的原理是从发射器发出的光束被物体阻断或部分反射，接收器最终据此做出判断及反应。

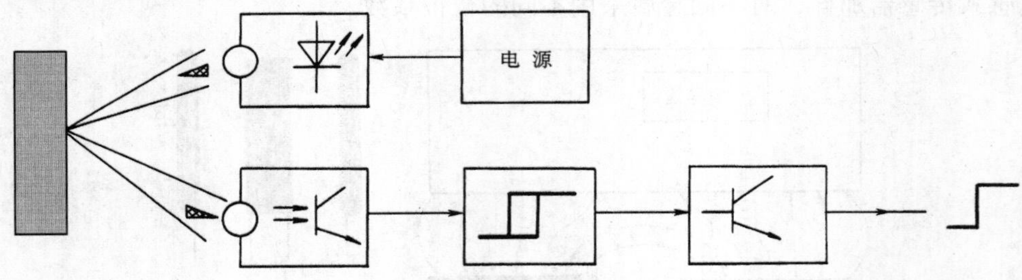

图 4-30　光电开关的工作原理图

接收到光线时，光电开关有输出，被称为“亮态操作”；当光线被阻断或低于一定数值时，光电开关无输出，被称为“暗态操作”。光电开关动作的光强值是由许多因素决定的，包括目标的反射能力及光电开关的灵敏度。所有光电开关都采用调制光，以便有效地消除环境光的影响。

2. 结构和分类

光电开关可分为两类：遮断型和反射型，如图 4-31 所示。图 4-31a 中，发射器和接收器相对安放，轴线严格对准。当有物体在两者中间通过时，红外光束被遮断，接收器接收不到红外线而产生一个电脉冲信号。反射型分为两种情况：反射镜反射型及被测物体反射型（简称散射型），分别如图 4-31b、c 所示。反射镜反射型传感器单侧安装，需要调整反射镜的角度以取得最佳的反射效果，它的检测距离不如遮断型。散射型安装最为方便，并且可以根据被检测物上的黑白标记来检测，但散射型的检测距离较小，只有近百毫米。

光电开关中的红外光发射器一般采用功率较大的红外发光二极管（红外 LED）。而接收器可采用光敏晶体管、光敏达林顿晶体管或光电池。为了防止荧光灯的干扰，可在光敏元件

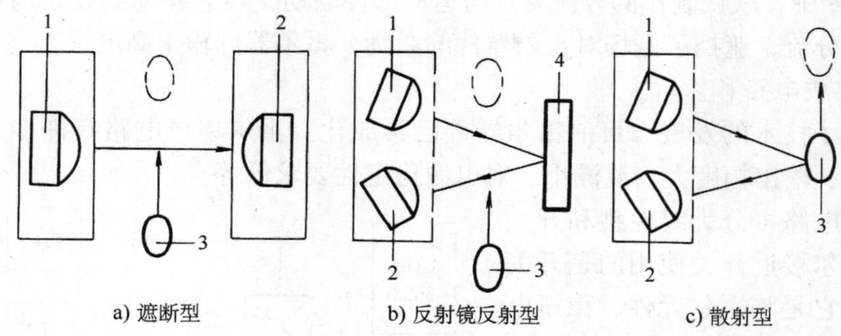

图 4-31　光电开关类型及应用

1—发射器　2—接收器　3—被测物　4—反射镜

表面加红外滤光透镜。其次，LED 可用高频(40Hz 左右)脉冲电流驱动，从而发射调制光脉冲，相应地，接收光电元件的输出信号经选频交流放大器及解调器处理，可以有效地防止太阳光的干扰。

光电开关可用于生产流水线上统计产量、监测装配线到位与否以及装配质量检验(如瓶盖是否压上、标签是否漏贴等)，并且可以根据被测物体的特定标记给出自动控制信号。目前，它已广泛地应用于自动包装机、自动灌装机、装配流水线等自动化机械装置中。

四、霍尔式接近开关

1. 霍尔式接近开关的工作原理

霍尔式接近开关的工作原理示意图如图 4-32 所示。

在图 4-32a 中，磁极的轴线与霍尔器件的轴线在同一直线上。当磁铁随运动部件移动到距霍尔器件几毫米时，霍尔器件的输出由高电平变为低电平，经驱动电路使继电器吸合或释放，运动部件停止移动。

在图 4-32b 中，磁铁随运动部件沿 x 方向移动，霍尔器件从两块磁铁间隙中滑过。当磁铁与霍尔器件的间距小于某一数据时，霍尔器件输出由高电平变为低电平。与图 4-32a 不同的是，若运动部件继续向前移动滑过了头，霍尔器件的输出又将恢复高电平。

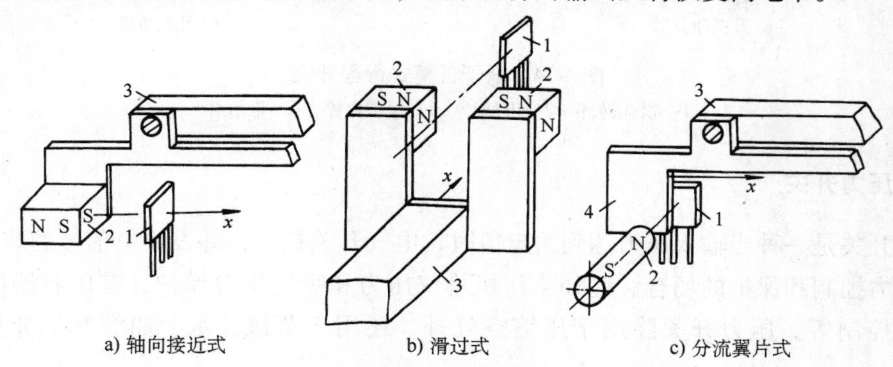

图 4-32　霍尔式接近开关的工作原理示意图

1—霍尔元件　2—磁铁　3—运动部件　4—软铁分流翼片

在图 4-32c 中，软铁制作的分流翼片与运动部件联动，当它移动到磁铁与霍尔部件之间时，磁力线被分流，遮挡了磁场对霍尔器件的激励，霍尔器件输出高电平。

2. 霍尔集成电路

随着微电子技术的发展，目前霍尔器件已集成化。霍尔集成电路有许多优点，如体积小、灵敏度高、输出幅度大、温漂小、对电源稳定性要求低等。

霍尔集成电路可分为线性型和开关型两大类。霍尔接近开关使用的是开关型集成电路，它是将霍尔元件、稳压电路、放大器、施密特触发器、OC 门等电路制作在同一个芯片上，当外加磁场强度超过规定的工作点时，OC 门由高阻态变为导通状态，输出变为低电平，当外加磁场强度低于释放点时，OC 门重新变为高阻态，输出高电平。这类器件较典型的有 UGN3020 等。图 4-33 是 UGN3020 的外形和内部电路框图。

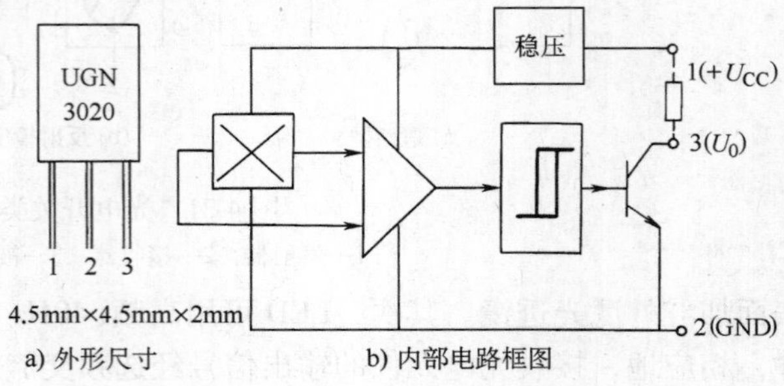

a) 外形尺寸　　b) 内部电路框图

图 4-33　开关型霍尔集成电路

五、电子舌簧式行程开关

电子舌簧式行程开关(见图 4-34)内装有永久磁环、舌簧片、保护电路和指示灯，被合成树脂封在盒子内。当行程开关进入磁场(气缸活塞上的永久磁环)时，触点闭合，行程开关输出一个电控信号。

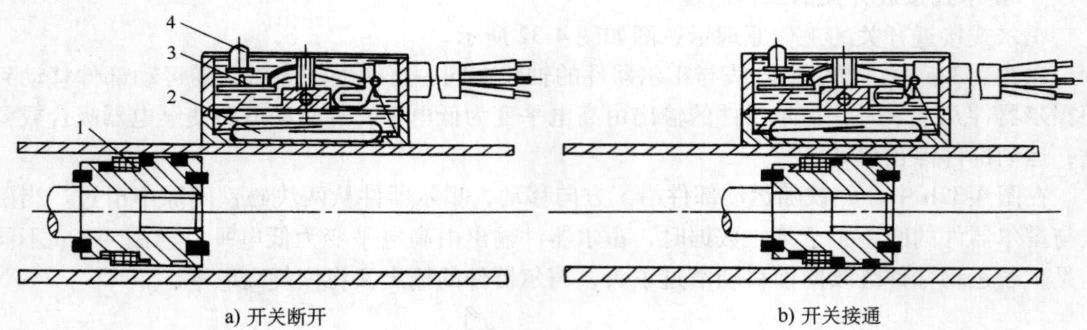

a) 开关断开　　b) 开关接通

图 4-34　电子舌簧式行程开关

1—永久磁环　2—舌簧片　3—保护电路　4—指示灯

六、压力开关

压力开关是一种当输入压力达到给定值时，电气开关接通，并发出电信号的装置，常用于需要压力控制和保护的场合。例如空压机排气压力和吸气压力保护、有压容器(如气罐)内的压力控制等。压力开关除用于压缩空气外，还用于蒸汽、水、油等其他介质压力的控制。

压力开关由感受压力变化的压力敏感元件、调整给定压力大小的压力调整装置和电气开关三部分构成。

通常，压力敏感元件采用膜片、膜盒、波纹管和波登管等弹性元件，也有用活塞的。敏感元件的作用是感受压力大小，将压力转换为位移量。除此以外，敏感元件逐渐开始采用压敏元件、压阻元件，其体积小，精度高，能直接将压力转换成电信号输出。

电气开关性能根据工作电压、功率及输出电路的通断状况来确定，要求电气开关体积小，动作灵敏可靠，使用寿命长。

图 4-35 所示为 PEV 型可调压力开关，当输入 X 口的压力达到给定值时，膜片驱动微动开关动作，而有电信号输出。给定压力在 0. 1MPa 范围内无级可调。

这里只是简单概括地介绍了在气动自动化设备中常用的检测器件，其他在此不一一例举。同时，随着制造工艺水平和电子技术水平的提高，这些开关类产品基本上都已经实现了高度集成化。

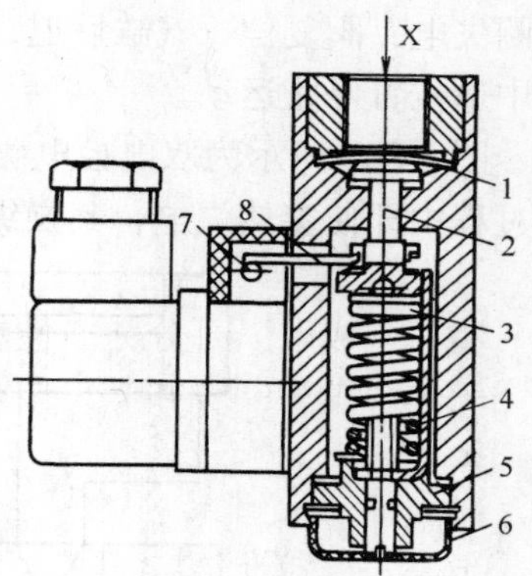

图 4-35　PEV 型可调压力开关

1—膜片　2—推杆　3—弹簧　4—调节螺钉　5—六角螺母　6—保护帽　7—微动开关　8—连杆

第五节　电气控制系统

电气控制的气动系统在自动化应用中是相当广泛的。电气控制的特点是响应快，动作准确。在气动自动化系统中，电气控制主要是控制电磁阀的换向。

一、典型的电控气动回路

1. 电控气动回路图说明

电气控制部分和气动部分分开画，两张图上的文字符号应一致，以便对照。电气回路图画法说明如下：

以左右两条平行线表示电源线。在两线中间，由上而下画出继电器线圈、触点等电器元件的图形符号表示的电气回路。开关、检测器及触点等画在左侧，继电器线圈、电磁铁及指示灯等画在右侧。

一般，动力线画在回路的上半部，控制回路画在下半部。对于复杂的回路，可将动力回路和控制回路分开画。控制回路按机械操作或动作的顺序依次画出。

电气回路中元器件的符号都要用动作前的原始状态，或者未加操作力的状态来表示。

为了便于读图和维护，接线要加上线号，横列要编列号，在继电器右侧要标上触点位置的列号。在列号的右侧还可以写上动作简要说明。

2. 典型回路

这里主要介绍电气控制的单气缸气动回路，通过其动作说明，便于对电控气动回路设计部分内容的理解。

（1）气缸自动往复回路　图 4-36a 所示为用单电控电磁阀操纵的单气缸自动往复回路。按下起动按钮 SB_1，继电器 KA 励磁，2—2 触点闭合，实现自锁；3—3 触点 KA 闭合，电磁阀线圈 YV_1 得电，阀换向，气缸进；气缸活塞杆到达行程末端压下行程开关 ST_1，使电磁阀线圈失电，阀复位，气缸后退，实现一次自动往复运动。若按下停止按钮 SB_2，气缸即在任意中途位置停止运动。

图 4-36b 所示为双电控电磁阀操纵单气缸自动往复回路。双电控阀具有记忆功能，在工作过程中即使突然失电，其操纵的气缸仍能保持工作状态不变直至行程终端。

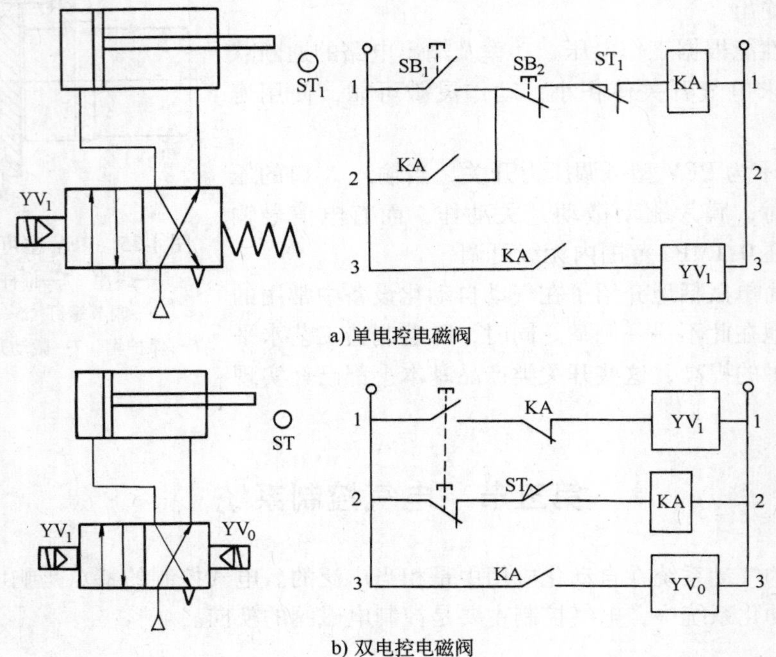

图 4-36　单气缸自动往复回路

图中的起动按钮采用了带有常闭触点的按钮，分别连在 1—1、2—2 线上，使常开和常闭两组触点构成互锁，防止两侧线圈同时通电而被烧坏，这在交流直动式电磁阀回路中是必不可少的保护措施。

（2）延时往复运动回路　图 4-37 所示为双电控阀操纵的单缸延时往复运动回路。当按下起动按钮 SB 时，YV_1 得电，气缸活塞杆进，至行程终端压下行程开关 ST_1，于是时间继电器 KT 作用，经时间 t 延迟后，触点 KT 闭合，KA 得电，KA 闭合，YV_0 得电，电磁阀换向，气缸退回，完成一次往复运动。

（3）连续往复运动回路　图 4-38a 所示为单电控阀操纵的单缸连续往复运动回路。初始位置时，行程开关 ST_0 被压下，触点闭合。按下起动按钮 SB_1 后，KA_1 构成自锁回路，3—3 触点 KA_1 闭合，KA_2 作用，实现自锁。同时 5—5 触点 KA_2 闭合，电磁阀 YV 得电，气缸前进（ST_0 断开），至终点压下 ST_1，3—3 触点 ST_1 断开，4—4、5—5 触点 KA_2 断开，YV 失电，气缸后退（ST_1 闭合），至终点压下 ST_0，气缸又前进，连续往复。若按下停止按钮 SB_2，KA_1 自锁解除，此时气缸活塞杆无论处于什么位置，都将退回至初始位置停止。

图 4-38b 所示为双电控阀操纵的单缸连续往复运动回路。初始位置时，ST_0 闭合。按下起动按钮 SB_1 后，KA_1 构成自锁回路，3—3 触点 KA_1 闭合，KA_2 得电，则 4—4 触点 KA_2 断开，5—5 触点 KA_2 闭合，YV_1 得电，气缸前进（ST_0 断开，5—5 触点 KA_2 即断开），至行程终点时 ST_1 闭合，KA_3 得电，则 3—3 触点 KA_3 断开，6—6 触点 KA_3 闭合，YV_0 得电，气缸后退

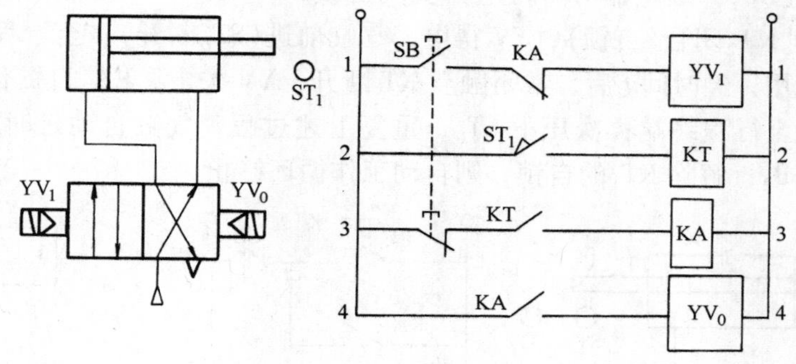

图 4-37 延时往复运动回路

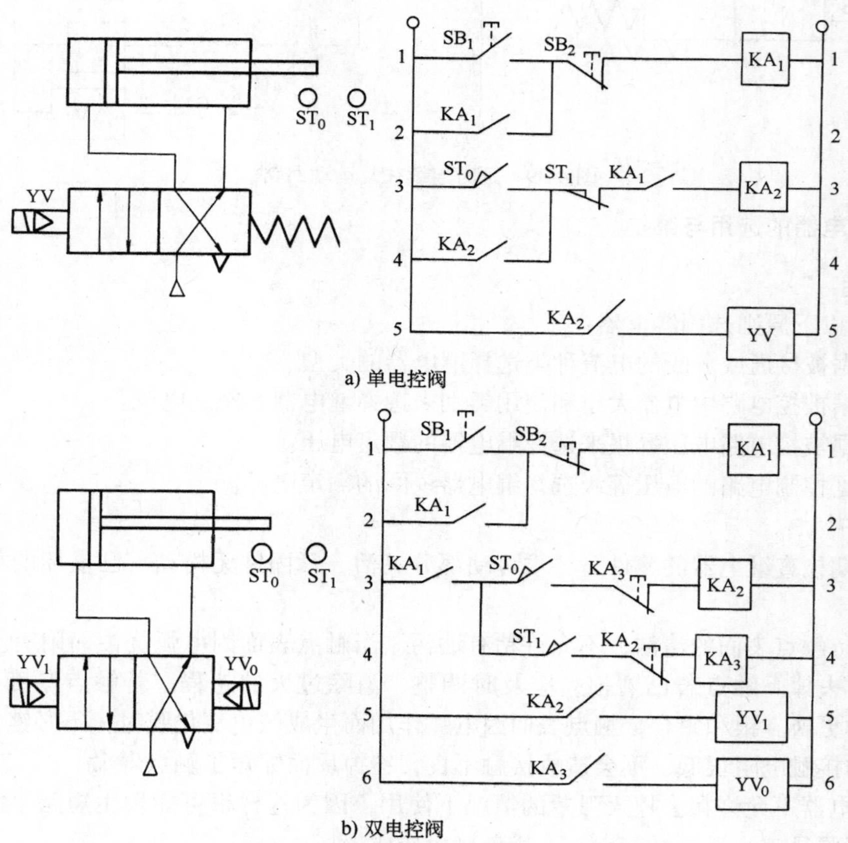

图 4-38 连续往复运动回路

(ST_1断开,6—6 触点 KA_3即断开)，至行程终点 ST_0闭合。重复上述过程，气动自动往复运动。

若按下停止按钮 SB_2，解除 KA_1的自锁状态，自动工作循环即终止。若此时气缸处于前进状态，则运动至压下行程开关 ST_1，气缸停止。若此时气缸处于后退状态，则运动至压下行程开关 ST_0，气缸即停止。

（4）延时连续往复运动回路 图 4-39 为延时连续往复运动回路。初始位置时，ST_0闭合。按下起动按钮 SB_1，继电器 KA_1 得电并实现自锁，2—2、3—3 触点 KA_1 闭合，4—4 线上的 KA_2 得电，则 KA_2 闭合(自锁)，YV 得电，气缸前进(ST_0 断开)，至行程终端压下 ST_1，时间继电器 KT 作用，经时间 t 后，常闭触点 KT 断开，YV 失电，KA_2 自锁作用解除，气缸后退(ST_1 断开)，至行程终端再次压下 ST_0，重复上述过程，气缸自动延时连续往复运动。若按下停止按钮 SB_2，解除 KT_1 的自锁，则自动工作循环终止。

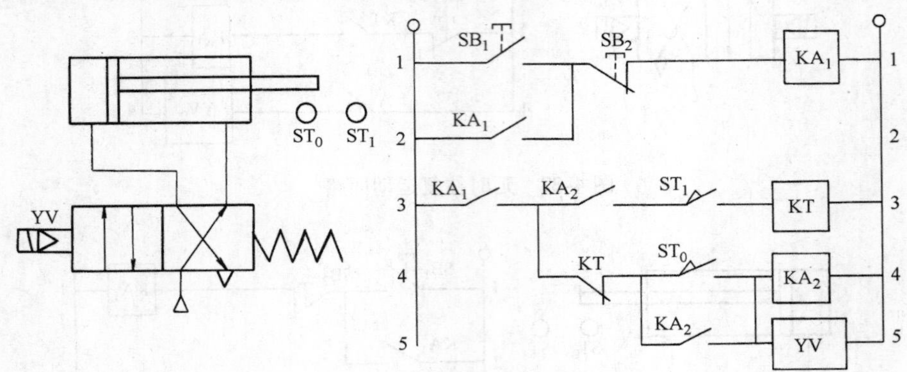

图 4-39　延时连续往复运动回路

二、继电器的选用与维护

1. 选用

应根据以下原则选用继电器：

1）根据被接通或分断的电流种类选择继电器的类型。

2）根据被控电路中电流大小和使用类别来选择继电器的额定电流。

3）根据被控电路电压等级来选择继电器的额定电压。

4）根据控制电路的电压等级选择继电器线圈的额定电压。

2. 维护

1）定期检查继电器的零件，要求可动部分灵活，紧固件无松动。已损坏的零件应及时修理或更换。

2）保持触点表面的清洁，不允许粘有油污。当触点表面因电弧烧蚀而附有金属小珠粒时，应及时去掉。触点若已磨损，应及时调整，消除过大的超程。若触点厚度只剩下 1/3 时，应及时更换。银和银合金触点表面因电弧作用而生成黑色氧化膜时，不必锉去，因为这种氧化膜的接触电阻很低，不会造成接触不良，锉掉反而缩短了触点寿命。

3）继电器不允许在去掉灭弧罩的情况下使用，因为这样很可能发生短路事故。用陶土制成的灭弧罩易碎，拆装时应小心，避免碰撞造成损坏。

4）若继电器已不能修复，应予更换。更换前应检查继电器的铭牌和线圈标牌上标出的参数，换上去的继电器的有关数据应符合技术要求。用于分合继电器的可动部分，看看是否灵活，并将铁心上的防锈油擦干净，以免油污粘滞造成继电器不能释放。有些继电器还需要检查和调整触点的开距、超程、压力等，使各个触点的动作同步。

下面通过一道例题，说明在实际系统中应如何进行分析。

【例 4-1】　导向装置控制

导向装置工作示意图如图 4-40 所示。用这种导向装置可以把一条传送带上的部件放到另一条传送带上去。按下一个按钮，导向架向前推进，导向架上的部件被放到另一条传送带上，并向相反的方向继续传送。按下另一个按钮，导向架回到初始位置。

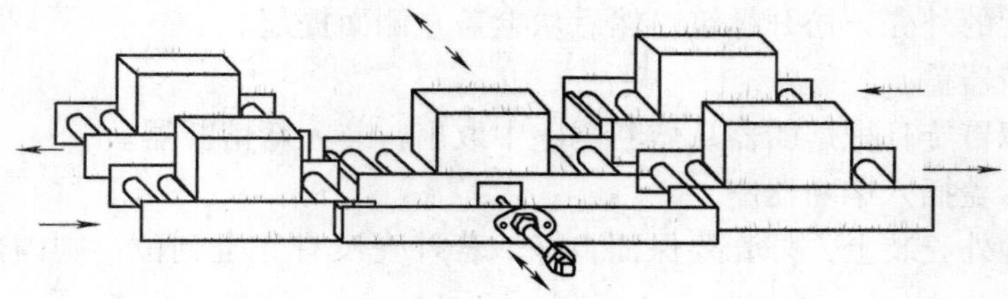

图 4-40 导向装置工作示意图

根据题意，可设计出气动控制回路图和电气控制回路图，如图 4-41 和图 4-42 所示。

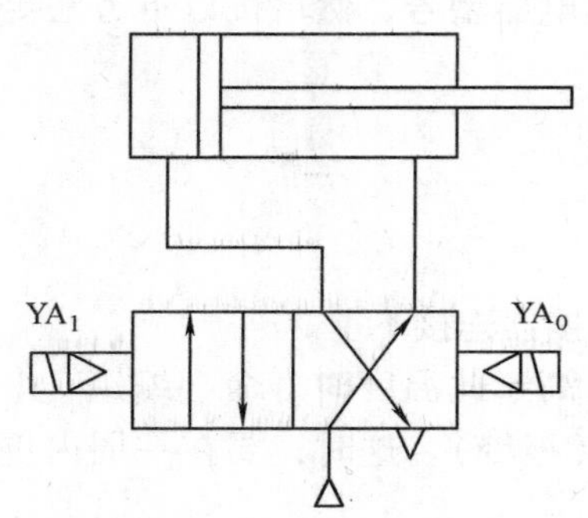

图 4-41 气动控制回路图

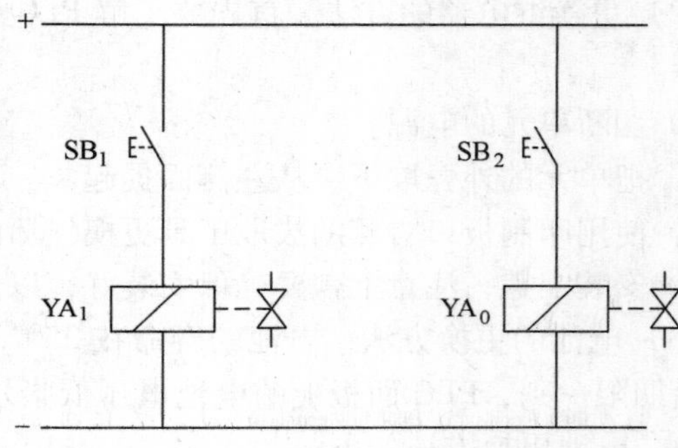

图 4-42 电气控制回路图

按下按钮 SB_1，电磁线圈 YA_1 的回路闭合，2 位 5 通电磁脉冲阀门开启，双作用气缸的活塞杆运动至前端。松开按钮 SB_1 后，电磁线圈 YA_1 的回路断开。

按下按钮 SB_2，电磁线圈 YA_0 的回路闭合，2 位 5 通电磁脉冲阀门回到初始状态，双作用气缸的活塞杆退回到末端。松开按钮 SB_2 后，电磁线圈 YA_0 的回路断开。

第六节 可编程序控制系统

一、可编程序控制器在气动设备中的应用

气动控制方式发展至今，已由继电器回路控制发展成如今的可编程序控制器（PLC）控制。气动控制由于 PLC 的参与，才使庞大、复杂、多变的系统控制起来简单明了，使程序的编制、修改变得容易。如今，随着工业的发展，自动化程度越来越高，气动应用领域越来越广，加上检测技术的发展，气动控制乃至自动化控制越来越离不开 PLC。

1. 可编程序控制器的维护

对 PLC 的日常维护主要是对其易损部件的更换。为了在发生故障时，能迅速恢复，平时应准备好备用单元和易损部件。

易损部件主要包括以下几种：熔断器、电池、继电器等。下面说明更换这些部件的方法。

（1）熔断器的更换方法　首先应当了解各单元使用熔断器的参数，这样才能正确地更换熔断器。

熔断器的更换办法如下：

① 切断单元的电源。

② 拆下单元的外壳，松开螺钉，然后从上盖左侧面提起。

③ 取下熔断器盖。

④ 用一字螺钉旋具把熔断器从熔断器座中取出，装入新熔断器。

⑤ 把熔断器盖插入熔断器座。

⑥ 把单元的外壳装上，外壳要保证装好，若外壳没有完全到位，则内部的连接器不会连接上。

在 CPU 单元上所做的全部维修操作应在 1h 内完成。在摘掉外壳的状态下长期放置，RAM 的内容可能会丢失。

（2）更换继电器的方法　首先要了解 PLC 中使用的继电器型号，然后按以下方法更换继电器。

① 切断单元的电源。

② 把单元的外壳取下，从左侧面提起。

③ 使用印制板口右侧的拔取工具更换损坏的继电器。

④ 安装上盖，注意上盖要确保安装好，以免内部的连接器连接不上。

（3）电池的更换方法　电池的寿命在 25℃下为 5 年，高于此温度时寿命会缩短。电池的寿命期限一到，PLC 面板上的电池电压低指示灯就闪烁(报警)。这时，要在一周内更换新电池。电池更换方法如下：

① 切断单元的电源，如果原来电源就没有接通，则先要接通电源 10s 以上，然后再切断电源。

② 取下单元外壳，并从左侧面提起。

③ 把电池带着连接器一同拔出来，更换新电池，更换新电池要在 5min 内完成。

④ 装好单元的外壳并使其保证接触牢固。

⑤ 接上编程器进行“BATTLOW”（电池异常)解除操作，或者把电源接通→断开→再接通，也能解除电池异常故障。

注意，电池有燃烧、爆炸、泄漏的危险，因此，不要把电池的两极短路，不要将电池充电、加热或拆开，更不要投入火中。

2. 可编程序控制器的检修

为了使 PLC 在最佳状态下工作，进行日常或定期的检修是必要的。PLC 的主要构成部件是半导体器件，具有很长的使用寿命。但考虑到环境的影响，半导体元件老化等因素，定期检修时间以 6 个月~1 年为宜，也可根据 PLC 工作环境的情况把时间缩短。

对 PLC 进行检修的项目内容及要求见表 4-9。

对 PLC 进行检修应注意下列事项：

1）更换单元时要先切断电源。

2）发现不良单元进行更换后，要检查换上的单元是否还有异常。

3）如果发现故障原因是接触不良，可用干净的纯棉布沾工业酒精擦拭，并把棉丝清除干净，然后装好单元。

表 4-9　PLC 检修的项目、内容及要求

序号	检修项目	检修内容	技术标准	检修工具
1	供电电源	测量电源端子，电压变动是否在标准内	在允许的电压变动范围内	万用表
2	外部环境	环境温度是否适宜(箱内温度)	0~55℃	温度计
		环境湿度是否适宜(箱内湿度)	35%~85%RH 不结露	湿度计
		是否积尘	不积尘	目视
3	输入输出用电源	在输入输出端子板测量，看电压是否在变化基准内	以各输入输出规格为准	万用表
4	安装状态	CPU 单元、I/O 单元、I/O 连接单元是否牢固安装	螺钉不松动	十字螺钉旋具
		连接电缆的连接器是否完全插入、锁紧	螺钉不松动	十字螺钉旋具
		外部配线的螺钉是否松动	螺钉不松动	十字螺钉旋具
		外部配线电缆是否将断裂	外观无异常	目视
5	使用寿命	接点输出继电器	电气寿命(阻性负载 30 万次,感性负载 10 万次) 机械寿命 5000 万次	目视
		电池	5 年(25℃)	目视

二、转向设备控制系统

转向设备将部件按节拍从一条传送带转到另一条传送带上去。使用双作用气缸，用两端的电磁接近开关控制活塞杆的往复运动。

通过按下一个按钮，往返运动的气缸活塞杆通过一个定位销带动转盘按节拍转动。按下另一个开关则停止运动。转向设备动作示意图如图4-43所示。

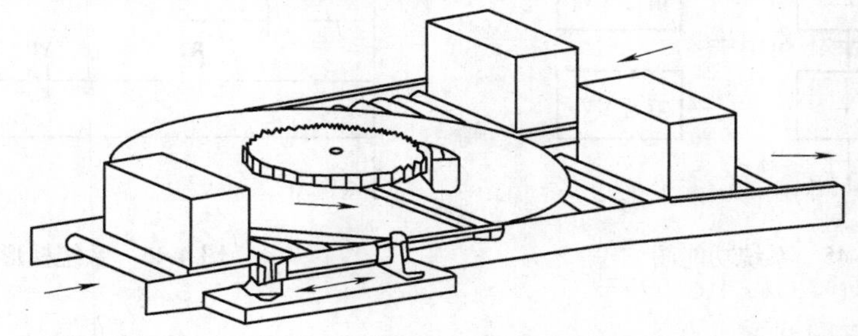

图 4-43　转向设备动作示意图

（1）系统分析　系统采用一个 DNC 型气缸作为推料气缸。推料气缸由一个双电控电磁阀控制，电磁阀选用紧凑型 CVP10 阀。气动控制回路如图 4-44 所示。

（2）输入信号　行程开关：用于推料气缸的位置检测，采用 2 个 SME 型非接触式行程开关。

主令按钮：起动、停止各1个。

(3) 输出信号　电磁阀线圈：控制气缸的电磁阀，共2个线圈。

因此，本系统共为4个输入点，2个输出点。

(4) 可编程序控制器的选用　对于此类小型的单机控制系统，一般采用微型的单元式PLC。本例采用FP0微型可编程序控制器，其输入为8点，输出为6点。

(5) 建立I/O地址分配表　I/O地址分配，详见表4-10。

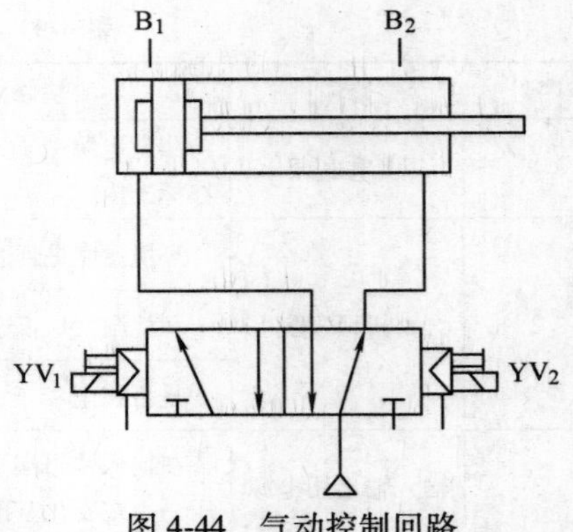

图4-44　气动控制回路

表4-10　转向设备控制系统I/O地址分配表

I/O地址	符　号	说　明	I/O地址	符　号	说　明
X0	SB_1	起动按钮	X3	SB_2	停止按钮
X1	B_1	气缸退回位置	Y0	B_2	气缸伸出位置
X2	YV_1	前行电磁阀	Y1	YV_2	后退电磁阀

(6) 功能图　根据系统的控制要求，画出其功能图，如图4-45所示。

(7) 编程　根据系统的控制要求和功能图，设计出梯形图，如图4-46所示。

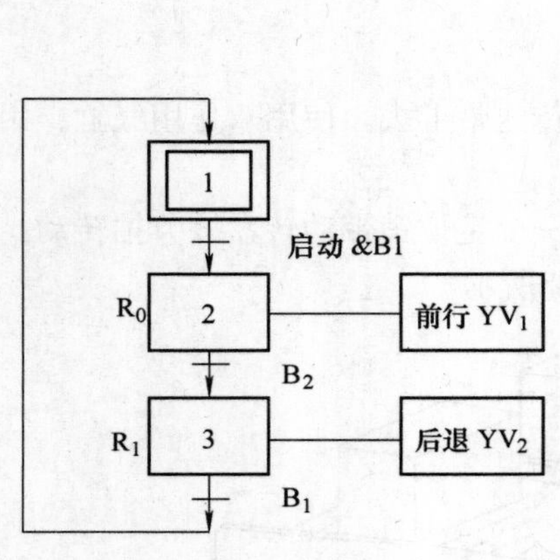

图4-45　系统功能图

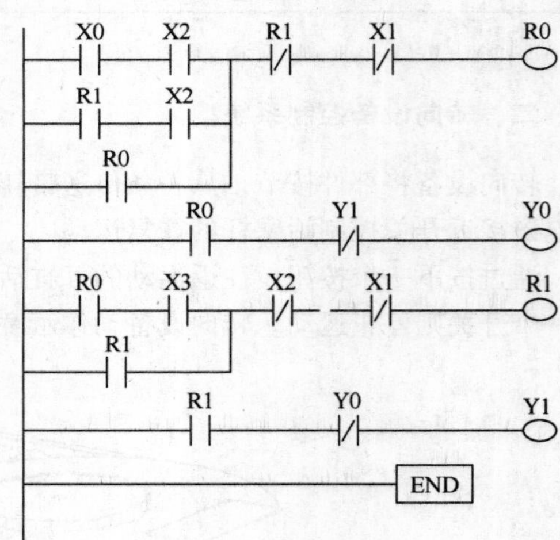

图4-46　系统梯形图

第七节　常用气动自动化设备及生产线实例

本节主要介绍现代工业生产过程中常用的两个具体实例，对实例中气动设备的组成和控制系统的设计加以分析。在分析程序控制系统时，从系统的控制要求入手，由功能图、逻辑回路图到气动设备PLC程序设计以及PLC硬件接线图，其目的是在提高读者分析和设计程序控制系统以及综合实践的能力。

一、气动机械手

机械手是自动生产设备和生产线上的重要装置之一，它可以根据各种自动化设备的工作需要，按照预定的控制程序进行动作。因此，在机械加工、冲压、锻造、装配和热处理等生产过程中被广泛用来搬运工件，借以减轻工人的劳动强度；也可实现自动取料、上料、卸料和自动换刀的功能。气动机械手是机械手的一种，它具有结构简单、重量轻、动作迅速、平稳、可靠和节能等优点。

图 4-47 是用于某专用设备上的气动机械手的结构示意图，它由四个气缸组成，可在三个坐标内工作，图中 A 为夹紧气缸，其活塞杆退回时夹紧工件，活塞杆伸出时松开工件；B 为长臂伸缩气缸，可实现伸出和缩回动作；C 缸为立柱升降气缸，可实现手臂的上升与下降；D 为回转气缸，该气缸有两个活塞，分别装在带齿条的活塞杆两头，齿条的往复运动带动立柱上的齿轮旋转，从而实现立柱及长臂的回转。

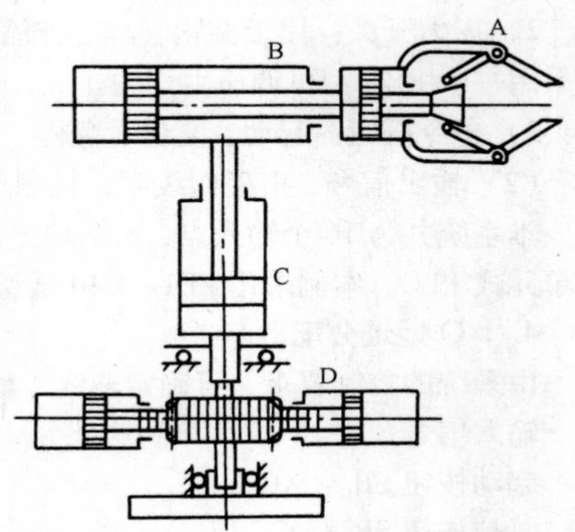

图 4-47　气动机械手的结构示意图

1. 系统控制要求

（1）自动控制要求　该气动机械手的控制要求是：手动起动后，能从第一个动作开始自动延续到最后一个动作。其要求的动作顺序如下：

1）初始位置时，立柱在最高端，长臂处于缩回状态，夹紧气缸处于松开状态，回转气缸处于右端。此时按下起动按钮，机械手立柱下降，直到触动下限位开关。

2）机械手长臂伸开，直到触动伸开限位开关。

3）夹紧气缸的活塞退回夹紧工件，直到触动夹紧限位开关。

4）机械手长臂缩回，直到触动长臂缩回限位开关。

5）回转气缸顺时针旋转，直到触动左限位开关。

6）机械手立柱上升，直到触动上限位开关。

7）夹紧气缸伸出，松开工件，直到触动松开限位开关。

8）回转气缸逆时针旋转，直到触动右限位开关，回到初始位置。

9）随时可用复位信号将系统停下来。

（2）手动控制要求　手动控制主要用于故障检查及调整等场合，考虑到 PLC 点数的因素，该系统的手动控制采用一个调整按钮，按照一定的顺序进行工作，并随时可使其停下来。其动作顺序如下：

1）按下调整按钮，机械手开始逆转，触动右限位开关后，停止逆转。

2）机械手向下运动，直到触动下限位开关。

3）手臂前伸，直到触动伸开限位开关。

4）机械手松开工件，直到触动松开限位开关。

5）手臂缩回，触动缩回限位开关停止。

6）机械手向上运动，一直回到初始位置。

2. 系统分析

系统采用四个 DNC 型气缸分别作为升降气缸、伸缩气缸、夹紧气缸以及回转气缸。每一个气缸均由一个双电控电磁阀控制，电磁阀选用紧凑型 CPV10 阀。

3. 可编程序控制器的选用

（1）输入信号

1）行程开关：用于夹紧气缸、伸缩气缸、升降气缸及回转气缸的位置检测，每个气缸各采用两个 SME 型非接触限位开关。

2）压力开关：用于夹紧气缸、伸缩气缸、升降气缸及回转气缸的故障检测，每个气缸各采用一个 PEV 型可调压力开关。

3）主令按钮：起动、复位、急停、调整各一个。

（2）输出信号　电磁阀线圈：控制气缸的电磁阀线圈，共 8 个。

本系统共为 16 个输入点，8 个输出点。对于此类小型的单机控制系统，一般采用微型的单元式 PLC。本例采用 FP1—C40 微型可编程序控制器，其输入 24 点，输出 16 点。

4. I/O 地址分配

由系统的控制要求，可确定输入、输出的个数。将它们的地址分配如下：

输入信号：

起动按钮 SB_0：X0

复位按钮 SB_1：X1

下限位开关 SQ_1：X2

上限位开关 SQ_2：X3

夹紧限位开关 SQ_3：X4

松开限位开关 SQ_4：X5

伸臂限位开关 SQ_5：X6

缩臂限位开关 SQ_6：X7

左限位开关 SQ_7：X10

右限位开关 SQ_8：X11

急停按钮 SB_2：X12

升降气缸压力开关 S_1：X13

调整按钮 SB_3：X14

伸缩气缸压力开关 S_2：X15

夹紧气缸压力开关 S_3：X16

回转气缸压力开关 S_4：X17

输出信号：

向下运动电磁阀 YV_0：Y0

向上运动电磁阀 YV_1：Y1

夹紧电磁阀 YV_2：Y2

松开电磁阀 YV_3：Y3

伸臂电磁阀 YV_4：Y4

缩臂电磁阀 YV_5：Y5

顺时针摆动电磁阀 YV_6：Y6

逆时针摆动电磁阀 YV_7：Y7

5. 功能图

按照给出的控制要求，可画出机械手控制系统的功能图，如图 4-48 所示。

6. 梯形图

将功能图上的每一步状态用内部继电器表示，每一步控制的输出，用输出继电器表示。每一个内部继电器均从三个方面来考虑，即它的起动信号、停止信号和自锁信号。起动信号由上一步为动步及转移条件组成，停止信号为下一步内部继电器，自锁信号为它的本身常开触点。据此可画出机械手控制系统的梯形图，如图 4-49 所示。

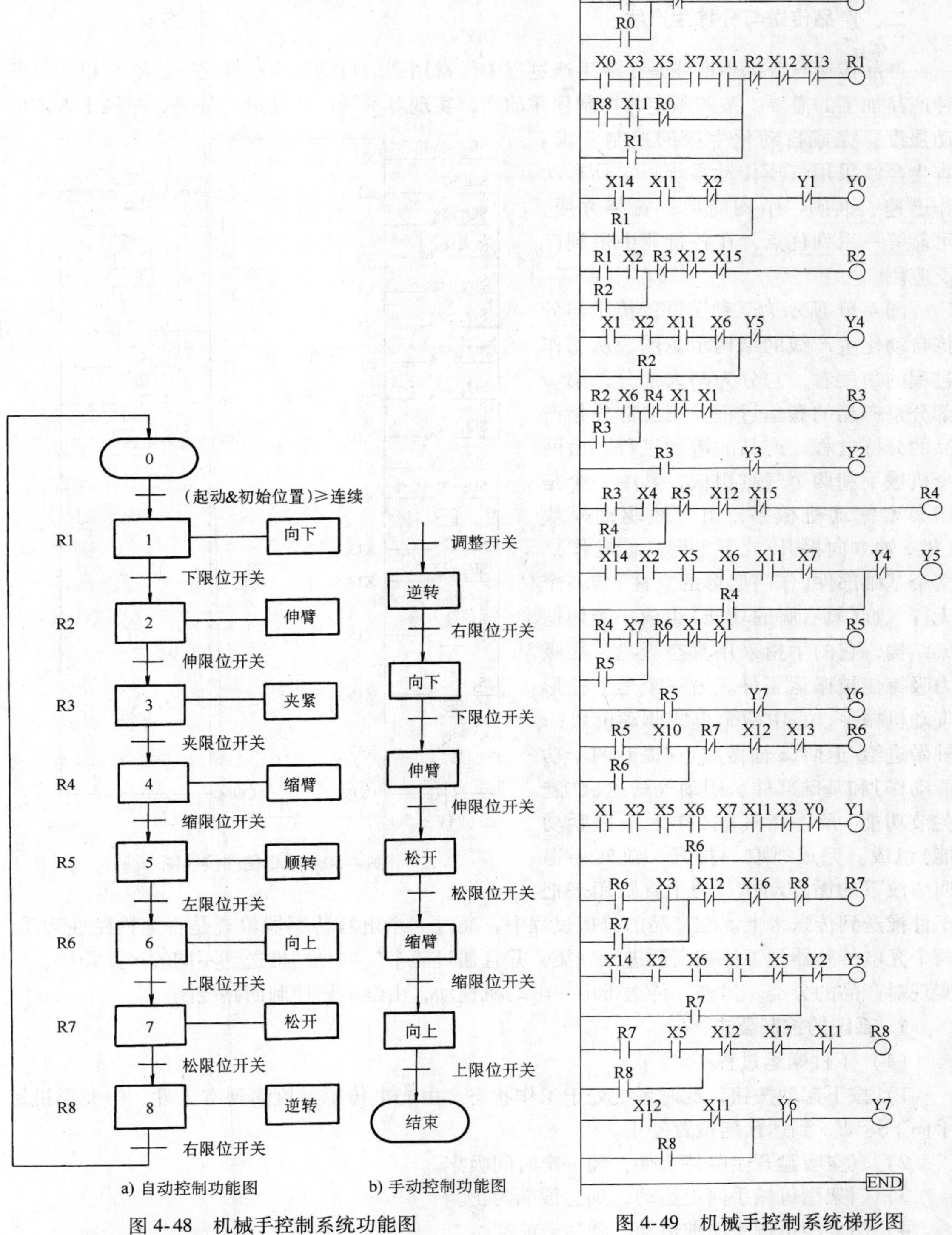

a) 自动控制功能图　　b) 手动控制功能图

图 4-48 机械手控制系统功能图

图 4-49 机械手控制系统梯形图

7. PLC 硬件接线图

根据系统所用硬件情况，画出系统接线图如图 4-50 所示。

二、产品传送与分拣生产线

产品传送与分拣生产线是企业生产过程中经常用到的自动化生产线之一，它可以根据各种产品加工的需要，按照预定的控制程序动作，实现对不同的产品进行分类，减轻工人的劳动强度，完成自动化生产的控制要求。本生产线采用气压传动系统，它具有动作迅速、准确、结构简单、安装方便、可靠等一系列优点，在各行业中得到广泛应用。

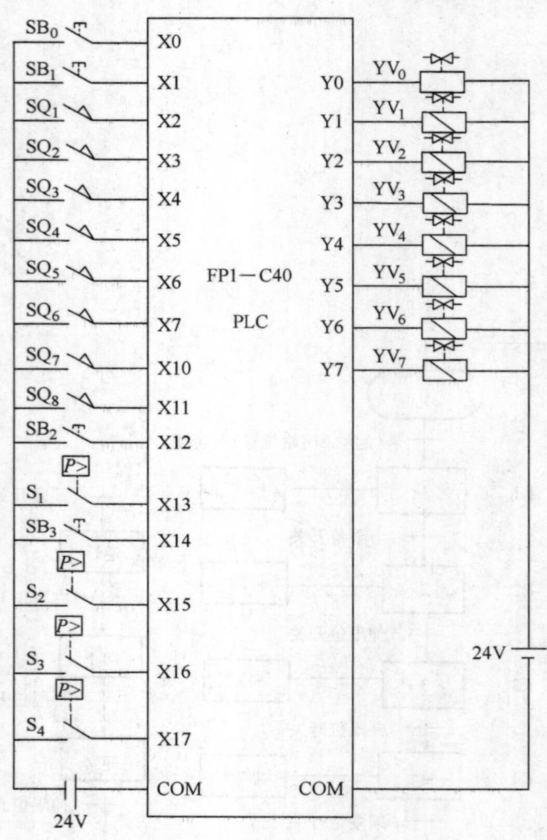

图 4-50　PLC 硬件接线图

图 4-51 所示为某种工件的传送与分拣自动化生产线的结构示意图，从工作过程的角度看，它分为两大部分，第一部分是产品的搬运过程，第二部分是产品的分拣过程。产品的搬运过程，由两个机械手和两个气缸组成，其中一个是门架型气动机械手，由直线驱动模块（做 z 轴方向提升/放下手臂功能动作）、两个基础部件（作门架形的立柱）与一个无杆气缸（具有脚的功能）组成一个门框架结构，它的手指采用真空吸盘，靠吸力吸持住被搬运工件。另一个是立柱形气动机械手，它由两个直线驱动模块（x 轴做进给/退回，z 轴做放下/提升两个功能动作）和基础部件、摆动气马达（作腕关节功能）及手指气缸（作手指握紧功能）组成。完成抓取→提升→旋转→退回→放下的循环动作。两个直缸用来把工件推送到传送带上。在产品的分拣过程中，通过一个电容传感器检查是否为铁磁性物质，两个光电传感器把工件按高矮进行分类，并且通过三个气缸分别推送到不同的产品箱中，以实现对产品的分类。另外，传送带由一电动机拖动，由继电器控制回路控制。

1. 系统的控制要求

（1）工件搬运过程

1）按下起动按钮，此时系统处于工作状态。由光电传感器检测到有工件，门架形机械手向下运动，到达预定位置停止。

2）真空吸盘开始吸持工件，经一定时间吸牢。

3）门架型机械手向上运动，到达顶端为止。

4）门架型机械手向前运动，到达最前端。

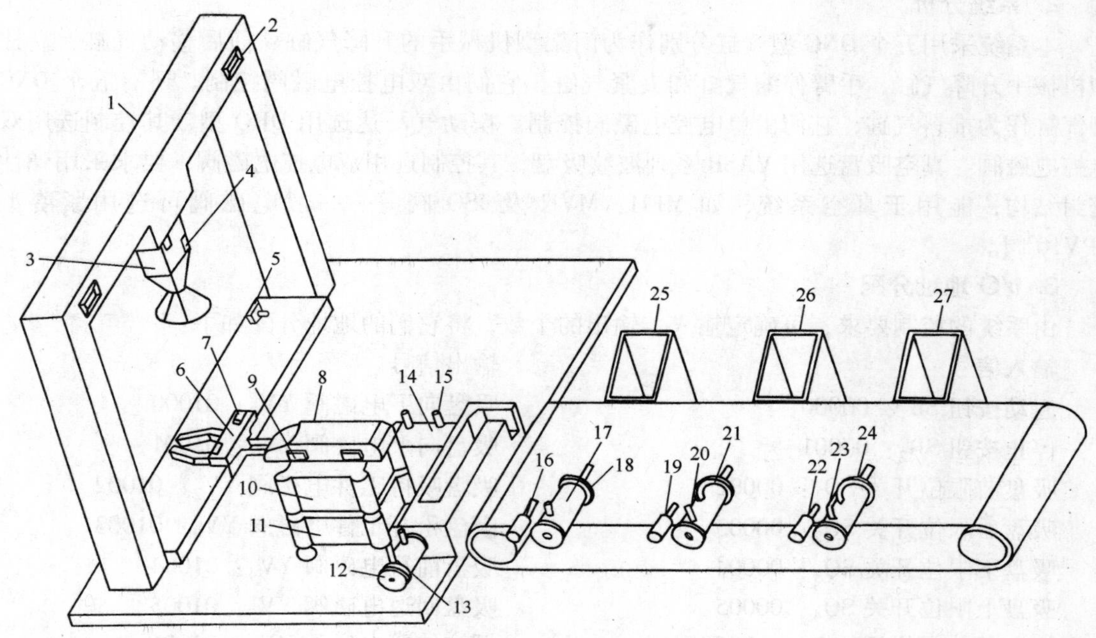

图 4-51　工件传送与分拣自动化生产线结构示意图

1—无杆气缸　2、4、7、9、13、15、18、20、23—限位开关　3—吸盘升降气缸
5、16、19、22—光电传感器　6—夹紧气缸　8—手臂气缸　10、11—手臂升降气缸
12、14、17、21、24—推送气缸　25、26、27—工件箱

5）立柱型机械手向上运动，到达与被夹持工件同样的高度。

6）立柱型机械手向前伸开手臂，准备夹工件。

7）机械手夹紧工件。

8）真空吸盘松开工件。

9）真空吸盘回退到初始位置等待下一次工作。同时，立柱型机械手顺时针转动，直到预定位置。

10）立柱型机械手向下运动，到达工作台指定位置。

11）立柱型机械手手臂回缩。

12）立柱型机械手逆时针转动回到初始位置，等待下一次工作。

13）气缸 1 向前推送工件，使之与传送带在一条直线上。

14）气缸 2 推送工件到传送带上。

（2）工件分拣过程

1）电容传感器检测是否为铁磁性工件，若是，推送到相应的工件箱 25 中。

2）光电传感器 1 检测是否为高度 H_1 的工件，若是，推送到相应的工件箱 26 中。

3）否则推送到工件箱 27 中。

若随时按下停止按钮，可立即使系统停下来。关于本系统的手动部分在此不予叙述，若读者需要，可查阅相关资料。

2. 系统分析

本系统采用五个 DNC 型气缸分别作为门架型机械手的升降气缸、前后移动气缸、立柱型机械手升降气缸、手臂伸缩气缸和夹紧气缸，它们由双电控电磁阀控制。还有五个 DNC 型气缸作为推料气缸，它们由单电控电磁阀控制。摆动气马达选用 DRQ 型，其控制选用双电控电磁阀。真空吸盘选用 VASB 系列波纹吸盘，其控制选用双电控电磁阀，要求采用弹性密封结构，能用于真空系统，如 MFH、MVH 及 ISO 阀等。一般电磁阀可选用紧凑型 CPV10 阀。

3. I/O 地址分配

由系统的控制要求，可确定输入、输出的个数，将它们的地址分配如下：

输入信号

起动按钮 SB_1：00000

停止按钮 SB_2：00001

吸盘前限位开关 SQ_1：00002

吸盘后限位开关 SQ_2：00003

吸盘下限位开关 SQ_3：00004

吸盘上限位开关 SQ_4：00005

摆缸臂伸限位开关 SQ_5：00006

摆缸臂缩限位开关 SQ_6：00007

摆缸上限位开关 SQ_7：00008

摆缸下限位开关 SQ_8：00009

气缸 1 前限位开关 SQ_9：00010

气缸 1 后限位开关 SQ_{10}：00011

气缸 2 前限位开关 SQ_{11}：00100

气缸 2 后限位开关 SQ_{12}：00101

电容传感器 BC：00102

气缸 3 前限位开关 SQ_{13}：00103

气缸 3 后限位开关 SQ_{14}：00104

光电开关 HK_1：00105

气缸 4 前限位开关 SQ_{15}：00106

气缸 4 后限位开关 SQ_{16}：00107

光电开关 HK_2：00108

气缸 5 前限位开关 SQ_{17}：00109

气缸 5 后限位开关 SQ_{18}：00110

光电开关 HK_3：00111

输出信号

吸盘向下电磁阀 YV_0：01000

吸盘向上电磁阀 YV_1：01001

吸盘吸持工件电磁阀 YV_2：01002

吸盘松开工件电磁阀 YV_3：01003

吸盘前行电磁阀 YV_4：01004

吸盘回退电磁阀 YV_5：01005

摆缸伸臂电磁阀 YV_6：01006

摆缸缩臂电磁阀 YV_7：01007

摆缸向上电磁阀 YV_8：01100

摆缸向下电磁阀 YV_9：01101

机械手夹紧电磁阀 YV_{10}：01102

机械手松开电磁阀 YV_{11}：01103

气缸 1 电磁阀 YV_{12}：01104

气缸 2 电磁阀 YV_{13}：01105

气缸 3 电磁阀 YV_{14}：01106

气缸 4 电磁阀 YV_{15}：01107

气缸 5 电磁阀 YV_{16}：01200

摆缸顺摆电磁阀 YV_{17}：01201

摆缸逆摆电磁阀 YV_{18}：01202

4. 功能图

按照给出的控制要求和实际工作过程，可画出工件传送与分拣系统的功能图，如图 4-52 所示。同时，为了读者分析问题方便，将系统的功能图分成三个部分，即机械手搬运工件过程功能图、气缸推工件到传送带功能图、工件分拣过程功能图。

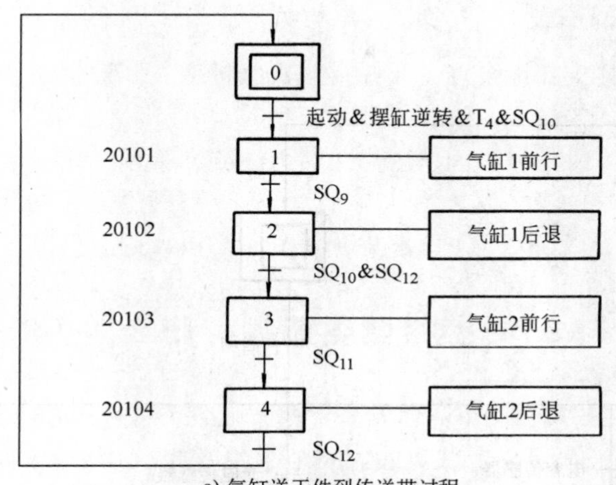

a) 气缸送工件到传送带过程

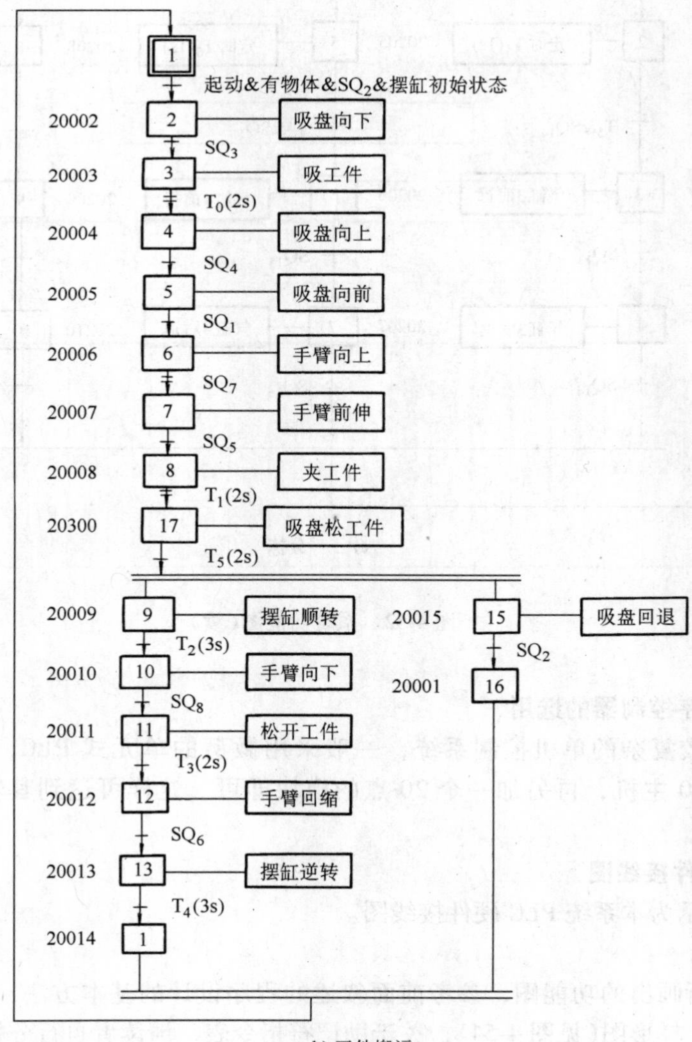

b) 工件搬运

图 4-52 系统功能图

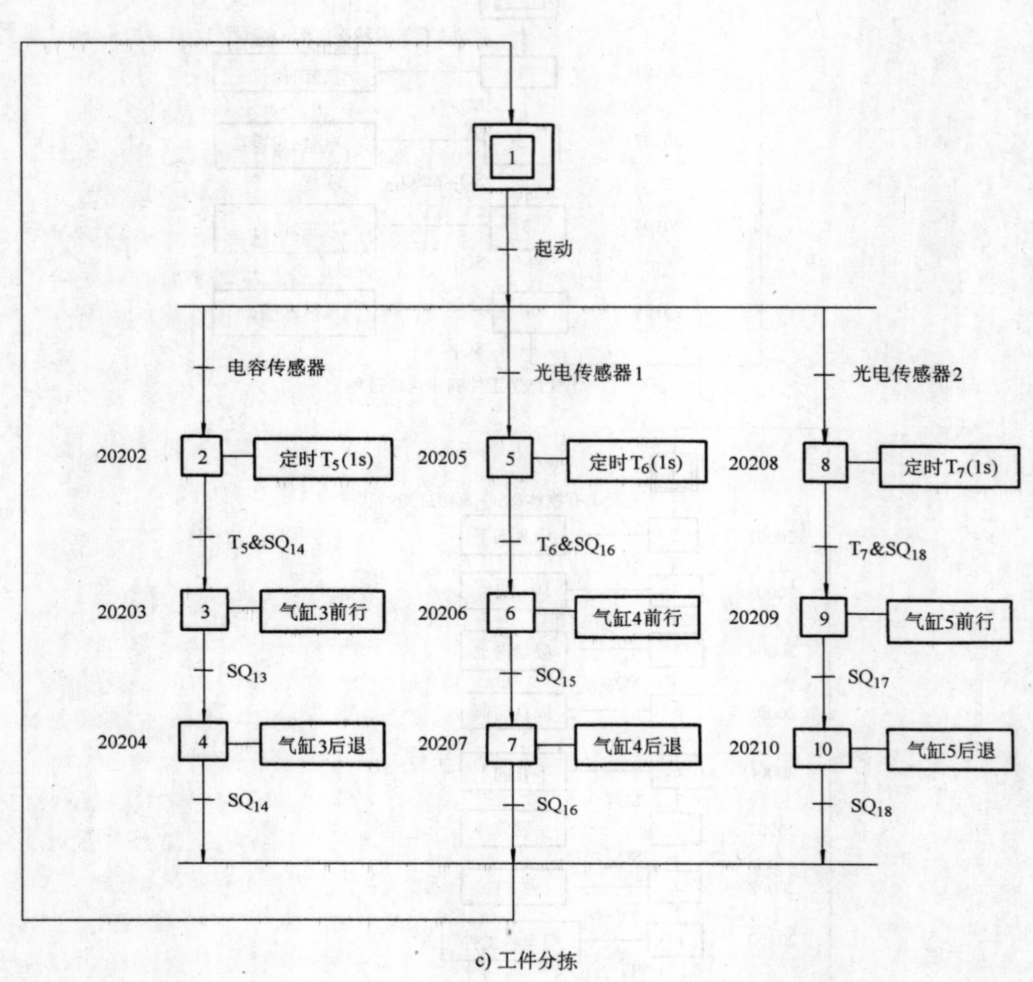

c) 工件分拣

图 4-52　系统功能图(续)

5. 可编程序控制器的选用

对于此类较复杂的单机控制系统，一般采用微型的单元式 PLC，而不采用中型机。选择 CPM1A-40 主机，再另加一个 20 点的模块即可。这样可达到其输入点为 36，输出点为 24。

6. PLC 硬件接线图

图 4-53 所示为本系统 PLC 硬件接线图。

7. 编程

根据上面所画出的功能图，参考前面叙述的程序设计的基本方法，设计出下面系统程序。在此仅给出梯形图(见图 4-54)，关于助记符指令表，请读者自行分析。

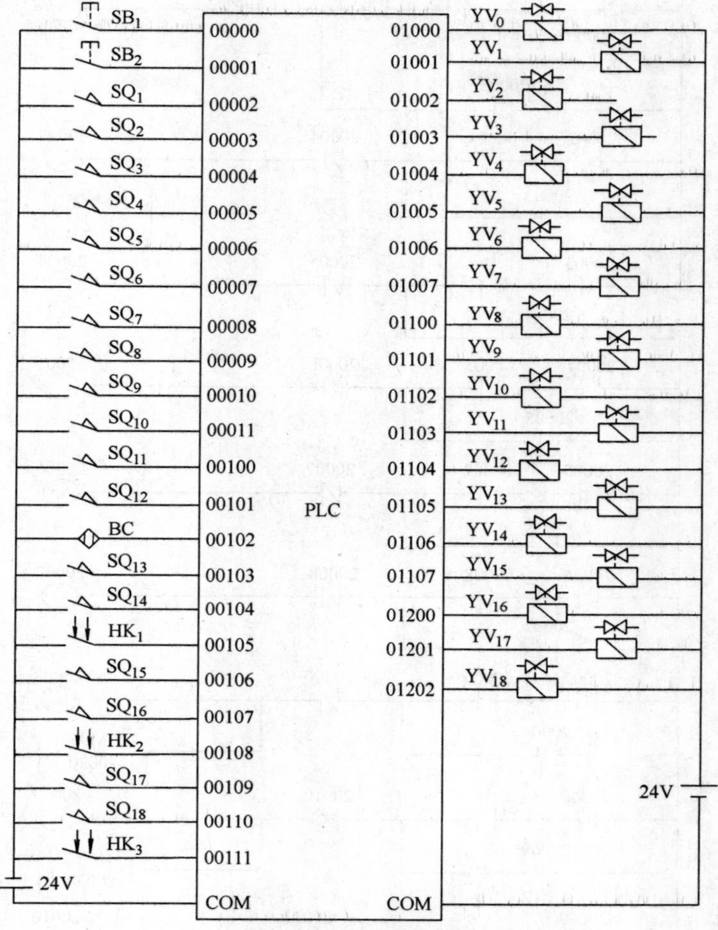

图 4-53 PLC 硬件接线图

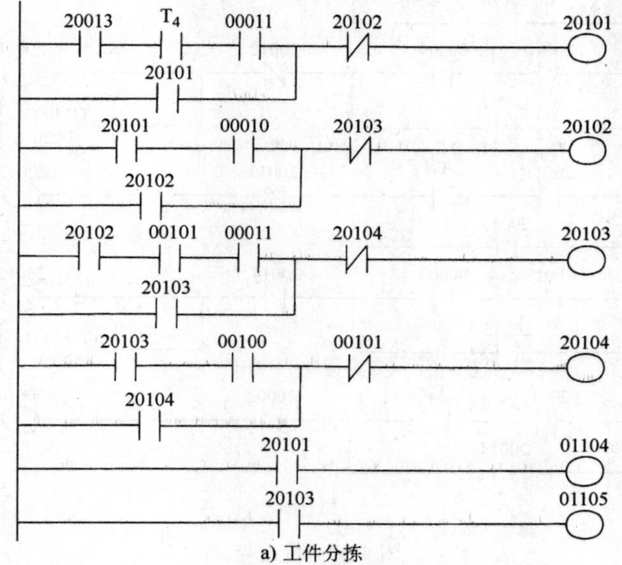

a) 工件分拣

图 4-54 传送与分拣系统梯形图

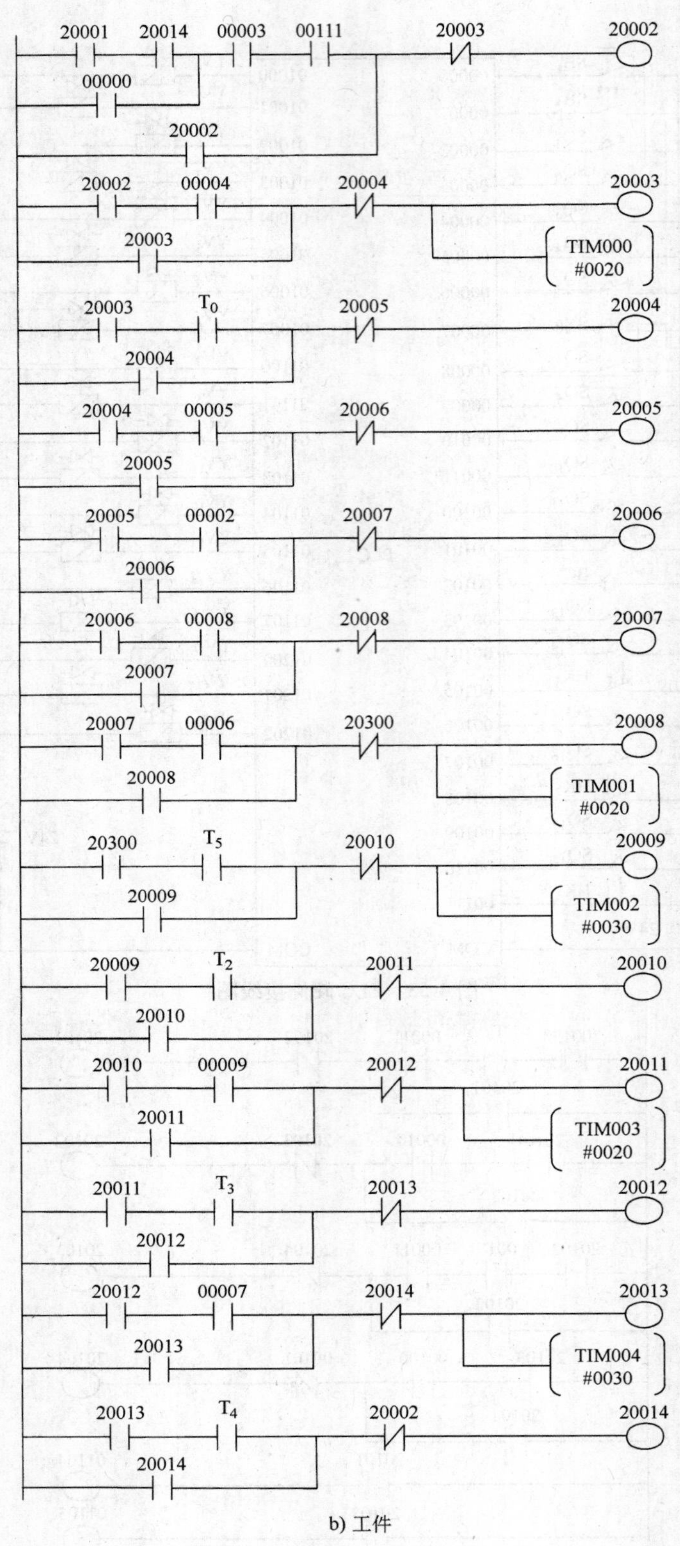
20001
20014
00003
00111
20003
20002
00000
20002
20002
00004
20004
20003
20003
TIM000
#0020
20003
T_0
20005
20004
20004
20004
00005
20006
20005
20005
20005
00002
20007
20006
20006
20006
00008
20008
20007
20007
20007
00006
20300
20008
20008
TIM001
#0020
20300
T_5
20010
20009
20009
TIM002
#0030
20009
T_2
20011
20010
20010
20010
00009
20012
20011
20011
TIM003
#0020
20011
T_3
20013
20012
20012
20012
00007
20014
20013
20013
TIM004
#0030
20013
T_4
20002
20014
20014

b) 工件

图 4-54 传送与

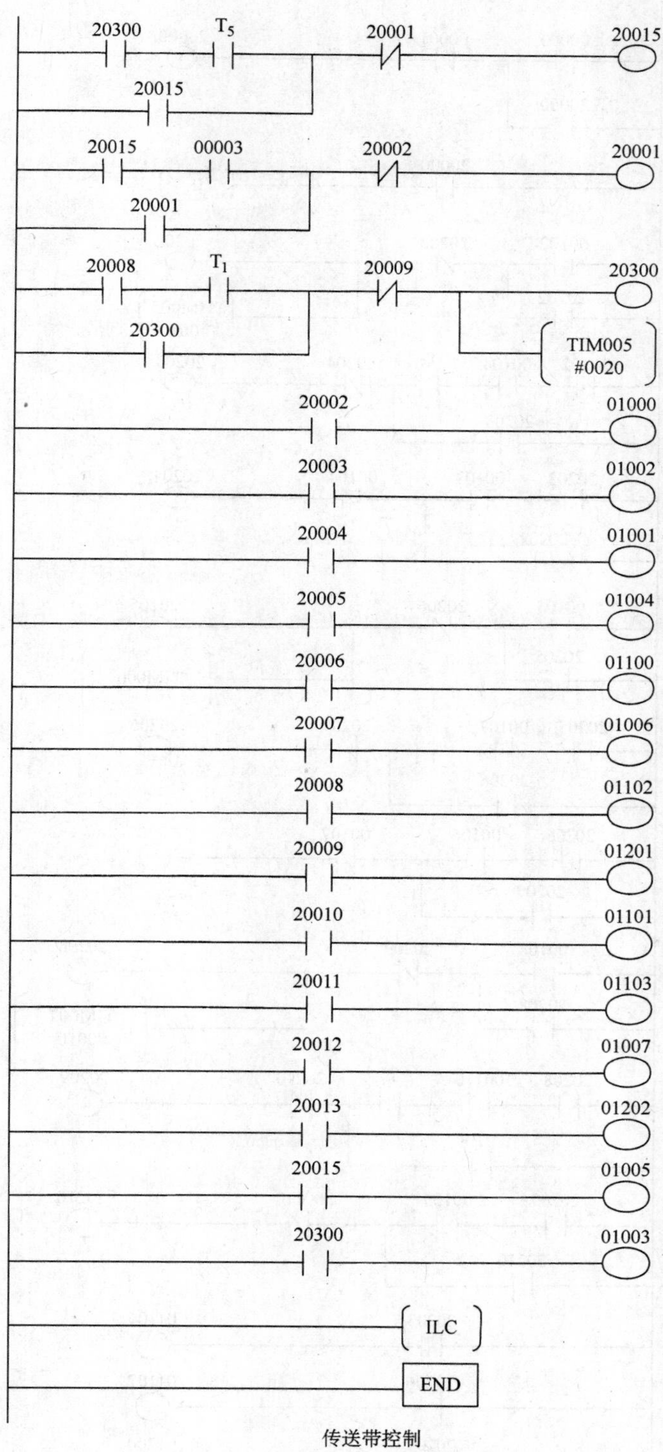

传送带控制

分拣系统梯形图(续)

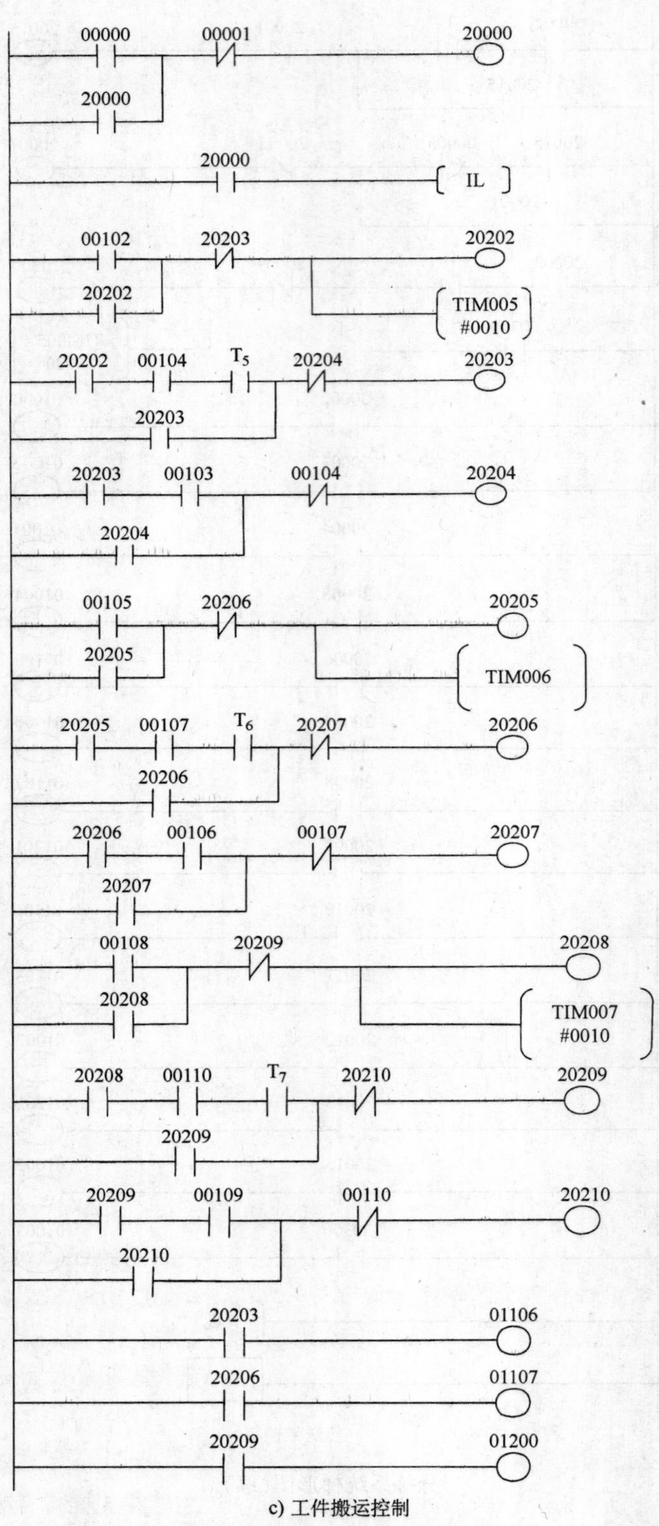

c) 工件搬运控制

图 4-54　传送与分拣系统梯形图(续)

习　题

1. 什么是气动自动化设备?

2. 一个完整的气动设备由哪些设备组成?

3. 单相交流电磁机构分磁环的作用是什么?

4. 电感式接近开关的基本工作原理是什么?

5. 图 4-55 所示为一切割装置工作示意图，该装置常用于纸张切割。要求按下两个按钮，割刀横梁向前推动并切割纸张；松开一个按钮，割刀横梁则回到原来状态。试画出系统的气动回路图和电气控制回路图。

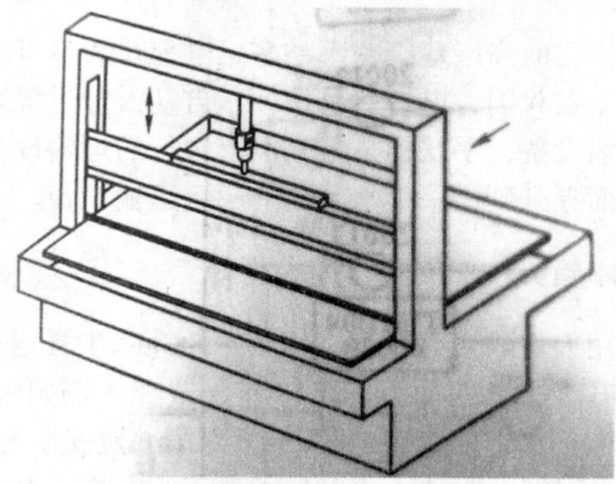

图 4-55　切割装置工作示意图

6. 激光切割机的输入夹具控制：一块厚 0.6mm 的不锈钢片用手放到输入夹具中，当按下按钮时，推出气缸(2.0)在排气节流情况下回程，与此同时，加紧气缸(1.0)也在排气节流情况下做前向运动，将钢片推进并夹紧。

经过 5s 后，激光切割机已将钢片制成细筛，这时，夹紧气缸(1.0)在无节流情况下回程，随后，推出气缸(2.0)将制成的细筛迅速推出。其工作示意图如图 4-56 所示。试画出气动回路图，并设计出梯形图进行控制。

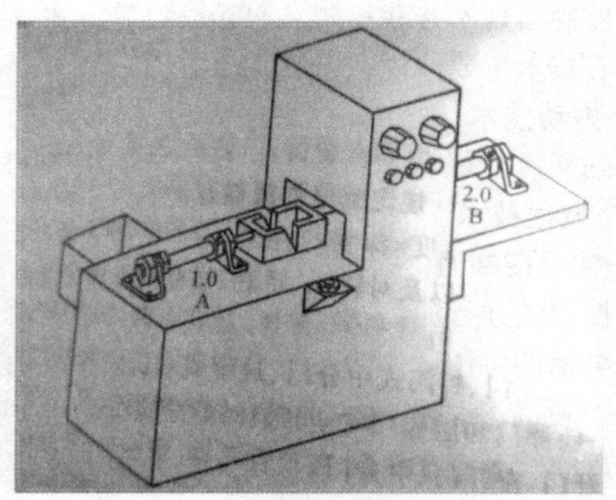

图 4-56　激光切割机输入夹具工作示意图

第五章　电　　梯

第一节　概　　述

随着生产的发展，现代化的高层建筑越来越多，电梯作为不可缺少的重要运输工具，已成为现代物质文明的标志。在我国，电梯、手扶梯、自动人行道等属于起重运输设备。电梯是在垂直方向上运行的运输设备，手扶梯是在斜面上运行的运输设备。但是电梯和手扶梯都是把人或货物从一个水平面提升到另一个水平面的起重运输设备。

一、电梯的发展及技术趋势

很久之前，人们就使用人力或畜力通过一些原始的升降工具运送人和货物，19 世纪初，在欧美开始用蒸汽机作为升降工具的动力。1845 年，威廉·汤姆逊研制出一台液压驱动的升降机，其液压驱动的介质是水，但直到 1852 年世界第 1 台安全升降机才诞生。

1889 年，升降机开始采用电力驱动，才出现了真正的电梯。电梯在驱动控制技术方面的发展经历了直流电动机驱动控制、交流单速电动机驱动控制、交流双速电动机驱动控制、直流有无齿轮调速驱动控制、交流调压调速驱动控制、交流变压变频调速驱动控制等阶段。

1996 年，交流永磁同步无齿轮曳引机驱动的无机房电梯的出现，给电梯技术带来又一次革新。由于曳引机和控制柜置于井道中，省去了独立机房，节约了建筑成本，增加了大楼的有效面积，提高了大楼建筑美学的设计自由度。这种电梯还具有节能、无油污染、免维护和安全性高等特点。

电梯在操纵控制方式方面的发展经历了手柄开关操纵、按钮控制、信号控制、集选控制等过程，对于多台电梯的控制出现了并联控制、智能群控等方式。

电梯的主要结构和核心技术主要体现在以下几个方面：

1. 电力拖动系统——拖动技术

拖动技术从直流拖动到交流变极调速(交流双速)，到交流变压调速，再到目前应用最为广泛的变频变压(VVVF)调速技术。

2. 电气控制系统——信号控制通信技术

由最早的继电器逻辑控制的并行通信，发展到目前的模糊逻辑串行通信。随着摩天大楼的增多，控制大楼内多部电梯的协调运作的系统显得尤其重要，由此产生了群控电梯的派梯技术(呼梯指令响应技术)。随着生活质量的提高，客户不再仅仅满足于有电梯可乘坐，对电梯使用的安全性、发现故障的及时性、解决故障的迅速程度提出了更高的要求，因此电梯远程监控技术应运而生。

3. 曳引导向系统——曳引机制造技术

曳引机从直流电动机到交流电动机，到无齿永磁电动机技术。有齿曳引机从蜗轮蜗杆减速到斜齿轮减速，到行星齿轮减速技术。目前由于对环保要求的提高，出现了复合钢带曳引技术、直线电动机技术、磁悬浮应用技术、为节省空间而引发的无机房电梯技术等。

4. 门系统——门机制造技术

由最初的手动拉闸门到电阻箱多段调速门机到目前的变频门机技术，近年来由于对安全要求的提高衍生出来的屏蔽门技术也得到了应用。

除了以上四类以外还有安全保护系统——安全钳、限速器、缓冲器、上行超速装置等安全部件制造技术，轿厢系统——隔音减震悬挂技术，重量平衡系统——高层高速电梯的重量补偿技术等。

未来的电梯技术越来越向环保、节能、高效及节省建筑面积等方向发展，同时更加注重电梯系统运行的安全性。

二、电梯的运行工作情况

电梯在做垂直运行的过程中，有起点站也有终点站。对于三层以上建筑物内的电梯，起点站和终点站之间还设有停靠站。起点站设在一楼，终点站设在最高层，设在一楼的起点站常作为基站。起点站和终点站之间的停靠站称为中间站。

各站的厅外设有召唤箱，箱上设置有供乘用人员召唤电梯用的召唤按钮或触钮。一般电梯在两端站的召唤箱上各设置一只按钮或触钮，中间层站的召唤箱上各设置两只按钮或触钮。对于无司机控制的电梯，在各层站的召唤箱上均设置有手柄开关或与层站对应的按钮或触钮，供乘用人员控制电梯上下运行。召唤箱上的按钮或触钮称为外呼指令按钮或触钮，操纵箱上的按钮或触钮称为内指令按钮或触钮。外指令按钮或触钮发出的电信号称为外呼指令信号。内指令按钮或触钮发出的电信号称为内指令信号。20 世纪 80 年代中期后，触钮已被微动按钮所取代。

作为电梯基站的厅外召唤箱，除设置一只召唤按钮或触钮外，还设置一只钥匙开关，以便下班关闭电梯时，司机或管理人员把电梯开到基站后，可以通过专用钥匙扭动钥匙开关，把电梯的厅轿门关闭妥当后，自动切断电梯控制电源或动力源。

电梯的自动化程度比较高，一般电梯的工作可分为有司机操纵和无司机操纵两种情况。

有司机操纵时，司机用钥匙打开基站厅门及停在基站的轿厢门后进入轿厢。司机根据乘客要求，按下操纵箱上相应层站的选层按钮，电梯自动决定运行方向，然后司机按下开车按钮，电梯自动关门，门关好后电梯快速起动、加速至稳速运行，当电梯接近停靠站时，由选层器发出减速信号，同时平层装置动作，电梯减速后自动平层，最后在停层位置停车，自动开门放客及接纳新乘客进入轿厢。

无司机操纵时，乘客进入电梯轿厢后，只要按下目标楼层按钮，电梯便自动关门，定向起动、加速、稳速运行直至到达预定停靠站，停车、开门放客。电梯停站时间到达规定的时间后，便自动关门起动运行。电梯运行过程完全受控于电梯的调速装置，使电梯按给定速度曲线加速起动、稳速运行、制动减速，直到准确平层停梯。为防止轿厢门夹人或夹物，电梯门设置有近门安全保护装置。若关门时有乘客或物品被夹，保护装置动作使电梯停止关门，并使门重新开启，直到被夹现象消除后，电梯才再次自动关门。

无司机操纵的集选控制电梯在运行中逐一登记各楼层呼梯信号，对于符合运行方向的呼梯信号，逐一停靠应答。待全部顺向指令完成后，便自动换向应答反向呼梯信号。当无呼梯信号时，电梯在该站停留一段时间后自动关门停梯。

三、电梯的分类

电梯产品种类繁多，常从不同的角度进行分类。

1. 按电梯用途分类

常用电梯种类有乘客电梯、载货电梯、客货电梯、住宅电梯、病床电梯、杂物电梯及特种电梯(包括观光电梯、车辆电梯、消防电梯等)。

2. 按电梯运行速度分类

1） 低速电梯：$v \leqslant 1m/s$ 的电梯。

2） 快速电梯：$1m/s < v < 2m/s$ 的电梯。

3） 高速电梯：$v \geqslant 2m/s$ 的电梯。

3. 按曳引电动机的供电电源分类

1） 交流电梯：采用交流电源供电，又可分为采用交流异步双速电动机变极调速拖动的电梯，简称交流双速电梯；采用交流异步双绕组电动机调压调速拖动的电梯，简称 ACVV 拖动的电梯；采用交流异步单绕组电动机调频调压调速拖动的电梯，简称 VVVF 拖动的电梯。

2） 直流电梯：采用直流电源供电，可分为直流快速电梯和直流高速电梯。

4. 按电梯控制方式分类

1） 轿内手柄开关控制电梯：由电梯司机操纵轿厢内的手柄开关，实现电梯运行。

2） 按钮控制电梯：操纵厅门外或轿厢内的按钮使电梯运行。

3） 信号控制电梯：控制系统对各层厅门外的呼梯信号、轿厢内的选层信号及其他信号进行综合分析，司机按下起动按钮后，电梯自行运行和停靠。

4） 集选控制电梯：将各种信号加以综合分析，自动决定轿厢运行的无司机操纵电梯。乘客进入电梯后，只需按下所去的层楼按钮，电梯会自动将其送达预定楼层。电梯运行中对符合运行方向的信号，能自动应答。

5） 并联控制电梯：两台或三台集中排列的电梯，共用厅门外的召唤信号，按规定顺序自动调度，确定各梯的运行状态。

6） 群控电梯：多台电梯集中排列，共用呼梯信号，按规定程序集中调度和控制。

7） 智能控制群梯：由计算机根据客流情况，自动选择最佳运行方式控制梯群。

四、电梯的主要参数及型号表示

1. 电梯的主要参数

电梯的主要参数有：额定载重量、轿厢尺寸、轿厢形式、轿门形式、开门宽度、开门方向、曳引方式、控制方式、额定速度、停站层数、提升高度、顶层高度、井道高度、井道尺寸、底坑深度等。

2. 国产电梯型号的表示

1986 年我国颁布的 JJ 45—1986《电梯、液压梯产品型号编制方法》中，对电梯型号的编制方法做了规定，电梯产品的型号由类组型代号、主参数代号和控制方式代号三部分组成。1997 年又颁发了新的推荐性标准。

第一部分是类、组、型和改型代号，用具有代表意义的大写拼音字母表示产品的类、组、型，产品的改型代号按顺序用小写拼音字母表示，置于类、组、型代号的右下方。

第二部分是主参数代号，其左上方为电梯的额定载重量，右下方为额定速度，中间用斜线分开，均用阿拉伯数字表示。

第三部分是控制方式代号，用具有代表意义的大写拼音字母表示。

电梯产品型号表示如图 5-1 所示。

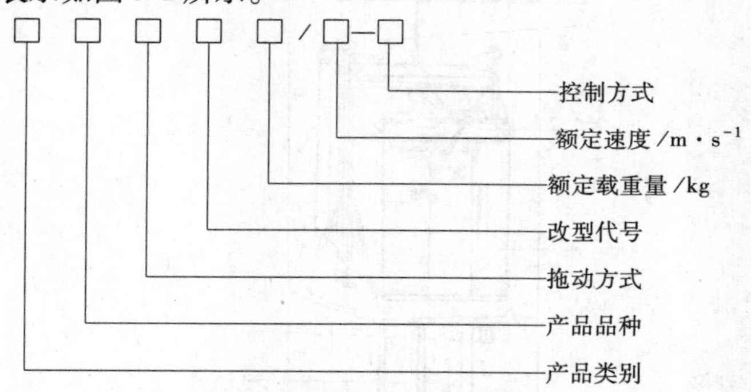

图 5-1　电梯产品型号表示

1）电梯产品类别代号为 T，表示电梯和液压梯。

2）品种代号分别为：

乘客电梯——K

载货电梯——H

客货两用梯——L

病床电梯——B

住宅电梯——Z

杂物电梯——W

船用电梯——C

观光电梯——G

汽车用电梯——Q

3）拖动方式代号为：

交流拖动——J

直流拖动——Z

液压拖动——Y

4）控制方式代号分别为：

手柄开关控制、自动门——SZ

手柄开关控制、手动门——SS

按钮控制、自动门——AZ

按钮控制、手动门——AS

信号控制——XH

集选控制——JX

并联控制——BL

梯群控制——QK

电梯产品型号示例：TKJ1000/2. 5—JX，表示交流调速乘客电梯，额定载重量为 1000kg，额定速度为 2. 5m/s，集选控制。

五、电梯的基本结构

电梯的基本结构包括机房、井道、厅门、轿厢等部分，如图 5-2 所示。

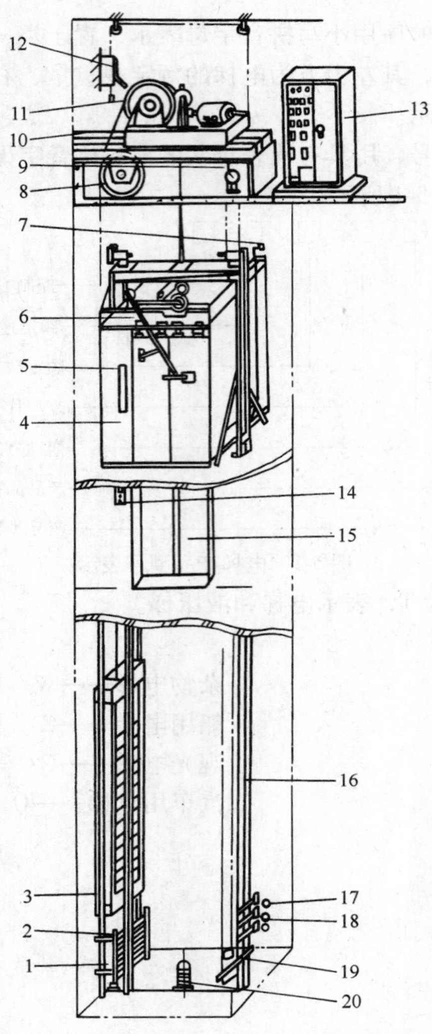

图 5-2 电梯基本结构示意图

1—对重导轨 2—防护栅栏 3—对重装置 4—轿厢 5—操纵箱 6—开关门机 7—换速平层传感器 8—导向轮 9—限速器 10—承重梁 11—曳引机 12—极限开关 13—控制柜 14—召唤按钮箱 15—厅门 16—轿厢导轨 17—限位开关 18—基站厅外开关门控制开关 19—限速器张紧装置 20—缓冲器

机房一般位于井道的最上端，是电梯的指挥控制中心。机房里装设的主要部件有：

1）曳引机：曳引机是电梯的动力设备。它包括曳引电动机、制动器、减速箱、曳引轮、导向轮。

2）限速器：当轿厢运行速度达到限定值时，能发出电信号并使安全装置动作。

3）系统控制柜和信号柜：各种电子元器件和电器元件安装在一个防护用的柜子内，按预定程序控制电梯运行的电控设备。

4）选层器：给轿厢定位的装置。

此外机房必须具有良好的通风条件和照明设备，以便于使用和维修。

井道是轿厢上下运行的空间，装有导轨、对重装置、缓冲器、限位开关、平层感应器或井道传感器、随行电缆和接线盒、平衡钢丝绳或平衡链等，也是对重运行的空间。

轿厢是电梯的主要部件，是装载乘客和货物的装置。轿厢上的主要部件有操纵箱、轿内指层装置、自动门机、轿门、安全触板、安全钳、导靴、轿顶安全窗、超载装置、照明、风扇等装置。

厅门是设置在各层站入口的门，它包括厅门、厅门门锁、楼层指示灯、厅外召唤按钮装置等。

第二节　电梯的机械系统

电梯作为典型的机电产品之一，是机械、电气紧密结合的大型复杂产品，在机电产品中非常具有代表性。它由机械、电气两大系统组成。电梯的机械系统主要由曳引系统、轿厢、对重系统、门系统、导向系统、机械安全系统等组成。

一、曳引系统

曳引系统由曳引机、曳引轮、导向轮、曳引钢丝绳及反绳轮等组成。

1. 曳引机

曳引机是电梯的主要拖动机械，其作用是产生并传送动力，驱动轿厢和对重上下运行。它分为无齿轮曳引机和有齿轮曳引机。

无齿轮曳引机一般以调速性能良好的直流电动机作为动力，由于没有机械减速机构，其传动效率高，噪声小，传动平稳，结构简单，用于速度大于 2m/s 的高速和超高速电梯上。

有齿轮曳引机多用于速度小于 2m/s 的各种电梯上，为减小运行噪声和提高平稳性，一般采用蜗杆副作减速传动装置。这种曳引机主要由曳引电动机、制动器及减速器等组成，其外形结构图如图 5-3 所示。

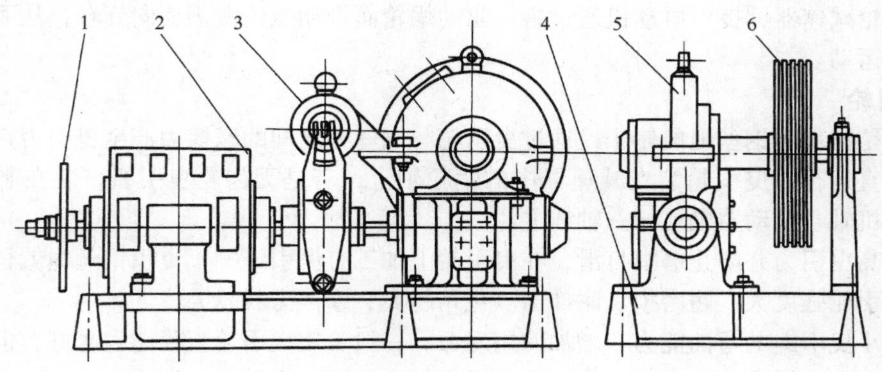

图 5-3　有齿轮曳引机外形结构图

1—惯性轮　2—曳引电动机　3—制动器　4—曳引机底盘　5—蜗杆副减速器　6—曳引轮

曳引电动机为电梯运行提供动力，其运行情况复杂，运行过程中需频繁地起动、制动、正反转，而且负载变化很大，经常工作在重复短时状态、电动状态、再生发电制动状态，因此要求曳引电动机不仅能适应频繁起、制动的要求，而且起动电流小，起动转矩大，机械特性硬，噪声小，当供电电压在额定电压±7%范围内变化时，电动机能正常起动和运行，所以电梯用曳引机是专用电动机。

曳引电动机的制动采用电磁制动器(闭式电磁制动器)，可提高电梯的可靠性和平层准确度。电磁制动器由直流抱闸线圈、闸瓦、闸瓦架、制动轮、抱闸弹簧等组成，如图5-4所示。

电磁制动器是电梯机械系统的主要安全设施之一，安装在电动机轴与蜗杆轴相连的制动轮处。在电动机通电时松闸，电梯可正常运行；而当电动机断电即电梯停止时抱闸制动。对电磁制动器的基本要求是：能产生足够大的制动转矩，而且制动转矩大小应与曳引机转向无关；制动时对曳引电动机的轴和减速器的蜗杆轴不应产生附加载荷；当制动器合闸和松闸时，除了保证动作快之外，还要求平稳而且能满足频繁起、制动；制动器的零件应具有足够的刚度和强度；制动带有较高的耐磨性和耐热性；结构简单、紧凑、易于调整，应有人工松闸装置，工作噪声小。

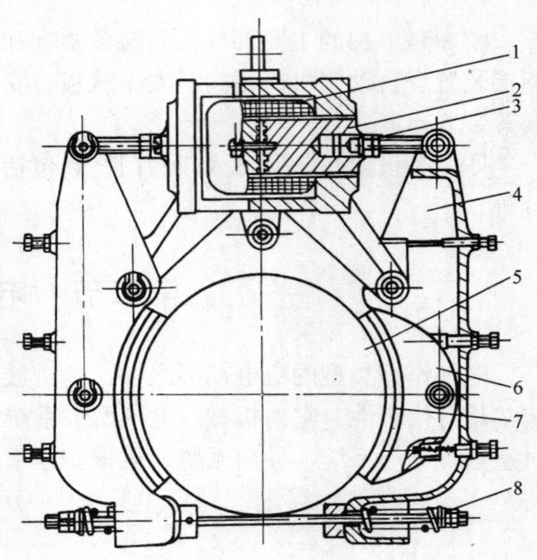

图5-4　电磁式直流制动器

1—直流抱闸线圈　2—铁心　3—调节螺母 4—闸瓦架　5—制动轮　6—闸瓦 7—闸皮　8—抱闸弹簧

电磁制动器的工作直接影响电梯的平层准确度和乘坐舒适感，因此可适当调整制动器在电梯起动时的松闸和平层停靠时的抱闸时间，以及制动转矩的大小等。为了减小制动器抱闸、松闸的时间和噪声，制动器线圈内两块铁心之间的间隙不宜过大。闸瓦与制动轮之间的间隙也是越小越好，一般以松闸后闸瓦不碰擦转动着的制动轮为宜。

减速器通常采用蜗轮、蜗杆减速器，由于蜗轮、蜗杆的安装位置不同，减速器可分为两种：一种是蜗杆位于蜗轮之上，称为上置式；另一种是蜗杆位于蜗轮之下，称为下置式。还有一种斜齿轮减速器，曳引电动机通过蜗杆驱动蜗轮而带动绳轮做正反向旋转，从而带动电梯轿厢上下运动。

2. 曳引轮

曳引轮是挂曳引钢丝绳的轮子，通过曳引轮与钢丝绳之间的摩擦力产生曳引力带动轿厢与对重做垂直运行。曳引轮装在减速器中的蜗轮轴上，若是无齿轮曳引机，装在制动器旁侧，与电动机轴、制动器轴在同一轴线上。

为了提高曳引力并防止磨损打滑，在曳引轮上加工有曳引绳槽，曳引钢丝绳就位于绳槽内。要求曳引轮强度大、耐磨损、耐冲击。包角越大，摩擦力就越大。

为了减小曳引绳的弯曲能力，增加使用寿命，一般希望曳引轮直径越大越好，但过大会使体积增大，减速器速比增大，因此应大小适宜，一般要求大于钢丝绳直径40倍。

3. 导向轮

导向轮安装在曳引机机架上或承重梁上，使轿厢与对重保持最佳相对位置，以避免两者在运动中发生相互碰撞。

4. 曳引钢丝绳

曳引钢丝绳是连接轿厢和对重装置的部件，承载着轿厢、对重装置、额定载重量等重量的总和。曳引钢丝绳一般是圆形股状结构，主要由钢丝、绳股和绳芯组成。由于曳引钢丝绳在工作中反复受力弯曲，且在绳槽中承受很高的比压，并频繁地承受电梯起动、制动的冲

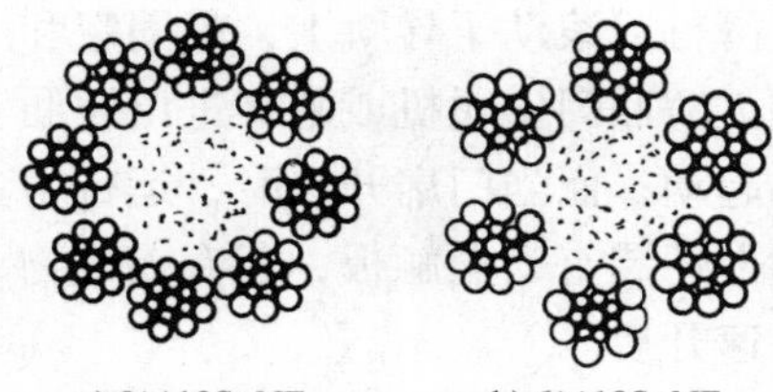
a) 8×19S+NF　　b) 6×19S+NF

图 5-5　钢丝绳截面示意图

击，所以在强度、挠性及耐磨性方面要求较高。为确保人身和电梯设备的安全，各类电梯的曳引钢丝绳采用 GB 8903—2005《电梯用钢丝绳》标准，分为 8×19S+NF 和 6×19S+NF 两种，其中 S 表示西鲁式钢丝绳，NF 表示天然纤维丝，其截面示意图如图 5-5 所示。6×19S+NF 表示钢丝绳为 6 股，每股 19 芯，西鲁钢丝绳，中间为天然纤维芯。8×19S+NF 结构与此类同。

每台电梯所用曳引钢丝绳的数量和绳的直径，与电梯的额定载重量、运行速度、井道高度及曳引方式有关。各类电梯采用的曳引钢丝绳根数以及安全因数见表 5-1。

表 5-1　曳引钢丝绳根数与安全因数

电梯类型	曳引绳根数	安全因数	电梯类型	曳引绳根数	安全因数
客梯、货梯、医用梯	≥4	≥12	杂物梯	≥2	≥10

悬挂电梯轿厢的钢丝绳除杂物梯外，一般不少于 4 根，其安全因数均不小于 12。因此若干根钢丝绳同时断开，造成轿厢坠落下去的事故一般是不会发生的。但是由于电梯安装人员制作绳头时没有严格按有关标准和规范施工，则会发生个别曳引绳与锥套脱离的情况。而由于使用不当和机电系统故障，如超载或某些机件损坏，造成轿厢的运行速度超过额定值，则有可能发生蹲底事故。

5. 反绳轮

反绳轮是指设置在轿厢顶和对重顶上的动滑轮及设置在机房的定滑轮。曳引钢丝绳绕过反绳轮可构成不同曳引比的传动方式。常见的传动方式有半绕 1∶1 传动、半绕 2∶1 传动、全绕 1∶1 传动，如图 5-6 所示。

二、轿厢

轿厢是乘客或货物的载体，是电梯的主要设备之一。它在曳引钢丝绳的牵引作用下，沿敷设在电梯井道中的导轨，做垂直的快速、平稳运行。图 5-7 为轿厢结构示意图。

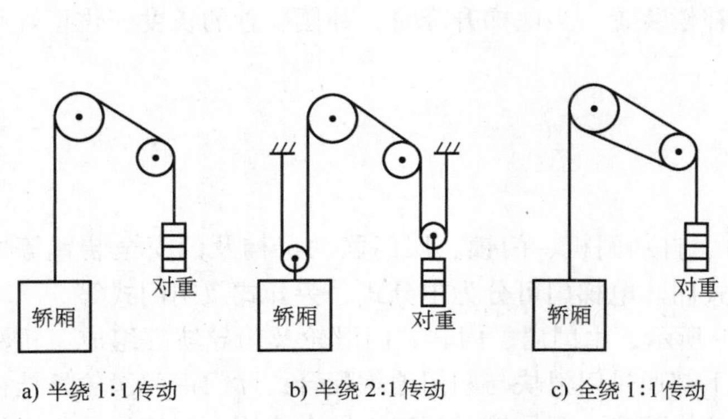

图 5-6　电梯的传动方式

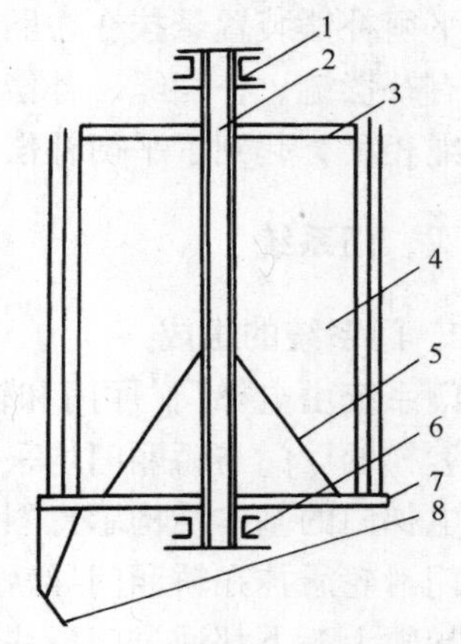

图 5-7　轿厢结构示意图

1—上梁　2—轿厢架　3—厢顶　4—厢壁　5—拉条　6—下梁　7—厢底　8—护脚板

轿厢由轿厢架及轿厢体组成。轿厢架上、下装有导靴，滑行或滚动于导轨上，是固定和悬挂轿厢的框架。轿厢体由厢顶、厢壁、厢底及轿厢门组成。轿厢门供司机或乘客进出轿厢使用，门上装有联锁触点，只有当门扇密闭时，才允许电梯起动；而当门扇开启时，运行中的轿厢便立即停止，起到了电梯运行中的安全保护作用。门上还装有安全触板，若有人或物品碰到安全触板，依靠联锁触点作用门便自动停止关闭并迅速开启。

高层建筑的客梯对轿厢的要求较为严格，轿厢大多设计成活络轿厢，厢顶、厢底与轿厢架之间不用螺栓固定，在轿厢顶上通过四个滚轮限制轿厢在水平方向上做前后和左右摆动。在厢底和各构件连接处设置有弹性橡胶，使轿厢能随载荷变化而上下移动，可减少运行中的噪声和振动。在轿厢底还装设有机械和电气的检测装置，用来检测电梯的载荷情况，并把载荷情况送到控制系统，可避免电梯在超载情况下运行，减少事故的发生。

三、对重系统

对重系统也称重量平衡系统，位于井道内，通过曳引绳经曳引轮与轿厢连接，包括对重及平衡补偿装置。

在电梯运行过程中，对重在对重导轨上滑行，起平衡轿厢自重及载重的作用，从而大大减轻曳引电动机的负担。平衡补偿装置则是为电梯在整个运行中平衡变化而设置的补偿装置。对重产生的平衡作用在电梯升降过程中是不断变化的，这主要是由电梯运行过程中曳引钢丝绳在对重侧和在轿厢侧的长度不断变化造成的。为使轿厢侧与对重侧在电梯运行过程中始终保持相对平衡，就必须在轿厢和对重下面悬挂平衡补偿装置，如图5-8所示。

对重装置包括对重架和对重铁两部分。对重架用槽钢或用3~5mm钢板折压成槽钢形式后和钢板焊接而成。电梯的额定载重量不同，对重架所用的型钢和钢板的规格也不同。

对重铁用铸铁做成，一般有50kg、75kg、100kg、125kg等几种。对重铁块放入对重架后，需用压板压紧，以防止在电梯运行过程中因窜动而产生噪声。为了使对重装置能起到最佳的平衡作用，必须正确计算对重装置的总重量。对重装置过轻或过重，都会给电梯的调试工作带来困难，影响电梯的整机性能和使用效果，甚至造成冲顶或蹲底事故。

平衡补偿装置悬挂在轿厢和对重下面，就是为平衡钢丝绳和电缆的自重而设置的。电梯一般有补偿链、补偿绳、补偿缆三种补偿装置。当电梯升降时，补偿装置的长度变化正好和曳引绳相反，起到了平衡补偿作用。

四、门系统

1. 门系统的组成

门系统由电梯门(厅门和轿厢门)、自动门机、门锁、层门联动机构及门安全装置等构成。客梯的厅门与轿厢门均采用封闭式门。电梯门可分为中分式、旁开式及闸门式等。

电梯门的基本结构示意图如图5-9所示，由门扇、门套、门滑轮及门导轨等组成。轿厢门由门滑轮悬挂在轿厢门导轨架上，下部通过门滑块与厢门地坎配合；厅门由门滑轮悬挂在厅门导轨上，下部通过门滑块与厅门地坎配合；门导轨对门扇起导向作用，门地坎是进出的踏板，并在开关门时起导向作用；门滑块在每个门扇上装有两只，它的一部分插入轿门地坎的小槽内，使门在开关过程中，只能在预定的垂直面上运行。

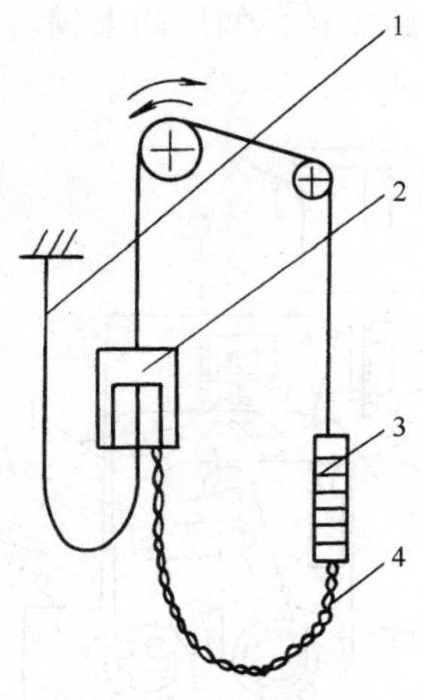

图 5-8 对重系统的构成

1—电缆 2—轿厢

3—对重装置

4—平衡补偿装置

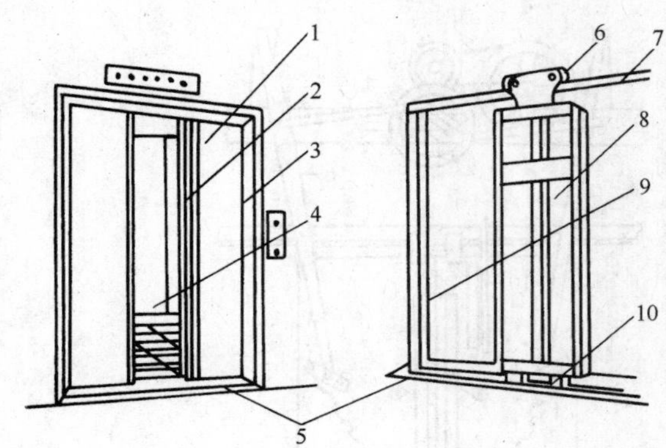

图 5-9 电梯门的基本结构示意图

1—厅门 2—轿厢门 3—门套 4—轿厢 5—门地坎

6—门滑轮 7—厅门导轨架 8—门扇

9—厅门门框立柱 10—门滑块

2. 自动开关门机构

电梯门的开启与关闭是由安装在轿厢顶上的自动门机构带动实现的。自动门机构多为小功率的直流电动机带动的具有快速、平稳开关门特性的机构。厅门是被动门，由轿厢门带动，厅门门扇之间的联动需要专门的联动机构来完成。

下面以两扇中分式门为例，说明自动开关门工作过程，如图 5-10 所示。

自动门机构中的开关门电动机依靠 V 带，形成两级变速传动，其中驱动轮是二级传动轮。若驱动轮逆时针转动 180°，左右开门杠杆同时推动左、右门扇，完成一次开门过程；当驱动轮顺时针转动 180°时，左右开门杠杆使左右门扇同时合拢，完成一次关门行程。电梯门开、关时的速度调整可通过对驱动电动机速度的控制来实现，以达到满意的开关门效果。

由于轿厢门常处在开关的运动过程中，所以在客梯和医用梯的厢门后常做消声处理，以减少开关门过程中由于振动所引起的噪声。

3. 自动门锁

门锁也是电梯门系统中的重要安全部件。一般位于厅门的内侧，在门关闭后，将门锁紧，防止从厅门外将门扒开出现危险，保证只有在厅门、轿厢门完全关闭后，才能接通电梯机电联锁电路起动运行，从而保证电梯的安全。

自动门锁有多种形式，可分为固定式门刀自动门锁和压板式门锁。前者与装在轿厢门上的门刀配合使用，如图 5-11 所示。

安装在轿厢门上的门刀，在电梯平层时插入门锁的两个橡胶滚轮中间。当轿厢门开启时使门刀向右移动，推动锁臂间的滚轮，锁臂在推动力作用下，克服顶杆压簧的作用力，逆时针转动脱离锁钩。同时摆臂在连杆的带动下也逆时针转动，使滚轮迅速接近门刀。当两个滚轮将门刀夹住时，锁臂停止回转，厅门随着门刀一起右移，直到门开足为止。此时撑杆在自重的作用下将锁钩撑住，保证了电梯关门。当厢门闭合时，门刀向左运动。门刀对摆臂滚轮的推动力，使摆臂顺时针回转，但由于锁臂被撑杆顶住，不能转动，而将其力传给厅门，使厅门闭合。当门接近关闭时，撑杆在限位螺钉的作用下与锁钩脱离接触，使厅门上锁。且厅门锁住后压合微动开关，接通控制电路，电梯才能继续运行。

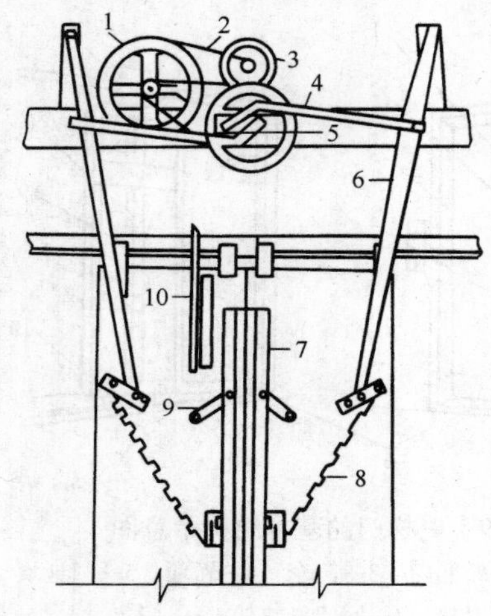

图 5-10 两扇中分式开关门机构简图

1—二级传动轮 2—V 带 3—开、关门电动机 4—连杆 5—驱动轮 6—开门杠杆 7—安全触板 8—触板拉链 9—触板活动轴 10—开门刀

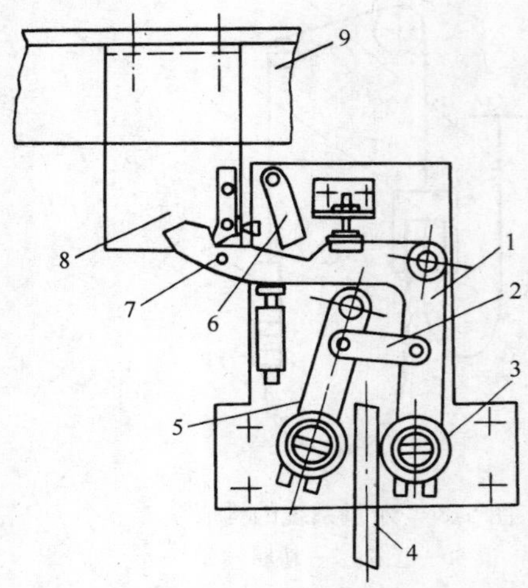

图 5-11 固定式门刀自动门锁

1—锁臂 2—连杆 3—滚轮 4—门刀 5—摆臂 6—撑杆 7—锁钩 8—门锁开关位置 9—层门门框

压板式自动门锁的压板安装在轿厢门上，压板机构由动压板和定压板构成，动压板由门连杆操纵。动压板连杆的转动轴上装有扭转弹簧，使动压板只有在受到推压时，才靠向定压板。压板机构简图如图 5-12 所示。压板机构与门刀的不同之处在于，门刀是从两个滚轮中间操纵门锁，而压板机构则由动、定压板从两个滚轮外侧靠压滚轮。压板式门锁不需撞击力，靠机构的运动位置解脱和锁合，来完成厅门与轿厢门的同步开、闭过程，因而开关门过程平稳且噪声小。

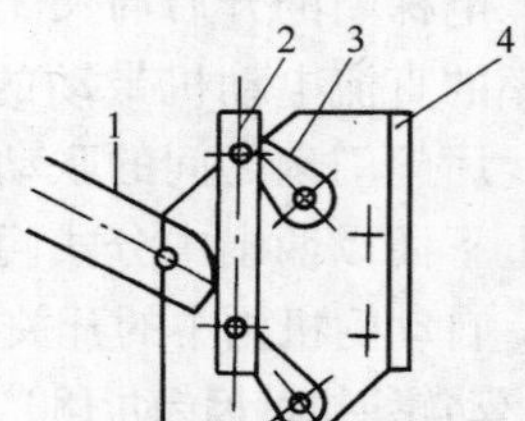

图 5-12 压板机构简图

1—门连杆 2—动压板 3—动压板连杆 4—定压板

五、导向系统

导向系统包括轿厢导向系统和对重导向系统，它们均由导轨架、导轨及导靴等组成，如图 5-13 所示。

1. 导轨

导轨是电梯导向系统的重要部件，它限定了轿厢与对重在井道中的相互位置，确保轿厢和对重在预定位置做上下垂直运行，不会偏摆。

每台电梯用于轿厢和对重的导轨共两组至少有 4 根。常用的导轨有 T 形导轨和空心导轨两种。导轨是由多根 3m 或 5m 长的短导轨经接道板连接而成的，起始段一般在地坑中的支承板上。导轨加工生产和安装质量的好坏，直接影响电梯的运行效果，因此每根导轨都要经过细加工。

2. 导轨架

导轨架是导轨的支撑部件，它被固定在井道壁上，每根导轨上至少应设两个导轨架，各导轨架之间的距离应不大于 2. 5m。导轨架常用厚为 12~20mm、宽为 75~80mm 的扁钢，或用L75×75×(6~8)mm 的角钢制成。

导轨架在井道壁上的固定方式有埋入式、焊接式、预埋螺栓或胀管螺栓固定式、对穿螺栓固定式共 4 种，近年来，采用胀管螺栓稳固导轨架的方法较多。导轨架的形式与轿厢和对重装置在井道内的平面布置形式、曳引方式有关。

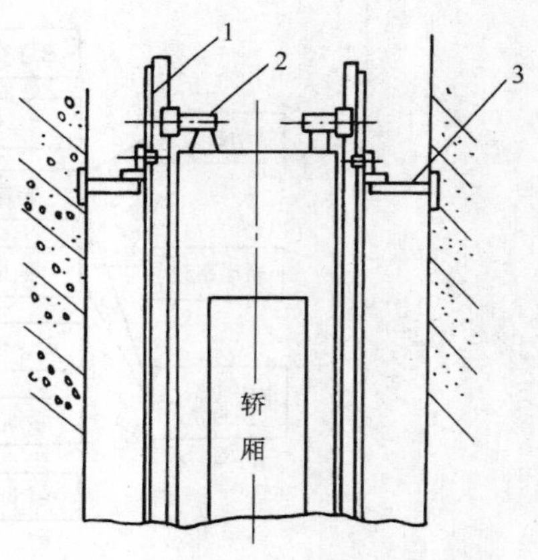

图 5-13　导向系统结构简图
1—导轨　2—导靴　3—导轨架

3. 导靴

导靴被安装在轿厢和对重架两侧，是使轿厢和对重沿导轨垂直运行的装置。为了防止轿厢在曳引钢丝绳上的扭转和在不对称负荷下的偏斜，同时为了使电梯的轿门地坎、厅门地坎、井道壁之间及操纵系统的各部分之间保持恒定的位置关系，在轿厢轿架的四个角上，设置四只可沿导轨滑动或滚动的导靴。两只上导靴固定在轿厢上梁上，两只下导靴固定在安全钳钳座上。对重导靴安装在对重架的上部和底部，也是四个。

电梯中常用的导靴有滑动导靴和滚轮导靴两种，滑动导靴又分刚性滑动导靴和弹性滑动导靴。刚性滑动导靴结构简单，弹性滑动导靴有尼龙靴衬，运行中较刚性导靴性能好且噪声小。导靴的靴衬(或滚轮)与导轨工作面配合，使轿厢与对重沿着导轨做上下运行。由于滑动导靴在电梯运行过程中，靴衬与导轨之间总有摩擦力存在，这不但增加了曳引电动机的负荷，而且是轿厢运行时引起振动和噪声的原因之一，因此为减小摩擦力，在高速电梯中常用滚轮导靴代替滑动导靴。

第三节　安全保护装置

电梯在运行过程中，安全是首要问题。电梯可能发生的事故隐患和故障有轿厢的失控、超速运行、终端越位、冲顶或蹲底、不安全运行、非正常停止、关门障碍等。为确保运行中的安全，各类电梯都设有完善的安全保护系统，包括机械和电气安全装置，一些机械安全装置往往需要电气方面的配合和联锁装置才能完成其动作和可靠效果，两部分安全保护装置都是必不可少的。电梯的安全保护系统除前面介绍过的制动器、厅门和轿厢门门锁、安全触板外，还有限速器、安全钳、缓冲器、终端保护、轿厢超速保护、轿顶安全栅栏、安全窗、供电系统保护及报警装置等。图 5-14 为电梯安全保护系统主要动作示意图。

在电梯的安全保护系统中提供最后安全保障的是限速器、安全钳和缓冲器。当电梯运行中无论何种原因使轿厢发生超速运行，甚至坠落的危险状况，而其他安全保护装置均未起作用的情况下，可依靠限速器、安全钳和缓冲器的作用使轿厢停住而不使乘客和设备受到危害。

一、机械限速装置

机械限速装置是防止轿厢或对重超速或失控时意外坠落的安全设施之一，由限速器与安全钳组成。限速器安装在电梯机房楼板上，在曳引机的一侧，安全钳则安装在轿厢架上底梁两端。每根导轨均应对应一组安全装置，因而轿厢或对重均有两组安全钳，对应地安装在与两根导轨接触的轿厢外或对重两侧下方处，只有在轿厢或对重下行方向时才起保护作用。

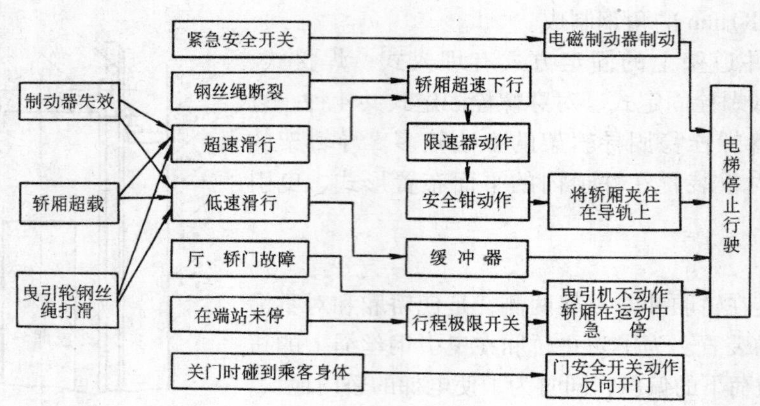

图 5-14　电梯安全保护系统主要动作示意图

限速器的作用是反映并控制轿厢(对重)的实际运行速度，当速度达到限定值(一般为额定速度的 115%以上)时能发出信号并产生机械动作，切断控制电路或迫使安全钳动作。限速器部分由限速器、钢丝绳、张紧装置组成。限速器一般安装在机房内，张紧装置位于井道底坑，用压导板固定在导轨上，限速器与张紧装置之间用钢丝绳连接起来，钢丝绳两端分别绕过限速器和张紧装置的绳轮，固定在轿架上梁安全钳的绳头拉手上，如图 5-15 所示。

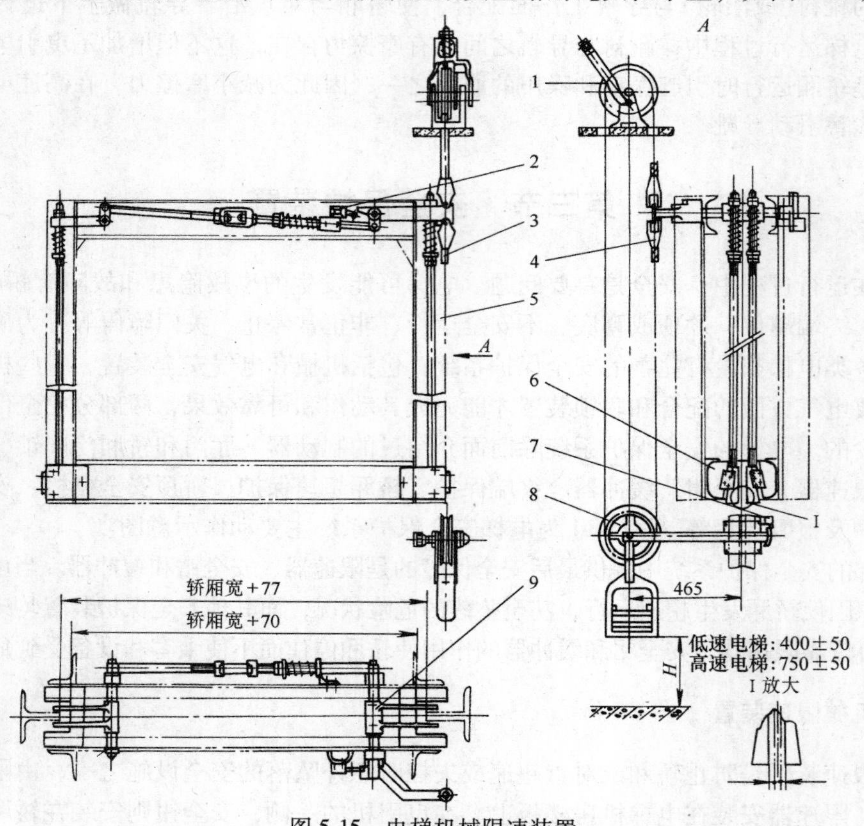

图 5-15　电梯机械限速装置

1—限速器　2—安全钳开关　3—钢丝绳　4—钢丝绳锥套　5—拉杆
6—安全嘴　7—限速器断绳开关　8—张紧装置　9—安全钳的传动机构

限速器按结构形式分有刚性和弹性甩锤式限速器及甩球式限速器三种类型，其结构形式如图 5-16所示。甩锤式限速器多用在速度小于 1.0m/s 的低速电梯上，甩球式限速器反应灵敏，一般设有超速开关，多用于速度大于 1.0m/s 的快速或高速电梯。

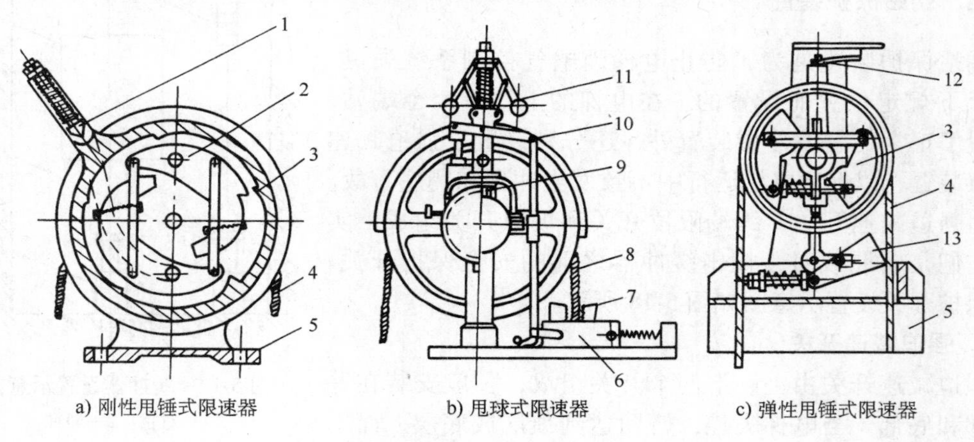

图 5-16　限速器

1—压绳舌　2—甩锤　3—锤罩　4、8—钢丝绳　5、6—座　7—卡爪　9—伞形齿轮　10—连杆　11—甩球　12—电开关　13—夹绳钳

电梯运行时，轿厢通过钢丝绳驱动限速器绳轮运动，当超速下降时，限速器甩锤或甩球的离心力增大，通过拉杆和弹簧装置卡住绳轮，限制了钢丝绳的移动。但由于惯性作用轿厢仍会向下移动，相当于钢丝绳把安全钳的绳头拉手提起来，一方面通过安全钳的传动装置、拉条再把轿厢两侧的安全钳提起，卡住导轨，将轿厢强行制停在导轨上；另一方面还碰打着安全钳的急停开关，切断电梯的交、直流控制电源，使曳引电动机和制动器电磁线圈失电，制动器闸瓦抱住制动轮，电动机立即停止运转。

安全钳与限速器配套使用，是电梯轿厢紧急制停的一种安全装置。与限速器配套使用的安全钳有瞬时动作安全钳和滑移动作安全钳两种类型。瞬时动作安全钳从限速器卡住钢丝绳，到安全钳的楔块卡住导轨，轿厢移动的距离很短，一般只有几厘米到十几厘米，因而能造成很大的冲击，也很容易造成导轨的卡痕，所以只用在低速电梯上。滑移动作安全钳装有弹性元件，能使制动限制在一定的范围内，并使轿厢在制停时有一段滑行距离，从而避免了因轿厢急停而引起的强烈振动。

二、缓冲器

缓冲器是电梯安全保护的最后一道装置，设在电梯井道的底坑内，位于轿厢和对重的正下方。在电梯运行时，由于某种事故原因当其他安全保护措施都无效，发生超越终端极限位置时，将由缓冲器起缓冲作用，以避免轿厢与对重直接冲顶或蹲底，保护乘客和设备的安全，如图 5-17 所示。

缓冲器一般安装三个，在轿厢下方，对应轿架下梁缓冲板有两个缓冲器称轿厢缓冲器；在对重架下方，对应对重架缓冲板有一个缓冲器称对重缓冲器。

缓冲器有弹簧缓冲器和油压缓冲器。弹簧缓冲器受到冲击时，依靠弹簧的变形来吸收轿厢或对重的动能，多用于运行速度在 1.0m/s 以下的低速电梯上。油压缓冲器是以油作为缓冲介质来吸收轿厢或对重动能的缓冲器，它的结构比弹簧缓冲器复杂，多用于速度在1.0m/s 以上的快速和高速电梯上。

三、端站保护装置

端站保护装置是为了防止电梯因电气控制系统失灵，超越上下规定位置而设置的。在电梯的上、下两个端站，除设置了正常的触发停层装置外，还分别设置了强迫减速和停层装置，以保证电梯运行中不致发生冲顶和蹲底事故。一般由强迫减速开关、终端限位开关和极限开关组成，实际上它们是轿厢或对重撞击缓冲器之前的安全保护开关。终端保护开关设置示意图如图 5-18 所示。

1. 强迫减速开关

强迫减速开关由上、下两个开关组成，一般安装在井道顶部和底部。当电梯失控，轿厢达到顶层或底层，而不能减速停车时，装在轿厢上的碰板接触强迫减速开关的碰轮，使其触点动作发出指令信号，迫使轿厢减速停止。强迫减速开关是电梯失控有可能造成冲顶或蹲底时的第一道防线。

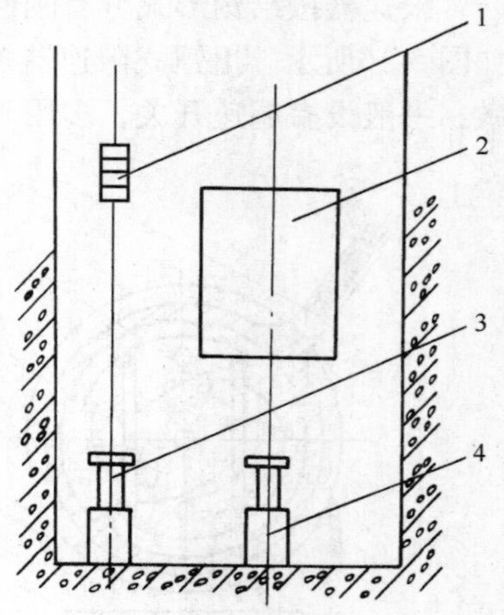

图 5-17　缓冲器设置示意图

1—对重　2—轿厢

3—对重缓冲器　4—轿厢缓冲器

2. 终端限位开关

终端限位开关也是由上、下两个开关组成的，是电梯失控后的第二道防线。当强迫减速开关未能使电梯减速停止，轿厢越出顶层或底层位置后，上限位开关或下限位开关动作，迫使电梯停止。但电梯停后，仍能应答层楼召唤信号，向相反方向继续运行。

3. 终端极限开关

终端极限开关在强迫减速开关和限位开关都失去作用，或上(下)行接触器失电后仍不能释放时切断控制电路，迫使电梯轿厢停止运动，是防止电梯冲顶或蹲底的最后一道防线。它由极限开关上下碰轮、铁壳开关和传动钢丝绳组成，钢丝绳的一端绕在装于机房内的特制铁壳开关闸柄驱动轮上，另一端与上、下碰轮架相接。当轿厢失控后，轿厢地坎超越上下端站 20mm 时，在轿厢或对重接触缓冲器之前终端极限开关动作，且只有人工操作才能复位。终端限位保护装置动作后，应由专职的维修人员检查，排除故障后，才能投入运行。

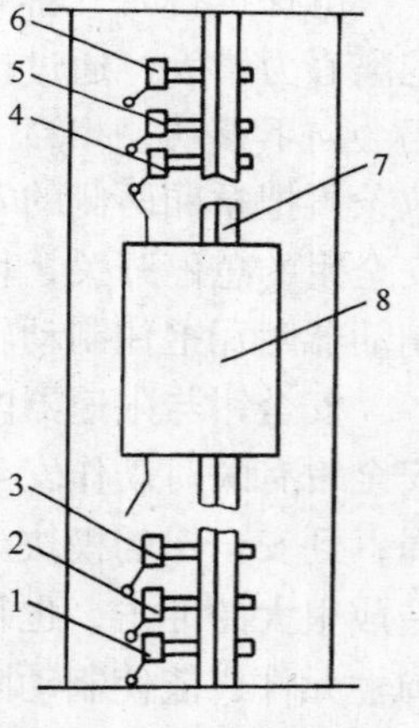

图 5-18　终端保护开关设置示意图

1—下终端极限开关

2—下限位开关

3—下强迫减速开关

4—上强迫减速开关

5—上限位开关

6—上终端极限开关

7—导轨　8—轿厢

四、其他安全保护装置

(1) 门锁安全装置　电梯必须在各层的厅门和轿厢门关闭好后方可运行，正常情况下，只要电梯轿厢运行没到位，轿厢门和各层的厅门都关闭着，只有到达某层站后，该层的门才能开启。

(2) 近门保护　当轿厢出入口有乘客出入或障碍物时，通过电子元件或其他元件发出信号，使门停止关闭或关闭过程中立即返回再次开启，防止电梯夹人、夹物。近门保护装置有安全触板装置、光电式保护装置、电磁感应式装置和超声波监控装置等。

(3) 轿厢超载保护装置　当电梯所载乘客或货物超过电梯的额定载重量时，就可能造成超载失控，引起电梯超速降落。压磁式或杠杆式称重装置，可用作电梯超载保护，当轿厢超过额定负载时，能发出警告信号并使轿厢不能起动运行，避免发生事故。

(4) 安全窗　安全窗是设在电梯顶部的一个向外开的窗口。安全窗打开时，使限位开关的常开触点断开，切断控制电源，此时电梯不能运行。当轿厢因故障停在两层楼中间时，司机可通过安全窗从轿顶以安全措施找到层门。

(5) 轿厢护脚板　当轿厢不平层，停止位置高于层站地面时，会使轿厢与层门地坎间产生间隙，这个间隙可能会使乘客的脚踏入井道，发生人身伤害。为此，国家标准规定，每一轿厢地坎上均需装设护脚板，其宽度是层站入口处的整个净宽，用2mm厚铁板制成，装于轿厢地坎下侧且用扁铁支撑，以加强机械强度。

(6) 制动器扳手与盘车手轮　在电梯运行中遇到突然停电造成电梯停止运行时，若没有停电自投运行设备，且轿厢又停在两层门之间，乘客无法走出轿厢。这时需要由维修人员到机房用制动器扳手和盘车手轮人为地操纵轿厢就近停靠，以便疏导乘客。制动器扳手的样式因抱闸装置的不同而不同，作用都是使制动器的抱闸松开。盘车手轮是用来转动电动机主轴的轮状工具。操作时应首先切断电源，由两人配合完成，以免因制动器抱闸松开而未能把住手轮致使电梯因对重的重量造成轿厢快速行驶。应一人打开抱闸，一人慢慢转动手轮使轿厢移动至接近平层位置时即可。

(7) 供电系统相序和断(缺)相保护　当电梯的供电系统因某种原因而造成三相动力线的相序改变，就会使电梯原定运行方向改变，这样就会给电梯运行带来极大的危害。另外当曳引电动机在电源断相的情况下不正常运转会导致电动机烧损。为防止这些情况出现，在电梯控制系统中设置了相序继电器，当线路错相或断相时，该继电器切断控制电路，使电梯不能运行。

(8)短路、过载保护　电梯的控制系统中也同其他电气设备一样，用不同容量的熔断器进行短路保护，用热继电器对曳引电动机进行过载保护。也可用埋藏在电动机(或主变压器)绕组中的热敏电阻(或热敏开关)进行保护，还可选用合适的带有失电压、短路、过载等保护作用的断路器作为电梯电源的主控制开关，在这些故障情况下能迅速切断电梯总电源。

(9)接地保护　电梯所有电气设备金属外壳均应做保护接地，防止电梯操纵控制过程中触电事故的发生。

(10)急停开关　它也称安全开关，是串接在电梯控制线路中的一种不能自动复位的手动开关，当遇到紧急情况或在轿顶、底坑、机房等处检修电梯时，为防止电梯的起动、运行，将开关关闭，切断控制电源以保证安全。急停开关分别设在轿厢操纵箱上(有的电梯没有)、轿顶操纵盒上、底坑内和机房控制柜壁上，有明显的标志。

(11)可切断电源的主开关　每台电梯在机房内都装设有一个能切断电梯电源的主开关，具有切断电梯正常运行的最大电流的能力。主开关切断电源时不包括轿厢内、轿顶、机房和井道的照明、通风以及必须设置的电源插座等的电源。

(12)紧急报警开关　当轿厢因故障被迫停止时，为使司机与乘客在需要时能有效地向外界求援，在电梯轿厢内装有乘客易于识别和触及的报警装置，以通知维修人员或有关人员采取相应的措施。报警装置可采用警铃(蓄电池供电)、对讲系统、外部电话等。

第四节　电梯的电气控制系统

电梯的电气控制系统可以实时地接受不同的外部信号（来自轿厢、厅站、井道、机房等不同位置和性质的各种外部信号），并能自动地经逻辑判断进行综合处理，对电梯的运行实现操纵和控制，从而完成各种功能，保证电梯安全运行。所以电梯的电气控制系统又称为逻辑控制系统，其控制线路是否合理、完善决定着电梯的性能、自动化程度和运行可靠性。不同控制方式的电梯都具备基本的逻辑控制功能，一般有如下基本功能：

（1）轿厢内指令功能　由司机或乘客在轿厢内控制电梯的运行方向和达到任一层站。

（2）厅外召唤功能　由使用人员在厅外召唤电梯前往该层执行运送任务。

（3）减速平层功能　电梯到达目的层站前的某一位置时，能自动地使电梯开始减速，当到达目的层站平面时，使电梯停止。

（4）选层定向功能　当电梯接受若干个轿内、厅外指令时，能根据电梯目前的状态选择最合理的运行方向及停靠层站。

（5）指示功能　能在各层厅站及轿厢内指示电梯当前所处的位置，能在某按钮信号被按下时，进行记忆指示，在被响应后消去其记忆。

（6）保护功能　当电梯出现异常情况如超速、越限、运行中开门、过载等现象时，控制电梯停车。

（7）检修功能　有检修开关、检修主令元件，便于检修人员在机房、轿顶或轿内控制电梯以检修方式运行。

传统的电梯电气控制采用继电器控制系统，结构简单，早期应用较为广泛。但是继电器线路存在故障率高、体积大、能耗大及维修保养工作量大等缺点。因此随着科技的发展，继电器控制逐渐被以可编程序控制器或微机为核心的控制系统所取代。但继电器控制系统原理直观、分析方便、易于理解掌握，所以本节以五层站交流双速集选控制电梯为例，分析交流电梯的电气控制。其电气控制系统按电路功能可分为自动开关门控制、轿厢内指令与厅外召唤控制、自动定向和选层控制、起动加速和减速平层控制等。这些电路不仅具有独立性，且又相互制约、相互协调，共同完成电梯运行的自动控制。

一、自动开关门控制

电梯的轿厢门和厅门在开关门电动机带动下同步启闭，自动门电动机可采用小功率直流电动机或小型交流电动机，前者较常用，因为直流电动机调速容易，低速时发热较少，驱动系统传动机构简单。图 5-19 为自动开关门控制电路，通过改变并励直流电动机 M 的电枢电压极性来实现电动机正、反转，再经传动机构带动轿门和厅门同时打开或关闭。通过改变电动机电枢绕组并联的电阻阻值，实现电动机的调速，达到调节开关门速度的目的。

图中，M 为开关门电动机；KA_2、KA_3 为开、关门继电器，KA_4、KA_5 为开、关门起动继电器，SB_4、SB_5 为轿厢内开、关门按钮，SQ_{19}为开门行程开关，SQ_{20}、SQ_{21}为关门第一、第二行程开关，SQ_{22}、SQ_{23}为安全触板微动开关，SQ_{24}、SQ_{25}为开、关门限位开关，R_1 为开门时并联在电动机电枢两端的电阻，R_2 为关门时并联在电枢两端的电阻。

（1）自动开门控制　电梯的自动开门命令来自平层信号，只有当电梯完全平层时才能

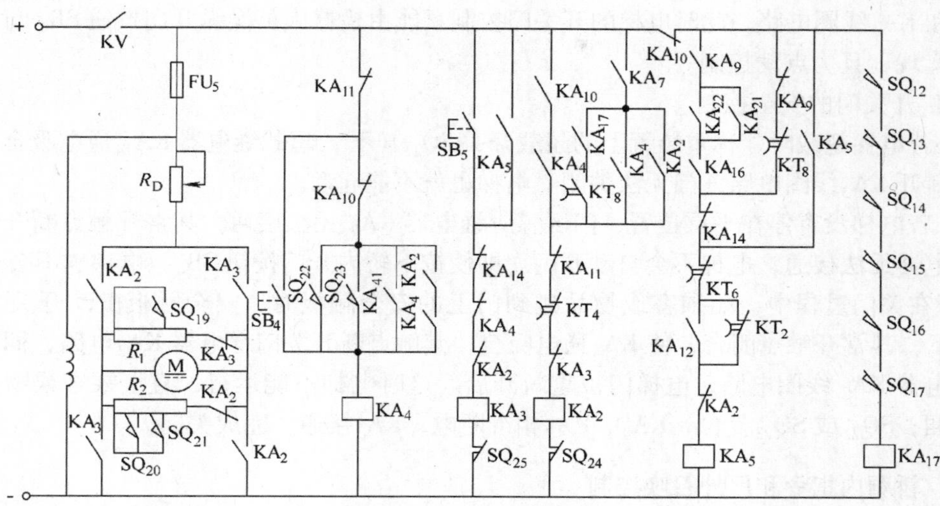

图 5-19　自动开关门控制电路

自动开门。当电梯到达平层位置，门区继电器 KA_7 通电吸合，平层结束时，运行继电器 KA_{11} 断电复位，此时通过 KA_7 常开触点闭合→门锁继电器 KA_{17} 常开触点闭合→停层时间继电器 KT_8 断电延时常开触点闭合→KA_{11} 常闭触点闭合→KT_4 通电延时常闭触点闭合→KA_3 常闭触点闭合→SQ_{24} 常闭触点闭合→KA_2 通电吸合并自锁→门电动机正转，门自动开启。

开门时电阻 R_1 并接在电枢两端，当门开至行程的$\frac{2}{3}$时，压下行程开关 SQ_{19}，短接大部分电阻，电枢电压下降，开门速度减慢。当门开到位时，压下开门限位开关 SQ_{24}，切断 KA_2 的线圈电路，KA_2 常开触点断开，电动机断电，同时在惯性作用下进行能耗制动，开门控制完成。

（2）自动关门控制　电梯处在自动控制状态时，司机操作继电器 KA_9 断电释放，电梯在停靠层经开门延时后，停层时间继电器 KT_8 断电释放，经 KA_9 常闭触点闭合→KT_8 常闭触点闭合→过载继电器 KA_{14} 常闭触点闭合→停站继电器 KT_6 触点闭合→曳引机慢速第一延时时间继电器 KT_2 触点闭合→KA_2 常闭触点闭合→关门起动继电器 KA_5 通电吸合，其常开触点闭合→关门继电器 KA_2 通电吸合→门电动机反转，门自动关闭。

关门时电阻 R_2 并接在电枢两端，当门关至门宽的$\frac{2}{3}$时，压下行程开关 SQ_{20}，使 R_2 电阻被短接一部分，这时流经该电阻的电流增大，则总电流增大，使限流电阻 R_D 上的电压降增大，导致电枢端电压下降，此时电动机的转速随电压的降低而降低，关门速度自动减慢。当门关至尚有 100~150mm 的距离时，行程开关 SQ_{21} 动作，短接了 R_2 的大部分电阻，使分流增加，R_D 上的电压降更大，M 的端电压更低，电动机转速更低，关门速度进一步变慢，直至轻轻完全关闭为止，可减小关门的撞击。门闭合后，压下关门限位开关 SQ_{25}，切断了 KA_3 线圈电路，电动机断电并进行能耗制动，关门控制完成。

由于直流开关门电动机在开关门后，进行能耗制动，可以使电动机很快停车，所以在直流开关门系统中无需机械制动来迫使电动机停转。

（3）检修时的开关门控制　当电梯检修时，检修继电器 KA_{10} 通电吸合，其常闭触点断

开 KA_5 和 KA_4 线圈电路。此时电梯的开关门控制只能由检修人员操纵开门按钮 SB_4 与关门按钮 SB_5 实现，且为点动控制。

（4）开关门的安全控制

1）若电梯超载时，称重装置上的超载开关 SQ_{11} 压下，超载继电器 KA_{14} 通电吸合，其常闭触点断开 KA_3 线圈电路，门无法关闭，电梯也就不能起动。

2）若电梯没有停在平层位置，门区感应继电器 KA_7 无法接通，其常开触点断开使 KA_2 开门继电器无法接通，电梯不会自动开门。即使按下轿内开门按钮 SB_4，电梯也不会开门。

3）在关门过程中，如乘客或物品碰到门上的安全触板时，安全触板微动开关 SQ_{22} 或 SQ_{23} 压下，其常开触点闭合，使 KA_4 通电吸合，其触点断开关门继电器 KA_3 电路，同时接通开门继电器 KA_2 线圈电路，电梯门被重新开启。这时电梯不能运行，直至乘客或物品顺利进入轿厢，SQ_{22} 或 SQ_{23} 复位，KA_4、KA_2 相继断电，KA_3 接通，完成关门。

二、轿厢内指令和厅外召唤控制

电梯厅门外和轿厢操纵盒上设有方向箭头指示灯及指层灯，表示电梯的运行方向和轿厢所在的楼层。轿内指令信号是指由司机或乘客在轿厢里对电梯发出向某一层楼运行的控制指令信号，而厅外召唤信号是指乘客在任一层厅站通过厅外召唤按钮发出的召唤信号，这两个信号都能进行登记和记忆，待完成后并能消除。

（1）轿厢内指令控制　继电器控制的电梯中，若按下第 i 层的指令按钮，只要电梯不在该层，则与该按钮相对应的继电器就动作，其触点一方面接通其他控制电路使电梯起动，另一方面使按钮内的指示灯亮，表示该指令已被登记。无论电梯上行或下行，当运行至该层时，层楼位置继电器通电其常开触点闭合，使对应的指令继电器被短接而释放，按钮灯灭，从而实现消号。

图 5-20 为轿厢内指令控制与记忆电路。图中，1SB～5SB 为轿内指令按钮，KA_{36}～KA_{40} 为指令继电器，R 为限流电阻，1HL～5HL 为轿内指令记忆灯，装在对应的按钮内。

若乘客在二楼欲去四楼，在二楼进入轿厢后，按下轿内指令按钮 4SB，四楼指令继电器 KA_{39} 通电吸合，并经 KA_{16} 触点自锁，同时四楼记忆灯 4HL 亮，完成信号登记和记忆。当电梯到达四楼后，通过层楼干簧感应器 KR4S，使层楼位置继电器 KA_{34} 通电吸合（见图 5-22 指层电路图），其常开触点闭合，经 KA_{13} 常闭触点，将 KA_{39} 线圈短接而使其断电释放，4HL 灯灭，将指令消除。

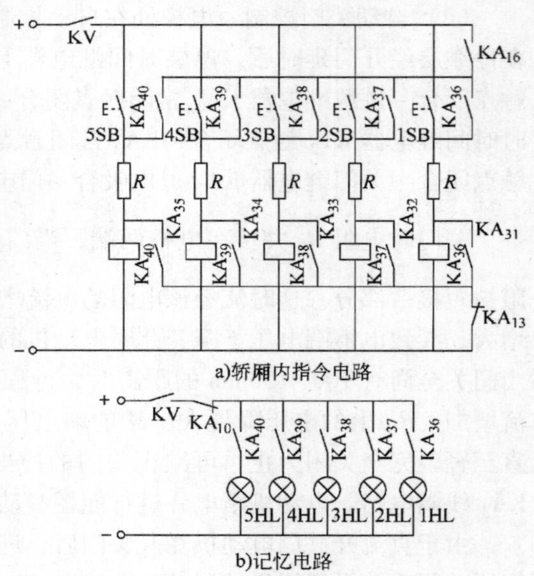

图 5-20　轿厢内指令控制与记忆电路

（2）厅外召唤控制　图 5-21 为厅外召唤控制与指示电路。图中 SB1S～SB4S 为厅外上行召唤按钮，SB2X～SB5X 为厅外下行召唤按钮，KA_{42}～KA_{45} 为上行召唤继电器，KA_{46}～KA_{49} 为下行召唤继电器，KA_{50} 为只有司机操作状态下才起作用的蜂鸣继电器，HL1S～HL4S 为上行厅外召唤信号灯，HL2X～HL5X 为下行厅外召唤信号灯。

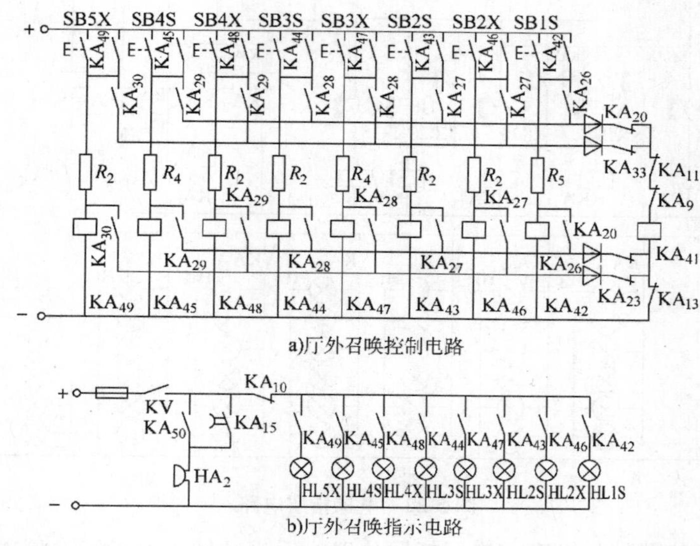

图 5-21 厅外召唤控制与指示电路

若乘客在三楼欲去四楼，而电梯在一楼。此时，乘客在三楼厅外按下向上召唤按钮 SB3S，上召唤继电器 KA_{44} 通电吸合并自锁，指示灯 HL3S 亮，完成召唤信号登记。当电梯为有司机控制时，蜂鸣继电器 KA_{50} 点动通电，轿内蜂鸣器发出响声，告知司机有人召唤。电梯按照上召唤指令到三楼后，隔磁板进入三楼干簧感应器 KR3S，触点复位，层楼位置继电器 KA_{33} 通电吸合，进而使三层换位继电器 KA_{28} 通电吸合（见图 5-22 指层电路），经 KA_{28} 常开触点闭合→二极管→KA_{20} 常闭触点→KA_{13} 常闭触点→把 KA_{44} 线圈短接释放，指示灯 HL3S 熄灭，召唤信号消除。

三、自动定向与选层控制

逻辑控制系统对电梯当前位置和由使用者发出的轿内指令或厅外召唤信号所指定的位置进行对比，经逻辑判断后自动选择运行方向即电梯的自动定向。选层是指当电梯接到多个轿内或厅外指令时，自动地选择合理停靠层站，而对没有内、外指令的层楼不予停靠。

1. 轿厢位置信号的获取

电梯轿厢位置信号检测的方法很多。带选层器的电梯，电梯轿厢位置常由选层器上的触点接通层楼指示灯来表示；没有选层器的电梯通常使用磁感应器或双稳态开关获取层楼信号，即在井道内每一层楼装一组感应器，再在轿顶安装与其相对应的隔磁板。当轿厢运行到每一层楼时，隔磁板插入感应器内，装在机房控制柜内的层楼继电器吸合，使相应的指示灯亮起表示电梯轿厢位置，如图 5-22 所示。

图中，KR1S～KR4S 为上行层楼干簧感应器，KR2X～KR5X 为下行层楼干簧感应器，KA_{31}～KA_{35} 为层楼位置继电器，KA_{26}～KA_{30} 为各层楼换位继电器。层楼干簧感应器安装在井道内各层楼相应处，隔磁板安装在轿厢顶。电梯平层时，轿厢上的隔磁板正好进入该层干簧感应器空隙中，干簧管内触点复位，于是接通该层位置继电器。位置继电器触点闭合，层楼

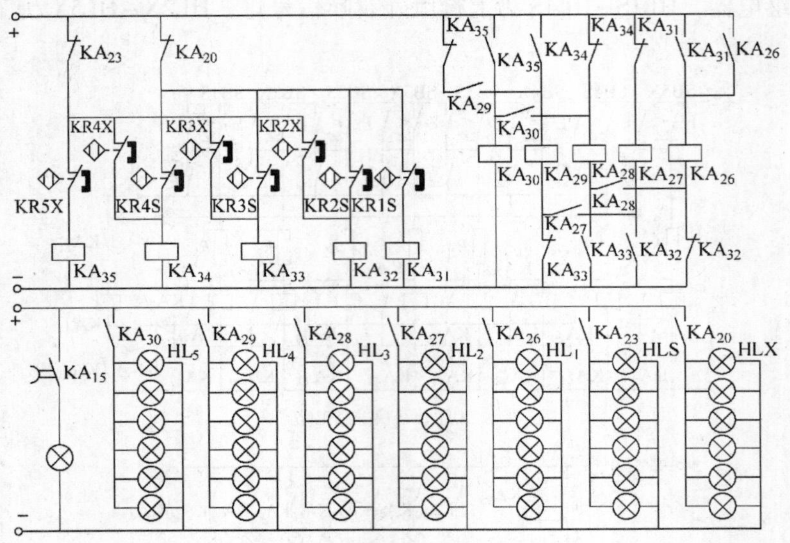

图 5-22 电梯指层电路

厅门上方及轿厢内位置信号灯亮，表示轿厢位置。而当轿厢再次运行，隔磁板离开干簧感应器时，干簧管内触点动作，层楼位置继电器断电释放。所以，位置继电器发出的轿厢位置信号是间断的。

而轿厢位置需要连续的信号表示，是由换位继电器电路完成的。当轿厢在某层平层时，该层楼位置继电器通电吸合，使同层换位继电器通电并自锁，直到轿厢上隔磁板进入邻层的干簧感应器时才被切断。因此，在两邻层间，隔磁板不处在感应器内的这段时间的位置信号，是由换位继电器来保持的。位置继电器通电吸合，起切断邻层换位继电器、结束邻层位置显示和接通本层换位继电器并自锁、进行本层位置显示的作用。

如电梯从二楼到四楼的情况：当电梯在二楼，轿厢顶上隔磁板插入二楼感应器 KR2S 内，二楼位置继电器 KA_{32} 通电吸合，二楼换位继电器 KA_{27} 相继通电吸合并自锁。由于 KA_{27} 通电吸合，使各层楼厅门上方和轿厢内指层灯 HL_2 亮，显示轿厢位置在二楼。

电梯驶至三楼，隔磁板进入三楼感应器 KR3S 内，三楼位置继电器 KA_{33} 通电吸合。一方面使二楼换位继电器 KA_{27} 断电释放，二楼位置指层灯 HL_2 熄灭，另一方面使三楼换位继电器 KA_{28} 通电并自锁，使各层楼厅门上方及轿厢内指层灯 HL_3 亮，显示轿厢位置在三楼。

如果电梯继续行驶，隔磁板依次进入 KR4S、KR5S 中，则 KA_{34}、KA_{35} 依次通电吸合，HL_4、HL_5 依次点亮，而轿厢通过该层时位置继电器释放，指示灯熄灭，以动态显示轿厢位置。

2. 自动定向控制

图 5-23 为电梯自动定向控制电路。图中 KA_{23}、KA_{24} 为上行方向继电器，KA_{19}、KA_{20} 为下行方向继电器，KA_{21}、KA_{22} 为上、下行起动继电器，SB_1 为司机操作上行按钮、SB_2 为司机操作下行按钮。

（1）轿内指令定向　若电梯停在三楼，轿内乘客欲去四楼。此时三楼位置继电器 KA_{33}、换位继电器 KA_{28} 相继通电吸合。乘客在轿内按下指令按钮 4SB，则指令继电器 KA_{39} 通电吸

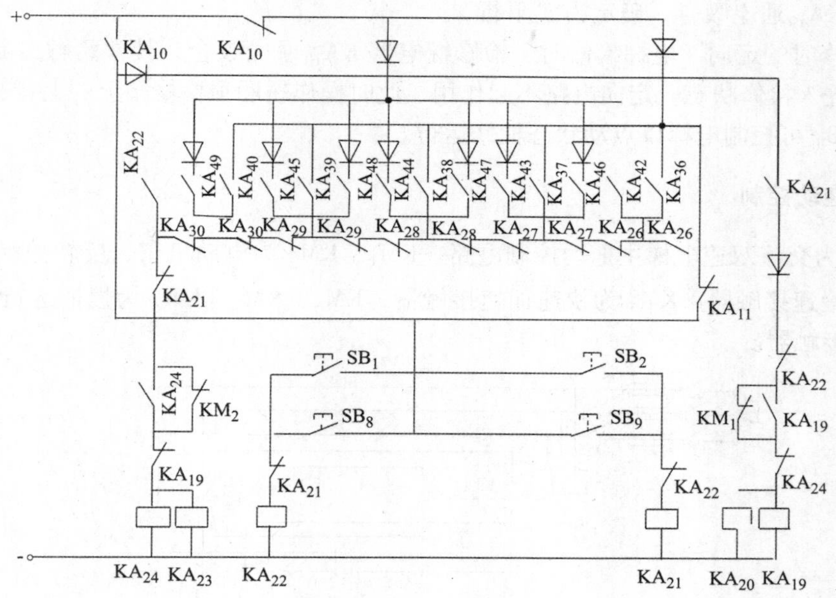

图 5-23　电梯自动定向控制电路

合，四楼信号灯 4HL 亮（见图 5-20），KA_{28}常闭触点断开，使 KA_{19}、KA_{20}不能接通，经 KA_{10}常闭触点→二极管→KA_{39}常开触点闭合→KA_{29}常闭触点→KA_{30}常闭触点→KA_{21}常闭触点→KM_2 常闭触点→KA_{19}常闭触点→KA_{24}、KA_{23}通电并自锁，电梯定为“上行”。

若在乘客按下四楼轿内指令按钮 4SB 时，电梯已定为“下行”，则因下行方向继电器 KA_{19}已通电吸合，由于互锁，上行方向继电器 KA_{24}不能吸合，所以不能改变已确定的方向。只有完成下行指令后，下行方向继电器 KA_{19}断电释放，电梯才能上行。

若轿内乘客欲去二楼，按下指令按钮 2SB，则 KA_{37}通电并自锁，二楼信号灯 2HL 亮，同时 KA_{19}、KA_{20}接通并自锁，电梯定为“下行”。

（2）厅外召唤定向　若电梯在三楼，乘客在四楼厅外要向上。按下厅外召唤按钮 SB4S，上行召唤继电器 KA_{45}通电吸合并自锁（见图 5-21），经 KA_{10}常闭触点→KA_{45}常开触点闭合→KA_{29}常闭触点→KA_{30}常闭触点→KA_{21}常闭触点→KM_2 常闭触点→KA_{19}常闭触点→KA_{24}、KA_{23}通电并自锁，电梯定为“上行”。

一旦电梯已定出运行方向，再有其他楼层的召唤信号也不能更改已定的运行方向，若其他召唤信号的位置在电梯运行方向的前方且召唤要求与电梯正在进行的运行方向一致时，可顺向截梯。电梯将对那些与运行方向一致的召唤信号逐一停靠响应，而对与运行方向相反的召唤信号暂不响应，但对它们不消号，待执行完所有当前任务后，再对那些已登记的召唤信号逐一响应。如电梯在一楼起动向上运行时，二楼又有人在厅外按上行召唤按钮 SB2S，则 KA_{43}接通并自锁，当电梯到达二层时停靠，开门上客后再继续上行。

（3）司机强行操作定向　在有司机控制时，还可通过按下 SB_1 或 SB_2 按钮，强行改变电梯运行方向。如电梯停在四楼，电梯处于上行状态，而乘客有急事要下行。此时司机可按下行按钮 SB_2，使 KA_{21}通电吸合，其常闭触点断开，切断了 KA_{23}、KA_{24}电路，使其互锁触点复位，为接通下行方向继电器做好准备。再按下要去层楼的指令按钮，轿内指令继电器通电吸合，使 KA_{19}通电吸合，确定为“下行”。

（4）检修时的定向　电梯检修时，检修继电器 KA_{10}通电吸合，其常闭触点断开了定向电路，电梯进入检修状态，定向电路不起作用，此时操作轿厢顶检修箱上的上行、下行慢速按钮 SB_8、SB_9 可控制电梯以点动状态检修运行。

四、主拖动控制

图 5-24 为交流双速电梯主拖动控制电路。KM_1、KM_2 为电动机正、反转接触器，KM_3、KM_4 为快、慢速接触器，KM_5 为快速加速接触器，KM_6、KM_7、KM_8 为慢速运行时的第一、二、三减速接触器。

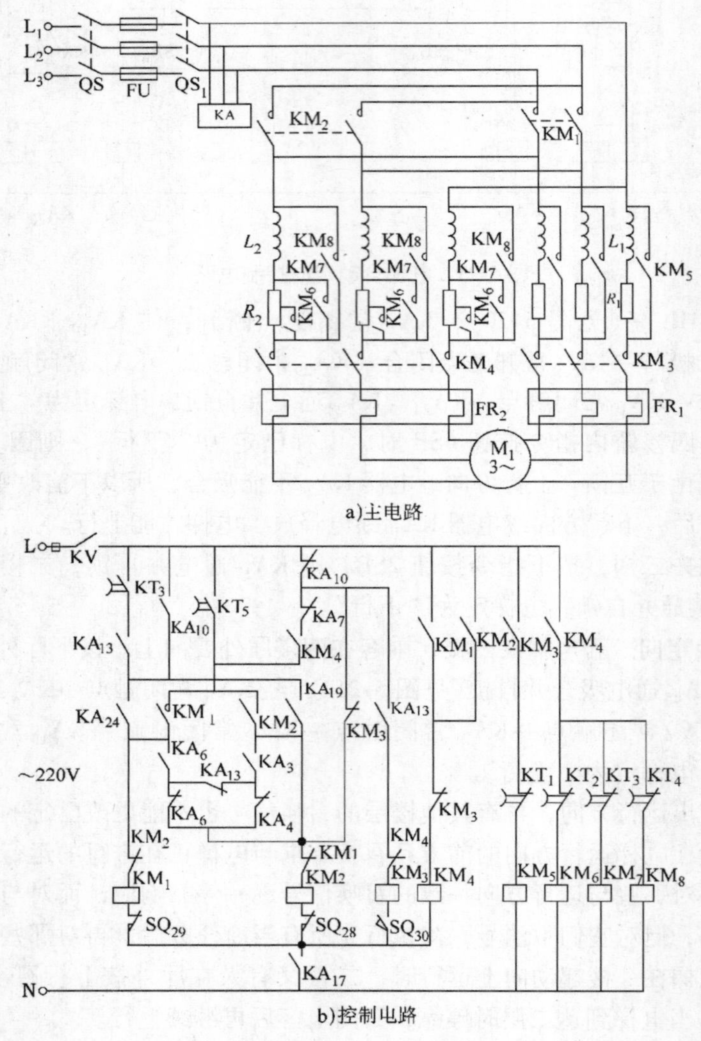

图 5-24　交流双速电梯主拖动控制电路

电梯起动的条件是：电梯运行方向已确定，轿门和各层的厅门已关好。此时门开关 SQ_{12} ~ SQ_{17}均已压合，门锁继电器 KA_{17}通电吸合（见图 5-19），关门起动继电器 KA_5 通电吸合（见图 5-19）。若电梯行驶方向确定，则上行方向继电器 KA_{24}（或下行方向继电器 KA_{19}）通电吸合，使起动继电器 KA_{13} 通电吸合（见图 5-25）。

经 KA_{10} 常闭触点→KA_{13} 常开触点闭合→KM_4 常闭触点→KM_3 通电吸合，其常开触点闭合→快速辅助继电器 KT_5 通电吸合，经 KT_5 常开触点闭合（见图 5-25）→KA_{13} 常开触点闭合→KA_{24}（或 KA_{19}）常开触点闭合→使上行接触器 KM_1（或下行接触器 KM_2）通电吸合并自锁。由于 KM_1（或 KM_2）、KM_3 接触器通电吸合，电磁抱闸线圈 YB 通电，电磁制动器松闸。曳引电动机定子串入 R_1、L_1，接入三相交流电源减压起动，可减小电网电压的波动和起动时的加速度，增加乘客的舒适感。

五、加减速控制

图 5-25 为电梯加、减速控制电路。图中，KT_1 为快速加速时间继电器、KT_2~KT_4 为慢速加、减速时间继电器，KA_{11} 为运行继电器，KA_{12} 为运行辅助继电器。

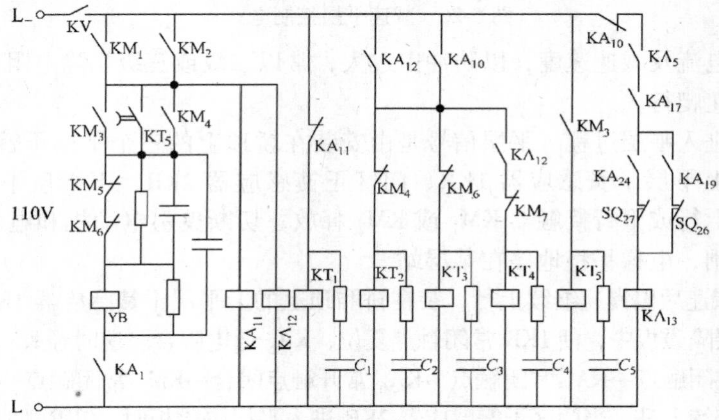

图 5-25　加、减速控制电路

电梯起动后 KM_1 或 KM_2 通电，其常开触点闭合，使 KA_{11}、KA_{12} 通电吸合，其常闭触点断开，切断了图 5-19 中开门继电器 KA_2 的电路，保证电梯在运行中门不能被打开。

起动后采用时间继电器 KT_1 控制的 KM_5 闭合来切除 L_1 与 R_1（见图 5-24），实现起动加速，加速大小由 L_1、R_1 参数大小及 KT_1 延时长短调整。由于 KA_{11} 常闭触点断开 KT_1 线圈，但 KT_1 线圈经电阻电容放电而不马上释放，经 1~1.2s 延时后才释放。KT_1 释放后，其常闭触点复位，使快速加速接触器 KM_5 通电吸合，短接 R_1、L_1，电动机加速，直至以快速稳速运行。

六、制动和平层控制

图 5-26 为电梯减速平层控制电路。图中 KT_6 为停层继电器，KT_7 为停层控制继电器，KT_8 为停层时间继电器，KA_6 为上平层继电器，KA_7 门区继电器，KA_8 为下平层继电器。

若电梯在二楼，有乘客欲上四楼。乘客在轿厢中按下轿内指令按钮 4SB，指令继电器 KA_{39} 通电吸合并自锁。当轿厢行驶至四楼，轿顶上的隔磁板插入四楼层楼干簧感应器 KR4S 时→KA_{34} 通电吸合→KA_{29} 通电吸合→KT_7 断电释放，接于 KT_6 电路中的 KT_7 触点延时断开，在 KT_7 触点断开之前，经 KA_{39} 常开触点闭合→KA_{34} 常开触点闭合→KT_7 触点仍处于闭合状态→KT_6 通电吸合并自锁，其常闭触点断开→KA_5 断电释放→KA_{13} 断电释放→KM_3 断电释放→KM_4 通电吸合→曳引电动机由快速变为慢速，由于惯性进行再生发电制动。

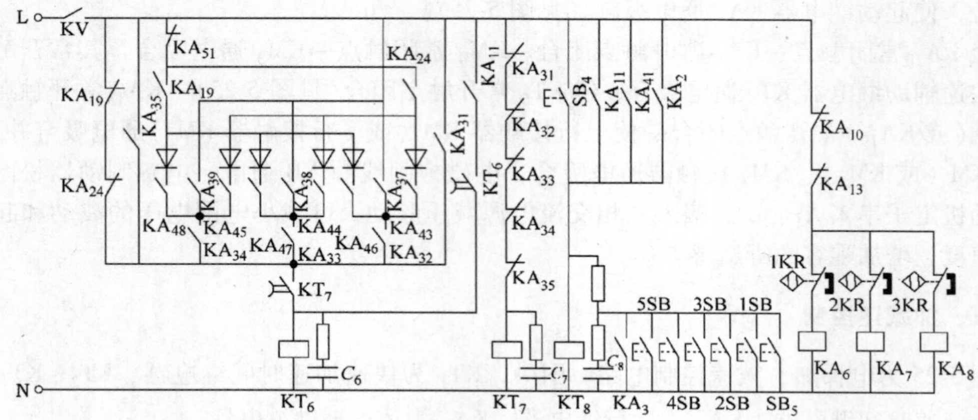

图 5-26　减速平层控制电路

为限制制动电流及减速速度，以防冲击过大，常以二级或三级切除电阻、电抗，直到曳引电动机进入低速爬行。

电梯减速后进入平层过程。平层信号是由安装在轿顶上的三个平层干簧感应器产生的，从上至下分别为上平层干簧感应器 1KR、门区干簧感应器 2KR、下平层干簧感应器 3KR。平层与停层时使上行或下行接触器 KM_1 或 KM_2 释放，切断曳引电动机和电磁制动器线圈电路，实现制动抱闸，电梯平稳地停在某层站。

电梯轿厢在减速后以慢速继续上行，装在轿厢顶上的上平层干簧感应器 1KR 首先进入装在三楼井道内的平层隔磁板中，使1KR 常闭触点复位，KA_6 通电吸合。这时经 KA_{10}常闭触点→KM_3常闭触点→KA_8 常闭触点→KA_{13}常闭触点→KA_6 常开触点闭合→KM_2 常闭触点→上行接触器 KM_1 通电吸合，轿厢继续上升。当门区干簧感应器 2KR 进入平层隔磁板时，2KR 常闭触点复位，KA_7 通电吸合，断开了 KM_1 的自锁电路，同时也为自动开门做准备。这时 KM_1 只能通过上述电路通电，故 KM_1 仍保持吸合状态，轿厢仍上行。当下平层干簧感应器 3KR 进入平层隔磁板时，3KR 常闭触点复位，使 KA_8 通电吸合，其触点断开 KM_1 通电电路，曳引电动机断开电源，电磁制动器线圈 YB 断电，制动器抱闸，平层结束，电梯停止运行，轿门底部正好与厅门地坎平齐。

若电梯发生上行超越平层位置，上平层干簧感应器 1KR 离开井道中的平层隔磁板，则 KA_6 断电释放，KM_1 断电释放。此时 KM_2 经 KA_{10}、KM_3、KA_6、KA_{13} 常闭触点、闭合的 KA_8 常开触点、KM_1 常闭触点而通电吸合，电梯下行进行反向平层，直至 KA_6 通电吸合，断切 KM_2 电路，实现平层为止。

第五节　变频调速电梯的电气控制

随着建筑物对电梯功能要求的不断增加，先进技术不断应用于电梯中，使我国的电梯控制技术产生了跳跃式进步，其中可编程序控制器和微机控制、变频技术的应用使电梯提高了控制性能，更趋向于智能化。

变频调速电梯通常采用 PLC 和变频器控制，它具有结构简单、乘坐舒适、控制精度高、动态性能好等优点，能实现自动平层、自动开关门、自动响应轿内外呼梯信号、直驶、电梯安全运行保护等功能，以及电梯停用、急停、检修、慢上、慢下、照明和风扇等特殊功能。

一、变频调速电梯控制系统构成

变频调速电梯的控制系统和其他类型电梯的控制系统一样，主要由信号控制系统和拖动控制系统两部分组成。硬件设备主要包括 PLC 主机、轿厢操纵盘、厅外呼梯盘、指层器、门机、变频调速装置与主拖动系统等。

图 5-27 所示为 PLC 控制电梯的电气系统框图。系统控制核心为 PLC 主机，控制系统可以实时地接受来自轿厢、厅站、井道、机房等不同位置和性质的各种外部信号，这些信号通过 PLC 输入接口送入 PLC，经逻辑运算，向变频器拖动系统发出控制信号，控制电梯的运行，并进行相关的信号指示。

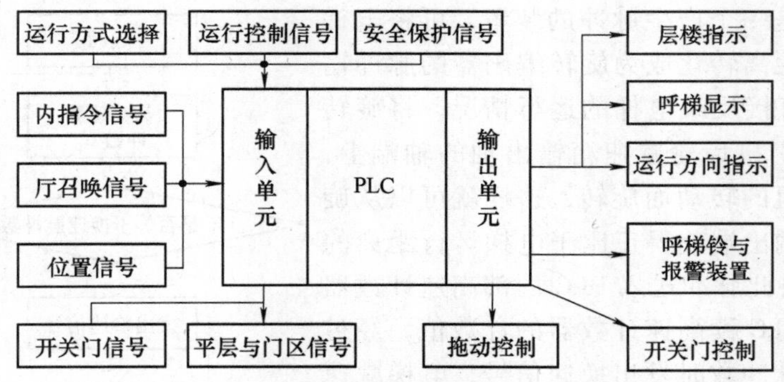

图 5-27　电梯的电气控制系统框图

电梯的运行方式选择由有司机/无司机、检修、消防运行等组成。运行控制信号由慢上、慢下、直驶、顶内检修以及调速器的总控制信号、制动应答信号等组成。安全保护信号由电压继电器信号、门联锁保护信号、安全触板信号、开关门限位、防越位信号、超载保护信号等组成。

电梯控制系统输出的信号有层楼指示、呼梯信号指示、方向指示、到站钟、超载报警显示，以及开关门控制、拖动控制、停车制动控制等。

曳引电动机的调速由变频器完成，变频器的运行受 PLC 信号的控制，PLC 和变频器的连接如图 5-28 所示。

轿厢位置检测由安装在轿厢顶上和曳引轮相连的旋转编码器得到，从而摆脱了传统的靠

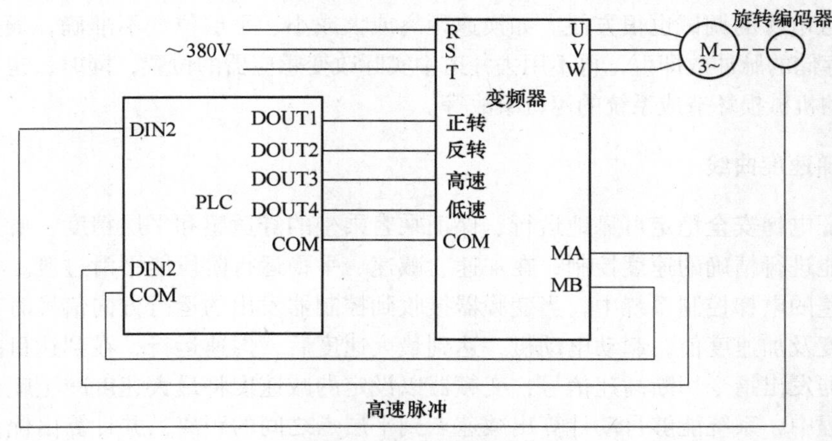

图 5-28　PLC 和变频器的连接

继电器和接触开关等有触点器件控制的庞杂线路系统，优化了线路，大大地提高了系统运行的可靠性，同时也便于检修。

二、旋转编码器

电梯运行的关键问题是如何检测电梯在井道中的相对位置，以往都采用在井道中不同的位置设置干簧感应器来检测减速、平层位置。这样需要 PLC 的输入点数较多，而且还增加了在井道中的安装作业强度。利用旋转编码器将电梯的运动位置转化为脉冲，PLC 对此脉冲进行高速计数，通过相应的计算自动生成电梯位置的有关数据，控制电梯的减速、平层，对于层站数越多的电梯，越能体现出利用旋转编码器的优点。

旋转编码器是一个产生脉冲的装置，可将电梯在井道中移动的距离转化成为旋转编码器的脉冲输出个数。为了能直接反映电梯的运行情况，将旋转编码器安装在曳引机齿轮减速箱输出轴的轴端上，它随着曳引电动机的转动而旋转，这样就可以从旋转编码器的脉冲输出端获得正比于电梯运行距离的脉冲个数，然后将此脉冲送入 PLC 内部高速计数器的脉冲输入端，PLC 读高速计数器的计数值，经过比较达到换速点脉冲数时发出换速信号，电梯减速继续运行，达到平层位置时，经过比较再发出平层信号，其过程如图 5-29 所示。

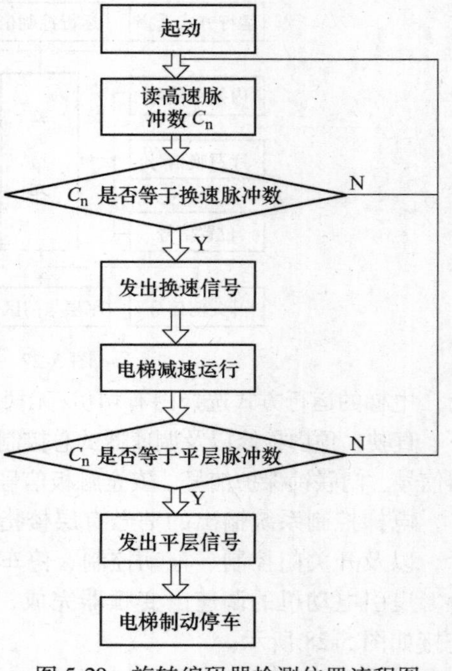

图 5-29　旋转编码器检测位置流程图

在电梯运行中由于负载的变化、电网波动、钢丝绳打滑等原因都会引起误差，使减速过程不符合平层技术要求。因此，一般在井道中设置校正装置，主要是在顶层或基站校正。利用感应器或其他开关元件，在电梯到达校正点时，将计速器清零，以免再运行时出现误差，以确保平层的长期准确性。

利用旋转编码器之后，可减少很多井道中的机械安装，而且电梯的调试也很方便。如换速距离或大或小、平层位置不准确，通过改变 PLC 内部存储器存储的脉冲数即可，再不用去井道中实际改变感应器的位置，同时，也可避免由于干簧感应器的机械损坏造成系统的停机事故等。

三、电梯速度曲线

为了保证电梯安全稳定可靠地运行、保证乘客乘坐的舒适感和平层精度，要求电梯运行的每一段均能进行精确的速度控制，在加速、减速、平稳运行阶段能平滑过渡。

变频调速的电梯控制系统中，当变频器接收到控制器发出的运行方向信号时，变频器依据设定的速度及加速度值，起动电动机，达到最大速度后，匀速运行，在到达目的层的减速点时，控制器发出指令切断高速信号，变频器以设定的减速度将最大速度减至爬行速度，在减速运行过程中，系统能够自动计算出减速点到平层点之间的距离，并计算出优化曲线，从而能够按优化曲线运行，缩短低速爬行时间。在电梯的平层过程中，变频器通过调整平层速度或制动斜坡来调整平层精度。即当电梯停得太早时，变频器增大低速度值或减少制动斜坡值，反之则减少低速度值或增大制动斜坡值，在电梯到达平层位时，系统按优化曲线实现高精度的平层，从而达到平层的准确可靠。

电梯运行的舒适性取决于其运行过程中加速度 a 和加速度变化率 p 的大小，过大的加速度或加速度变化率会造成乘客的不适感。同时，为保证电梯的运行效率，a、p 的值不宜过小。能保证 a、p 最佳取值的电梯运行曲线称为电梯的理想运行曲线。电梯运行的理想曲线应是抛物线—直线综合速度曲线，即电梯的加、减过程由抛物线和直线构成。电梯给定曲线是否理想，直接影响实际的运行效果。图 5-30 为电梯运行速度变化曲线。

在 Oa 段，电梯起动加速，加速度慢慢增加；ab 段，电梯继续加速，且以恒加速度运行；bc 段，继续加速，但加速度逐渐减小到零；cd 段，电梯恒速稳定运行；de 段，电梯减速运行，减速度逐渐增加；ef 段，继续减速，以恒减速度运行；fg 段，减速度逐渐降低，进入低速段；gh 段，电梯缓慢运行进入平层区，至平层位置，电梯停止。

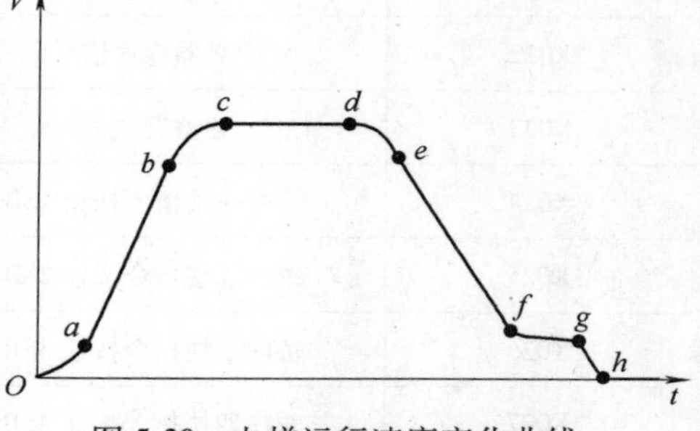

图 5-30　电梯运行速度变化曲线

由图可知，为保证快速性，必须尽快使电动机加速达到它所许可的最大速度并在此速度下稳速运行，而制动减速阶段，关键要实现定位控制，以保证平层的精度。

四、控制系统分析

下面以四层电梯为例分析 PLC 控制的变频调速电梯的控制系统，系统中采用三菱 FX2N-80 型 PLC 为控制核心，采用安川 616G5 型变频器作为曳引电动机的调速装置。系统线路图见附录 A 所示。

1. I/O 地址分配

I/O 地址分配，见表 5-2。

表 5-2　PLC 的 I/O 地址分配表

地　址	名　称	地　址	名　称
X000	上行限位开关 $1SQ_{SX}$	Y000	运行继电器 KM_{YX}
X001	上终端限位开关 $2SQ_{SX}$	Y001	排风扇
X002	旋转编码器高速脉冲	Y002	超载继电器 KA_{CZ}
X003	下行限位开关 $1SQ_{XX}$	Y004	电源接触器 KM_{DY}
X004	下终端限位开关 $2SQ_{XX}$	Y005	开门继电器 KA_{KM}
X005	光电开关 SC	Y006	关门继电器 KA_{GM}
X006	门锁继电器 KA_{MS}	Y007	制动接触器 KM_{Z}
X007	安全继电器 KV	Y010	声光报警输出
X010	超载开关 Q_{CZ}	Y011	轿内呼叫一楼指示灯
X011	开门信号	Y012	轿内呼叫二楼指示灯
X012	关门信号	Y013	轿内呼叫三楼指示灯
X013	直驶按钮 SB_{Z}	Y014	轿内呼叫四楼指示灯
X014	试运行短接点	Y015	厅外一楼上呼指示灯

（续）

地　址	名　称	地　址	名　称
X015	制动接触器触点 KM_Z	Y016	厅外二楼上呼指示灯
X016	开机继电器触点 KA_D	Y017	厅外三楼上呼指示灯
X017	基站手柄开关 SA	Y020	厅外二楼下呼指示灯
X020	变频器运行信号	Y021	厅外三楼下呼指示灯
X021	变频器故障信号	Y022	厅外四楼下呼指示灯
X022	变频器零速信号	Y023	数码管指层显示高位
X023	检修开关 Q	Y024	数码管指层显示中位
X024	轿内一楼指令按钮 1SB	Y025	数码管指层显示低位
X025	轿内二楼指令按钮 2SB	Y026	上行方向指示
X026	轿内三楼指令按钮 3SB	Y027	下行方向指示
X027	轿内四楼指令按钮 4SB	Y030	变频器正转信号
X030	检修慢上信号输入	Y031	变频器反转信号
X031	检修慢下信号输入	Y032	变频器运行高速
X032	厅外一楼上召唤按钮 $1SB_S$	Y033	变频器运行中速
X033	厅外二楼上召唤按钮 $2SB_S$	Y034	变频器运行低速
X034	厅外三楼上召唤按钮 $2SB_S$	Y035	变频器故障复位
X035	厅外二楼下召唤按钮 $2SB_X$		
X036	厅外三楼下召唤按钮 $3SB_X$		
X037	厅外四楼下召唤按钮 $4SB_X$		

2. 程序流程

电梯工作流程如图 5-31 所示。

电梯安全可靠运行的充分必要条件有：

1）必须把电梯的轿厢门和各个层楼的电梯厅门全部关闭好——这是电梯安全运行的关键，是保障乘客和司机等人员的人身安全的最重要保证之一。

2）必须要确定电梯的运行方向——这是电梯的基本任务，需要根据轿内指令信号、厅外召唤信号和轿厢位置信号对比，进行综合判断。

3）电梯系统的所有机械及电气安全保护系统有效而可靠——这是确保电梯设备和乘客人身安全的基本保证。

3. 开关门控制

上班时司机或管理人员用钥匙打开基站厅外召唤箱上的钥匙开关 Q_{TY}，使开机继电器

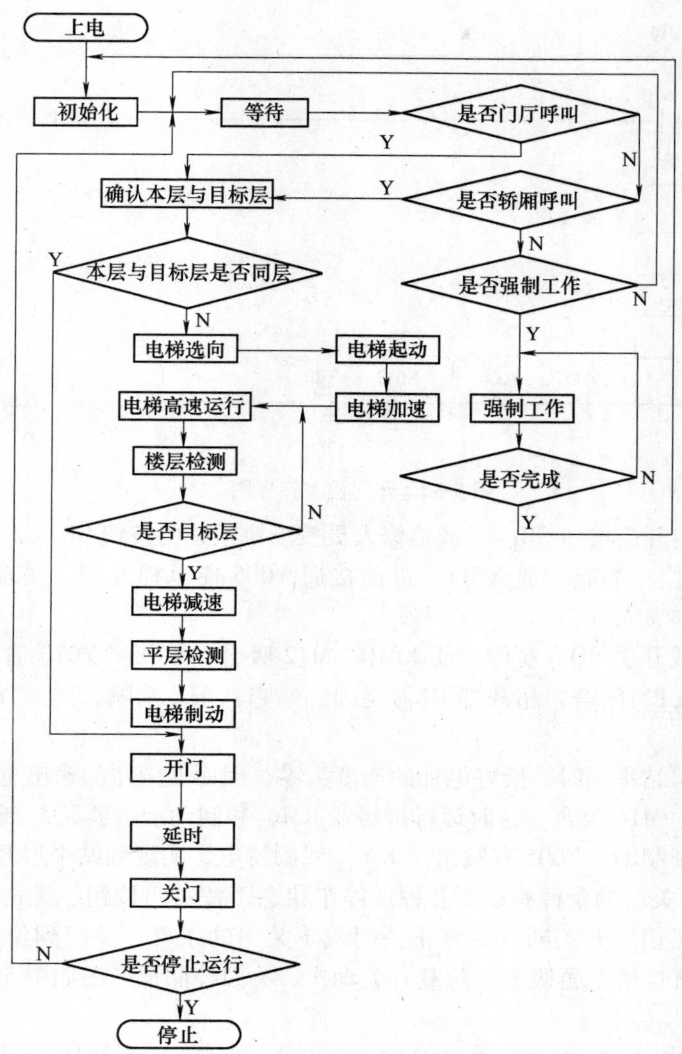

图 5-31　电梯工作流程图

KA_D线圈得电，其触点 KA_D(8,12)闭合，使轿内照明灯 EL 亮，触点 KA_D(5,9)闭合，电源接触器 KA_{DY}接通，主电路中 KA_{DY}触点闭合，接通 PLC 和变频器电源。

(1)开门控制　一般情况下，电梯的开门有以下几种情况：电梯投入运行前的开门、电梯检修时的开门、电梯自动运行停层时的开门、电梯关门过程中的重新开门(防夹人功能)、呼梯开门。

开门控制梯形图如图 5-32 所示，M3 为故障继电器，M12 为超载继电器，M14 为平层停止状态继电器，M19 为停机时本层开门状态继电器。

由于触点 KA_D(2,10)断开，PLC 输入点 X016 断电，电梯初始位置在一楼，层楼位置继电器 M600 为“1”，准备接通 M500，PLC 上电时，初始化脉冲 M8002 闭合一下，使 M16 置位、Y005 输出，进而使开门继电器 KA_{KM}线圈得电，通过开关门电路(附录 A 中 c 图)控制电梯开门。

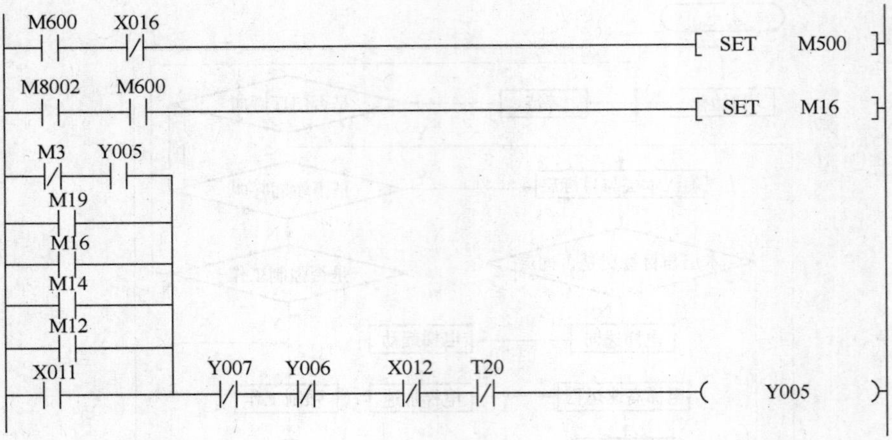

图 5-32　开门控制梯形图

当乘客按下轿内开门按钮 SB_{KN}，或检修人员按下轿顶开门按钮 SB_{KD}，或关门时安全触板受到碰压 SQ_{AB}复位，都能接通 X011，进而接通 Y005 使电梯开门，实现轿内按钮开门、检修开门和防止电梯夹人开门。

电梯超载时超载开关 SQ_{CZ}动作，使 X010、M12 吸合，Y002、Y010 输出，超载继电器 KA_{CZ}得电，KA_{CZ}(8,12)闭合，超载灯 HL_{CZ}亮起，蜂鸣器 HA 鸣响，同时 Y005 输出实现超载开门。

电梯到达目的层站平层时，恰好电梯的速度为零，因而变频器的输出也为零。由于变频器输出为零，X022、M14 吸合，这时运行接触器 KM_{YX}和制动接触器 KM_{Z}断电，电梯停止运行，制动器断电抱闸制动。Y005 有输出使 KA_{KM}线圈得电，实现到站平层开门。

(2)关门控制　关门的条件有以下几种：停车状态下按关门按钮、无司机状态下自动关门、时间到、锁梯时钥匙开关断开。停止关门或不关门的条件：关门到位碰到关门限位开关、有开门信号、开门继电器吸合、超载开关动作。关门控制梯形图如图 5-33 所示。

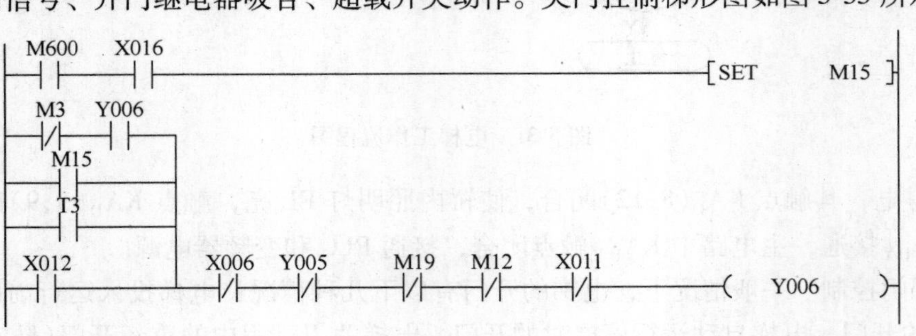

图 5-33　关门控制梯形图

下班时，司机或管理人员通过一楼外召唤按钮把电梯召回基站后，电梯位置显示装置为“1”，M600 得电。这时用钥匙扭动钥匙开关 QTY(见附录 A 中 e 图)，使 KA_{D}断电，照明灯 EL 和电源接触器 KM_{DY}断电，切断轿内照明和 PLC 电源。同时触点 KA_{D}(2,10)闭合，使 X016、M15 吸合，Y006 有输出，KA_{GM}线圈得电，实现下班关门。

当乘客按下轿内关门按钮 SB_{GN}，或检修人员按下轿顶关门按钮 SB_{GD}，都能接通 X012，进而接通 Y006 使电梯关门，实现轿内按钮关门、检修关门。

在无司机操作时，电梯平层开门后经 6s，T3 常开触点闭合，实现自动关门。如果关门到位，关门限位开关 SQ_{GM}受压，关门停止(见附录 A 中 c 图)。

4. 电梯的层楼位置确定及自动定向

由于在轿厢顶上装设有一个光电开关 SC，在井道每一层的平层位置装有遮光板，当电梯运行离开平层位置时，光电开关复位→X005 断开→M100 接通→M200 产生一个上升沿触发脉冲，电梯向上运行时每向上一层，D200 的数值增加“1”，电梯向下运行时每向下一层，D200 的数值减少“1”。电梯到下一层站时，光电开关进入遮光板位置动作→X005 接通→M100 断开→M201 产生一个下降沿触发脉冲，用以对高速计数器复位。D200 中的数据处理后传送到 M306，再经解码送入层楼位置继电器 M600~M603 中，可用于指层显示及自动定向，如图 5-34 所示。电梯位置用数码管显示，为节省 PLC 输出点数，可用带译码的七段数码管，从 PLC 的 Y023~Y025 输出，Y023 为低位，Y025 为高位(见附录 A 中 d 图)。

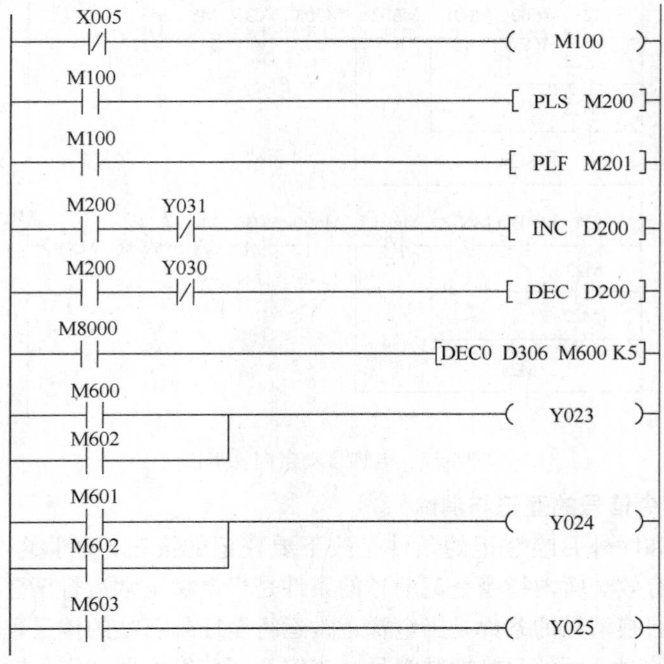

图 5-34 电梯位置确定梯形图

解码后层楼位置继电器 M600~M603 用来表示电梯的位置，即 M600 若为“1”，则表示电梯在一楼，同理若 M603 为“1”，则表示电梯在四楼。再根据电梯的位置和内外呼梯信号进行比较判断来进行定向，确定运行方向。电梯自动定向梯形图如图 5-35 所示。

图中 M20 为门关好后准备就绪继电器，M21~M24 为一楼到四楼的内外呼梯指令继电器，M4 为上行方向继电器，M5 为下行方向继电器。若电梯在二楼，三楼有人呼梯，即 Y017 或 Y021 接通→M23 接通，这时由于电梯在二楼，M601 是接通状态，所以只能 M4 接通，而 M5 不能接通，电梯运行方向定向上行。

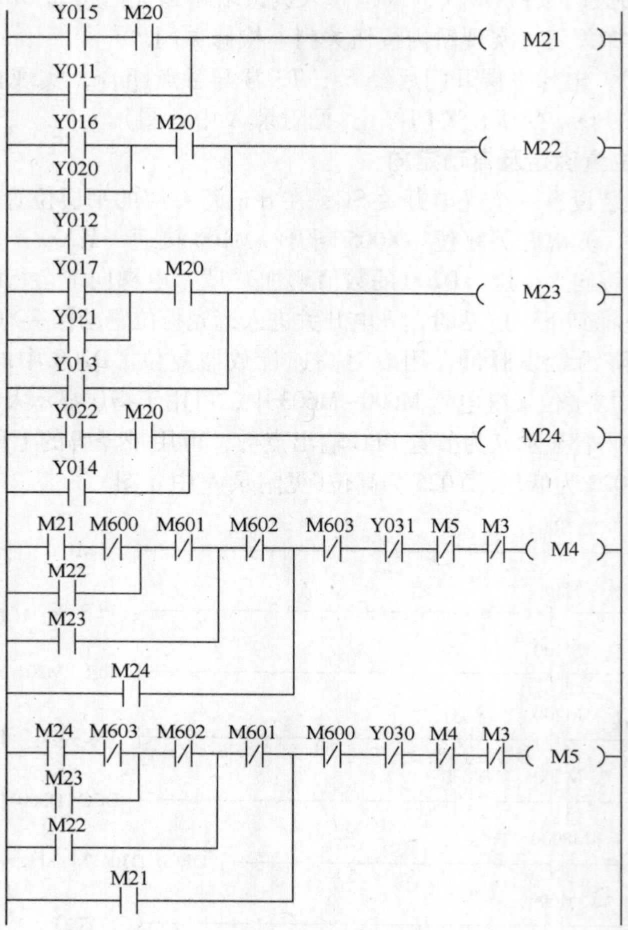

图 5-35　电梯自动定向梯形图

5. 电梯内外指令信号的登记与消除

电梯轿内指令和厅外召唤登记的条件是按下要登记的按钮，而且电梯又不在登记的层楼，则该登记即为有效。轿内指令登记消号的条件是当电梯正常运行至登记楼层时，指令登记即被消号。厅外召唤消号的条件是当电梯正常运行至厅外召唤的楼层且电梯的运行方向与召唤按钮的方向一致时，厅外召唤即被消号。当安全回路继电器动作、轿内电锁断开、检修等状态下指令信号不予登记，已登记的信号即刻消号。

以在三楼厅外按下向上按钮为例说明厅外召唤指令的登记与消除，如图 5-36 所示。乘客三楼厅外按下 $3SB_X$→X036 接通→电梯不在三楼时 M602 为“0”，其常闭触点是闭合的，所以接通 Y021→发光二极管 VL_{3X}亮，信号登记完成；当电梯运行到三楼时，若运行方向与呼梯方向一致即是下行方向，M5 处在接通状态，且电梯平层后 M602 为“1”，过 1s 后，T5 常开触点闭合，对 Y013 复位，登记的信号被消除。图中 M3 为故障继电器，若电梯系统发生故障，则已登记的信号被消除。

6. 电梯的运行控制

电梯的运行由 PLC、变频器及电磁制动器共同控制。首先 PLC 根据指令信号确定上升

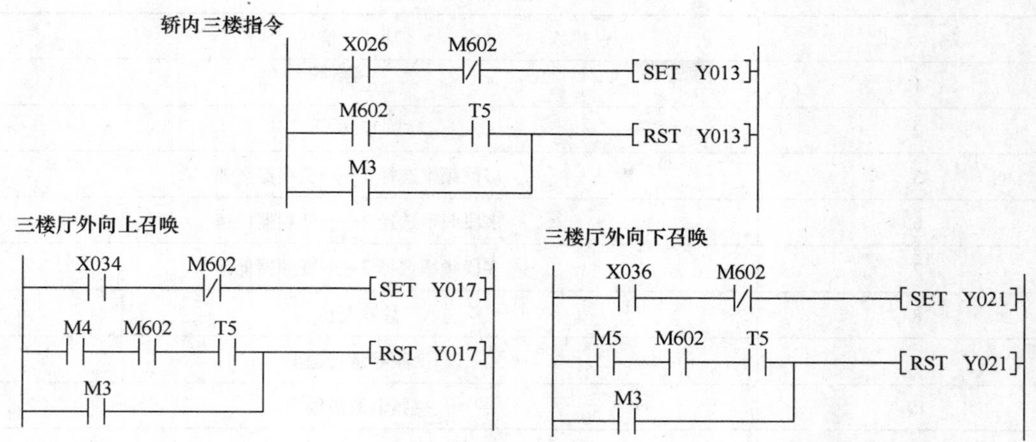

图 5-36 电梯内外指令信号的登记与消除梯形图

或下降，然后将上升或下降及速度控制指令传递给变频器相应的正转或反转及预置速度端，并将开闸指令给电磁制动器使制动器抱闸松开。变频器经过内部设定预置速度控制电梯的起动、加速及减速过程按给定速度曲线运行。运行控制梯形图如图 5-37 所示。

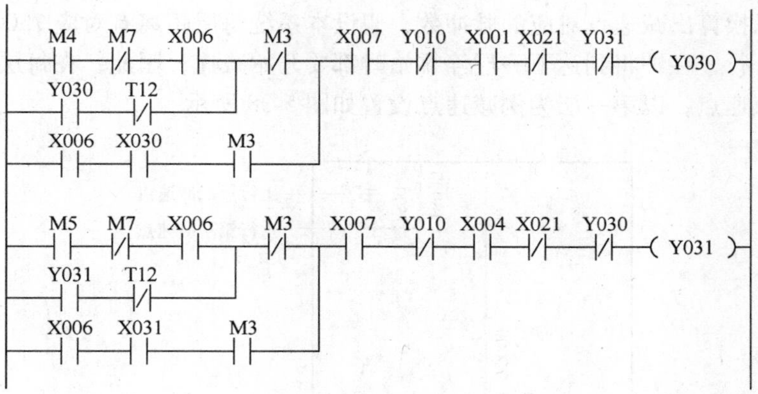

图 5-37 运行控制梯形图

电梯在运行之前要保证轿门和各层厅门关好，即轿门联锁开门 SQ_J 和各层厅门联锁开关 $1SQ_T$ ~ $4SQ_T$ 都闭合，门锁继电器 KM_{MS} 线圈通电→X006 接通，当电梯确定了运行方向，若上行则 M4 接通→Y030 接通→接通 Y032→PLC 控制变频器驱动曳引电动机高速、正转运行，直至到达减速位置 Y032 断电→运行速度降低；在运行中如果变频器或安全保护装置如安全钳、限速器等出现故障，M3 通电其常闭触点断开，X007 断电→Y030 断电，正转停止；若上行碰到上限位开关 X001 常开触点断开或变频器零速运行也能使 Y030 断电，正转停止。Y031 为变频器提供反转运行信号，工作过程与正转过程相同。

变频器要完成以上功能，除了要设置一般功能参数之外，还需要设置端子及频率参数，运行时的加减速时间需要根据电梯的工作要求，进行现场调试。变频器各端子的功能见表 5-3。

表 5-3　变频器控制端子功能

端　子	功　能
1	正转
2	反转
5	多段频率选择 1——变频器高速
6	多段频率选择 2——变频器中速
7	多段频率选择 3——变频器低速
8	故障复位
9	变频器运行输出
19	变频器故障输出
25	变频器零速输出

当电梯将达到要停靠的层站时，由 PLC 经过判断此楼层符合停靠条件，为保证平层准确，电梯在接近目标时要进行减速停车，可根据旋转编码器反馈的脉冲数来判断是否到达减速点。电梯轿厢移动的距离可以按以下公式计算：

移动距离＝当前脉冲数/编码器每圈脉冲数＊同步轮周长

按公式可以换算出减速点对应的脉冲数，假设本系统每层距离有对应 75000 个脉冲，无论电梯上行或下行，在即将到达下一层停靠站时都要开始减速，因此，在每层的上下两个方向上都设置有减速点，以第一层为例减速点设置如图 5-38 所示。

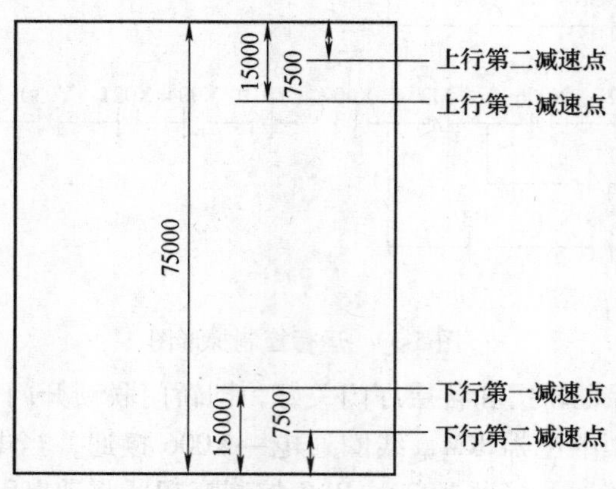

图 5-38　减速位置示意图

若电梯从一楼向上运行，当轿内有去二楼指令或二楼厅外有向上呼梯指令时，电梯在接近二楼时开始从高速运行减速，在第一减速点向变频器发出中速运行信号，电梯降速后继续运行，在第二减速点向变频器发出低速运行信号，电梯再次降速运行，以低速爬行到达二楼平层位置停止，这时变频器的输出为零，同时使 Y001、Y007 也断电，使运行接触器 KM_{YX}、制动接触器 KM_Z 断电，使制动器线圈 YB 断电，电磁抱闸动作，平层完毕轿厢停止运行。图 5-39 所示为一楼去二楼时减速制动工作过程。

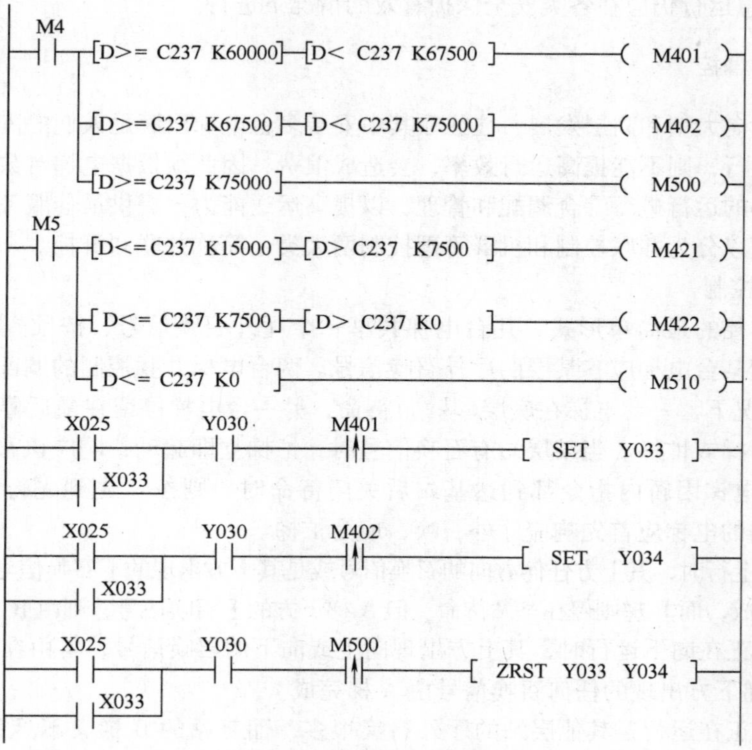

```
M4
─┤├─┬─[D>= C237 K60000]─[D< C237 K67500]──────( M401 )
    ├─[D>= C237 K67500]─[D< C237 K75000]──────( M402 )
    └─[D>= C237 K75000]───────────────────────( M500 )
M5
─┤├─┬─[D<= C237 K15000]─[D> C237 K7500]───────( M421 )
    ├─[D<= C237 K7500]──[D> C237 K0]──────────( M422 )
    └─[D<= C237 K0]───────────────────────────( M510 )
X025          Y030      M401
─┤├─┬─────────┤├────────┤↑├──────[ SET  Y033 ]
X033│
─┤├─┘
X025          Y030      M402
─┤├─┬─────────┤├────────┤↑├──────[ SET  Y034 ]
X033│
─┤├─┘
X025          Y030      M500
─┤├─┬─────────┤├────────┤↑├──────[ ZRST  Y033  Y034 ]
X033│
─┤├─┘
```

图 5-39　上行到二楼减速梯形图

五、电梯的消防控制

高层建筑内的电梯是公共场所，又是重要的运输装置，因此要求当大楼发生火灾时必须有利于消防人员进行灭火抢救工作。因此，消防部门规定，使用电梯的高层建筑内必须至少有一台电梯能供消防人员灭火专用(又称为消防梯)，而其他电梯则有利于火灾时人员的迅速疏散。一般在大楼底层设置带玻璃窗的专用消防开关盒，当发生火灾时，击碎玻璃窗，扳动盒内开关，电梯进入消防状态。

因此电梯的控制系统必须能适应消防控制的要求：

1）接到火警信号后，切断已登记的轿内指令和厅外召唤信号。

2）正在上行的电梯立即停车，对速度大于等于 1m/s 的电梯，先制动再停车。电梯停车后，必须马上返回底层，中间层站不开门；其他非消防梯也应不再停车，立即直驶返回底层大厅，开门放客。

待电梯返回底层后，消防人员使用钥匙开关，使电梯处于消防人员专用的紧急状态。此时的控制要求为：

1）电梯只应答轿内指令，而不应答厅外召唤信号，而且一次只能有一个轿内指令。

2）只能通过按操纵箱上的关门按钮才能关门，且关门速度为正常时的 1/2 左右，安全触板等不再起作用。

3）当电梯到达指定楼层后，不自动开门，而需要连续按下开门按钮才能开门，一旦松开按钮则立即自动关门。

4）消防紧急运行仍应在各类安全保护有效的情况下进行。

六、电梯的群控

随着建筑物向大型和高层发展，往往在其中安装多台电梯以满足人们的需要。如果数台电梯各自独立运行，则不能提高运行效率，会造成浪费，因此须根据电梯台数和高峰客流量的大小，对电梯的运行进行综合调配和管理，以提高运送能力，提供最佳服务。这种调配按其功能的强弱可以分为并联控制和机群管理控制两大类，简称并联和群控。

（一）并联控制

这是电梯群控的最简单形式，几台电梯共享一个厅外召唤信号，按预先设定的调配原则，自动地调配某台电梯应答某层的厅外召唤信号。两台电梯并联控制的调度原则为：

1）正常情况下，一台电梯在底层（基站）待命，另一台电梯停留在最后停靠的层站，此梯通常称为自由梯或忙梯。当某层站有召唤信号时，忙梯立即起动，响应该召唤指令。

2）当两台电梯因轿内指令都到达基站后关门待命时，则按“先到先行”的原则来工作，即先到基站的电梯应首先响应厅外召唤，成为忙梯。

3）当A梯上行时，其上方任何方向的召唤信号或是其下方出现的下召唤信号，均应由A梯的一周行程去完成，而B梯则停在基站待命。但A梯下方的上召唤信号，则由B梯起动响应。

4）当A梯正在向下运行时，其上方出现向上或向下的召唤信号，均由在基站的B梯起动响应。但A梯下方出现的任何召唤信号由A梯完成。

5）当A梯正在运行，其他层站的厅外召唤很多，而基站的B梯又不具备应答条件时，若30~60s后召唤信号还没有执行，则通过召唤时间继电器使B梯起动运行。

上述电梯的并联调度原则如图5-40所示。

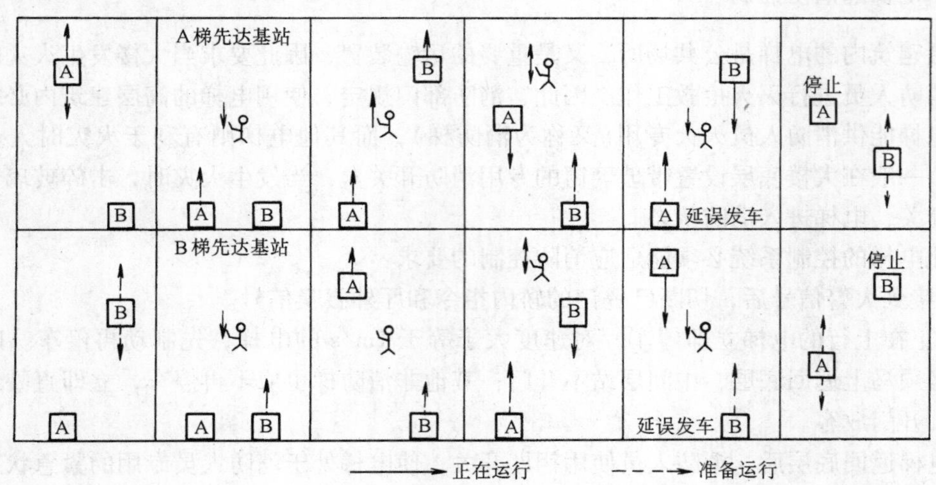

图5-40 两台电梯并联调度原则示意图

（二）多台电梯的群控

当同一建筑物内设置三台以上的电梯且位置比较集中时，就构成了电梯群。为了提高电梯的运行效率和充分满足楼内客流量的需求，尽可能缩短乘客的候梯时间，需要对梯群的运行状态进行自动控制与调节，称为“群控”。

1. 程序调度

根据建筑物内的客流变化情况，把电梯群的工作状态分为几种固定的模式，这些模式又称为程序。群控系统能提供各种工作程序或随机程序(又称无程序)来满足客流变化的典型客流状态。一般可提供下列六种客流状态的工作程序：

1）上行客流顶峰状态。

2）下行客流顶峰状态。

3）客流平衡状态。

4）空闲状态。

5）上行客流较大状态。

6）下行客流较大状态。

这六种状态针对各种交通特征可进行自动或人工切换，选择最合适的工作程序，对乘客提供迅速有效的服务。人工手动切换时，只要将程序转换开关转向某一个程序，则系统将按这个工作程序连续运行，直到转换到另一个工作程序为止；自动切换时，转换开关置于“自动选择”位置，则梯群能自动地选择适宜的工作程序。

采用固定程序群控方式可以使乘客候梯时间明显减少，但其缺点是容易造成电梯空跑，对节能不利，而且需要对交通繁忙情况进行分析，因此当客流变化时，程序的转换有时不能很好地适应当时的交通情况。

2. 分区调度

当固定程序不能满足客流变化的情况时，为了提高电梯利用效率，缩短乘客候梯时间，常采用分区运行控制，这也是电梯群控的一种常见调配方式。如向下的轿厢在高区楼层已经满载的情况，使低区楼层的乘客等待电梯的时间增加。为了有效地应付这种现象，系统将机群投入“分区运行”状态，常用的有固定分区和动态分区两种方法。

固定分区就是按电梯台数和建筑物层数分成相应的运行区域，当无召唤时，各台电梯停在自己所服务区域的首层。各台电梯的服务区域并非不变，而是根据召唤信号的不同，每台电梯的服务区域可随时调整。

动态分区是按一定顺序把电梯的服务区域接成环形，每台电梯负责一定区域的上召唤服务和相邻区域的下召唤服务，且当电梯运行时，每台电梯的服务区域随电梯的位置及运行方向做瞬间变化。

3. 综合成本调度

综合成本的含义是电梯轿厢中乘客的数量与电梯从一层到另一层之间运行时间的乘积。它综合反映了电梯运行的“成本”，对电梯运行的时间、效率、耗能及乘客心理等多种因素给予兼顾，体现了一定的整体优化意义。

4. 心理待机时间评价方式

采用心理性时间评价方式来协调梯群的运行是一种新的群控方法，目前已在一些先进的电梯群控系统中采用，它可以显著地改善人机关系。心理待机时间就是用乘客等待时间这个物理量折算出在此时间中乘客所承受的心理影响。统计表明，随待机时间的延长，乘客焦虑感显著增加。而采用心理待机时间评价值，可以在层站召唤信号产生时，根据某些原则进行大量的统计计算，得出合理的心理待机时间评价值，从而迅速地调配出最佳应召电梯，进行预告。

除了以上介绍的几种方式外，一些先进的群控系统还利用计算机强大的软、硬件资源，使一些新型的群控调度方法在电梯中应用。如采用人工智能理论来实现电梯的调配，在系统软件中用模糊逻辑进行编程，通过专家知识的判断和推理，使计算机像人一样做出判断；有的群控系统在心理待机时间方式的基础上通过软件编程，使电梯具有自学功能，即系统能够在电梯运行中收集、分析大量随机出现的交通状况，且能较准确地预测未来的交通要求。随着智能建筑的出现和发展，作为其子系统的现代化群控系统也必将越来越多地体现出智能控制的特点，从而成为现代群控系统的发展方向。

（三）群控系统的一般实现方法

早期的群控系统利用继电器线路实现，称为“自动模式选择系统”，它把梯群的运行状态划分为几个固定的模式，每一种模式都有与之相对应的固定接线系统。这种有触点的群控系统由于线路复杂、功能简单、故障率高等缺点已不再使用。

第二代群控系统是利用无触点的逻辑元件实现的，由固定程序选择方式发展为呼梯-分配方式，即当出现一个呼梯信号时，系统不仅登记呼梯信号，还按一定原则立即选定一台可供分配的电梯应答。由于数字集成电路可以完成较复杂的逻辑运算，所以这种群控系统可以实现更加合理的调配方案，但不具备人工智能的预报调度功能。

现代群控系统一般都用计算机技术实现，各种不同电梯产品的计算机群控系统在软、硬件的设计上有具体的差别，但主要组成形式基本相似，即设一台高性能的微机用于实现对电梯群的控制与监视，它可以与控制各单台电梯的计算机进行通信，从而构成完整的电梯监视管理系统。

第六节　电梯的管理和维护

实践证明，一部电梯的使用效果好坏，取决于电梯制造、安装、使用过程中管理和维修等几个方面的质量。对于一部经安装调试合格的新电梯，交付使用后能否取得满意的效益，关键在于电梯的管理、安全合理使用、日常维护保养等环节的质量。

一、电梯的管理

电梯功能的发挥及故障率的降低，主要依靠平时经常性的维修保养与管理。对电梯的管理是将维修保养付于实施的保证，因此必须设有专门管理电梯的部门，根据本单位的具体情况和条件，建立电梯管理、使用、维护保养和修理的制度，对电梯实施全面管理，包括对有关人员和设备两方面进行的管理。对司机、维修保养人员，应有计划地进行技术水平培训，定期考评有关人员的应知应会，制定有关人员的岗位责任制并监督实施；对设备应进行经常性安全检查，并接受当地政府部门规定的安全检查工作，制定设备修理计划等。

二、电梯的检查

为了确保电梯能安全、可靠、舒适地运行，应坚持以经常性的维修保养为主，所以电梯的维护人员除应加强日常的维护保养外，还应根据电梯的使用情况，制定切实可行的维护保养和预检修计划，定期按时进行保养、检查和修理，并做好记录。电梯的检查方式有使用单位自行检查和政府有关部门组织的定期安全检查。

(一) 使用单位自行检查

使用单位自行检查包括日常检查、季度检查、年度检查。

1. 日常检查

日常检查是电梯维护、管理人员必须经常进行的检查工作，可按周、月为周期进行。通常每周应检查门锁装置、门保护装置、两端站的限位装置、极限开关等电气安全设施是否正常，工作是否可靠；检查各机件中的滚动、转动、滑动摩擦部位的润滑情况，并进行清扫和补油；检查消防、报警和应急功能，保证其正常工作。每月应检查有关部位的润滑情况，并进行补油或拆卸清洗换油；检查限速器、安全钳、制动器等主要机械安全设施的作用是否正常，工作是否可靠；检查电气控制系统中各主要电器元件的动作是否灵活，继电器和接触器吸合和复位时有无异常的噪声，机械联锁的动作是否灵活可靠等。

2. 季度检查

季度检查主要包括曳引电动机运行时有无异常噪声；减速机是否漏油；减速箱及电动机的温升情况、电磁抱闸的制动可靠性、速度反馈信号的质量、限速器运转的灵活可靠性、控制柜内电气元件动作是否可靠等。

3. 年度检查

年度检查是针对电梯运行过程中的整机性能和安全设施进行的全面检查。整机性能包括舒适感、运行的振动、噪声、运行速度和平层准确度五个方面；安全设施方面主要包括超速、断相、错相、缓冲装置、上下限位等保护功能的检查，同时还应进行电气设备的接地、接零可靠性的检查。根据检查结果确定是否需要大修或中修。有维修能力的单位可组织具备电梯专业维修资格的技术人员自行修理，否则应委托获得政府主管部门颁发电梯维修专业许可证的单位进行维修。

(二) 定期安全检查

定期的安全检查是根据政府主管部门的规定，由负责电梯注册登记的有关部门委派电梯注册或认证工程师进行的安全检查。检查的周期、内容由各地主管部门决定。检查合格的电梯，发给使用许可证，证书注明安全有效期，超过期限的电梯应禁止使用。

三、电梯主要零部件的日常维护和检修

1. 曳引机

(1) 蜗轮减速器　蜗轮减速器运行时应平稳无振动，蜗轮与蜗杆啮合良好。电梯经长期运行后，由于磨损使蜗轮副的齿侧间隙增大，或由于轴承磨损造成轴向游隙增大，使轿厢产生振动或电梯换向运行时产生较大冲击，此时应调整蜗轮轴两端轴承底座的垫片，或更换轴承。

曳引机的润滑是保养的关键，油箱中的润滑油应能在-5~40℃的范围内正常工作。窥视孔、轴承盖与箱体的连接应紧密不漏油。对于蜗杆伸出端用盘根密封者，不宜将压盘根的端盖挤压过紧，应调整盘根端盖的压力，使出油孔的滴油量以每3~5min一滴为宜。如蜗杆伸出端为机械密封结构，发现漏油时应立即更换。

在一般情况下，每年应更换一次减速箱的润滑油。对新安装使用的电梯，在开始的半年内，应经常检查箱内润滑油的清洁度，发现杂质应及时更换，对使用不太频繁的电梯，可根据润滑油的黏度和杂质情况确定换油时间。在正常工作条件下，机件和轴承的温度应不高于80℃，没有不均匀的噪声或撞击声，否则应检查处理。

（2）制动器　制动器的动作应灵活可靠，抱闸时闸瓦与制动轮工作表面应吻合，松闸时两侧闸瓦应同时离开制动轮的工作表面，其间隙应不大于 0.7mm，且间隙均匀。

制动带(闸皮)的工作表面应无油垢，制动带的磨损超过其厚度的 1/4，或已露出铆钉头时应及时更换。轴销处应灵活可靠，可用机油润滑。电磁铁的可动铁心在铜套内滑动应灵活，可用石墨粉润滑。制动器线圈引出线的接头应无松动，线圈的温升不得超过 60℃。

当闸瓦上的制动带经长期磨损后与制动轮工作面间隙增大，影响制动性能或产生冲击声时，应调整衔铁与闸瓦臂的连接螺母，使间隙符合要求。通过调整制动簧两端的螺母使压力合适，在确保安全可靠和满足平层准确度的情况下，应尽可能提高电梯的乘坐舒适感。

（3）曳引电动机　电动机与底座的连接螺栓应紧固。电动机轴与蜗杆连接后的轴度，刚性连接应不大于 0.02mm，弹性连接应不大于 0.1mm。

电动机两端轴承储油槽中的油位应保持在油位线上，至少应达到油位线高度的一半以上。同时应注意油的清洁度，发现杂物及时更换新油。换油时，应把油槽中的油全部放出，并用汽油洗净后，再注入新油。在正常情况下，轴承的温升不得超过 80℃。由于轴承磨损产生不均匀的异常噪声或造成电动机转子的偏摆量超过 0.2mm 时，应及时更换轴承。

电动机的绝缘电阻值应不小于 0.5MΩ，低于规定值时，应用汽油、甲苯或冷四氯化碳清除绝缘体上的异物，并经烘干后喷涂绝缘漆，以确保绝缘电阻不小于 0.5MΩ。

（4）曳引绳轮　检查各曳引绳的张力是否均匀，防止由于各曳引绳的张力不均匀而造成曳引绳槽的磨损量不一。测量各曳引绳顶端至曳引轮上轮缘间的距离，如出现相差 1.5mm 以上时，绳槽应就地重车或更换曳引绳轮。

检查各曳引绳底端与绳轮槽底的距离，防止曳引绳落到槽底后产生严重滑移，或减少曳引机曳引力的情况。经检查，有任一曳引绳的底端与槽底的间隙小于等于 1mm 时，绳槽应重车或更换曳引绳轮。但重车后，绳槽底与绳轮下轮缘间的距离，不得小于相应曳引绳的直径。

（5）速度反馈装置　各类闭环调速电梯电气控制系统的测速装置采用直流测速发电机时，每季度应检查一次电刷的磨损情况。如磨损情况严重，应修复或更换，并清除电动机内的炭末，给轴承注入钙基润滑脂。采用光敏开关时，应用酒精棉球擦去发射和接收管上的积灰。

2. 限速器和安全钳

限速器和安全钳的动作应灵活可靠，在额定速度下运行时，应没有异常噪声，转动部位应保持良好的润滑状态，油杯内应装满钙基润滑脂。限速器绳索伸长到超过规定范围，而且碰触断绳开关时，应及时将绳索截短，防止因此而切断控制电路，影响电梯的正常运行。限速器钢丝绳更换要求与曳引绳相同。限速器的夹绳部位应保持干净无油垢。

安全钳的传动机构动作应灵活，转动部位应用机油润滑。安全嘴内的滑动、滚动机件应涂适量的凡士林，以润滑和防锈。楔块与导轨工作面的距离应为 2~3mm，且间隙均匀。

3. 自动门机构

应定期检查开关门电动机电刷及炭末，磨损严重时应及时更换。电动机轴承应定期清洗并更换新的润滑脂。

减速机构的传动带张力应合适，由于传动带伸长而造成打滑时，应适当调整带轮的偏心轴和电动机底座螺钉，使传动带适当张紧。

门滑轮在门导轨上运行时，应轻快并无跳动和噪声。门导轨应保持清洁，定期擦洗并涂少量润滑油。由于门滑轮磨损，使门扇下落，门扇与踏板间隙小于 4mm 时，应更换新滑轮。

挡轮与导轨下端面的间隙应为 0.5mm，否则应适当调整固定挡轮的偏心轴。安全触板及其控制的微动开关动作应灵活可靠，其碰撞力不大于 4.9N。

4. 自动门锁

每月检查一次自动门锁的锁钩、锁臂及滚轮是否灵活，作用是否可靠，给轴承挤加适量的钙基润滑脂。每年彻底检查和清洗换油一次。

定期以检修速度控制电梯上下运行，对于单门刀的电梯应检查门刀是否在门锁两滚轮的中心，避免门刀撞坏门锁滚轮，对于双门刀的电梯应检查门刀有无碰擦门锁轮的情况以及由于门锁或门刀错位，造成电梯运行时中途停车。

检查门关闭时，门锁工作是否可靠，是否能把门锁紧，在门外能否把门扒开，其扒开力应不小于 196.1N。

5. 导轨和导靴

采用滑动导靴时，对于无自动润滑装置的轿厢导轨和对重导轨应定期涂钙基润滑脂（GB/T 491—2008）。若设有自动润滑装置，则应定期给润滑装置加 HJ-40 机械油（GB 443—1989）。应定期检查靴衬的磨损情况，靴衬工作面磨损量超过 1mm 以上时更换新靴衬。

采用滚轮导靴时，导轨的工作面应干净清洁，不允许有润滑剂，并定期检查导靴上各轴承的润滑情况、添加润滑脂和定期清洗换油。导轨的工作面应无损伤，由于安全钳动作造成损伤时，应及时修复。固定导轨的压导板螺栓应无松动，每年应检查紧固一次。

6. 曳引钢丝绳

经常检查各曳引绳之间的张力是否均匀，相互间的差值不得超过 5%。若曳引绳磨损严重，其直径小于原直径的 90%，或曳引绳表面的钢丝有较大磨损或锈蚀严重时，应更换新绳。当曳引绳各股的断丝数超过表 5-4 的规定时，也应更换。

表 5-4　曳引绳断丝、磨损、锈蚀表

断丝、表面磨损或锈蚀为其直径的百分数(%)	在一个捻距内的最大断丝数	
	断丝在绳股之间匀布	断丝集中在 1 或 2 个绳股中
10	27	14
20	22	11
>30	16	8

曳引绳过分伸长应截短重做曳引绳锥套。曳引绳表面油垢过多或有砂粒等杂物时，应用煤油擦洗干净。

7. 缓冲器

弹簧缓冲器顶面水平度应不大于 4/1000mm，并垂直于轿底缓冲板或对重装置缓冲板的中心，固定螺栓应无松动。

油压缓冲器用油的凝固点应在−10℃以下，黏度指标应在 75%以上。油面高度应保持在最低油位线以上。应经常检查油压缓冲器的油位及漏油情况，低于油位线时，应补油注油。所有螺钉应紧固。柱塞外圆露出的表面，应用汽油清洗干净，并涂适量防锈油（可用缓冲器油）。应定期检查缓冲器柱塞的复位情况。

8. 导向轮、轿顶轮和对重轮

导向轮、轿顶轮和对重轮轴与铜套等转动摩擦部位，应保持良好的润滑状态，油杯内应装满润滑脂并定期清洗换油，防止由于润滑脂失效或润滑不良造成抱轴事故。

9. 电气控制设备

（1）选层器和层楼指示器　定期检查传动机构的润滑情况，动触点和静触点的磨损情况，并检查调整各触点的接触压力是否合适，各触点引出线的压紧螺钉有无松动。要经常使电梯在检修慢速状态下，在机房的钢带轮和轿顶上仔细检查钢带有无断齿和裂痕现象，连接螺钉是否紧固，发现断齿和裂痕时，应及时更换。

（2）端站保护装置　经常检查端站限位开关或端站强迫减速装置的动作和作用是否可靠，开关的紧固螺钉是否松动。通过检查调整使每个开关内的触点具有足够大的接触压力，清除各触点表面的氧化物，修复被电弧造成的烧蚀，确保开关能可靠接通和断开电路。

（3）控制柜　在断开控制柜输入电源的情况下，定期清扫控制柜内各电器元件上的积灰和油垢。定期检查和调整各接触器和继电器的触点是否具有足够大的接触压力。当压力不够大时，应用扁嘴钳调整触点的根部加大其接触压力，切忌随意扳扭触点的簧片，破坏簧片的直线度，降低簧片的弹性，导致接触压力进一步减小。

定期清除各触点表面的氧化物，修复由电弧造成的烧伤，并紧固各电器元件引出引入线的压紧螺钉。定期检查熔断器熔体与引出引入线的接触是否可靠。如需更换熔断器，则注意使其熔断电流与该回路相匹配。

对控制柜进行比较大的维护保养后，应在断开曳引机电源的情况下，根据电气控制原理图检查各电器元件的动作程序是否正确无误，接触器和继电器的吸合复位过程是否灵活，有无异常的噪声，避免造成人为故障。

（4）换速、平层装置　应定期使电梯在检修慢速状态下，检查换速传感器和平层传感器的紧固螺钉有无松动，隔磁板在传感器凹形口处的位置是否符合要求，双稳开关与磁豆（圆柱形磁铁）、光敏开关与遮光板的相对距离有无变化，干簧管和双稳态开关、光敏开关等能否可靠工作。

（5）安全触板　应定期检查安全触板开关的动作点是否正确，开关的紧固螺钉是否松动，引出引入线是否有断裂现象。

（6）门电联锁开关　应经常检查门电联锁开关的动作是否灵活可靠，自动门锁锁钩上的导电片碰压桥式触点是否合适，应经常检查导电片与桥式触点之间有无虚接现象。

（7）自动开关门调速开关和断电开关　应定期检查开关打板、开关的紧固螺钉、开关引出引入线的压紧螺钉有无松动，打板碰撞开关时的角度和压力是否合适，并给开关滚轮的转动部位加适量润滑油。

第七节　电梯的故障及分析

由于电梯机电系统的零部件及元器件不能正常工作，有异常的振动或噪声，严重影响电梯乘坐舒适感，失去设计中的一个或几个主要功能，甚至不能正常运行，必须停机待修或造成设备及人身事故的情况，通称为故障。

一、电梯故障的类别

造成电梯故障的原因是多样的，电梯一旦发生故障，首先应搞清故障类别，才能解决问题。各类电梯主要有以下几种故障。

（1）设计、制造、安装故障　一般说来，新产品的设计、制造和安装都有一个逐步完善的过程。当电梯发生故障以后，维护人员应找出故障所在的部位，然后分析故障产生的原因。如果是由于设计、制造、安装等方面的原因所引起的故障，必须与制造厂家和安装维修部门联系，共同来解决问题。

（2）操作故障　这类故障一般是由使用者不遵守操作规程引起的。

（3）零部件损坏故障　这一类故障是电梯运行中最常见的，也是最多的，如机械部分传动装置的相互摩擦，电气部分的电器触点烧灼、电阻过热等。

二、电梯常见故障

（一）机械系统的故障

机械系统的故障率是比较低的，占全部故障的10%～15%。但是，机械系统一旦发生故障，却往往会造成比较严重的后果。轻则需要较长时间的停机修理，重则可能造成严重的设备或人身事故。所以应做好日常维护保养，尽可能地减少机械系统的故障。

1. 机械系统的常见故障

（1）润滑系统的故障　由于润滑不良，或润滑系统的某个部件的故障，造成转动部位发热、烧伤、烧死或抱轴，从而使滚动或滑动部位的零件损坏。

（2）机件带伤运转　由于忽视了预检修工作，因而未能及时发现机件的转动、滑动或滚动部件的磨损情况，致使机件带伤长时间运转，从而造成机件磨损报废，被迫造成停机修理。

（3）连接部位松动　电梯的机械系统有许多部件是由螺栓连接的。电梯在运行过程中，由于振动而造成连接螺栓松动，零部件发生位移，或失去相对精度，从而造成磨损、碰坏、撞毁电梯机件，被迫停机修理。

（4）平衡系统的故障　当平衡系统与标准要求相差太远，或者严重超载时，会造成轿厢蹲底或冲顶。事故一旦出现，限速器、安全钳就会动作，从而迫使停机修复。

2. 故障的检查和排除

出现以上各种故障现象的主要原因，就是日常维护保养不够。如果能及时润滑有关的部件，紧固连接螺栓，就可以极大地减少故障的发生。若故障一旦发生，维修人员应首先向司机或乘客了解故障发生时的情况和现象。如故障所在部位无法准确判定，但电梯还可以运行，可以到轿厢内亲自控制电梯上下运行数次，或请司机或其他人员控制电梯上下运行，自己则到有关部位，通过观察、实地测量、分析，判断故障发生的准确部位。故障部位一旦确定，按有关技术文件的要求，仔细地将出现故障的部件，进行拆卸、清洗、检查、测量，从而确定故障原因，并进行修复或更换。

（二）电气系统的故障

电梯电气系统的故障率最高而又最集中，造成电气系统故障的原因是多方面的，其主要原因是电器元件质量和维护保养质量。

1. 电气故障的划分

电梯电气故障多种多样，按范围可分为门系统故障、安全系统故障、控制系统故障等；按故障性质，可分为断路故障、短路故障及外界的干扰。

(1) 断路故障　采用继电器构成的电梯控制电路，其故障多发生在继电器的触点上，且多为触点接触不良。如果触点被电弧烧蚀、烧毁，触点表面有氧化层或触点的簧片由于被电弧加热后又自然冷却，从而失去弹性，都会造成断路，从而导致电气控制系统断电而停止工作。

(2) 短路故障　电气绝缘材料老化、失效或受潮，以及外界的因素，使元件的绝缘层损坏，或者金属物体掉入电气控制系统内，这些可能造成电气系统的短路。常见的还有方向接触器或继电器的机械和电气联锁装置失效时，造成方向接触器或继电器抢动作，而不能正常开合；或是接触器的触点通断产生的电弧，使周围的空气介质击穿，这些也可能造成短路故障。

断路，仅会使电梯的整体或某一部分由于失去电力而停止工作，一般不会造成大的损失。而短路，却会使电流急剧增加，轻者烧毁熔断器，重者则会烧毁电器元件，甚至会造成火灾，更要引起警惕。

(3) 外界的干扰　电子技术的发展、微机等先进设备的使用，使电梯的电气控制系统发展为无触点化，克服了继电器触点的弊病。但是若屏蔽措施不当，不能防止外来信号的入侵，就会造成控制系统的误动作，以至烧毁元器件，或者造成重大的事故。

2. 电气故障的判断方法

电梯的电气控制系统，结构复杂且又分散。要想迅速地查明故障，必须很好地掌握电气控制系统的电路原理，并真正弄清楚电梯的全部控制过程，熟识各元件的安装位置和线路敷设情况，掌握各电气元件之间的相互控制关系及各个触点的作用。另外在判断和检查排除故障之前，必须彻底搞清楚故障的现象，这样才能迅速找出故障点，然后根据排除故障的正确方法，迅速排除故障。

常用的电气故障排察方法有：

1) 观察法。电梯一旦发生故障，首先要采用看、听、闻，查找故障的所在。所谓看，就是用眼看一下电气元件的外观颜色，是否改变；该闭合的继电器的触点，是否闭合；该断开的，是否已断开。听，就是用耳朵听一听，工作中的电路是否有异常的声响。闻，就是用鼻子闻一下是否有异味。如果电路异常，尤其是短路，将会使绝缘层烧毁，常会有异常的气味出现。如果有异味出现，尤其是伴随着烟雾，运行中的电梯，应就近停驶。已停驶的电梯，绝不能再次起动。

2) 推断-替代法。如果用观察法或者根据电路原理图，能推断出故障可能发生在某处，但经观察，该处元件没有发现异常。此时，可将被认为有问题的元件取下来，换上好的元件，看故障是否能被排除。若故障消失，则可断定该元件有问题。若未消失，需继续查找。

3) 电阻法。就是用万用表的电阻档，检测电路的电阻值是否有异常。这是检测电路断路或短路的最有效方法。但必须注意，用电阻法测量故障时，一定要断开电源，万不可带电检测。

4) 电压法。就是利用万用表的电压档检测电路。检测时，一般先检查电源的电压或主电路的电压，看是否正常。继而可检查开关、继电器、接触器应该接通的两端，若电压表上有指示，则说明该元件断路。若线圈两端的电压值正常，但触点不吸合，则说明该线圈断路或是损坏。采用电压法检测电路时，必须在电路通电的情况下进行，因而一定要注意自身的安全。同时要注意被检测部位正常的电压值，是直流还是交流，以便选择合适的电表档位，以避免发生事故或损坏仪表。

5）短路法，主要是用来检测某个开关是否正常的一种临时措施。若怀疑某个开关或某些开关有故障，可将该开关短路。若故障消失，则证明判断正确，应立即更换已坏的开关。但绝不允许用短路线代替开关，尤其是急停继电器开关和层门、轿门开关。

6）低压灯泡检测法。万用表虽是检测电气故障常用的仪器，但在实际应用中，确实有诸多不便。在实际应用中，常用一个耐压220V的灯泡，只要运用得当，即可方便地替代万用表，尤其是判断断路故障，更是方便。用作故障检查的灯泡，应选用功率较小，并带有防护罩的。

用低压灯泡检测的具体方法是：

根据故障的表现，确定故障的性质和范围后，令电梯停止运行。检查者手持低压灯泡两绝缘导线，先从有故障电路的两端搭接。若灯泡亮，则说明搭接点以外的电路正常。然后，固定一端不动，另一端逐渐往固定的一端移动，直到某处灯泡不亮，则故障点发生在两接点以内的部分。拉断电源，用万用表仔细查找，即可确定故障点。

7）程序检查法。就是模拟司机或乘客的操作程序，给电梯控制系统输入相应的信号，使有关的继电器或接触器吸合，或者用手直接推动有关的继电器或接触器，使其处于吸合状态，然后仔细观察控制柜内各有关的继电器、接触器的动作程序，是否符合电路原理图的要求。根据继电器或接触器的动作顺序或动作情况，就可以得知有关电气控制系统是否良好，从而缩小了故障范围。

程序检查法特别适用于故障现象不太明显，或故障现象虽明显，但牵扯范围比较大的情况，也适用于对电气控制系统进行比较大的整修或更换大的元件后，检验修理效果。该方法使我们能迅速地确认控制系统的技术状态是否良好，也为搞清故障现象，分析判断故障性质，缩小故障范围，迅速排除故障，提供了方便条件。程序检查法不仅适用于有触点的控制系统，也适用于无触点的控制系统。当使用该方法时，为确保安全，防止轿厢随检查试验而运行或发生溜车事故，应把曳引机的电源引线及制动器线圈的引入线暂时拆除。

三、交流双速电梯常见故障分析与排除

1. 电梯运行时发生抖动与晃动

（1）故障原因分析　这种故障大多为机械原因所致，如：

1）减速器蜗轮蜗杆磨损，齿侧间隙过大，或蜗轮推力轴承磨损。

2）曳引机地脚松动或蜗杆轴与电动机轴不同心，使制动轮径向跳动。

3）电动机惯性飞轮失调不平衡。

4）抱闸间隙过小，瓦块张开间隙不匀，严重摩擦制动轮。

5）2∶1绕绳时轿厢顶轮不平行或垂直偏差大，造成曳引钢丝绳歪斜。

6）靴衬磨损过大。

7）导轨支架活动，安装误差过大、连接板松动、两轨接口不平有台阶等。

8）曳引钢丝绳受力不匀，承接弹簧张力不一样。

9）轿厢扭曲变形、安全钳间隙不匀。

10）减速箱内油干涸或太多。

11）反馈系统接线松脱，反馈电压变化。

(2) 排除故障方法

1) 可调节轴承座垫片来调节减速箱中心距或更换蜗杆、蜗轮。

2) 拧紧电动机地脚螺栓和挡板的压紧螺钉。

3) 调整电动机轴与蜗杆轴的同心度。

4) 调整抱闸，使其间隙、主弹簧松紧度符合要求。

5) 校正轿顶轮的垂直度及轮间平行度。

6) 更换导轨靴衬或滚轮。

7) 校正导轨、加固支架、修平接口。

8) 调整绳头螺母，使各根钢丝绳松紧一致。

9) 校正轿厢，调整安全钳间隙。

10) 检查并更换齿轮箱油，使其油位合适。

2. 电梯突然停止运行

(1) 故障原因分析　电梯运行时应确保其运行的连续性，正运行的电梯突然停止运行，则可能有以下方面的故障：

1) 供电电源停电。

2) 控制电源熔断器烧断或控制开关跳闸。

3) 门刀碰触门滚轮使门锁断开，引起控制电路断电。

4) 限速器钢丝绳拉伸，触碰极限开关。

5) 导轨直线度偏差与安全钳楔块间隙过小，擦碰导轨，引起摩擦阻力，致使误动作。

6) 制动器故障使之抱闸。

7) 可能是电梯过载，使主电路中热继电器动作，电压继电器失电释放，控制电路断电。

8) 可能是电梯轿厢顶上的安全窗未关好，安全窗开关接触不良造成电梯无法正常工作。

(2) 故障排除方法

1) 检查停电原因，若停电时间过长，可采取解救措施。

2) 调整门刀与门滚轮位置，使门锁继电器不致误动作。

3) 调整或更换限速器钢丝绳，确保运行中无跳动；检查调整限速器极限开关的位置。

4) 检查和调整导轨的直线度和平行度精度，调整安全钳楔块与导轨的间隙，保证间隙在 2~3mm，并应有良好的润滑。

5) 检查控制电源熔断器是否熔断，若熔断应及时更换；检查热继电器是否动作，若动作应使其复位，并调整其电流整定值。

6) 检查调整电压继电器回路各开关情况，各开关接触应可靠。若安全钳与安全钳开关动作，应查明故障原因并排除后方可恢复。

3. 安全钳误动作

(1) 故障原因分析　安全钳误动作原因有两个：一是限速器误动作引起安全钳误动作；二是安全钳自身卡阻梗塞而产生误动作。原因如下：

1) 限速器与电梯不配套、油路不畅、安装位置不正、偏差过大、内部油垢太多，使棘爪与转轮挂住等。

2) 导轨上有毛刺、台阶等。

3）安全钳楔块与导轨之间积聚污垢造成间隙过小。

4）轿厢与导轨中心不一致，造成楔块与导轨之间间隙不均匀所致。

5）安全钳拉杆扭曲变形，安全钳复位弹簧刚度小，不能自行复位，使安全钳在轿厢行驶中误动作。

6）张绳轮张力不够大，或安全钢丝绳拉长也会使安全钳误动作。

（2）排除故障方法

1）检查排除限速器误动作故障。

2）校正导轨间距，打磨修光导轨台阶毛刺。

3）清洁并调校安全钳楔块，使其与导轨间距达到两边一致。清除油垢、污泥使楔块灵活，动作一致。

4）截短安全钢丝绳，调整张紧轮张力。

4. 电梯门不能开启和关闭

（1）故障原因分析

1）开关门电动机已坏或门机制动器咬死。

2）链条脱落、带未张紧、同步带脱落，其原因是主动轴与从动轴中心偏移。

3）门上坎导轨下坠，使门下框扫地。

4）门脚撞坏嵌入地坎，造成不能开启和关闭。

5）可能是门电动机控制电源故障，如门机电源的熔断器熔断或门机限流电阻损坏，都使门机无工作电压，无法正常工作。

6）可能是层门上门锁机械/电气互锁装置松动，或是控制柜上开门与关门互锁装置故障。

（2）故障排除方法

1）检查门电动机，若已坏应立即更换，并调整制动器的吸合间隙。

2）校正从动支撑杆以及两轴平行度，使它们在同一个中心平面上，以防止传动带、链条脱落。

3）检查与更换门脚并修正地坎滑槽，调整上坎导轨直线度并确保门下框与地坎间隙为4~6mm。

4）检查和测量熔断器是否熔断，若熔断则应及时按要求更换。测量限流电阻两端电压，若为零，则说明限流电阻已坏，应更换限流电阻或调整控制电路。

5）调整门锁联锁装置的尺寸及灵敏性。

5. 开关门时门扇振动或跳动

（1）故障原因分析

1）门导轨凹凸不平，弯曲变形，偏心压紧轮间隙过大。

2）吊门滚轮严重磨损，门下端扫地。

3）地坎滑道脏、阻塞，滑块受阻。

4）开门刀与门滚轮间隙过大等。

（2）故障排除方法

1）清理地坎滑道，调校、修理门导轨。

2）修理或更换吊门滚轮，调正偏心轮间隙。

3）调整厅、轿门的相对平行度和门刀与门滚轮间隙，使其不能碰撞等。

6. 电梯平层之后门打不开，又继续运行

（1）故障原因分析　此故障多是门有故障打不开，前方层站有人选层所致。门打不开故障原因有：

1）开门控制回路熔体松动或熔断。

2）开门限位开关接触不良或折断，使开门继电器吸合不上。

3）关门与开门继电器的常闭触点断开。

4）开门继电器不能吸合，线圈坏了。

5）平层后门区继电器失效。

（2）故障排除方法

1）更换开门回路熔体，并将故障排除。

2）检查修理开门限位开关。

3）检查开、关门继电器，将互锁常闭触点修复。

4）检查门区感应永磁开关与门区继电器，修复或更换门区感应永磁开关、门区继电器或继电器回路的元器件。

7. 电梯平层误差大

（1）故障原因分析　平层误差大有几种情况：一是上行平层高，下行平层低；二是上行平层低，下行平层高；三是无论上行或下行均偏高或偏低。要不同情况不同对待，共同的原因为：

1）制动器抱闸弹簧过松或过紧，抱闸间隙过大或过小，闸瓦包络不均匀。

2）平衡系数欠佳，对重偏轻或偏重。

3）平层装置位置欠准确，固定螺母松动。

4）层楼感应器干簧开关没动作。

5）方向接触器释放过快或迟滞，造成抱闸动作不准确。

（2）故障排除方法

1）调整制动器弹簧压力。

2）调准平衡系数。

3）检查调整紧固平层隔磁板。

4）修理方向接触器。

8. 主电源熔体经常烧断

（1）故障原因

1）熔体过小，压接不牢。

2）接触器触点接触不良。

3）电动机起、制动时间过长；起、制动电阻，电抗接触不良。

4）熔体选取材料不一致；电动机三相导线有一根较松或没压牢。

5）拖动机械卡阻。

6）电动机轴承磨损、扫膛；绕组绝缘不好，引起电流过大等。

（2）故障排除方法

1）合理选用三相熔体，选用同样规格和同样材质的熔体；禁用双股或多股熔体。

2）检查包括阻抗在内的主电源回路，保证没有断开或接触不良及压接不牢处。

3）检查电动机，电动机应处于良好运行状态；测其电流，三相电流应平衡，且不超过标定值。

4）检查、测量线路绝缘，设备与线路不得有接地、短路现象。

5）拖动系统不能有卡阻现象。

6）调整快、慢车热继电器，使其合适、好用。

9. 轿厢上(下)行换速后立即停车

（1）故障原因分析

1）防止溜车时间继电器的延时断开常闭触点接触不良，使上(下)方向接触器释放。

2）可能是控制电路插件板上的元器件损坏。例如电容击穿；整流晶闸管损坏，使触发器、放大器或晶闸管整流电路不能正常工作；零速继电器释放使运行继电器和上(下)方向接触器相继释放，电梯停驶。

3）快车接触器辅助触点接触不良，使控制电源变压器无电源，造成零速继电器、运行继电器不能吸合，换速继电器吸合后，造成上(下)行接触器和继电器不能保持吸合而急停梯。

4）运行继电器触点接触不良，电梯换速后造成上(下)接触器、继电器不能保持吸合而停车。

5）给定曲线分压器无电源电压，使电梯急停。

6）测速发电机故障，不能发电或传动带断，使其无输出，晶体管电路无电压而截止，随之零速继电器释放，接着运行继电器、上(下)行接触器释放，使电梯停驶。

（2）故障排除方法

1）先到机房观察测速发电机的传动带是否松脱断掉，测量测速发电机有无电压输出。

2）测量防溜车时间继电器延时断开的常闭触点是否良好。

3）检查运行继电器触点接触是否良好。

4）如果上述部分均正常，可更换备用插件试车。若系插件上元器件故障，则需检测插件板上损坏的元器件。

10. 电梯不能换速，只有单一速度运行

（1）故障原因分析　发生不能换速故障，大都是换速线路不通，换速信号输不进 PC 或开关不起作用。主要原因有：

1）快速接触器主触点烧死断不开，使常闭触点闭合不上，造成慢速接触器不能吸合。

2）慢速接触器机件卡住，吸合不上。

3）直驶电路发生短路故障。

（2）故障排除方法

1）检查换速回路，排除线路故障。

2）检查快速运行接触器，排除联锁触点故障。

3）将慢速接触器故障排除。

4）到底坑检查满载开关，看是否动作；检查直驶按钮，将短路故障排除。

11. 电梯无法选欲达层站

（1）故障原因分析　产生该故障有两种情况：一是全部层站都无法选；二是个别层站

无法选。全部层站都无法选的可能原因是：

1）电梯处于检修状态。

2）选层定向电路有断路。

个别层站无法选的可能原因是：

1）所选层站的内指令按钮接触不良，或内选电路不通，也可能是内选继电器线圈损坏，吸合不上。

2）所选层站记忆信号电路故障，使信号无法记忆。

（2）故障排除方法

1）检查检修开关和检修接触器。

2）检查选层定向电路上的所有元器件与线路，将断路和接触不良的故障排除。

3）检查无法选的层站的指令按钮和继电器，排除接触不良和不能自保故障。

4）对所有无法选的层站的按钮、继电器全面检查并排除故障。

12. 电梯运行中未选层站停车

（1）故障原因分析　主要是选层电路中停站电路和元器件短路造成的，原因可能是：

1）快速继电器保持回路触点接触不良，释放后使慢速接触器吸合而造成不到停层站而停车。

2）所停层站的井道内装的永磁感应器失效，使该层站的继电器吸合。

3）所停层站门滚轮偏斜，被开门刀拨动。

4）所停层站部位的导轨上有毛刺、台阶等使安全钳动作或轿厢晃动，使张绳轮上的断绳开关动作等。

（2）故障排除方法

1）检查快速接触器回路，更换故障元器件。

2）检查选层站上所停层站的开关电路，将故障排除。

3）检查停梯层站井道内的永磁感应器，修理或更换故障元器件。

4）检查门滚轮、门导轨，将位置调正，把有毛刺、台阶的导轨打磨光。

习　题

1. 电梯由哪几大部分组成？各有什么作用？包括哪些器件？

2. 电梯的轿厢是如何实现升降的？为什么要设对重？

3. 自动门系统中自动门机是如何实现开关门的？

4. 电梯有哪些机械安全保护装置？举例说明它们分别是如何实现保护功能的。

5. 选层器有什么作用？有哪些选层方式？

6. 电梯的闭环传动系统由哪几部分组成？说明其工作原理。

7. 电梯失控有可能造成冲顶或蹲底时，什么装置起到保护作用？电梯的最后一道保护装置是什么？它们是如何实现保护的？

8. 何谓集选控制？简述集选控制的功能。

9. 什么是电梯的并联控制？什么是电梯的群控？

10. 电梯的日常维护包括哪些内容？

11. 什么是电梯的故障？电梯主要有哪几种故障？

12. 常用的电气故障的排察方法有哪几种？分别应如何操作？

13. 开门运行是电梯最危险的故障，怎样防止开门运行？

14. 根据电梯控制原理，回答下列问题：

1）如果在开门后，不能手动关门是什么原因？

2）电梯在运行中突然停车是什么原因？

3）电梯运行中发抖、晃动是什么原因？

4）若电梯在上升时总是停的太高，应调整什么器件？如何调整？

5）如果电梯只能单一方向运行是什么原因？

第六章　智能楼宇设备

第一节　楼宇智能化的概述

随着现代电子技术的发展，现代建筑技术、信息技术、自动化控制技术、电子技术和计算机技术的普及应用，楼宇和住宅小区正在面临智能化的革命，那么具备什么条件才是“智能化”的楼宇或者住宅小区？

简单地说，智能化楼宇是以建筑物为平台，兼备信息设施系统、信息化应用系统、建筑设备管理系统、公共安全系统等，集结构、系统、服务、管理及其优化组合为一体，向人们提供安全、高效、便捷、节能、环保、健康的建筑环境。

智能楼宇应主要体现在对用户（住户）提供安全、舒适、快捷的优质服务，比如报警监控、消防防灾、广播呼叫等安全服务，空调、供热、电视、网络等舒适服务，信息传输、通信网络、办公等快捷服务；对管理者建立先进的管理机制，包括运用先进的软件技术、加强管理人员的素质，即建立先进的综合管理机制；在运营方面降低运营成本，通过管理的科学化、智能化，使得楼宇的各类机电设备的运行、管理和保养维修更趋于自动化，从而节约能耗、降低人工管理费用及维修费用等。

智能楼宇是多学科、高新技术的巧妙集成，也是综合经济实力的象征。大量高新技术竞相在此应用，智能建筑的支持技术有：建筑技术（Architecture）、计算机技术（Computer）、通信技术（Communication）和自动控制技术（Control），也称为 3C+A 的技术，如图 6-1 所示。建筑技术提供建筑物环境，是支持平台；计算机技术与信息技术的高度结合提供了信息基础设施；计算机技术与自动控制技术的结合为人们创造了高度安全、感觉舒适、快捷便利、高效节能的工作环境；现代通信技术使用多元信息的传输、控制、处理和利用，丰富的信息资源，完善、快速的信息交换，大大提高了人们的工作效率。

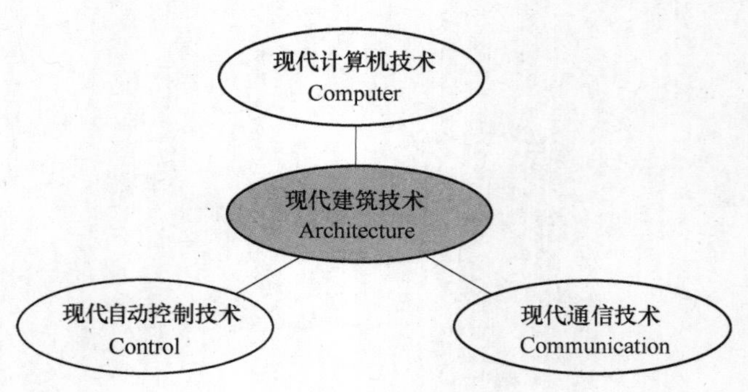

图 6-1　3C+A 的智能楼宇支持技术

若要表示智能楼宇的内涵，则可以用 BAS、OAS、CAS、SCS 表示结构，如图 6-2 所示。

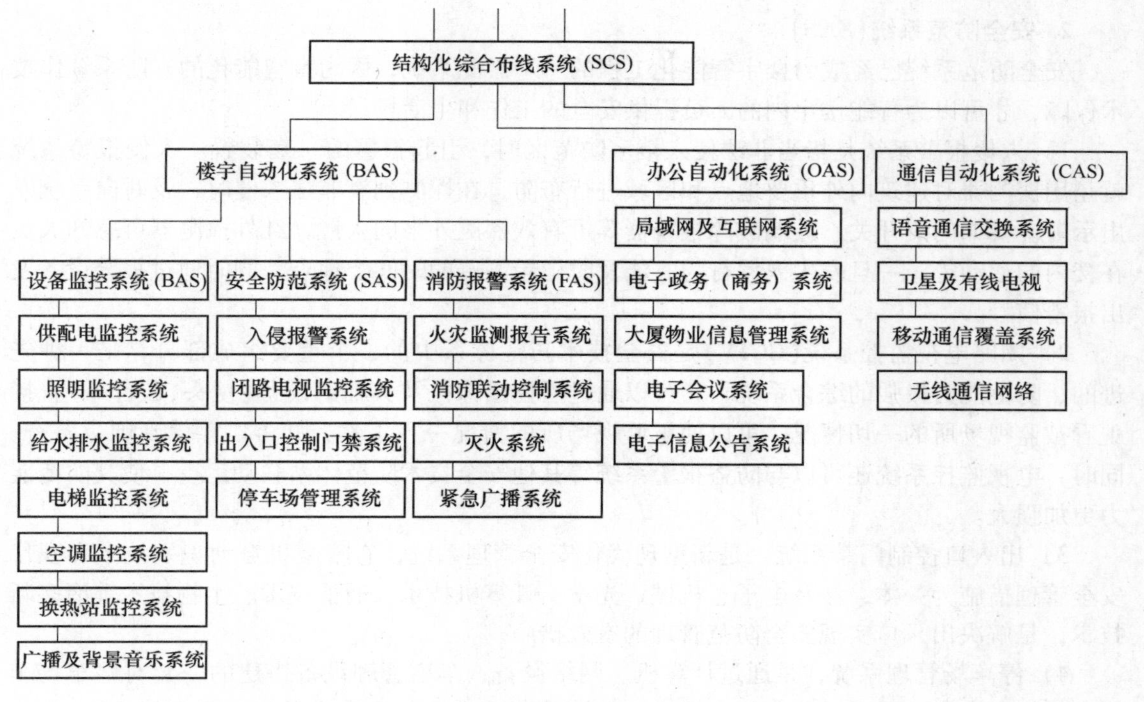

图 6-2　智能楼宇的结构

一、楼宇自动化系统（Building Automation System，BAS）

广义上的 BAS 包括设备监控系统（BAS，即狭义 BAS）、安全防范系统（SAS）、消防报警系统（FAS）三部分。BAS 的实现技术主要涉及自动控制技术、计算机管理及系统集成技术，包括单机自动化（指单个设备可以执行自动检测、调节，以便实现分散设备的优化控制和管理）、分系统自动化（指各个设备、设施按功能划分成各个子系统，诸如电力供应与管理、照明控制与管理、消防报警与控制、安保监控等子系统分别实现自动监控）、综合自动化（指上述多个子系统组合为一个整体，实现全局的优化控制和管理）。分系统级和全系统级的自动监控系统近年来多采用集散式结构，实现集中监视、分散控制。

1. 设备监控系统（BAS）

这也是狭义上的建筑设备自动化系统，包括以下功能：

1）对供配电系统、变配电设备、应急（备用）电源设备、直流电源设备、大容量不停电电源设备的监视、测量、记录。

2）对动力设备和照明设备进行监视和控制。

3）对给水排水系统的给水排水设备、饮水设备及污水处理设备等运行工况的监视、控制、测量、记录。

4）对电梯及自动扶梯的运行监视、记录、报警。

5）对空调系统设备、通风设备及环境监测系统等运行工况的监视、控制、测量、记录。

6）对热力系统的热源设备等运行工况的监视、控制、测量、记录。

7）提供良好的公共广播及背景音乐。

2. 安全防范系统(SAS)

安全防范系统已经成为楼宇智能化工程的一个必配系统，因为有智能化的安防系统作技术保障，才可以为智能楼宇内的人员提供安全的工作和生活场所。

1）入侵报警系统是指当非法侵入楼宇防范区时，引起报警的一套装置。入侵报警系统就是用探测器对建筑内外重要地点和区域进行布防，在探测到有非法入侵时，及时向系统发出示警。譬如门磁开关、玻璃破碎报警器等可有效探测外来的入侵，红外探测器可感知人员在楼内的活动等。一旦发生入侵行为，能及时记录入侵的时间、地点，同时通过报警设备发出报警信号。

2）闭路电视监控系统(CCTV)是安全技术防范体系中的一个重要组成部分，是一种先进的、防范能力极强的综合系统，它可以通过遥控摄像机及其辅助设备(镜头、云台等)直接观看被监视场所的一切情况，可以使被监视场所的情况一目了然，并可以存储到硬盘备查。同时，电视监控系统还可以与防盗报警系统等其他安全技术防范体系联动运行，使其防范能力更加强大。

3）出入口控制门禁系统，是新型现代化安全管理系统，它集微机自动识别技术和现代安全管理措施为一体，涉及电子、机械、光学、计算机技术、通信技术、生物技术等诸多新技术，是解决出入口实现安全防范管理的有效措施。

4）停车场管理系统，是通过计算机、网络设备、车道管理设备搭建的一套对停车场车辆出入、场内车流引导、收取停车费进行管理的网络系统。它通过采集记录车辆出入记录、场内位置，实现车辆出入和场内车辆的动态和静态的综合管理。系统一般以射频感应卡为载体，通过感应卡记录车辆进出信息，通过管理软件完成收费策略，实现收费账务管理，以及车道设备控制等功能。

3. 消防报警系统(FAS)

消防报警系统结构一般包括火灾监测报告系统、消防联动控制系统、灭火系统、紧急广播系统等。发生火灾时，探测器探测到火灾信号后发出报警，控制中心将广播系统自动切换到火灾紧急广播，通知人员疏散；电梯直接驶向底层，切断电源；自动灭火控制系统启动进行灭火；防排烟控制系统实现对防火门、防火阀、防火卷帘、防烟垂壁、排烟口、排烟风机及电动安全门的控制。事故照明系统以及避难诱导灯打开，同时应急广播系统打开，引导人员逃生。

二、办公自动化系统(Office Automation System，OAS)

智能化办公大楼，通常在楼内设置有楼宇共用办公自动化设备与设施，分为基于文字和数据的办公自动化系统和基于声、像的办公自动化系统等。

1. 基于文字和数据的办公自动化系统

这类系统通常由文字处理计算机、办公室工作站、服务器或主机等构成，以处理文字和数据信息为主，为各住户提供公共的办公业务支持。这类系统在技术上比较成熟，一些厂家能够提供综合办公自动化软件包，并且有多种多样的办公自动化设备供选择。

2. 基于声、像的办公自动化系统

这类办公自动化系统主要面向语音、图形和图像的处理，自然也包括文字和数据的处理。支持这类系统的多媒体网，可以同时传输和交换语音、数据、图形和图像信息。连接在多媒体网上的网络终端设备相应地是声、图、文终端，以及相应的各类网络服务器。

适当地组合多媒体通信网络服务器与终端，可以构造一些专用的办公自动化环境，如电话、电视会议室、多终端电视会议系统等。这些环境可以完成录音、扩音、记录、压缩、检索，提供图像传播、存储、检索、多方视像会议等服务。

3. 楼宇运营管理系统

对于出租型智能楼宇，楼宇运营管理系统是不可缺少的，其功能可以分为：

1）柜台业务处理，包括各种房间和设施的预约、分配、计费等面向客户的服务。

2）面向楼宇管理者的功能，即楼宇管理机构的人事、财务、经营决策等一般管理信息系统的功能。

3）综合楼宇自动化系统在有较好基础较高技术的条件下，可以将上述两类系统进行一体化设计，实现楼宇设备自动监控与运营管理的综合自动化。这种系统与工厂自动化领域的计算机集成制造系统（CIMS）相似，不同的是CIMS自动化的对象是生产某些产品的整个工厂，而综合楼宇自动化系统的自动化对象是楼宇本身。

三、通信自动化系统（Communication Automation System，CAS）

适用于智能楼宇的CAS，目前主要有三种技术：程控用户交换机系统（PABX）；计算机局域网络（LAN）；PABX、LAN的综合以及综合业务数字网（Intecrated Services Digital Network，ISDN），其他诸如无线通信、有线电视网（CATV网）。

1. 程控用户交换机（PABX）

多在建筑物内安装PABX，以它为中心构成一个星形网，既可以连接模拟电话机，也可以连接计算机、终端、传感器等数字电话机，还可以方便地与公用电话网、公用数据网广域网连接。目前程控数字用户交换机有望取代普通用户交换机，实现语音数字化。

2. 计算机局域网络（LAN）

在建筑物内安装LAN，可以实现数字设备之间的高速数据通信，也有可能连接数字电话机，通过LAN上的网关还可以实现与公用网和各种广域计算机网的连接。在一个建筑物内可以安装多个LAN，它们可以用LAN互连设备连接为一个扩展的LAN。一群建筑物内的多个LAN也可以连接为一个扩展的LAN。

3. PABX和LAN的综合以及综合业务数字网（ISDN）

为了综合PABX网与LAN的优点，可以在建筑物内同时安装PABX网和LAN，并且实现两者的互连，即通过LAN上的网管与PABX连接。这样的楼宇网既可以实现语音，也可以实现数据通信；既可以实现中、低速的数据通信（通过PABX网），也可以实现高速数据通信（通过LAN）。

如果选择的PABX是采用2B+D信道的ISDN交换机，则楼宇网将是一个局域的ISDN。在ISDN端点的两条B信道可以随意安排，例如典型用法是分别接一台计算机终端和数字电话，或连接两台计算机终端。

通信自动化系统涉及电信部门、有线电视系统等，今后随着4G技术的发展将有可能使智能建筑的通信自动化系统统一。

四、结构化综合布线系统（Structured Cabing System，SCS）

SCS包含智能楼宇的结构化综合布线系统和系统集成。

1）结构化综合布线系统，为智能楼宇的系统集成提供了物理介质，对于智能楼宇来说，结构化的综合布线系统像人体内的神经系统一样，将所有的检测信号、控制信号、各种数据信号、声音图像信号等的线路，经过周密的规划设计，综合在一套标准的布线系统之中，将智能楼宇的三大系统 BAS、OAS、CAS 有机地连接在一起。

2）所谓系统集成，通俗地讲，就是通过结构化的综合布线系统、计算机网络硬件和软件技术，把构成智能楼宇的各个主要子系统(BAS、OAS 和 CAS 等)，从各个分离的设备、功能和信息等集成一个相互关联的、统一的和协调的系统，使资源达到充分的共享，管理实现集中、高效和便利的目的。

系统集成是一个涉及多学科、多技术的综合性应用领域，它从设计到实施是一个复杂的应用系统工程。可以这样认为，没有系统集成的建筑不是真正意义上的智能楼宇，但在此同时，还必须注意到，集成有大集成和小集成之分，各个子系统本身也是一个小集成，而且在实际设计中必须掌握一个“按需集成”的原则，否则系统将是一个不切实际的设计。

五、“楼宇智能化”技术发展展望

1. 楼宇智能化技术的发展目标是开创新一代的生活方式

新一代的生活方式是和知识经济、信息时代相适应的。知识经济时代最先进的技术是对知识和信息进行生产制造、加工处理、存储传输、最终消费的技术。

新一代的生活方式是是一种和工业时代大物流、大人员流动、高耗能生活方式截然不同的生活方式。以信息流动来最大限度减少无谓的人、车辆与物资的流动，循环利用可再生资源(低碳经济)。

新一代的生活方式以“消费信息”为特征，是一种低耗能、绿色生态、可持续、更高文明的生活方式。

2. 绿色城市是绿色智能建筑发展的必然趋势

绿色城市是以新一代的生活方式为重要标志的，一个地区发展的先进与落后的差别就在于此。

对单个智能建筑而言，许多可再生能源的应用技术，如太阳能发电、风力发电、水源/地源热泵、雨污水综合利用、生物质发电、垃圾无害化处理与能量回收等技术，由于不能达到“专业化、集约化与规模化”的条件，最终因不能获得经济可行性而放弃使用。可再生能源的集约化利用、废弃物质的综合利用、道路交通的规划管理、能源综合监测管理、综合通信与监控等，都是节能、环保与减排的重要组成部分，这些设施应该是城市的基础设施，要为城市的每一幢建筑物服务。因此，我们需要从绿色城市的角度来审视和规划未来的建设行为。智能建筑的建设要服从绿色城市的建设规划，绿色城市的建设基础是绿色智能建筑。

绿色城市的另一个目标是要将城市中的“信息岛”或“信息单元”有机地联系起来，更大地发挥它们的功能和作用，进而将整个城市推向现代化、信息化和智能化。

3. 智能化楼宇的功能朝着多元化方向发展

针对不同用途、不同人群、不同地域、不同宗教文化信仰等的差别，智能化楼宇将以人为本，提供个性化的服务。例如，为老年人提供医疗健康等个性化服务的智能老年公寓，适合于地震多发区的智能防震建筑等。

4. 智能化楼宇新的功能展望

1）系统集成技术向专家系统、人工智能方向发展，会有全新的“智能功能”。

2）娱乐的功能会大大增强。

3）虚拟现实技术会给智能建筑带来随心所欲的声视空间环境效果。

4）满足人类求知欲的功能会加强。

5）数字家庭、智能家居已经成为市场和技术的热点。

第二节　集散控制系统

楼宇设备自动化系统（BAS）将各个控制子系统集成为一个综合系统，其核心技术是集散控制系统。利用集散控制技术将BAS构造成一个庞大的集散控制系统，如图6-3所示。在这个系统中其核心是中央监控与管理计算机，它通过信息通信网络与各个子系统的控制器相连，组成分散控制、集中监控和管理的功能模式，各个子系统之间通过通信网络也能进行信息交换和联动，实现优化控制管理，最终形成统一的BAS整体。

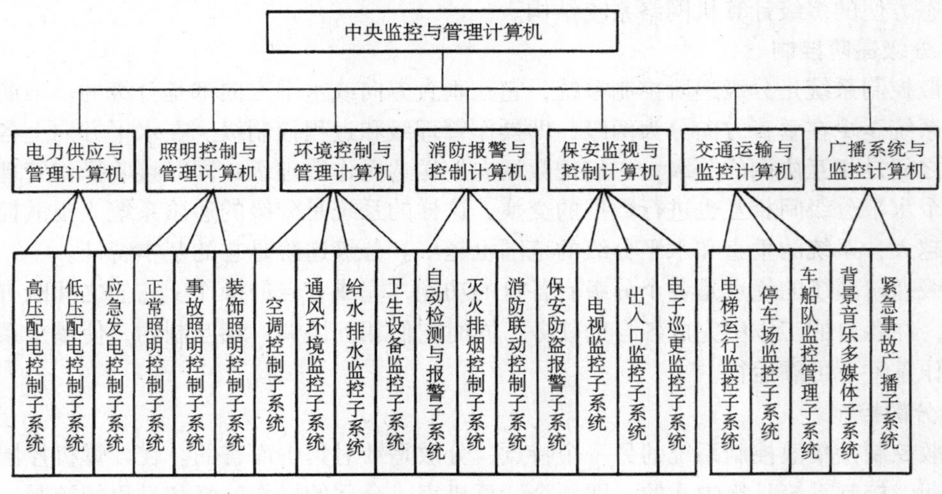

图6-3　BAS的组成

一、集散控制系统（DCS）的基本概念

集散型计算机控制系统又名分布式计算机控制系统、分散计算机控制系统，简称集散控制系统。

集散型计算机控制系统的结构是一个分布式系统，从整体逻辑结构上讲，是一个分支树结构，这与工业生产过程的行政管理结构相一致。按系统结构进行垂直分解，它分为过程控制级、控制管理级和生产管理级。各级既相互独立又相互联系，每一级又可按水平分解成若干子集。从功能分散看，纵向分散意味着不同级的设备有不同的功能，如实时控制、实时监视和生产过程管理等。横向分散则意味着在同级上的设备有类似的功能。按照这种思想来设计集散控制系统的硬件和软件，就是要贯彻既集中又分散的原则。

集散控制系统概括起来由集中操作管理部分、分散过程控制部分和通信部分组成。集中操作管理部分又可分为工程师站、操作员站和管理计算机。工程师站主要用于组态和维护，操作员站则用于监视和操作，管理计算机用于全系统的信息管理和优化控制。分散过程控制部分按功能可分为控制站、监测站或现场控制站，它用于控制和监测。通信部分连接集散控制系统的各个分部分，完成数据、指令及其他信息的传递。集散控制系统软件是由实时多任务操作系统、数据库管理系统、数据通信软件、组态软件和各种应用软件所组成的。使用组态软件这一工具，就可生成用户所要求的实用系统。

集散控制系统具有通用性强、系统组态灵活、控制功能完善、数据处理方便、显示操作集中、人机界面友好、安装简单规范化、调试方便及运行安全可靠的特点。它能够适应工业生产过程的各种需要，提高生产自动化水平和管理水平，提高产品质量，降低能源消耗和原材料消耗，提高劳动生产率，保证生产安全，促进工业技术发展，创造最佳经济效益和社会效益。

二、集散控制系统的特点

集散控制系统是采用标准化、模块化和系列化设计，由过程控制级、控制管理级和生产管理级所组成的一个以通信网络为纽带的集中显示操作管理，控制相对分散，具有灵活配置，组态方便的多级计算机网络系统结构。

1. 分级递阶控制

集散控制系统是分级递阶控制系统，它在垂直方向或水平方向都是分级的。最简单的集散控制系统至少在垂直方向分为两级，即操作管理级和过程控制级。在水平方向上各个过程控制级之间是相互协调的分级，它们把数据向上送达操作管理级，同时接收操作管理级的指令，各个水平分级间相互也进行数据的交换，这样的系统是分级的递阶系统。集散控制系统的规模越大，系统的垂直和水平分级的范围也越广。分级递阶是它的基本特征。

分级递阶系统的优点是各个分级有各自的功能，完成各自的操作。它们之间既有分工又有联系，在各自的工作中完成各自的任务，同时它们相互协调，相互制约，使整个系统在优化的操作条件下可靠运行。

2. 分散控制

分散控制是集散控制系统的另一个特点，分散是针对集中而言的。在计算机控制系统的应用初期，控制系统是集中式的，即一个计算机完成全部的操作监督和过程的控制。由于在一台计算机上把所有过程信息的显示、记录、运算、转换等功能集中在一起，也产生了一系列的问题。首先是一旦计算机发生故障，将造成过程操作的全线瘫痪，为此，“危险分散”的想法就被提了出来，“冗余”的概念也就产生了。但是，要采用一个同样的计算机控制系统作为原系统的后备，无论从经济上还是从技术上都是行不通的。对计算机功能的分析表明，在过程控制级进行分散，把过程控制与操作管理进行分散是可能的和可行的。

随着生产过程规模的不断扩大，设备的安装位置也越来越分散，把大范围内的各种过程参数集中到一个中央控制室变得不经济，而且操作也不方便。因此，也就提出了地域的分散和人员的分散。而人员的分散还与大规模生产过程的管理有着密切的关系。地域的分散和人员的分散也要求计算机控制系统与其相适应。在集中控制的计算机系统中，为了操作方便，需要有几个操作用的显示屏，各个操作人员在各自的操作屏进行操作。由于在同一个计算机系统内运行，系统的中断优先级、分时操作等要求也较高，系统还会出现因多个用户的中断而造成计算机的死机。因此提出了可操作的分散的多用户多进程计算机操作系统的要求。

通过分析和比较，人们认识到分散控制系统是解决集中计算机控制系统不足的较好途径。分散的目的是为了使危险分散，提高设备的可利用率。

在集散控制系统中，分散的内涵是十分广泛的。分散数据库、分散控制功能、分散数据显示、分散通信、分散供电、分散负荷等，它们的分散是相互协调的分散。因此，在分散中有集中的数据管理、集中的控制目标、集中的显示屏幕、集中的通信管理等，为分散做协调和管理。各个分散的自治系统是在统一集中操作管理和协调下各自分散工作的。

3. 自治性

系统上各工作站是通过网络接口连接起来的，各工作站独立自主地完成合理分配给自己的规定任务，如数据采集、处理、计算、监视、操作和控制等。系统各工作站都采用最新技术的计算机，存储容量容易扩充，配套软件功能齐全，是一个能够独立运行的高可靠性子系统，控制功能齐全，控制算法丰富，连续控制、顺序控制和批量控制集中于一体，还可实现串级、前馈、解耦和自适应等先进控制，提高了系统的可控性。

4. 协调性

各工作站间通过通信网络传送各种信息协调地工作，各个分散的自治系统在统一集中操作管理和协调下各自分散工作，以完成控制系统的总体功能和优化处理。采用实时性的、安全可靠的工业控制局部网络，使整个系统信息共享。采用 MAP/TOP 标准通信网络协议，将集散控制系统与信息管理系统连接起来，扩展成为综合自动化系统。

5. 友好性

集散控制系统软件是面向工业控制技术人员、工艺技术人员和生产操作人员设计的，其使用界面就要与之相适应。实用而简捷的人机会话系统，液晶彩色高分辨率交互图形显示，复合窗口技术，画面日趋丰富。控制、调整、趋势、流程图、回路一览、报警一览、批量控制、计量报表、操作指导等画面，菜单功能更具实时性。平面密封式薄膜操作键盘、触摸式屏幕、鼠标器、跟踪球操作器等更便于操作。语音输入、输出使操作员与系统对话更方便。

提供的组态软件中的系统组态、过程控制组态、画面组态、报表组态是集散控制系统的关键部分，用户的方案及显示方式由它来解释生成 DCS 内部可理解的目标数据，它是 DCS 的“原料”加工处理软件。使用组态软件可以生成相应的实用系统，易于用户制定新的控制系统，便于灵活扩充。

6. 适应性、灵活性和可扩充性

硬件和软件采用开放式、标准化和模块化设计，系统采用积木式结构，具有灵活的配置，可适应不同的用户需要。可根据生产要求，改变系统的大小配置，在改变生产工艺、生产流程时，只需要改变某些配置和控制方案即可。以上的变化都不需要修改或重新开发软件，只是使用组态软件，填写一些表格即可实现。

7. 开放系统

开放系统是以规范化与实际存在的接口标准为依据而建立的计算机系统、网络系统及相关的通信系统，这些标准可为各种应用系统的标准平台提供软件的可移植性、系统的互操作性、信息资源管理的灵活性和更大的可选择性。作为第三代集散控制系统的标志，开放系统已渐为人知。

可移植性保证第三方的应用软件能很方便地在系统所提供的平台上运行，保护用户的已有资源，减少应用开发、维护和人员培训的费用。可移植性包括程序可移植性、数据可移植性和人员可移植性。

开放系统的互操作性指不同的计算机系统与通信网能互相连接起来；通过互连，能正确有效地进行数据的互通；并在数据互通的基础上协同工作，共享资源，完成相应的功能。集散控制系统在现场总线标准化后，将使符合标准的各种智能检测、变送和执行机构的产品可以互换或替换，而不必考虑该产品是否是原制造厂的产品。

为了实现系统的开放，DCS 的通信系统应符合统一的通信协议。国际标准化组织对开放系统互连已提出了 OSI 参考模型。在此基础上，各有关组织已提供了几个符合标准模型的国际通信标准，例如 MAP 制造自动化协议、IEEE802 通信协议等，在集散控制系统中已得到了应用。

8. 可靠性

高可靠性、高效率和高可用性是集散控制系统的生命力所在，制造厂商在确定系统结构的同时进行可靠性设计，采用可靠性保证技术。

系统结构采用容错设计，使得在任一单元失效的情况下，仍然保持系统的完整性。即使全局性通信或管理站失效，局部站仍能维持工作。为提高软件的可靠性，采用程序分段与模块化设计、积木式结构，采用程序卷回或指令复执的容错设计。在结构、组装工艺方面，严格挑选元器件，降额使用，加强质量控制，尽可能地减少故障出现的概率。新一代的 DCS 采用专用集成电路(ASIC)和表面安装技术(SMT)。

其次是“电磁兼容性”设计，所谓“电磁兼容性”是指系统的抗干扰能力与系统内外的干扰相适应，并留有充分的余地，以保证系统的可靠性。因此，系统内外要采取各种抗干扰措施，包括：系统放置环境应远离磁场、超声波等辐射源的地方；做好系统接地，过程控制信号、测量和信号电缆一定要做好接地和屏蔽；采用不间断供电设备，带屏蔽的专用电缆供电；控制站、监测站的输入输出信号都要经过隔离，再与装置的现场对象连接起来，以保证系统的安全运行。

最后是应用在线快速排除故障技术，采用硬件自诊断和故障部件的自动隔离、自动恢复与热机插拔的技术；系统内发生异常，通过硬件自诊断机能和测试机能检出后，汇总到操作站，然后通过显示或者声响报警或打印机打印，将故障信息通知操作员；监测站、控制站各插件上部有状态信号灯，指示故障插件。由于具有事故报警、双重化措施及在线故障处理等手段，提高了系统的可靠性和安全性。

三、集散控制系统的基本组成与系统结构

(一) 集散控制系统的基本组成

集散控制系统由分散过程控制装置、操作管理装置及通信系统三大部分组成。集散控制系统的组成如图 6-4 所示。

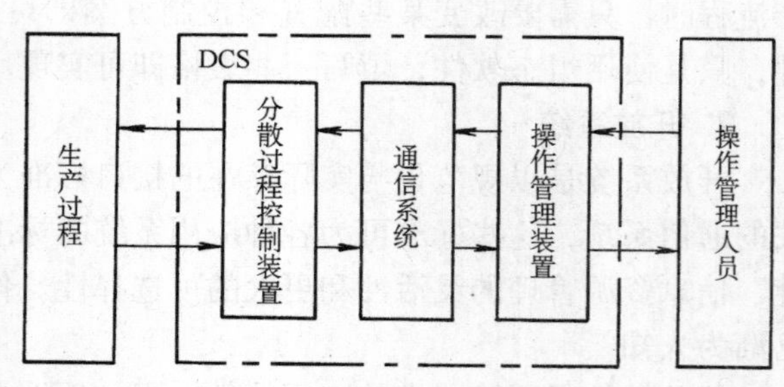

图 6-4 集散控制系统的组成

1. 分散过程控制装置

在 DCS 中，各种现场的检测仪表送来的过程信号都由过程控制级的各个单元进行实时的数据采集、消噪，进行非线性校正或各种补偿运算，并转换成对应的工程

量，通过网络或总线上传到上位机，也可根据组态的要求进行限位报警、累计等，还可以进行闭环控制、批量控制和顺序控制；分散过程控制装置能接受操作站发来的各种操作命令进行相应控制，即通过分散过程控制装置送到执行机构。

2. 操作管理装置

操作管理装置是操作人员与集散控制系统间的界面，操作人员通过操作管理装置了解生产过程的运行状况，并通过它发出操作指令给生产过程。生产过程的各种参数在操作管理装置上显示，以便于操作人员进行操作。

3. 通信系统

分散过程控制装置与操作管理装置之间需要有一个桥梁来完成数据之间的传递和交换，这就是通信系统。

有些集散控制系统产品在分散过程控制装置内又增加了现场装置级的控制装置和现场总线的通信系统。有些集散控制系统产品则在操作管理装置内增加了综合管理级的控制装置和相应的通信系统。这些集散控制系统使系统的分级增加，系统的通信系统对不同的装置有不同的要求，但是，从系统总的结构来看，还是由三大部分组成。

（二）集散控制系统的结构特征

集散控制系统是由一些微处理器、计算机组成的子系统合成的大系统。它的结构具有递阶控制结构、分散控制结构和冗余化结构的特征。

（1）递阶控制结构　集散控制系统由相互关联的子系统组成，由于各个子系统之间需要相互交换信息，因此需要一个协调者负责此工作。它对各子系统的控制按一定的优先和从属关系来实现。它们形成金字塔式的结构。同一级的各决策子系统可同时对下级施加作用，同时又受上级的干预，子系统可通过上一级互相交换。因此，称集散控制系统具有递阶控制结构。

（2）分散控制结构　集散控制系统的分散控制结构体现在以下几个方面：

1）组织人事的分散。集散控制系统的运行需要操作人员、管理人员。功能的分散与工厂的人员管理体制应相适应。为此，集散控制系统在组织人事的管理上采用了垂直分散的结构，其上层以数据管理、调度为主，属于全厂优化和调度管理级和车间操作管理级。下层则进行实时处理和控制，属于过程装置控制级和现场控制级。

2）地域的分散。地域的分散通常是水平型分散，当被控对象分散在较大的区域时，例如油罐区的控制，则集散控制系统就需对控制系统在地域上进行分散设置。此外，各被控对象(过程)因地理位置的因素，也有分散控制的需要。

3）功能的分散。集散控制系统的分级是以功能分散为依据的。按分散控制原理分，则可以分为直接控制、优化控制、自学习和自适应控制、自组织控制等。按分散类型分，则可以分为常规控制、顺序控制和批量控制。在集散控制系统中，分散的功能之间应尽可能有较少的关联，尤其是在时间节拍上的关联应越少越好。因此，通常采用的功能分散是：具有人机接口功能的集中操作站与具有过程接口功能的过程控制装置的分散；过程控制装置中控制功能的分散；按装置或设备进行的功能分配以及全局控制和个别控制之间的分散等。

4）负荷的分散。集散控制系统中的负荷分散不是由于负荷能力不够而进行负荷分散，主要目的是把危险分散。通过负荷分散，使一个控制处理装置发生故障时的危险影响减至尽可能小的程度。当控制回路之间的关联较弱时，可以通过减少控制处理装置处理的回路数达到危险分散的目的。当控制回路之间有较强的关联时，尤其是在顺序控制中，各回路间还存在时间上的关联，这时，为了使危险分散，可进行与相应装置对应的功能分散，按装置或设备进行分散，来设置过程控制装置。

分散控制结构是以良好的通信系统为基础的。过分的分散，使系统的通信量增大，响应速度下降。同样，过分的集中，因受微处理器处理速度限制而使信息得不到及时处理，造成响应速度变慢。因此，考虑到经济性、响应性、系统构成的灵活性等因素，集散控制系统纵向常分为3~4层。

（3）冗余化结构　为了提高系统的可靠性，集散控制系统在重要设备、对全系统有影响的公共设备上常采用冗余结构。所有设备都采用冗余结构是不必要也是不经济的。应对冗余增加的投资和系统故障停工造成的损失进行权衡比较，考虑合适的冗余结构方式。常采用的冗余方式如下：

1）同步运转方式。同步运转方式应用于要求可靠性极高的场合。它是让两台或两台以上的装置以相同的方式同步运转，输入相同的信号，进行相同的处理，然后对输出进行比较，如果输出保持一致则系统是正常运行的。一些重要的联锁系统常采用“三中取二”的方式来提高系统可靠性。

2）待机运转方式。集散控制系统中，根据装置的重要性，采用了两种待机运转方式。通信系统为了保证高的可靠性，通常采用1∶1备用方式。多回路控制器常采用N∶1备用方式，N的数值与制造厂产品特性有关。

3）后退运转方式。正常时，N台设备各自分担各自功能以进行运转，当其中一台设备损坏时，其余设备放弃部分不重要功能，以此来完成损坏设备的功能，这种方式称为后退运转方式。这种方式的应用例子是CRT和操作站。通常，采用两台或三台操作站。通过分工，可以让第一台用于监视，第二台用于操作，第三台用于报警。当任一台故障时，监视和操作功能在正常操作台上完成。而当系统处于开、停车或紧急事故状态时，这三台操作站都可用于监视或操作。

4）多级操作方式。多级操作方式是一种纵向冗余的方法。正常操作是从最高一层进行的。如该层故障则由下一层完成，这样逐步向下形成对最终元件执行器的控制。集散控制系统中的有关功能模块都设有手动、自动切换开关。自动时，由该功能模块自动操作输出信号，手动时，由人工操作输出信号。通常一个控制回路的最高层操作是在操作站的自动状态(其设定值也可由更高一层的优化层给出)。当它失效时，切入手动，通过键盘输入，对执行器手动操作。如该模块失效，则可通过输出模块的手动操作，在通信失效时由分散控制装置的编程器转入自动或手动，一旦集散系统全部故障，还可通过仪表面板的手操器，最终还可用执行器的手轮机构实施现场手动控制。

（三）集散控制系统的典型结构

（1）模件化控制站+MAP兼容的宽带、窄带局域网+信息综合管理系统　这是第三代集散控制系统的典型结构。作为大系统，通过宽带和窄带网络可在很广的地域内应用。通过现场总线，系统可与现场智能仪表通信和操作，如图6-5所示。

（2）可编程逻辑控制器PLC+通信系统+操作管理站　这是一种在制造业广泛应用的集散控制系统的结构，尤其适用于有大量顺序控制的工业生产过程。集散控制系统制造商为适应顺序控制实时性强的特点，已有不少产品可以下挂各种型号的PLC，组成PLC+集散控制系统的形式，应用于有实时要求的顺序控制和较多回路的连续控制的场合，如图6-6所示。

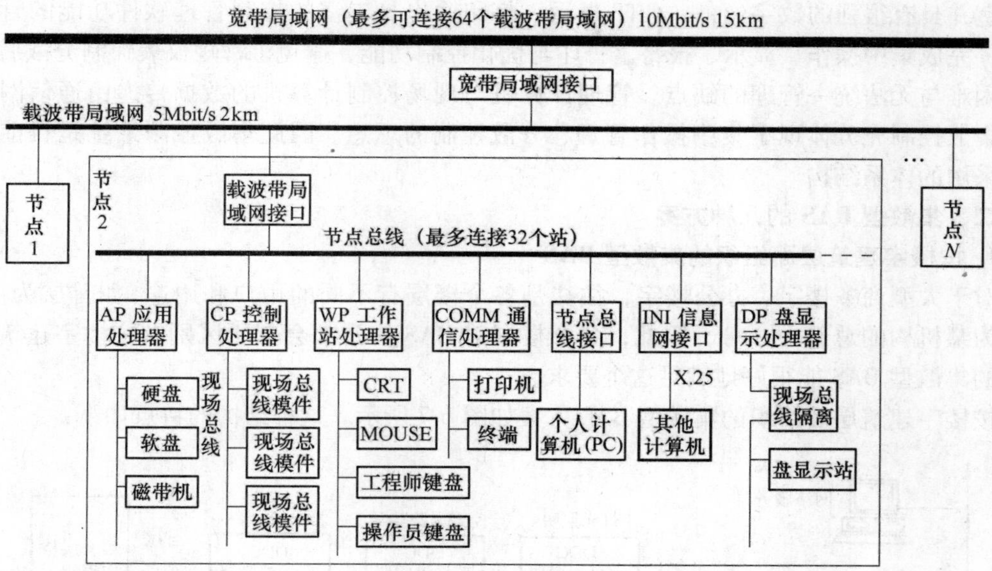

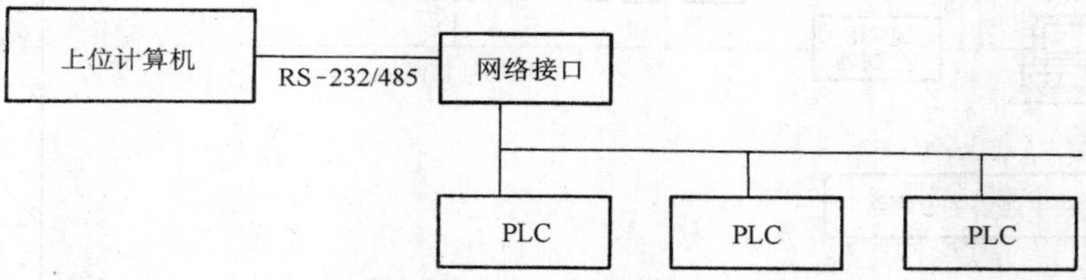

图 6-6　PLC+集散控制系统结构

（3）单回路控制器+通信系统+操作管理站　这是一种适用于中、小企业的小型集散控制系统结构。它用单回路控制器（或双回路、四回路控制器）作为盘装仪表，信息的监视操作由操作管理站或仪表面板实施，有较大的灵活性和较高的性价比。

（4）工业级微机+通信系统+操作管理机　工业级微机用作多功能多回路的分散过程控制装置，相应的软件也已有软件厂商开发。

第三节　楼宇设备的集散型结构

一、集散控制系统是楼宇自动化的必然选择

在楼宇中，需要实时监测与控制的设备品种多、数量大，而且分布在楼宇各个部分。大型的建筑物楼层多、面积大，有大量的设备遍布建筑物内外。对于楼宇自动化（BAS）这一个规模庞大、功能综合、因素众多的大系统，要解决的不仅是各子系统的局部优化问题，而且是一个整体综合优化问题。若采用集中式计算机控制，则所有现场信号都集中于同一地方，由一台计算机进行集中控制。这种控制方式虽然结构简单，但功能有限，且可靠性不高，故不能适应现代楼宇管理的需要。与集中式控制相反的就是集散控制，集散控制以分布在现场被控设备附近的多台计算机控制装置，完成被控设备的实时监测、保护与控制任务，克服了集中式计算机控制带来的危险性高度集中和常规仪表控制功能单一的局限性。以安装于集中

控制室并具有很强的数字通信、CRT 显示、打印输出与丰富的控制管理软件功能的管理计算机，完成集中操作、显示、报警、打印与优化控制功能，避免了常规仪表控制分散后人机联系困难与无法统一管理的缺点。管理计算机与现场控制计算机的数据传递由通信网络完成，集散控制充分体现了集中操作管理、分散控制的思想。因此集散控制系统是目前 BAS 广泛采用的体系结构。

二、集散型 BAS 的几种方案

1. 按楼宇建筑层面组织的集散型 BAS

对于大型商务楼宇、办公楼宇，往往是各个楼层有不同的用户和用途(如首层为商场，二层为某机构的总部,……)，因此，各个楼层对 BAS 的要求会有所区别，按楼宇建筑层面组织的集散型 BAS 能很好地满足这个要求。

按楼宇建筑层面组织的集散型 BAS 方案如图 6-7 所示。这种结构的特点如下：

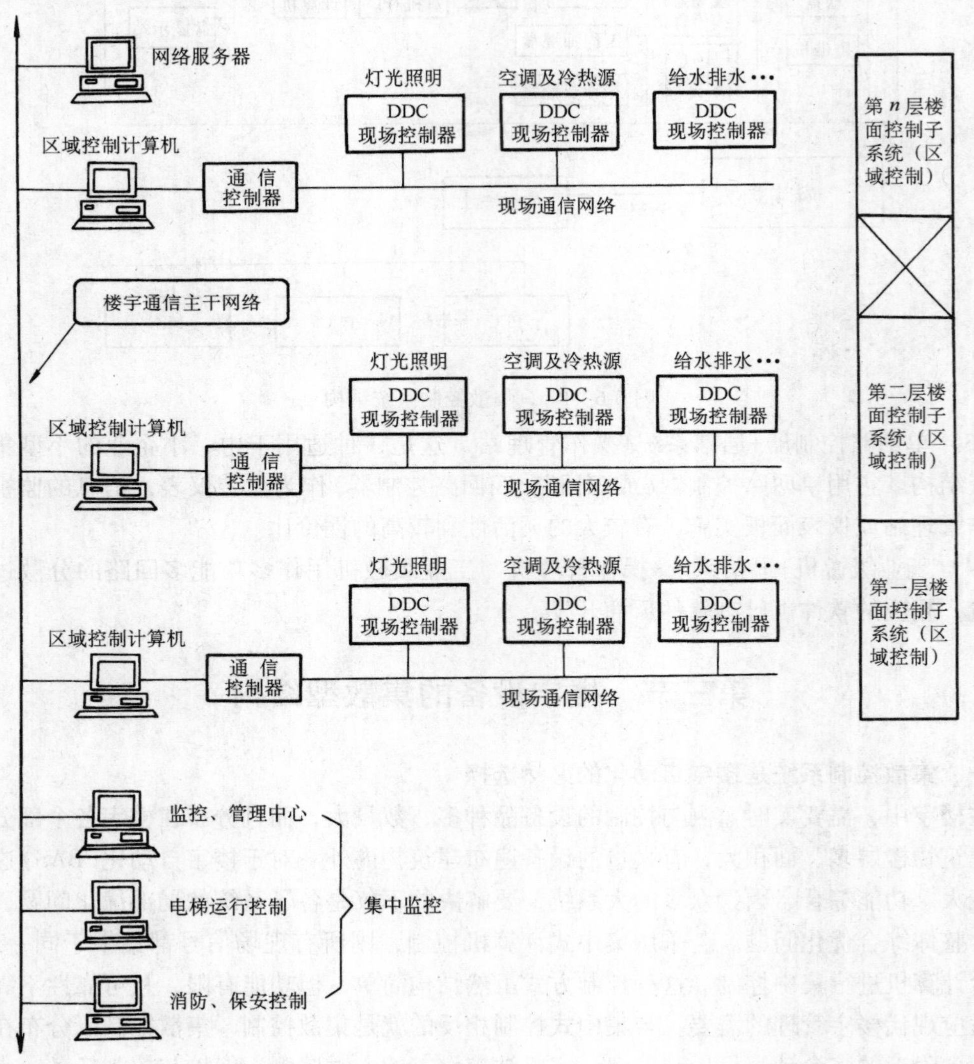

图 6-7　按楼宇建筑层面组织的集散型 BAS 方案

1）由于是按楼宇建筑层面组织的，因此布线设计及施工比较简单，子系统(区域)的控制功能设置比较灵活，调试工作相对独立。

2）整个系统的可靠性较好，子系统失灵不会波及整个楼宇系统。

3）设备投资增大，尤其是高层楼宇。

4）适合商用的多功能楼宇。

2. 按楼宇设备功能组织的集散型 BAS

这是常用的系统结构，按照整座楼宇的各个功能系统来组织(见图 6-8)。这种结构的特点如下：

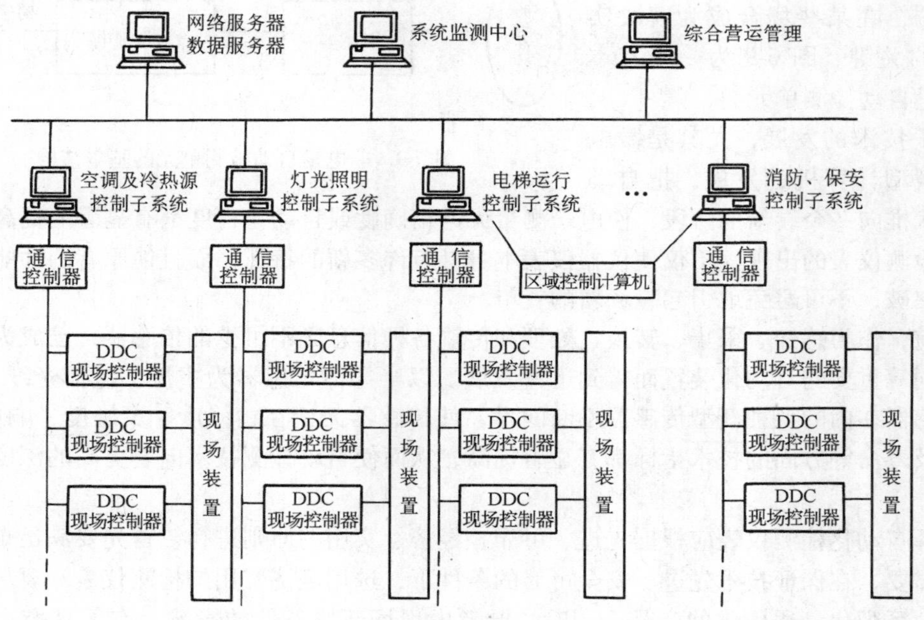

图 6-8　按设备功能组织的集散型 BAS 系统

1）由于是按整座楼宇设备功能组织的，因此布线设计及施工比较复杂，调试工作量大。

2）整个系统的可靠性较弱，子系统失灵会波及整个楼宇系统。

3）设备投资减小。

4）适合功能相对单一的楼宇(如企业、政府的办公楼宇、高级住宅等)。

3. 混合型的集散型 BAS

这是兼有上述两种结构特点的混合型，即某些子系统(如供电、给排水、消防、电梯)采用按整座楼宇设备功能组织的集中控制方式，另外一些子系统(如灯光照明、空调)则按楼宇建筑层面组织的分区控制方式。这是一种灵活的结构系统，它兼有上述两种方案的特点，可以根据实际的需求而调整。

第四节　自动控制系统的参数检测与执行设备

在自动化系统中，往往需要对某些参量进行检测和控制，使之处于最佳的工作状态。

测量是取得各种事物的某些数字特征的方法。从计量角度来讲，测量是把待测的物理量直接或间接地与另一个同类的已知量进行比较，并将已知量或标准量作为计量单位，进而定出被测量是该计量单位的多少倍或者几分之几，也就是求出待测的量与计量单位的比值作为测量结果。

自动检测技术是以电子技术为基本手段的检测技术。归纳起来可以分为两大类：一类是对电压、电流、阻抗等电量参数的检测；另一类则是运用一定的转换手段，把非电量(例如压力、温度、流速等)转换为电量，然后进行检测。对参数进行检测的器件，通常称为传感器，在自动检测技术中占有极为重要的地位，在某些场合成为解决实际问题的关键。图6-9为一个基本的非电量自动检测单元。

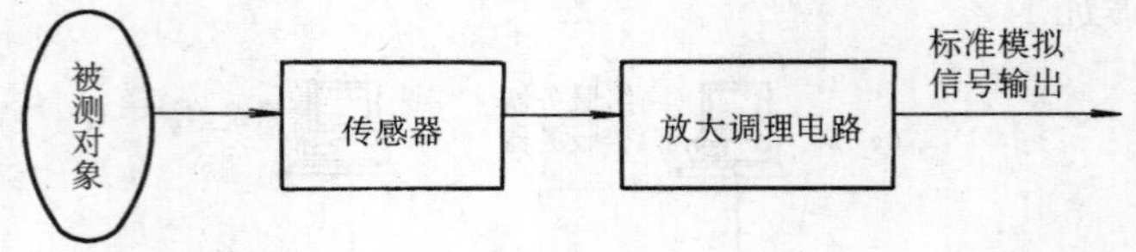

图 6-9 非电量自动检测单元的基本结构

电子技术的发展，尤其是微电子学和微型计算机的发展，把自动检测技术推向一个崭新的阶段，使电子测量无论精确度或自动化程度都有显著的提高。智能化自动检测仪表的出现，不仅使仪器仪表本身具有许多新的特征，而且使原有的性能指标有了新的突破，不可避免地引起一场新的变革。

当前，作为感知、采集、转换、处理和传输各种信息必不可少的传感器，已成为与微型计算机同等重要的自动化装置而得到迅速发展。以半导体传感器为主流，包括光纤、陶瓷、生物传感器在内的各种新型传感器不断问世，使传感器无论在精确度、灵敏度、响应速度、耐高温及寿命等方面的技术指标都有显著提高，从而使自动检测技术向着更高的深度和广度发展。

选择自动化检测仪表应根据先进、可靠、经济、实用的原则进行。首先要满足自动控制系统的需要，在保证技术先进、安全可靠的条件下，选用经济实用的检测仪表。要尽量选用标准化、系列化、通用化的产品，同时，要考虑现场环境条件的影响，有无易燃、易爆气体，有无振动和灰尘，以及环境温度、湿度等。

一、标准模拟传输电信号

模拟信号传输上使用的标准信号分两类：

1）DDZ-Ⅲ国际标准信号：DC4~20mA的电流信号、DC1~5V的电压信号。

2）DDZ-Ⅱ国家标准信号：DC0~20mA的电流信号、DC0~10V的电压信号。

现在DDZ-Ⅱ标准信号因存在信号零点与断路故障分不清等原因，逐渐被替换淘汰了，目前广泛使用DDZ-Ⅲ的模拟信号标准进行传输。

模拟控制信号在楼宇自动化系统中的品种和点数数量是最多的一类，主要有温度、压力、流量、电压、电流、功率、照度、阀门开度、转速、湿度、烟尘含量、CO含量等，它们可以经过传感器或变送器转变成1~5V电压信号或4~20mA电流信号。

模拟电信号频带不高，在直流到几百赫兹低频范围，具有电压、电流都较小，易受各类电磁杂波干扰，不易远距离传输，对传输介质的要求高等缺点。目前随着电子技术的发展，数字化信号及数字化传输技术也得到提高，使得在电信号传输方面发生了根本性的变化，图6-10所示是模拟传输和数字传输电信号的差别。

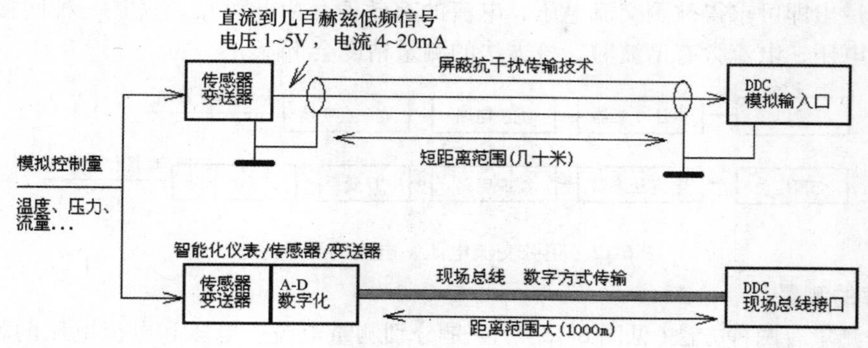

图 6-10　模拟传输和数字传输电信号的差别

二、电物理量检测技术与设备

电参数的测量主要是电压、电流、功率、频率、阻抗和波形等参数的测量。这些电参数用来表征电气设备和电气系统的性能。

在电参数的测量中，被测电量的特点是：电压和电流的范围广，电压为从纳伏级到数百千伏，电流为从纳安到数百千安，信号频率为可从直流到数十吉赫兹的射频，而且往往交直流并存，被测信号中除了基波以外，还含有高次谐波，被测信号源的等效内阻的范围比较广，有些会高达兆欧数量级。在制定测量方案时，要结合被测信号的特点，选择适当的测量方法和仪器仪表，以期达到较高的准确度。

1. 直流电压、电流的测量

直流电压、电流的测量有多种方法，在测控系统中常采用的测量原理如图 6-11 所示。被测电压 U 首先经过放大器进行信号的放大(当被测电压 U 是小信号时)或衰减(当被测电压 U 是大信号时)，达到标准的电压范围，单极性的如 0~5V 或 0~10V，双极性的如±5V、±10V。这一步工作也称为量程变换。如放大器的放大或衰减系数可程控，则可由测量系统实现“自动量程”功能。经量程变换后的标准电压范围信号可直接送给 DDC 的 AI 输入，DDC 内部经 A-D 转换器将此电压信号转变成一个数字量，最终将此数字量乘以放大器的放大或衰减系数即得被测电压 U 的测量值。

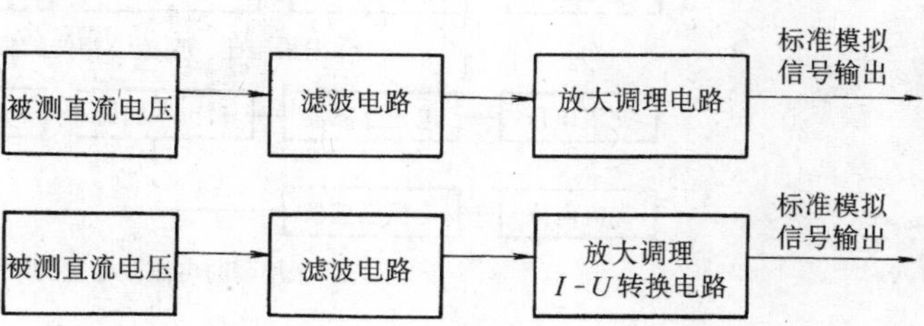

图 6-11　直流电压、电流的测量原理

很多非电量变送器(如压力变送器、温度变送器等)把被测的非电量转换为电量，此电量一般情况下就是一个 1~5V 直流电压或 4~20mA 电流。它们都可以直接送给 DDC 的 AI 输入端。

2. 正弦交流电压、电流的测量

正弦交流电压、电流的测量方法也有若干种，我们讨论的是在测控系统中常用的数字化测量方法，测量原理框图如图 6-12 所示。被测交流电压、电流经互感器变换到一定的量程范围，然后经交-直流变换电路，将交流信号的有效值转变为一个直流电压值，最终将此直流电压值测量出即可求得被测交流电压、电流的有效值。由此可见，这是一种间接的方法，并且当交流电压、电流含有谐波时，该方法的测量精度会下降。

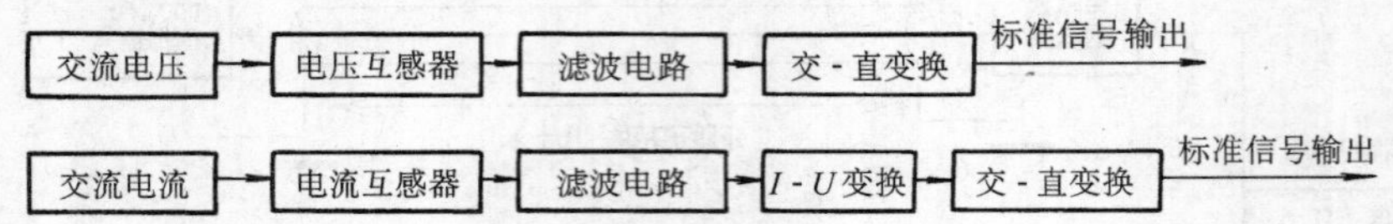

图 6-12　正弦交流电压、电流的测量原理

3. 功率的测量

功率的测量有两种方法(见图 6-13)：一是分别测量电流、电压和电流电压的相位角 φ，然后用公式 $P=UI\cos\varphi$ 来计算，这种方法一般要在电压、电流、相位角标准信号取得后，再用单片机的微处理器进行数字运算，最终得到一个数字功率值；另一种方法是用瞬时电压与电流的乘积来计算，其核心是模拟乘法器，交流电压和电流信号经模拟乘法器相乘后即得瞬时功率信号，再经低通滤波器得出平均功率值，这是一个直流信号，它代表被测功率的大小。将此直流电压值测量出即可求得被测功率的数值。

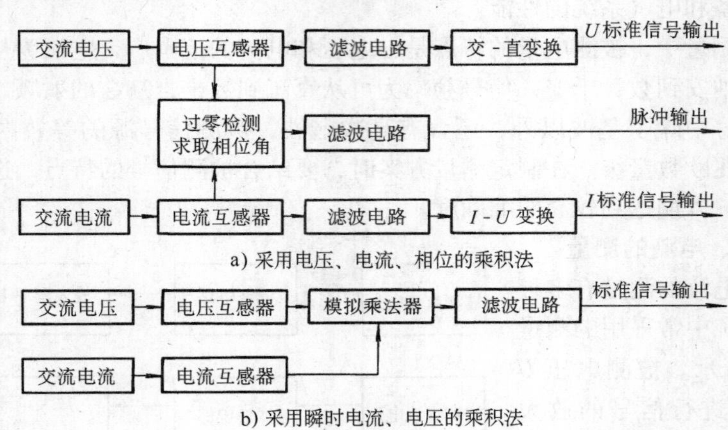

a) 采用电压、电流、相位的乘积法

b) 采用瞬时电流、电压的乘积法

图 6-13　功率的测量原理

三、温度及湿度的检测技术与设备

温度检测仪表按检测方式可分为接触式和非接触式两大类。

接触式测温仪的检测部分与被测对象有良好的热接触，通过传导或对流达到热平衡，这时，传感器的输出即对应被测对象的温度。

非接触式测温仪的检测部分与被测对象互不接触，一般是通过辐射热交换实现测温。其主要特点是可测运动体、小目标及热容量小的或温度变化迅速(瞬变)对象的表面温度，也可以检测温度场的温度分布。

1. 常规温度检测传感器

通常采用的传感器一般是热电偶、铂热电阻、铜热电阻、热敏电阻等。下面以热电阻为例介绍测量方法。

热电阻有多种规格，除 Pt100、Cu50 等之外，还有 Pt1000、Cu100 等，也有铁镍合金热电阻，它们基本上是线性元件，满足

$$R_t = R_{t0}[1+\alpha(t-t_0)]$$

式中，R_t 为温度 t(℃) 时的阻值；R_{t0} 为温度 t_0(通常 t_0=0℃)时对应的电阻值；温度系数 α = 3.8505×10^{-3} Ω/℃。此一阶关系式的计算结果误差较大。

若要精确计算 Pt100 电阻值和温度的对应关系，则可采用二阶关系式，即

$$R_t = R_{t0}(1 + 3.9083\times10^{-3}t - 5.775\times10^{-7}t^2)$$

热电阻检测装置的输出是标准的电压 1~5V 或电流 4~20mA，如图 6-14 所示。

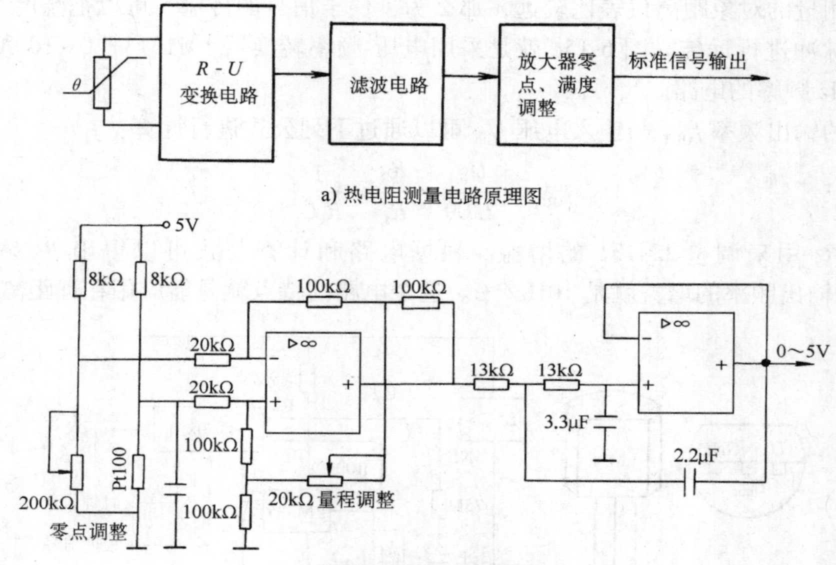

a) 热电阻测量电路原理图

b) 电压输出型实用的测温电路

图 6-14 热电阻温度检测器

热敏电阻的灵敏度大(是热电阻的 100 倍以上)，但是它的输入/输出特线是非线性的，因此后续的 *R-U* 变换和信号调整电路比较复杂，其次是热敏电阻的互换性差，这给系统的维护带来一定的困难。热敏电阻一般作为温度开关使用。

2. 集成温度传感器

集成温度传感器较以上介绍的常规传感器来讲，具有使用方便、线性度好、一致性好、互换性好等优点，在常温测量中应用较多。下面以 LM35 为例介绍，其外形及应用如图 6-15 所示。

LM35 是一种得到广泛使用的温度传感器。由于它采用内部补偿，所以输出可以从 0℃ 开始。该器件采用塑料封装 TO—92，工作电压为 4~30V，具有很低的输出阻抗(典型值为 0.1Ω)，灵敏度为 10mV/℃。

在上述电压范围以内，芯片从电源吸收的电流几乎是不变的(约 50μA)，所以芯片自身几乎没有散热的问题。这么小的电流也使得该芯片在某些应用中特别适合，比如在电池供电的场合中，输出可以由第三个引脚取出，无需校准。

目前，已有两种型号的 LM35 可以提供使用。LM35DZ 输出为 0~100℃，而 LM35CZ 输出可覆盖-40~110℃，且精度更高，价格非常便宜。

在最简单的应用时，把 LM35 连接一组直流电源，比如电池电源，再加上一个用作显示

的 DVM(数字电压表)即可工作。传感器甚至可以安装到“探针”之中，将 DVM 扩展为电子式直读温度计。

在实际的系统中往往要把模拟的温度值转换为数字量，在图 6-15b 中，把 LM35 输出的模拟信号送到 A-D 转换器 ADC0831 进行数字转换，得到的数字量送往微处理器进行程序控制和显示。LM35 输出端接的 75Ω 电阻和 1μF 电容用来防止 LM35 在工作时产生振荡，同时滤除干扰。LM385 给 ADC0831 提供转换用的基准电压。

有时被测量的对象距离仪表比较远，那么为了便于信号的传输，可以把温度产生的电压信号转换为脉冲进行远传。图 6-15c 就是采用电压-频率转换器 LM131 把 0～100℃ 温度转换成 0～10000Hz 频率的电路。

该电路的输出频率 f_{OUT} 与输入电压 U_{in} 可以通过下列公式进行计算：

$$f_{\mathrm{OUT}}=\frac{U_{\mathrm{in}}}{2.09}\times\frac{R_{\mathrm{S}}}{R_{\mathrm{L}}}\times\frac{1}{R_{\mathrm{t}}C_{\mathrm{t}}}$$

电路中 R_{S} 用来调整 LM131 的增益。根据电路和计算公式可以得出 R_{S} 调节在大约 14.8kΩ 时，输出频率的增益就是 10Hz/°C。这个电路的特点就是能应用在远距离传输中。

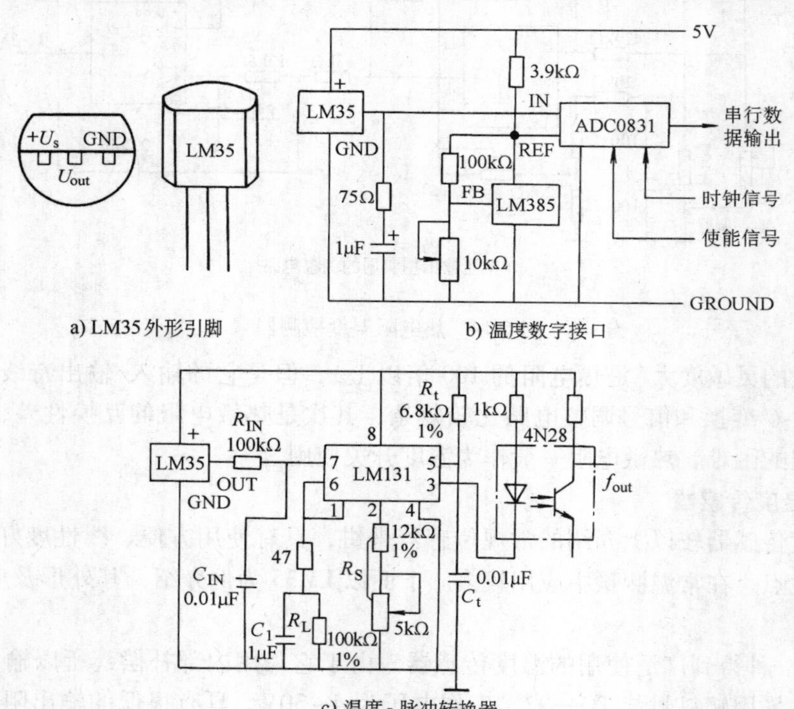

图 6-15 集成温度传感器 LM35 及其应用

3. 湿度传感器

常用的湿度传感器有烧结型半导体陶瓷湿敏元件、电容式相对湿度传感元件等。

烧结型半导体陶瓷湿敏元件实际上是一个半导体的湿敏电阻(同热敏电阻相似)，它的输入/输出特线是非线性的，测量电路或系统要进行非线性校正。

电容式相对湿度传感元件是利用极板电容器容量的变化正比于极板间介质的介电常数进

行工作的，如果介质是空气，则其介电常数和空气相对湿度成正比，因此，电容器容量的变化与空气相对湿度的变化成正比。

电容式相对湿度传感器的测量精度可达±2%，测量范围在0%~90%RH，环境温度一般不超过50℃，其输出可以是标准的电压1~5V或电流4~20mA。

4. 数字温度/湿度传感器

随着微电子技术、数字化技术的发展，传感器也出现了易于数字接口的数字化温度/湿度传感器，这些传感器可以直接和微处理器接口，省去了烦琐的信号调理过程、零点及量程调节与校准、A-D转换和容易受干扰的模拟量传输环节，在使用上非常方便。同时由于采用了数字总线传输数字温度信号，这样可以在很少的数据线上挂接大量的传感器，实现信息采集量大、而占用系统硬件资源很少的目的，降低了成本。

下面以单(1-wire)总线数字温度传感器DS18B20为例介绍一下数字温度传感器。单总线湿度传感器DTH11的硬件和软件应用与DS18B20相同。

目前常用的微机与外设之间进行数据传输的串行总线主要有I^2C总线、SPI总线和并行总线。其中I^2C总线以同步串行两线方式进行通信(1条时钟线、1条数据线)，SPI总线则以同步串行三线方式进行通信(1条时钟线、1条数据输入线、1条数据输出线)，而并行总线是8条数据/地址线和n条控制命令线。这些总线至少需要两条或两条以上的信号线。近年来，美国的达拉斯半导体公司(Dallas Semi-conductor)推出了一项特有的单总线(1-wire Bus)技术。该技术与上述总线不同，它采用单根信号线，既可传输时钟，又能传输数据，而且数据传输是双向的，因而这种单总线技术具有线路简单、硬件开销少、成本低、便于总线扩展和维护等优点。

单总线适用于单主机系统，能够控制一个或多个从机设备。主机可以是微控制器，从机是单总线器件，它们之间的数据交换只通过1条信号线。当只有1个从机设备时，系统可按单节点系统操作；当有多个从机设备时，系统则按多节点系统操作。

(1) 硬件连接　图6-16为单总线器件的硬件连接。

从图中看，当采用多个数字传感器时接口电路非常简单，一条数据线同时向所有的器件提供数字通信和电源供给。由于每个器件具有全球唯一的64位ROM识别码，所以挂接在一条总线上的传感器等器件的个数几乎不受限制。

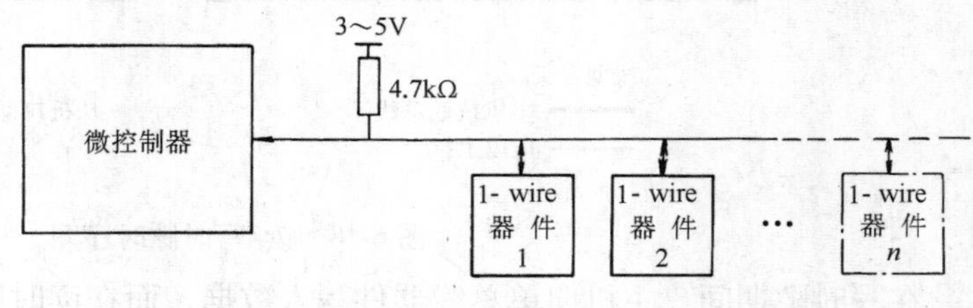

图6-16　单总线器件的硬件连接

(2) 接口时序　与DS18B20的通信是通过操作时隙，来完成1-wire单总线上的数据传输的。每个通信周期起始于微控制器发出的复位脉冲，其后紧跟着DS18B20响应的应答脉冲，如图6-17所示。

当从机发出响应主机的应答脉冲时即向主机表明它处于总线上，且工作准备就绪。在主机初始化过程，主机通过拉低单总线至少480μs，以产生复位脉冲，接着主机释放总线，并进入接收模式，当总线被释放后，4.7kΩ上拉电阻将单总线拉高。在从器件检测到上升沿时，延时15~60μs，接着通过拉低总线60~240μs以产生应答脉冲。

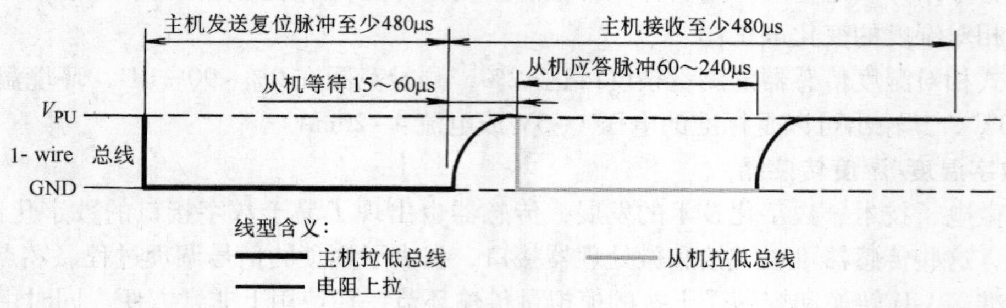

图 6-17 复位及应答时序

数据的通信是用读/写时隙来完成的。读/写时隙时序图如图 6-18 所示。

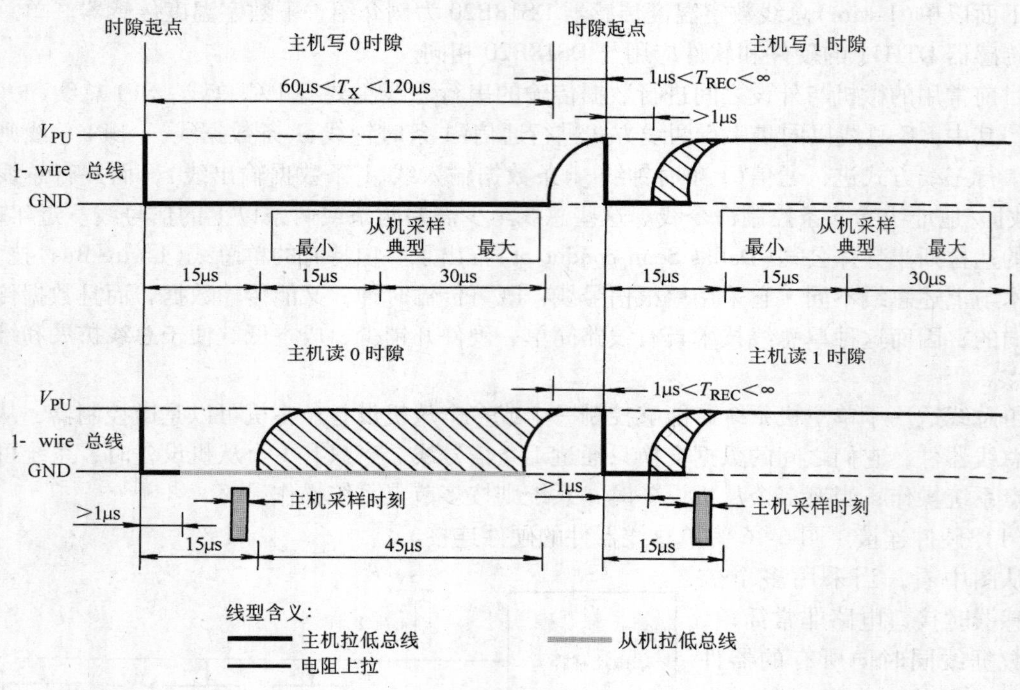

图 6-18 读/写时隙时序图

在写时隙期间，主机向单总线器件写入数据，而在读时隙期间，主机读入来自从机的数据。在每一个时隙，总线只能传输一位数据。

存在两种写时隙：写 1 和写 0，主机采用写 1 时隙向从机写入 1；写 0 时隙向从机写入 0。所有写时隙至少需要 60μs，且在两次独立的写时隙之间至少需要 1μs 的恢复时间。两种写时隙均起始于主机拉低总线。产生写 1 时隙的方式：主机在拉低总线后，接着必须在 15μs 之内释放总线，由 5kΩ 上拉电阻将总线拉至高电平。而产生写 0 时隙的方式：在主机拉低总线后，只需在整个时隙期间保持低电平至少 60μs 即可。

在写时隙起始后 15~60μs 期间，单总线从器件采样总线电平状态。如果在此期间采样为高电平，则逻辑 1 被写入该器件：如果为 0，则写入逻辑 0。

单总线器件仅在主机发出读命令时，才向主机传输数据。所以，在主机发出读数据命令后，必须马上产生读时隙，以便从机能够传输数据。所有读时隙至少需要 60μs，且在独立的读时隙之间至少需要 1μs 的恢复时间。每个读时隙都由主机发出，至少拉低总线 1μs。在主机发出读时隙之后，单总线器件才开始在总线上发送 0 或 1。若从机发送 1，则保持总线为高电平；若发送 0，则拉低总线电平。当发送 0 时，从机在该时隙结束后释放总线。由上拉电阻将总线拉回至空闲高电平状态。从机发出的数据在时隙起点之后，保持有效时间 15μs。因而，主机在读时隙期间必须释放总线，并且在时隙起点后的 15μs 之内采样总线状态。

（3）软件控制　为了满足 1-wire 单总线特殊的时序要求，有必要建立几个关键的函数。第一个函数是延时函数，它是所有读写控制的组成部分。这个函数完全依赖于微处理器的时钟，下面以 DS—5000 单片机(兼容 8051，时钟频率为 11.059MHz)为例建立 C 原型函数。

延时程序实例：

```
//DELAY-with an 11.059MHz crystal
//Calling the routine takes about 24μs, //and then each count takes another16μs
void delay (int μs)
{
int s;
for (s = 0; s < μs; s++);
}
```

复位脉冲实例：

```
unsigned char ow_ reset(void)
{
unsigned char presence;
DQ = 0; //pull DQ line low
delay(29); // leave it low for 480μs
DQ = 1; // allow line to return high
delay(3); // wait for presence
presence = DQ; // get presence signal
delay(25); // wait for end of timeslot
return(presence); // presence signal returned
} // presence = 0, no part = 1
```

读位脉冲实例：

```
unsigned char read_ bit(void)
{
unsigned char i;
DQ = 0; // pull DQ low to start timeslot
DQ = 1; // then return high
for (i = 0; i < 3; i++); //delay 15s from start of timeslot
return(DQ); // return value of DQ line
}
```

写位脉冲实例：

```
void write_ bit(char bitval)
{
DQ = 0; // pull DQ low to start timeslot
if(bitval==1) DQ =1; // return DQ high if write 1
delay(5); // hold value for remainder of //timeslot
DQ = 1;
} // Delay provides 16s per loop, plus //24s, Therefore, delay(5) = 104s
```

写字节实例：

```
void write_ byte(char val)
{
unsigned char i;
unsigned char temp;
for (i = 0; i < 8; i++) // writes byte, one bit at a time
{
temp = val>>i; // shifts val right 'i' spaces
temp &= 0x01; // copy that bit to temp
write_ bit(temp); // write bit in temp into
}
delay(5)
}
```

读字节实例：

```
unsigned char read_ byte(void)
{
unsigned char i;
unsigned char value = 0;
for (i = 0; i < 8; i++)
{
if(read_bit()) value | = 0 x 01<<i;
// reads byte in, one byte at a time and then
// shifts it left
delay(6); // wait for rest of timeslot
}
return(value);
}
```

数字温度传感器 DS18B20 的命令字有启动温度转换命令(44H)、读转换数据(0BEH)等。在主机发出复位脉冲后，主机还要发送匹配 ROM 码，以寻找要检测的 DS18B20，然后主机再发送命令字，如启动转换温度(即测量温度)、读取转换结果等时序。

四、压力的检测

压力自动检测装置原理如图 6-19 所示。

压力检测的常用元件有弹簧管、波纹管、膜片及组合式几种，目前应用较广的还有扩散硅等。常用弹性元件如图 6-20 所示。

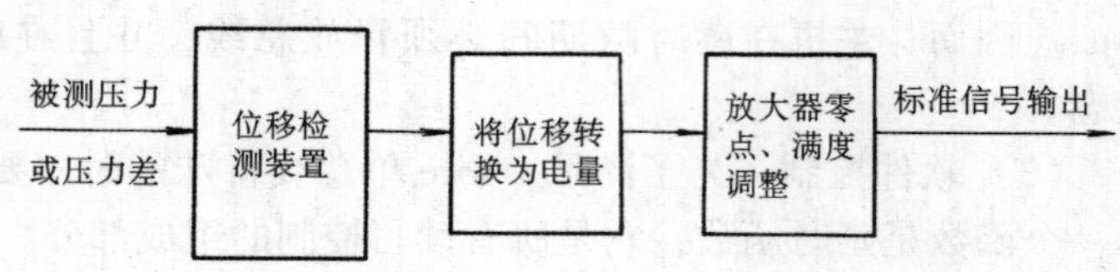

图 6-19　压力自动检测装置原理

弹簧管是一种常用的弹性测压元件，如图 6-20a 所示。它是

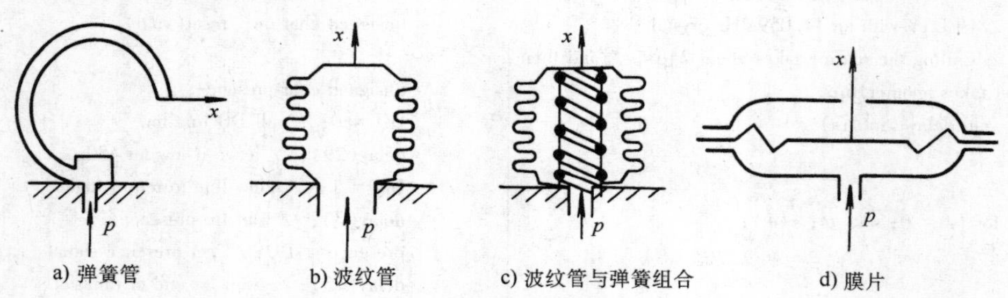

图 6-20　常用弹性元件

一种弯成圆弧形的空心管子，管子的横截面是椭圆形的。当从固定的一端通入被测压力 p 时，由于椭圆形截面在压力的作用下趋向圆形，使弧形弯管产生挺直的变形，其自由端产生向外的位移 x，此位移虽然是一个曲线运动，但在位移量不大时可近似为直线运动，且位移大小与压力成正比。近年来由于材料的发展和加工技术的提高，已能制成温度系数极小、管壁非常均匀的弹簧管，不仅可制作一般的压力计，也可用作精密测量。有时为了使自由端有较大的位移，使用多圈弹簧管，即把弹簧管做成盘形或螺旋弹簧的形状，它们的工作原理与单圈弹簧管相同。

波纹管是将金属薄管折皱成手风琴风箱形状而成的，如图 6-20b 所示。在引入被测压力时，其自由端产生伸缩变形。它比弹簧管能得到较大的直线位移，即灵敏度高。其缺点是压力-位移特性的线性度不如弹簧管好，因此经常将它和弹簧组合使用，如图 6-20c 所示。在波纹管内部安置一个螺旋弹簧，若波纹管本身的刚度比弹簧小得多，那么波纹管主要起压力与力的转换作用，弹性反回力主要靠弹簧提供，这样可以获得较好的线性度。

图 6-20d 所示的单膜片测压元件主要用作低压力的测量，膜片一般用金属薄片制成，有时也用橡胶膜。为了使压力-位移特性在较大的范围内具有线性，在金属圆形膜片上加工出同心圆的波纹。外圈波纹较深，越靠近中心越浅。膜片中心压着两个金属硬盘，称为硬芯，当压力改变时，波纹膜与硬芯一起移动。膜片式压力计用于微压及粘滞性介质的压力测量。

在楼宇自动化中对压力的检测主要用于风道静压、供水管压、差压的检测，有时也用来测量液位的程高，如水箱的水位等。

五、流量及容积的自动检测

检测流量有多种方法，有节流式、容积式、速度式、涡街式及电磁式等。在使用流量检测仪表时要考虑控制系统容许压力损失，最大、最小额定流量，使用场所的环境特点及被测流体的性质和状态，也要考虑仪表的精度要求及显示方式等。

节流装置与差压计配套，可用于测量各种性质的液体、气体或蒸汽的流量。这种装置一般是在流体通过的管道中串联孔板等，当流体流经节流装置时，在节流装置的两端产生压力差，可以根据压力差的大小计算出流量的多少。在较好的情况下，压差流量计的测量精度为1%~2%。但在实际使用中，由于流体的雷诺数、温度、黏度、密度等的变化以及孔板的磨损，测量精度常低于2%。尽管如此，压差流量计由于其结构简单、制造方便等优点，目前还是最常用的一种流量计。

容积式流量计(如椭圆齿轮流量计)因其测量精度与流体的流动状态无关，故此类流量计有很高的测量精度。被测流体的黏度越大，其测量精度越高。但是，被测流体中不能有固体颗粒，否则会将齿轮卡住或引起磨损。此外也不适宜测量高温或低温的流体，不然由于热胀冷缩可能发生齿轮卡死或间隙过大而增大测量误差。

六、火灾探测器

火灾发生时，会产生出烟雾、高温、火光及可燃性气体等理化现象。火灾探测器按其探测火灾不同的理化现象而分为四大类：感烟探测器、感温探测器、感光探测器、可燃性气体探测器；按探测器结构可分为点型和线型。

1. 离子感烟探测器

离子感烟探测器适用于大型火灾探测。根据探测器内电离室的结构形式，又可分为双源和单源感烟探测器。

感烟电离室是离子感烟探测器的核心传感器件，其工作原理示意图如图6-21a所示。电离室两极间的空气分子受放射源 Am^{241} 不断放出的α射线照射，高速运动的α粒子撞击空气分子，从而使两极间空气分子电离为正离子和负离子，这样就使电极之间原来不导电的空气具有了导电性。此时在电场的作用下，正、负离子的有规则运动，使电离室里呈现典型的伏安特性，形成离子电流。

电离室可以分为单极型和双极型两种。电离室局部被α射线覆盖，使电离室一部分为电离区，另一部分为非电离区，从而形成单极型电离室。由图6-21b可见，烟雾进入电离室

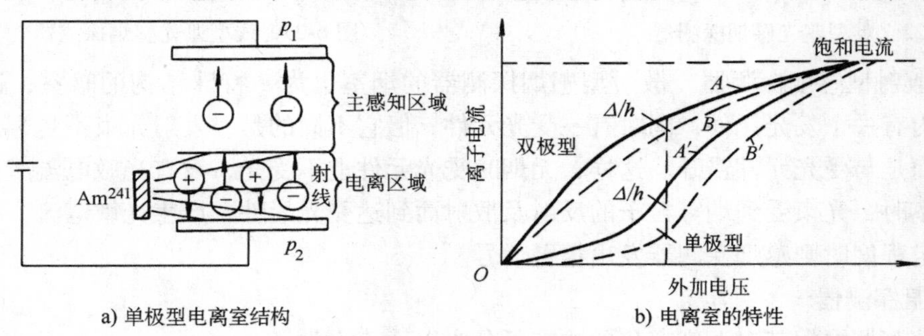

a) 单极型电离室结构　　b) 电离室的特性

图6-21　电离室结构及特性比较

后，单极型电离室要比双极型电离室的离子电流变化大，相应的感烟灵敏度也要高，因此单极型电离室结构的离子感烟探测器最常用。

离子感烟探测器感烟的原理是，当烟雾粒子进入电离室后，被电离部分的正离子和负离子被吸附到烟雾粒子上，使正、负离子相互中和的概率增加；同时离子附着在体积比自身体积大许多倍的烟雾粒子上，会使离子运动速度急剧减慢，最后导致的结果就是离子电流减小。显然，烟雾浓度大小可以以离子电流的变化量大小进行表示，从而实现对火灾过程中烟雾浓度的探测。

2. 光电感烟探测器

光电感烟探测器的基本原理是，利用烟雾粒子对光线产生遮光和散射作用来检测烟雾的存在。下面分别介绍遮光型感烟探测器和散射型感烟探测器。

（1）遮光型感烟探测器　遮光型感烟探测器具体又可分为点型和线型两种类型。

1）点型遮光感烟探测器。这种探测器原理如图 6-22 所示。其中烟室为特殊结构的暗室，外部光线进不去，但烟雾粒子可以进入烟室。烟室内有一个发光元件及一个受光元件，发光元件发出的光直射在受光元件上，产生一个固定的光敏电流。当烟雾粒子进入烟室后，光被烟雾粒子遮挡，到达受光元件的光通量减弱，相应的光敏电流减小。当光敏电流减小到某个设定值时，该感烟探测器发出报警信号。

2）线型遮光感烟探测器。线型遮光感烟探测器在原理上与点型探测器相似，但在结构上有区别。大型探测器中发光及受光元件同在一暗室内，整个探测器为一体化结构。而线型遮光感烟探测器中的发光元件和受光元件是分为两个部分安装的，两者相距一段距离，其原理示意图如图 6-23 所示。光束通过路径上无烟时，受光元件产生一固定光敏电流，无报警输出。而当光束通过路径上有烟时，则光束被烟雾粒子遮挡而减弱，相应的受光元件产生的光敏电流下降，当下降到一定程度时则探测器发出报警信号。在此，发射光束可以是激光束，也可以是红外光束。

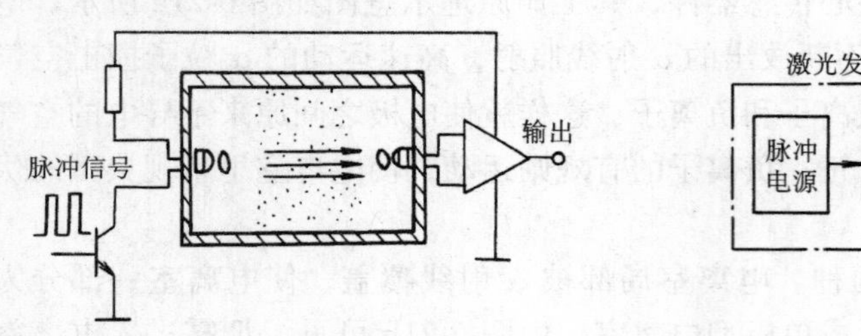

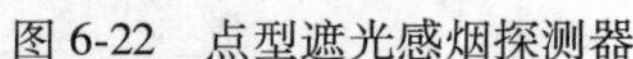
图 6-22　点型遮光感烟探测器

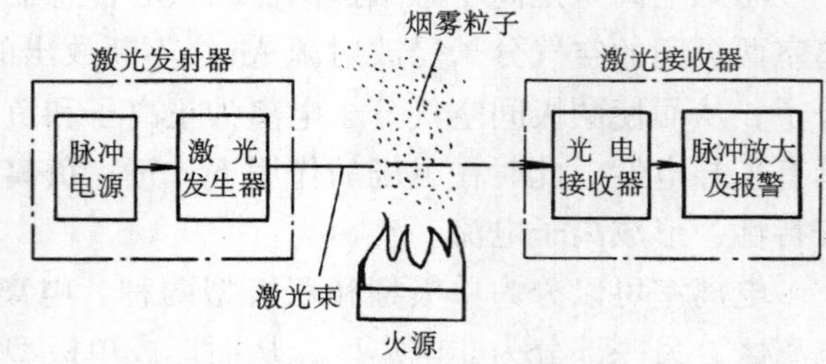

图 6-23　线型遮光感烟探测器

（2）散射型感烟探测器　散射型感烟探测器的烟室也为一特殊结构的暗室，进烟不进光。烟室内有一个发光元件，同时有一受光元件，但它不同的是，发射光束不是直射在受光元件上，而是与受光元件错开。这样，无烟时受光元件上不受光，没有光敏电流产生。当有烟进入烟室时，光束受到烟雾粒子的反射及散射而到达受光元件，产生光敏电流，当该电流增大到一定程度时则感烟探测器发出报警信号。

3. 感温探测器

感温探测器根据其对温度变化的响应可分为以下三大类。

（1）定温探测器　定温探测器是在规定时间内，火灾引起的温度达到或超过预定值时发出报警响应，有线型和点型两种结构。其中线型定温探测器是当火灾现场环境温度上升到一定数值时，可熔绝缘物熔化使两导线短路，从而产生报警信号。点型定温探测器则是利用双金属片、易熔金属、热电偶、热敏电阻等热敏元件，当温度上升到一定数值时发出报警信号。下面对双金属片定温探测器进行介绍，其结构示意图如图 6-24 所示。

这种定温探测器由热膨胀系数不同的双金属片和固定触点组成。当环境温度升高时，双金属片受热膨胀向上弯曲，使触点闭合，输出报警信号。当环境温度下降后，双金属片复位，探测器状态复原。

（2）差温探测器　差温探测器是在规定时间内，环境温度上升速率超过预定值时报警响应。它也有线型和点型两种结构。线型差温探测器是根据广泛的热效应而动作的，主要感温器件有按探测面积蛇形连续布置的空气管、分布式连接的热电偶、热电阻等。点型差温探测器则是根据局部的热效应而动作的，主要感温器件是空气膜盒、热敏电阻等。图 6-25 所示是膜盒式差温探测器结构示意图。

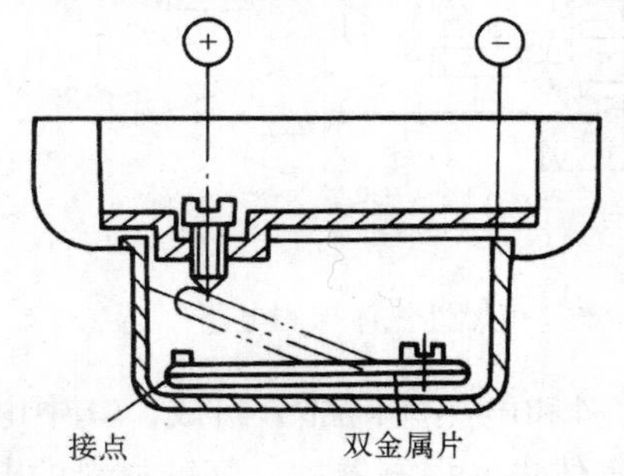

图 6-24　双金属片定温探测器结构示意图

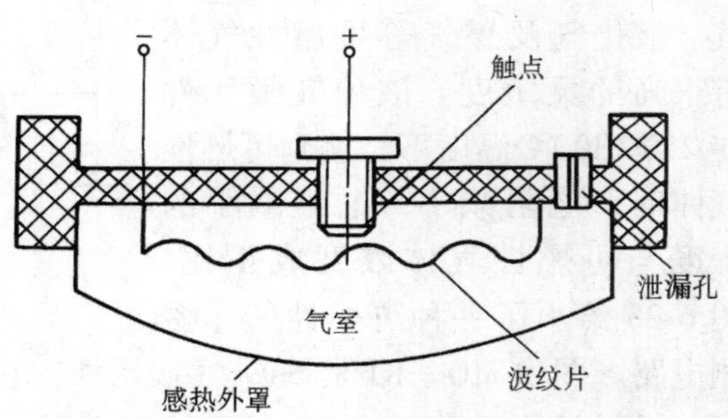

图 6-25　膜盒式差温探测器结构示意图

空气膜盒是温度敏感元件，其感热外罩与底座形成密闭气室，有一小孔与大气连通。当环境温度缓慢变化时，气室内外的空气可由小孔进出，使内外压力保持平衡。如温度迅速升高，气室内空气受热膨胀来不及外泄，致使室内气压增高，波纹片鼓起与中心线柱相碰，电路接通报警。

（3）差定温探测器　顾名思义，这种探测器结合了定温和差温两种工作原理，并将两者组合在一起。差定温探测器一般多为膜盒式或热敏电阻等点型的组合式感温探测器。

4. 感光探测器

燃烧时的辐射光谱可分为两大类：一类是白炽热发粒子产生的具有连续性光谱的热辐射；另一类为由化学反应生成的气体和离子产生具有间断性光谱的光辐射，其波长多在红外及紫外光谱范围内。现在广泛使用的是红外式和紫外式两种感光式火灾探测器，下面分别介绍。

（1）红外式感光探测器　红外式感光探测器是利用火焰的红外辐射和闪烁现象来探测火灾。红外光的波长较长，烟雾粒子对其吸收和衰减远比紫外光及可见光弱。所以，即使火灾现场有大量烟雾，并且距红外探测器较远，红外式感光探测器依然能接收到红外光。要指出的是，为区别背景红外辐射和其他光源中含有的红外光，红外式感光探测器还要能够识别火光所特有的明暗闪烁现象，火光闪烁频率在 3~30Hz 的范围。

（2）紫外式感光探测器　对易燃、易爆物（汽油、酒精、煤油、易燃化工原料等）引发的燃烧，在燃烧过程中它们的氢氧根在氧化反应（即燃烧）中有强烈的紫外光辐射。在这种场合下，紫外式感光探测器可以很灵敏地探测这种紫外光。紫外式探测器玻璃罩内是两根高纯度的钨丝或斯兰电极。当电极受到紫外光辐射时发出电子，并在两电极间的电场中被加速，这些高速运动的电子与室内的氢、氦气体分子发生撞击而使之电离化，最终造成“雪崩”或放电，相当于两电极接通，导致探测器发出火灾报警信号。

5. 可燃性气体探测器

对可燃性气体可能泄漏的危险场所（如厨房、燃气储藏室、油库、易挥发并易燃的化学品储藏室等）应安装可燃性气体探测器，这样可以更好地杜绝一些重大火灾的发生。可燃性气体探测器主要分为半导体型和催化型两种。

（1）半导体型可燃性气体探测器　这种由半导体做成的气敏元件，对氢气、一氧化碳、天然气、液化气及煤气等可燃性气体有很高的灵敏度。该种气敏元件在250~300℃温度下，遇到可燃性气体时，电阻减小，电阻减小的程度与可燃性气体浓度成正比。图6-26给出了一种可燃性气体探测电路。图中MQ—KI是SnO_2气敏元件，它由气敏材料和电热丝两部分组成，其中电热丝使气敏材料处于250~300℃的环境温度下，当可燃性气体进入探测器后，气敏材料的电阻减小，外接电阻上的分压增大，施密特触发器输入电压上升。当升到设定的阈值时，施密特触发器有一个跳变产生，触发报警电路报警，警告此时环境中可燃气体浓度超过警戒线浓度。

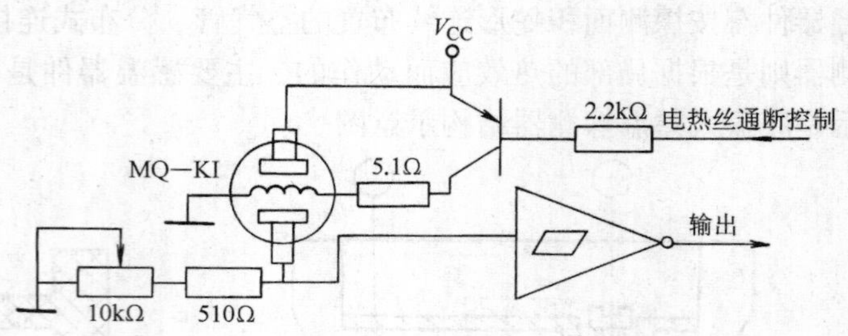

图6-26　可燃性气体探测电路

（2）催化型可燃性气体探测器　采用铂丝作为催化元件，当铂丝加热后，其电阻会随所处环境中可燃性气体浓度的变化而变化。具体检测电路多设计成电桥形式，检测用铂丝裸露在空气中，补偿用铂丝则是密封的，两者对称地接在电桥的两个管上。环境中无可燃性气体时，电桥平衡无输出。当环境中有可燃性气体时，检测用铂丝由于催化作用导致可燃性气体无光焰燃烧，铂丝温度进一步增大，使其电阻也随之增大，电桥失去平衡，有报警信号输出。

6. 火灾探测器的选用

火灾探测器的选用应按照国家标准《火灾自动报警系统设计规范》和《火灾自动报警系统施工验收规范》的有关要求来进行。

火灾探测器的选用涉及的因素很多，主要有火灾的类型、火灾形成的规律、建筑物的特点以及环境条件等，下面进行具体分析。

（1）火灾类型及形成规律与探测器的关系　火灾分为两大类：一类是燃烧过程极短暂的爆燃性火灾；另一类是具有初始阴燃阶段，燃烧过程较长的一般性火灾。

对于第一类火灾，必须采用可燃性气体探测器实现灾前报警，或采用感光探测器对爆炸性火灾瞬间产生的强烈光辐射做出快速报警反应。这类火灾没有阴燃阶段，燃烧过程中烟雾少，用感烟型探测器显然不行。燃烧过程中虽然有强热辐射，但总的来说感温探测器的响应速度偏慢，不能及时对爆炸性火灾做出报警反应。

一般性火灾初始的阴燃阶段，产生大量的烟和少量的热，具有很弱的火光辐射，此时应选用感烟探测器。单纯作为报警目的的探测器，选用非延时工作方式；报警后联动消防设备的探测器，则选用延时工作方式。烟雾粒子较大时宜采用光电感烟探测器；烟雾粒子较小时由于对光的遮挡和散射能力较弱，光电式探测器灵敏度降低，此时宜采用离子式探测器。

火灾形成规模时，在产生大量烟雾的同时，光和热的辐射也迅速增加，这时应同时选用感烟、感光及感温探测器，把它们组合使用。

（2）根据建筑物的特点及场合的不同选用探测器　建筑物室内高度的不同对火灾探测器的选用有不同的要求。房间高度超过 12m，感烟探测器不适用，房间高度超过 8m，则感温探测器不适用，这种情况下只能采用感光探测器。

对于较大的库房及货场，宜采用线型激光感烟探测器，而采用其他点型探测器则效率不高。在粉尘较多、烟雾较大的场所，感烟探测器易出现误报警，感光探测器的镜头易受污染而导致探测器漏报。因此，在这种场合只有采用感温探测器。

在较低温度的场合，宜采用差温或者差定温探测器，不宜采用定温探测器。在温度变化较大的场合，应采用定温探测器，不宜采用差温探测器。

风速较大或气流速度大于 5m/s 的场所不宜采用感烟探测器，使用感光探测器则无任何影响。

最后要强调的是，在火灾探测报警与灭火装置联动时，火灾探测器的误报警将导致灭火设备自动起动，从而带来不良影响，甚至是严重的后果。这时对火灾探测器的准确性及可靠性就有了更高的要求，一般都采用同类型或不同类型的两个探测器综合使用来实现双信号报警，很多时候还要加上一个延时报警判断之后，才能产生联动控制信号。需要说明的是，同类型探测器组合使用时，应该是一个灵敏度高一些，另一个灵敏度则低一些。

七、执行器

执行器在系统中的作用是执行控制器的命令，它是自动控制的终端主控元件。从结构来说，执行器一般由执行机构、调节机构两部分组成。其中执行机构是执行器的推动部分，按照控制器输送的信号大小产生推力或位移，调节机构是执行器的调节部分。常见的是调节阀，它接受执行机构的操纵，改变阀芯与阀座间的流通面积，达到调节工艺介质流量的目的。

执行器根据使用的能源种类可分为气动、电动、液动三种。在智能楼宇中常用电动执行器。

1. 电动执行器

电动执行器根据使用要求有各种结构，电磁阀是电动执行器中最简单的一种，它利用电磁铁的吸合和释放对小口径阀门做通、断两种状态的控制，由于结构简单、价格低廉，常和两位式简易控制器组成简单的自动调节系统。除电磁阀外，其他连续动作的电动执行器都使用电动机作动力元件，将控制器传来的信号转变为阀的开度。电动执行器的输出方式有直行程、角行程和多转式三种类型，可和直线移动的调节阀、旋转的蝶阀、风道风门、多转的感应调压器等配合工作。

电动执行器的组成一般采用随动系统的方案，如图 6-27 所示。

从控制器传来的信号通过伺服放大器驱动伺服电动机，经变速器带动调节阀，同时经位置反馈电路将阀杆行程反馈给伺服放大器，组成位置随动系统，依靠位置负反馈，保证输入信号准确地转换为阀杆的行程。

在结构上，电动执行器除可与调节阀组装整体式的执行器外，常单独分装以适应各方面的需要。在许多工艺调节参数中，电动执行器能直接与具有不同输出信号的各种电动调节仪表配合使用。

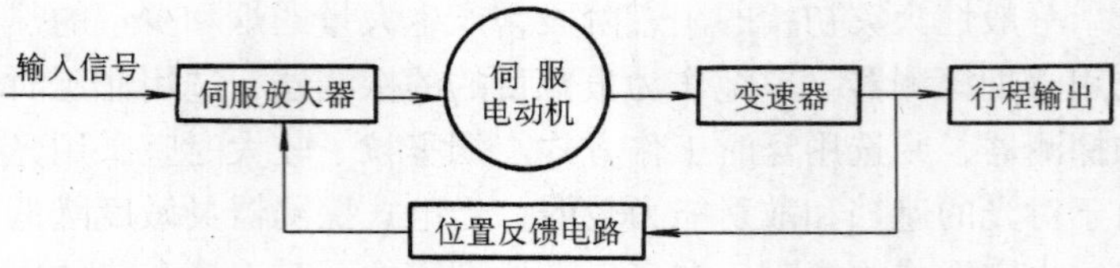

输入信号
伺服放大器
伺服电动机
变速器
行程输出
位置反馈电路

图 6-27　电动执行器随动系统框图

2. 电磁阀

电磁阀是常用电动执行器之一，其结构简单，价格低廉，多用于两位控制中。如图 6-28 所示，它是利用线圈通电后，产生电磁吸力提升活动铁心，带动阀塞运动控制气体或液体流量的通断。电磁阀有直动式和先导式两种，图 6-28 为直动式电磁阀，图 6-29 为先导式电磁阀。

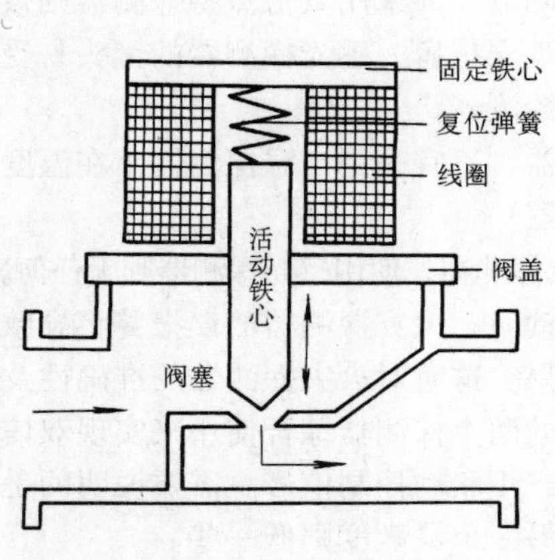

图 6-28　直动式电磁阀

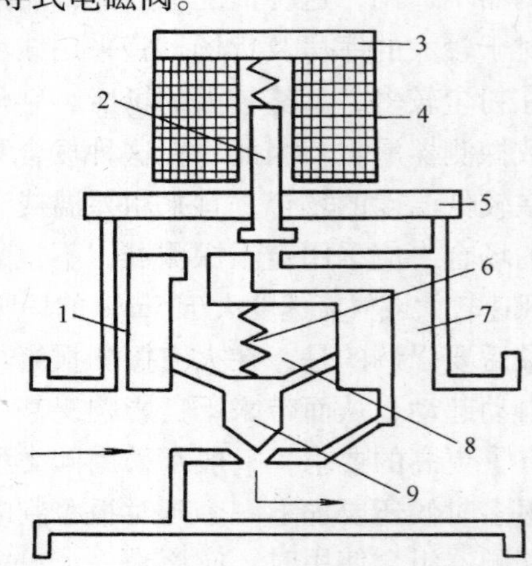

图 6-29　先导式电磁阀

1—平衡孔　2—活动铁心　3—固定铁心
4—线圈　5—阀盖　6—复位弹簧　7—排出孔
8—上腔　9—主阀塞

3. 电动阀

电动阀以电动机为动力元件，将控制器输出信号转换为阀门的开度，它是一种连续动作的执行器。

图 6-30 所示是直线移动电动阀的结构原理，阀杆的上端与执行机构相连接，当阀杆带动阀芯在阀体内上下移动时，改变了阀芯与阀座之间的流通面积，即改变了阀的阻力系数，其流过阀的流量也就相应地改变，从而达到调节流量的目的。

调节阀有许多种，主要有直通单座调节阀、直通双座调节阀(平衡阀)、隔膜调节阀、蝶阀(翻板阀,如图 6-31 所示)、闸板阀等。

在设计中应了解调节阀的流量特性，如图 6-32 所示，根据控制系统的要求选择不同特性的调节阀。调节阀的流量特性是指流过阀门的相对流量值与阀门的相对开度值之间的关系，即

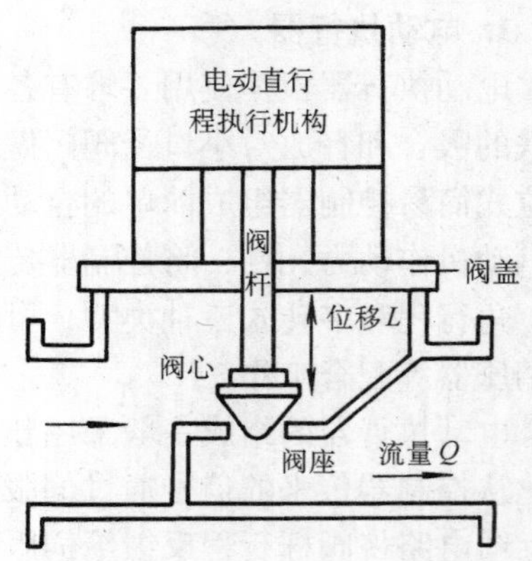

图 6-30　直线移动电动阀的结构原理

$$\frac{Q}{Q_{\max}}=f\left(\frac{l}{L}\right)$$

式中，$Q/Q_{\max}$是调节阀在某一开度时的流量 Q 与阀全开时的流量 $Q_{\max}$之比，称为相对流量；$\frac{l}{L}$是调节阀在某一开度时阀杆行程与全开时的行程之比，称为相对开度。f 表示调节阀的理想流量特性，可分为多种类型，国内常用的理想流量特性有线性、等百分比(对数)、快开等几种。

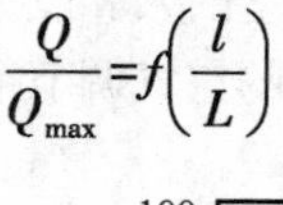

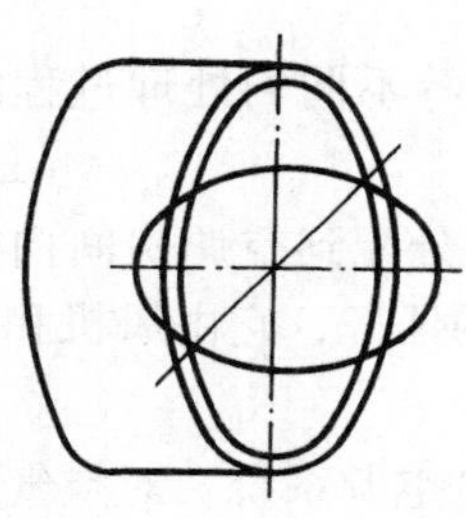

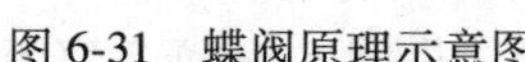

图 6-31　蝶阀原理示意图

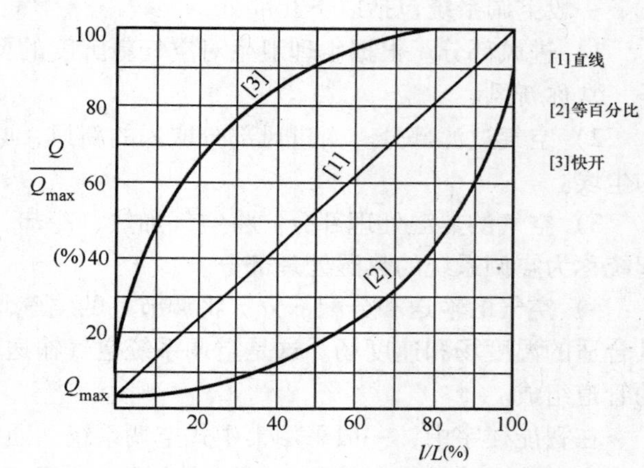

图 6-32　调节阀理想流量特性

在调节阀前后压差不变的情况下，得到的相对流量与相对开度的关系，称为理想流量特性；当调节阀前后压差变化时，得到的相对流量与相对开度的关系，称为工作流量特性，工作流量特性可以通过计算的方法求得。

4. 风门

在智能楼宇的空调、通风系统中，用得最多的执行器是风门，风门用来精确控制风的流量。风门的结构原理如图6-33所示。

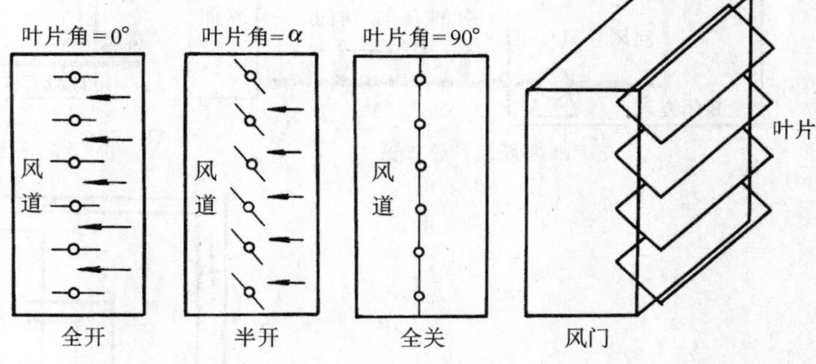

图 6-33　风门的结构原理

风门由若干叶片组成，当叶片转动时改变流道的等效截面积，即改变了风门的阻力系数，其流过的风量也就相应地改变，从而达到调节风流量的目的。

叶片的形状将决定风门的流量特性，同调节阀一样，风门也有多种流量特性供应用选择，风门的驱动器可以是电动的，也可以是气动的，在智能楼宇中一般采用电动式风门。图6-33 所示的风门采用矩形风道，在应用时也常使用圆形风道，它的结构是以风道中心向外辐射状的风叶，其原理和矩形的风门一样。

第五节 几种典型的智能楼宇设备

一、中央空调系统

室内空气环境参数的变化，主要是由以下两个方面原因造成的：一是外部原因，如外界气候条件的变化；另一方面是内部原因，如室内人和设备产生的热、湿和其他有害物质。当室内空气参数偏离了规定值时，就需要采取相应的空气调节措施和方法，使其恢复到规定的要求值。

一般空调系统包括以下几部分：

1）进风部分。根据生理卫生对空气新鲜度的要求，空调系统必须有一部分空气取自室外，常称新风。

2）空气过滤部分。由进风部分取入的新风，必须先经过一次预过滤，以除去颗粒较大的尘埃。

3）空气的热湿处理部分。将空气加热、冷却、加湿和减湿等不同的处理过程组合在一起统称为空调系统的热湿处理部分。

4）空气的输送和分配部分。将调节好的空气均匀地输入和分配到空调房间内，以保证其合适的温度场和速度场。这是空调系统空气输送和分配部分的任务，它由风机和不同形式的管道组成。

在智能楼宇中，一般采用集中式空调系统，通常称之为中央空调系统。对空气的处理集中在专用的机房里，对处理空气用的冷源和热源，也有专门的冷冻站和锅炉房。

按照所处理空气的来源，集中式空调系统可分为封闭式系统（见图 6-34a）、直流式系统（见图 6-34b）和混合式系统（见图 6-34c）。封闭式系统的新风量为零，全部使用回风，其

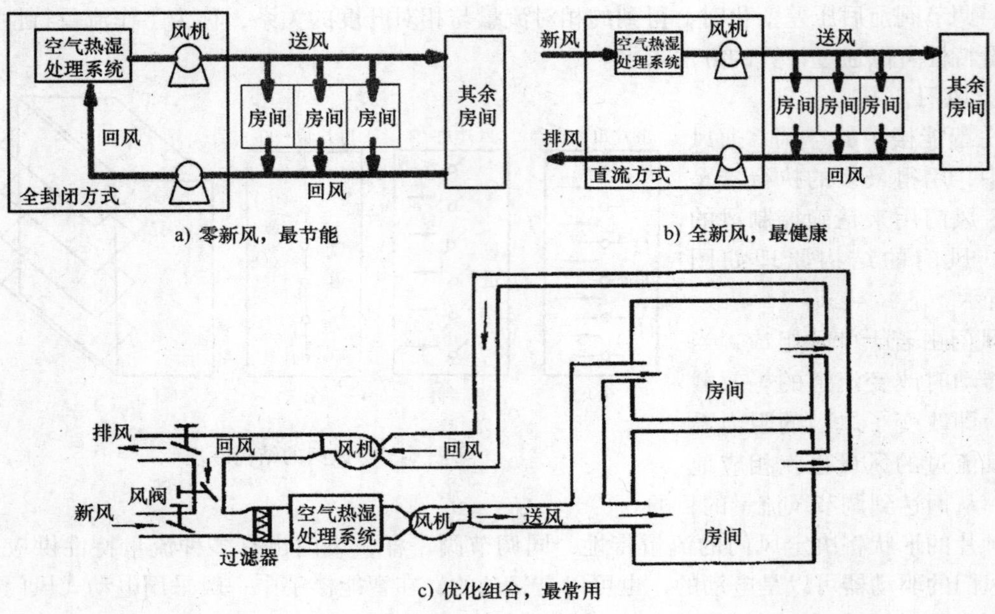

图 6-34 中央空调系统的分类原理图

冷、热消耗量最省，但空气品质差。直流式系统的回风量为零，全部采用新风，其冷、热消耗量大，但空气品质好。由于封闭式系统和直流式系统的上述特点，两者都只在特定情况下使用。对于绝大多数场合，采用适当比例的新风和回风相混合，这种混合系统既能满足空气品质要求，经济上又比较合理，因此是应用最广的一类集中式空调系统，如图 6-34c 所示。

中央空调的空气热湿处理系统如图 6-35 所示，主要由风门驱动器、风管式温度传感器、湿度传感器、压差报警开关、二通电动调节阀、压力传感器以及现场控制器等组成。

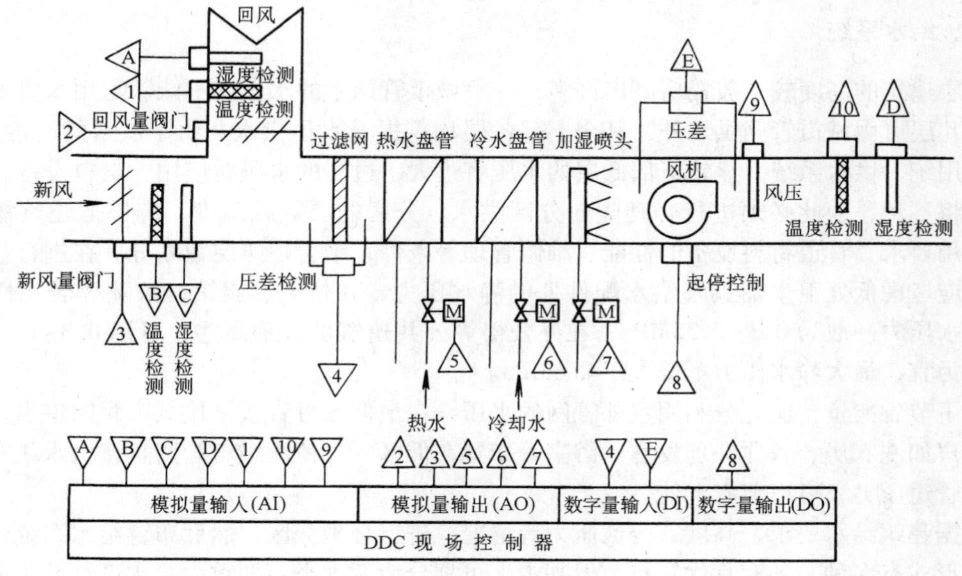

图 6-35　空气热湿处理系统框图

空调空气热湿处理系统的监控功能如下：

1）将回风管内的温度与系统设定的值进行比较，用 PID 方式调节冷水、热水电动阀开度，调节冷冻水或热水的流量，使回风温度保持在设定的范围之内。

2）对回风管、新风管的温度与湿度进行检测，计算新风与回风的焓值，按回风和新风的焓值比例，控制回风门和新风门的开启比例，从而达到节能效果。

3）检测送风管内的湿度值与系统设定的值进行比较，用 PI 调节，控制湿度电动调节阀，从而使送风湿度保持在所需要的范围之内。

4）测量送风管内接近尾端的送风压力，调节送风机的送风量，以确保送风管内有足够的风压。

5）其他方面：风机起动、停止的控制，风机运行状态的检测及故障报警，过滤网堵塞报警等。

当环境温度过高时，室外热量从墙体和窗口传入，加上照明、冰箱、电视机及人体散发的热量，使室温过高，空调系统通过循环方式把房间里的热量带走，以维持室内温度于一定值。当循环空气(新风加回风)通过热湿处理系统时，高温空气经过冷却盘管先进行热交换，盘管吸收了空气中的热量，使空气温度降低，然后再将冷却后的循环空气吹入室内。

冷却盘管的冷冻水由冷水机组提供，它是由压缩机、冷凝器与蒸发器组成的。压缩机把制冷剂压缩，压缩后的制冷剂进入冷凝器，被冷却水冷却后，变成液体，析出的热量由冷却水带走，并在冷却塔里排入大气。液体制冷剂由冷凝器进入蒸发器进行蒸发吸热，使冷冻水降温，然后冷冻水进入水冷风机盘管吸收空气中的热量，如此循环，把房间的热量带出。

如果要使室内温度升高，需要以热水进入风机盘管，空气加热后送入室内。空气经过冷却后，有水分析出，相对湿度减少，变得干燥。如果想增加湿度，可进行喷水或喷蒸汽，对空气进行加湿处理，用这样的湿空气去补充室内水气量的不足。

二、给水系统

高层建筑的高度较一般楼房高出许多，一般城市管网中的水压力不能满足用水要求，除了最下几层可由城市管网供水外，其余上部各层均需提升水压供水。由于供水的高度增大，如果采用统一供水系统，显然下部低层的水压将过大，过高的水压对使用、材料设备、维修管理均将不利，为此必须进行合理竖向分区供水。分区的层数或高度，应根据建筑物的性质、使用要求、管道材料设备的性能、维修管理等条件，结合建筑层数划分。在进行竖向分区时，应考虑低处卫生器具及给水配件处的静水压力，在住宅、旅馆、医院等居住性建筑中，供水压力一般为0.3～0.35MPa；在办公楼等公共建筑可以稍高些，可用0.3～0.45MPa的压力为宜，最大静水压力不得大于0.6MPa。

为了节省能量，应充分利用室外管网的水压，在最低区可直接采用城市管网供水，并将大用水户如洗衣房、餐厅、理发室、浴室等布置在低区，以便由城市管网直接供水，充分利用室外管道压力，可以节省电能。

根据建筑给水要求、高度、分区压力等情况，进行合理分区，然后布置给水系统。给水系统的形式有多种，各有其优缺点，但基本上可划分为两大类，即重力给水系统及压力给水系统。

1. 重力给水系统

这种系统的特点是以水泵将水提升到楼宇最高处水箱中，以重力向给水管网配水，对楼顶水池水位进行监测，当高、低水位超限时报警，根据水池（箱）的高、低水位控制水泵的起、停，监测给水泵的工作状态和故障，如果当使用水泵出现故障时，备用水泵会自动投入工作。

重力给水系统用水是由水箱直接供应，既占用了楼层的建筑面积，也有增加大楼受压之弊，对地震区尤其不利。

2. 压力给水系统

考虑到重力给水系统的种种缺点，可考虑压力供水系统。不在楼层中或屋顶上设置水箱，仅在地下室或某些空余之处设置水泵机组、气压水箱等设备，采用压力给水来满足建筑物的供水需要。

（1）并联气压给水系统　并联气压给水系统是以气压水箱代替高位水箱，而气压水箱可以集中于地下室水泵房内，这样可以避免楼房设置水箱的缺点。气压水箱需用金属制造，投资较大，且运行效率较低，还需设置空气压缩机为水箱补气，因此耗费动力较多，近年来有的采用密封式弹性隔膜气压水箱，可以不用空气压缩机充气，既可节省电能又防止空气污染水质，有利于环境卫生。

（2）水泵直接给水系统　以上所讨论的给水系统，无论是用高位水箱的，还是气压水箱的，都是必要的。但存在着上述很多缺点，因此有必要研究无水箱的水泵直接供水系统。这种系统可以采用自动控制的多台水泵并联运行，根据用水量的变化，开停不同水泵来满足用水的要求，也可节省电能，如采用计算机控制更为理想。

水泵直接供水，最简便的方法是采用调速水泵供水系统，即根据水泵的出水量与转速成正比关系的特性，调整水泵的转速而满足用水量的变化，同时也可节省动力。水泵调速一般采用变频器与三相异步电动机联合控制。这种方法设备简单，运行方便，节省动力，国内已广泛使用，效果很好，如图 6-36 所示。

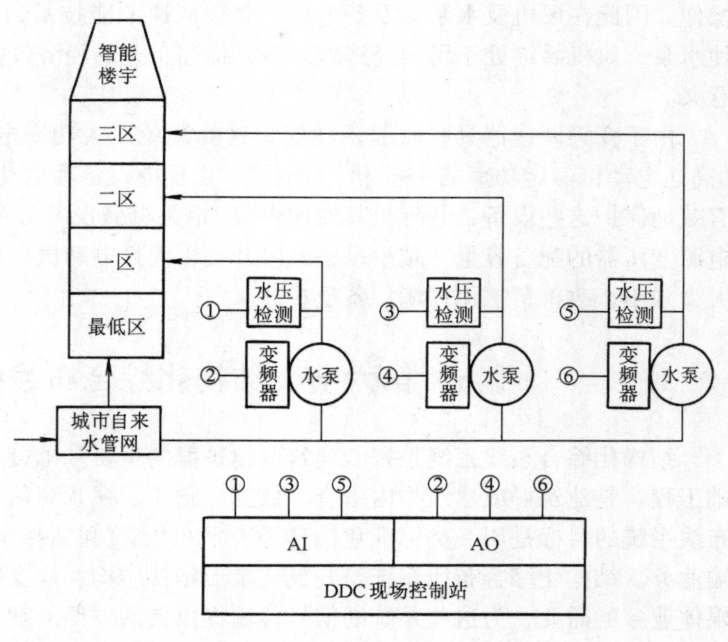

图 6-36　变频水泵给水系统

三、泵与风机的节能运行

水泵是给水排水系统的心脏，风机是空调、通风设备的动力来源，其投资比例占系统投资的比例很小，但是它的运行费用(耗电量)所占系统运行总费用的比例却相当大。因此在设计应用泵和风机时，首先要考虑的问题就是提高水泵、风机的工作效率，降低运行成本。

从流体力学原理得知，风机、水泵的流量、转速与电动机功率相关。当风量减少，风机转速下降时，其电动机输入功率迅速降低。

变频器拖动的电动机在不同频率下运行时的节电效果见表 6-1(仅供参考)。其中电量节约公式为 $P_{Kw}=1-(1-n)^3$，P_{Kw} 为节约电能的百分比，n 为转速下降比率，即电动机工作频率相对 50Hz 的下降率。

表 6-1　节电效果

风机风量下降比率(%)	电动机工作频率相对 50Hz 的下降率(%)	对应的电动机轴功率需求率(%)	此时的电动机运行节电率(%)
10	10	72.9	27.1
15	15	61.4	38.6
20	20	51.2	48.8
25	25	42.2	57.8
30	30	34.3	65.7
40	40	21.6	78.4
50	50	12.5	87.5

如果电动机运行频率长期稳定在30%以下，且远期负载无扩展趋势，建议更换电动机拖动系统，经济上会更合算。

在通风、给水排水系统中风量、流量的控制是整个系统节能的关键问题。传统均采用挡风板或阀门控制，耗电大、效率低、调节精度差，而且必须由专业人员或者经验丰富的工人操作。因此在风机及水泵等设备上推广变频调速节能技术，取代落后的挡风板、调节阀门，使水泵、风机始终处于科学经济地运行，提高企业的经济效益和社会效应，具有十分重要的意义。

由于变频调速器具有软起动功能，这就避免了大功率电动机在起动时所产生的大电流(高达电动机额定功率的4~7倍)对电网、供配电设备和电动机、风机水泵产生严重的冲击，有效地保护这些设备，并延长其使用寿命(相关机械设备寿命可以延长3~5年)，减少动力电源变压器的配备容量，减少设备维修开支，而且电动机、风机在起动及运行中产生的噪声大大减小，改善了工作环境，备受欢迎。

第六节　结构化综合布线技术

结构化综合布线系统是智能建筑及建筑群的重要基础设施，它是楼宇智能化系统中的基础工程，是建筑群或建筑物内语音、数据、图文、视频等信号传输网络的介质。结构化综合布线系统的目标是用一类标准化的传输介质(线缆)和拓扑结构来满足当前及将来的多种传输业务。结构化综合布线系统是开放式星形拓扑结构，能支持语音、数据、图文、图像等多媒体业务的需要，为这些系统的信号传输提供灵活方便的解决方案。

在以往，为一栋建筑物或一组建筑群内部的语音、数据、视频图像等信息传输网布线时，人们通常要根据所使用的通信设备和电子设备而设计采用不同生产厂家的各个型号系列的线缆及其接口和出线盒。在建筑物内部有多种信息传输业务需求，存在“多种”传输网，如图6-37所示。这种布线由于彼此之间互不兼容，当有各种变动时，必将耗费大量的资金和时间去维修、更换、移动，这是传统布线方式的最大弊端。

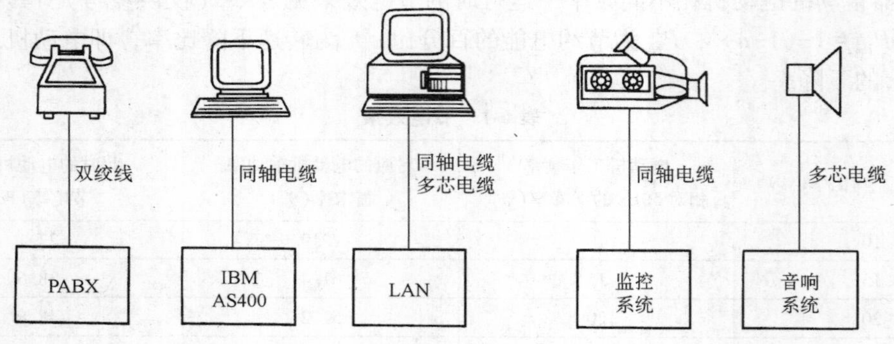

图6-37　传统布线结构示意图

20世纪80年代以来，随着科学技术的不断发展，尤其是通信、计算机网络、控制和图形显示技术的相互融合和发展，高层建筑服务功能的增加和客观要求的提高，建筑中日益增多的信息量、信息种类，使得建筑的信息传输系统越来越庞大，传统的专业布线系统已经无法满足需要，一些发达国家开始研究和推出综合布线系统。20 世纪 80 年代后期综合布线系统逐步被引入我国。

结构化综合布线系统是一种开放式的传输平台，是各种多媒体通信业务网的传输线路，支持高速数据传输，是智能化建筑的高效神经系统。综合布线系统以一种传输线路满足各种通信业务终端（如电话机、传真机、计算机、会议电视等）的要求，再加上多媒体终端集语音、数据、图像于一体，给用户带来了灵活方便的应用和良好的经济效益。只要传输频率符合相应等级的布线系统的要求，各种通信业务都可应用。因此，综合布线系统是一种通用的开放式的传输平台，具有广泛的应用价值。

随着计算机和通信技术的飞速发展，网络应用已逐渐成为人们不可缺少的一种需求，而结构化布线是网络实现的基础，是现今和未来计算机网络和通信系统的有力支撑环境。所以，在设计综合布线系统的同时必须充分考虑所使用的网络技术及其发展，避免硬件资源的冗余和浪费，以便充分发挥综合布线的优点。

综合布线系统的设计方面，也有相关的规范或标准，这些规范或标准对以下几个方面制定了相应的规定

1）定义了认可的介质。

2）定义了布线系统的拓扑结构。

3）规定了各子系统的布线距离。

4）定义了布线系统与用户设备的接口。

5）定义了线缆和连接硬件性能。

6）规定了安装实践所需注意事项。

7）定义了链路性能及测试标准。

这些规范或标准包括：

※《综合布线系统工程设计规范》GB 50311—2007

※《综合布线系统工程验收规范》GB 50312—2007

※《国际建筑布线标准》ISO/IEC 11081

※《商用建筑通讯布线标准》EIA/TIA-568A

※《商用建筑通讯布线测试标准》EIA/TIA TSB-67

一、结构化综合布线系统的特点

（1）实用性　布线系统实施后，能够满足现在通信技术的应用和未来通信技术的发展，使更新换代更容易实现。

（2）灵活性　综合布线系统满足了灵活应用的要求，即在任何一个信息插座上都能连接不同类型的终端设备，如个人计算机、电话、图像等终端。

（3）模块化　在综合布线系统中，除去敷设在建筑物内的铜芯或光缆外，其余所有的接插件都是积木式的标准件，方便维修维护人员的管理和使用。

（4）扩充性　综合布线是可以扩充的，以便设施的增加及未来技术的更新和发展。

（5）经济性　综合布线系统的应用，可以降低用户重新布局或设备搬迁的费用，并节省了搬迁的时间，还降低了日常系统维护的费用。

二、结构化综合布线系统的构成

1. 结构化综合布线系统的组成

结构化综合布线系统(Structured Cabling System,SCS)，又称为建筑物布线系统(Premises Distribution System,PDS)或称开放式布线系统(Open Cabling Systems,OCS)。它是一套开放式的布线系统，几乎可以支持所有的数据、语音设备及各种通信协议。同时，由于 SCS 充分考虑了通信技术的发展，设计时有充分的技术储备，能充分满足用户长期的需求，应用范围十分广泛。而结构化综合布线系统因具有高度的灵活性，各种设备位置改变、局域网变化，均不需重新布线，只要在配线间做适当布线调整即可满足需求，近年来在我国已被广泛地采用。结构化综合布线一般可划分为工作区子系统、配线(水平)子系统、管理子系统、干线子系统、设备间子系统、建筑群子系统、进线间子系统七个子系统，如图 6-38 所示。

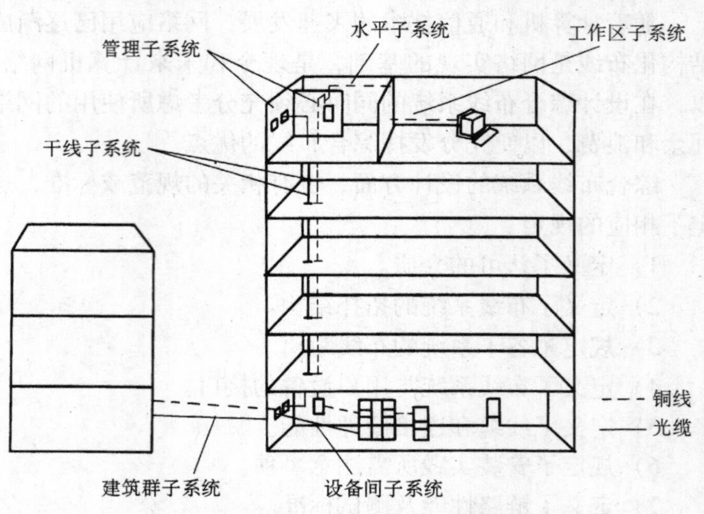

图 6-38　结构化综合布线系统结构组成示意图

注释：

(CD，建筑群配线设备)(Campus Distributor)

(BD，建筑物配线设备)(Building Distributor)

FD，楼层配线设备(Floor Distributor)

CP，集合点(Convergence Point)

TO，信息插座(Telecommunications Outlet)

TE，终端设备(Terminal Equipment)

(1) 工作区子系统(Work Area)　工作区子系统由终端设备连接到信息插座的连线以及信息插座所组成，信息点由标准 RJ45 插座构成。信息点数量应根据工作区的实际功能及需求确定，并预留适当数量的冗余。例如：对于一个办公区内的每个办公点可配置 2~3 个信息点，此外应为此办公区配置 3~5 个专用信息点用于工作组服务器、网络打印机、传真机、视频会议等。若此办公区为商务应用，则信息的带宽为 10Mbit/s 或 100Mbit/s 即可满足要求；若此办公区为技术开发应用，则每个信息点应为交换式 100Mbit/s 甚至是光纤信息点。

工作区的终端设备(如电话机、传真机)可用五类双绞线直接与工作区内的每一个信息插座相连接，或用适配器(如 ISDN 终端设备)、平衡/非平衡转换器进行转换连接到信息插座上。

(2) 配线(水平)子系统 (Horizontal)　配线 (水平) 子系统主要是实现信息插座和管理子系统，即中间配线架(IDF)间的连接。配线 (水平) 子系统指定的拓扑结构为星形拓扑。水平干线的设计包括水平子系统的传输介质与部件集成。选择水平子系统的线缆，要根据建筑物内具体信息点的类型、容量、带宽和传输速率来确定。在水平子系统中推荐采用的双绞电缆及光纤型号为：100Ω UTP 双绞线、8. 3/125μm 单模光纤、62. 5/125μm 多模光纤。

双绞线水平布线链路中，水平电缆的最大长度为90m。若使用100Ω UTP双绞线作为水平子系统的线缆，可根据信息点类型的不同采用不同类型的电缆。例如，对于语言信息点可采用三类双绞线；对于数据信息点可采用超五类双绞线甚至六类线；对于电磁干扰严重的场合可采用屏蔽双绞线。但是从系统的兼容性和信息点的灵活互换性角度出发，建议水平子系统采用同一种布线材料。

（3）管理子系统（Administration） 管理子系统由交连、互连和输入/输出部分组成，实现配线管理，为连接其他子系统提供手段，包括配线架、跳线及光配线架等设备。设计管理子系统时，必须了解线路的基本设计方案及管理各子系统的部件。设计的步骤为：管理子系统在干线接线间和卫星接线间的应用，管理子系统在设备间的应用，如图6-39所示。

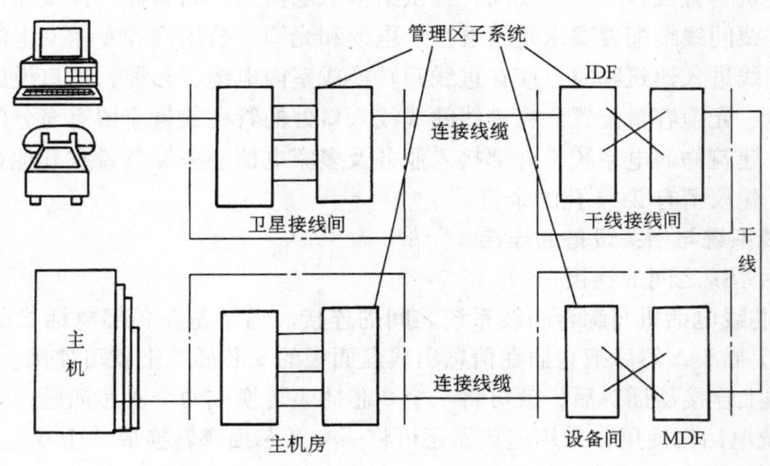

图6-39 管理子系统

（4）干线子系统（Backbone） 干线子系统指提供建筑物的主干电缆的路由，实现主配线架与中间配线架，计算机、PBX、控制中心与各管理子系统间的连接。干线传输电缆的设计必须既满足当前的需要，又适应今后的发展。干线子系统布线走向应选择干线线缆最短、最安全和最经济的路由。干线子系统在系统设计施工时，应预留一定的线缆做冗余信道，这一点对于综合布线系统的可扩展性和可靠性来说是十分重要的。

干线子系统可以使用的线缆主要有：100Ω UTP双绞线（大对数）、150Ω STP双绞线、8.3/125μm单模光纤、62.5/125μm多模光纤。

对于五类双绞线，如果电缆满足五类线（1998）或者超五类线的要求，那么它将支持1000BASE-T。如果已安装的电缆仅满足五类线标准（1995），那么，在连接1000BASE-T设备之前，应对布线系统按照新增加的布线参数[如回波损耗、等级远端串扰（ELFEXT）、传播延迟和延时畸变等]进行测量和认证。

（5）设备间子系统（Equipment Room） 设备间子系统由设备室的电缆、连接器和相关支撑硬件组成，通过电缆把各种公用系统设备互连起来。设备间的主要设备有数字程控交换机、计算机网络设备、服务器、楼宇自控设备主机等。它们可以放在一起，也可分别设置。在较大型的综合布线中，可以将计算机设备、数字程控交换机、楼宇自控设备主机分别设置机房，把与综合布线密切相关的硬件设备放置在设备间，计算机网络设备的机房放在离设备间不远的位置。

（6）建筑群子系统（Campus Subsystem） 建筑群子系统是实现建筑物之间的相互连接，提供楼群之间通信设施所需的硬件。建筑群之间可以采用有线通信的手段，也可采用微波通信、无线电通信的手段。

（7）进线间子系统（Line Room subsystem） 进线间是建筑物外部通信和信息管线的入口部位，并可作为入口设施和建筑群配线设备的安装场地。进线间是 GB 50311—2007 国家标准在系统设计内容中专门增加的，进线间一般通过地埋管线进入建筑物内部，宜在土建阶段实施。

一般一个建筑物宜设置 1 个进线间，提供给多家电信运营商和业务提供商使用，通常设于地下一层。进线间线缆配置要求建筑群主干电缆和光缆、公用网和专用网电缆、光缆及天线馈线等室外缆线进入建筑物时，应在进线间转换成室内电缆、光缆，入口设施中的配线设备应按引入的电、光缆容量配置。在进线间缆线入口处的管孔数量应留有充分的余量，以满足建筑物之间、建筑物弱电系统、外部接入业务及多家电信业务经营者和其他业务服务商缆线接入的需求，建议留有 2~4 孔的余量。

2. 综合布线系统与相关设备的连接

（1）与电话系统之间的连接

1）传统 2 芯线电话机与综合布线系统之间的连接。通常是在各部电话机的输出线端头上装配一个 RJ11 插头，然后把它插在信息出线盘面板的 8 芯插孔上就可使用。特殊情况下，在 8 芯插孔外插上连接器插头后，就可将一个 8 芯插座转换成两个 4 芯插座，供两部装配有 RJ11 插头的传统电话机使用，采用连接器还可将一个 8 芯插座转换成一个 6 芯插座和一个 2 芯插座，供装配有 6 芯插头的计算机终端机以及装配有 2 芯插头的电话机使用。这时，系统除在信息插座上装配连接器外，还需在楼层配线架（IDF）和主配线架（MDF）上进行会话连接，构成终端设备对内或对外传输信号的连接线路。

2）数字用户交换机（PABX）与综合布线系统之间的连接。当地电话局中继线引入建筑物后经系统配线架外侧上保护装置（过电流、过电压）后跳接至内侧配线架与用户交换机设备连接。用户交换机与分机电话之间的连接是由系统配线架上经几次交叉连接后，构成分机电话线路。

3）建筑物内直拨外线电话与综合布线系统之间的连接。一般是当地电话局直拨外线引入建筑物后，经配线架外侧保护装置和经各配线架几次交叉连接，构成直拨外线电话的线路，如图 6-40 所示。

干线子系统采用三类大对数电缆布线，配线子系统采用五类/超五类/六类铜缆布线。FD、BD、CD 结点采用直联设备。从交换机到电话机的链路是一条透明的铜缆电路。

（2）计算机网络系统之间的连接 计算机与综合布线系统之间的连接，是先在计算机终端扩展排上插上带有 RJ45 插孔的网卡，然后再用一条两端配有 RJ45 插头的线缆分别插在网卡的插孔和布线系统信息出线盒的插孔上，并在主配线架与楼层配线架上进行交叉连接或直接连接后，就可与其他计算机设备构成计算机网络系统，如图 6-41 所示。建筑群子系统及干线子系统通常采用光缆布线，FD、BD、CD 结点放置网络交换机及服务器等设备，最终组成的是一个宽带 IP 网络。

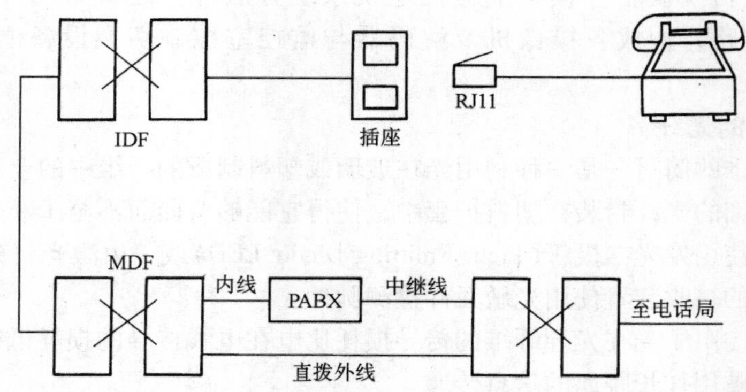

图 6-40　综合布线系统与电话系统之间的连接

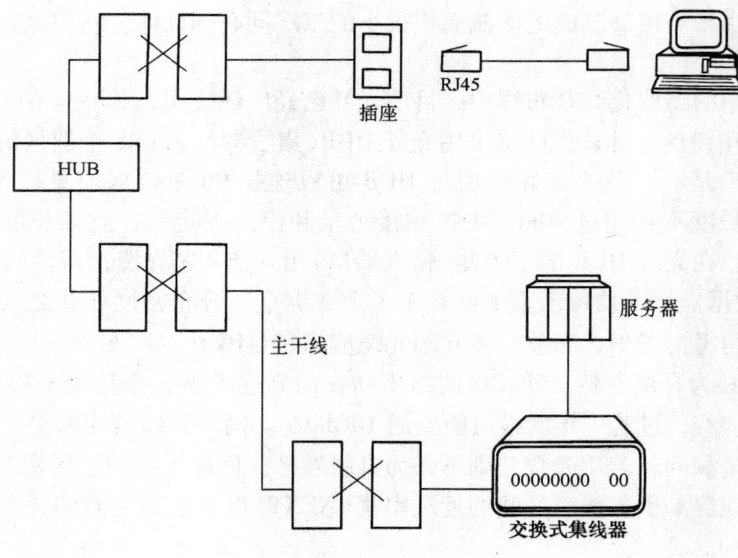

图 6-41　综合布线系统与计算机网络系统之间的连接

（3）与其他系统之间的连接

1）与楼宇自动化控制系统之间的连接。楼宇自动化控制设备与综合布线系统之间的连接，也是用 RJ45 插头的适配器与自动控制系统中网络接口界面设备、直接数字控制设备相连，经过双绞线和配线架上多次交叉连接，构成楼宇自动化控制系统中，中央集中监控设备与分散的直接数字控制设备之间的链路。

集散型直接数字控制设备与各传感器之间，以及传感器之间也可以采用综合布线系统中的线缆（屏蔽或非屏蔽双绞线）、RJ45 等器件构成连接链路。

2）与监控电视系统之间的连接。监控电视系统中所有现场的彩色（或黑白）摄像机

(附带遥控云台及变焦镜头的解码器)除采用传统的同轴屏蔽视频电缆和屏蔽控制信号电缆与监控室编制切换设备连接构成监控电视系统方法外，还可采用综合布线系统中屏蔽双绞线缆为链路，构成各摄像机及解码器与监控室控制切换设备之间进行通信的监控电视系统。

3. 综合布线中的光纤

光纤是光导纤维的简写，是一种利用光在玻璃或塑料制成的纤维中的全反射原理而达成的光传导工具。微细的光纤封装在塑料护套中，使得它能够弯曲而不至于断裂。通常，光纤的一端的发射装置使用发光二极管(Light Emitting Diode,LED)或一束激光将光脉冲传送至光纤，光纤的另一端的接收装置使用光敏元件检测脉冲。

在日常生活中，由于光在光导纤维的传导损耗比电在电线传导的损耗低得多，且不受空间电磁干扰，光纤被用作长距离的信息传递。

在多模光纤中，芯的直径是50μm和62.5μm两种，大致与人的头发的粗细相当。而单模光纤芯的直径为8~10μm。芯外面包围着一层折射率比芯低的玻璃封套，以使光线保持在芯内，再外面的是一层薄的塑料外套，用来保护封套。光纤通常被扎成束，外面有外壳保护，纤芯通常是由石英玻璃制成的横截面积很小的双层同心圆柱体，它质地脆，易断裂，因此需要外加一保护层。

在智能楼宇中的结构化综合布线中，目前光纤已经广泛应用，其特点有：

1)减少干线用缆量。计算机网络采用光纤HUB(集线器)，每48个数据信息插座只需要配置2根光纤。于是，一条4芯光缆通过HUB可以连接96个数据信息插座。众所周知，UTP的水平布线长度不宜超过90m，去掉端接余量和上、下走线，有效长度只不过是70m左右。也就是说，在光纤HUB的主干侧(输入端口)用一条4芯光缆，所辖的70m水平范围内，可有96个数据点，平均每米至少可有1.3个数据点。分布密度如此之大，可见干线用缆量不大，即便是考虑备份，布放一条6芯光缆应当是足够了。

2)用光缆不必为升级发愁。计算机网络不断在向高速发展，今日主干用100Mbit/s，甚至达到了1000Mbit/s，过若干年就很可能要用10Gbit/s。网络布线若用铜缆，到时候是否还能升级，总归是个疑问；若用光缆，则不必为升级发愁。何况干线的应用常常是多对芯线同时传输信号，铜缆容易引入线对之间的近端串扰(NEXT)以及它们之间的叠加问题，对高速数据传输十分不利。

3)在处于电磁干扰较严重的弱电井，光缆比较理想。光缆布线具有最佳的防电磁干扰性能，既能防电磁泄漏，也不受外界电磁干扰影响，这对于干线处于电磁干扰较严重的弱电井情况来说，是比较理想的防电磁干扰布线系统。

4)光缆在弱电井布放，安装难度较小。光缆的布放和安装，供货厂商本来就是提供一条龙服务，由专业技术人员实施，保证工程质量。

5)在园区网建设中，由于铜缆的距离限制，所以使用光缆进行园区内建筑物之间的互连是必然的选择。

因此，在现代的结构化综合布线系统中，光纤已经作为重要的数据通信载体广泛应用，综合布线系统中光纤信道构成的三种方式，如图6-42所示。

一个典型的结构化综合布线系统实例，如图6-43所示。

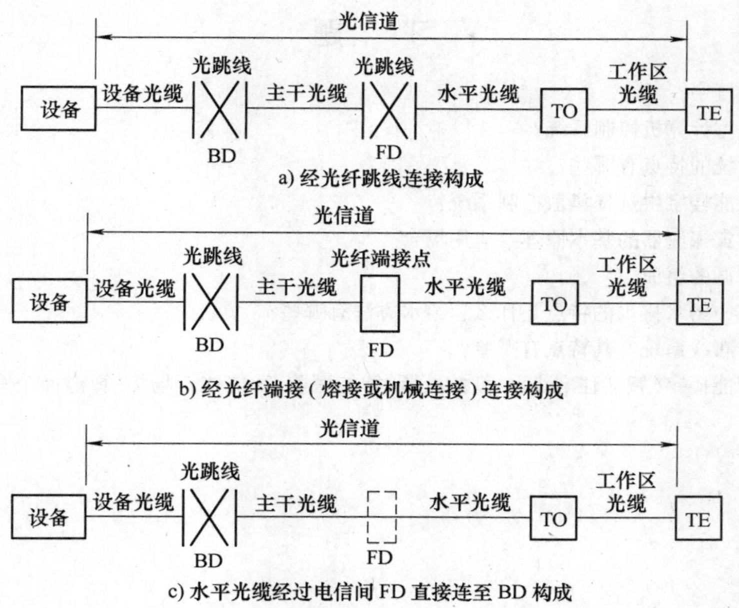

图 6-42　综合布线系统中光纤信道构成的三种方式

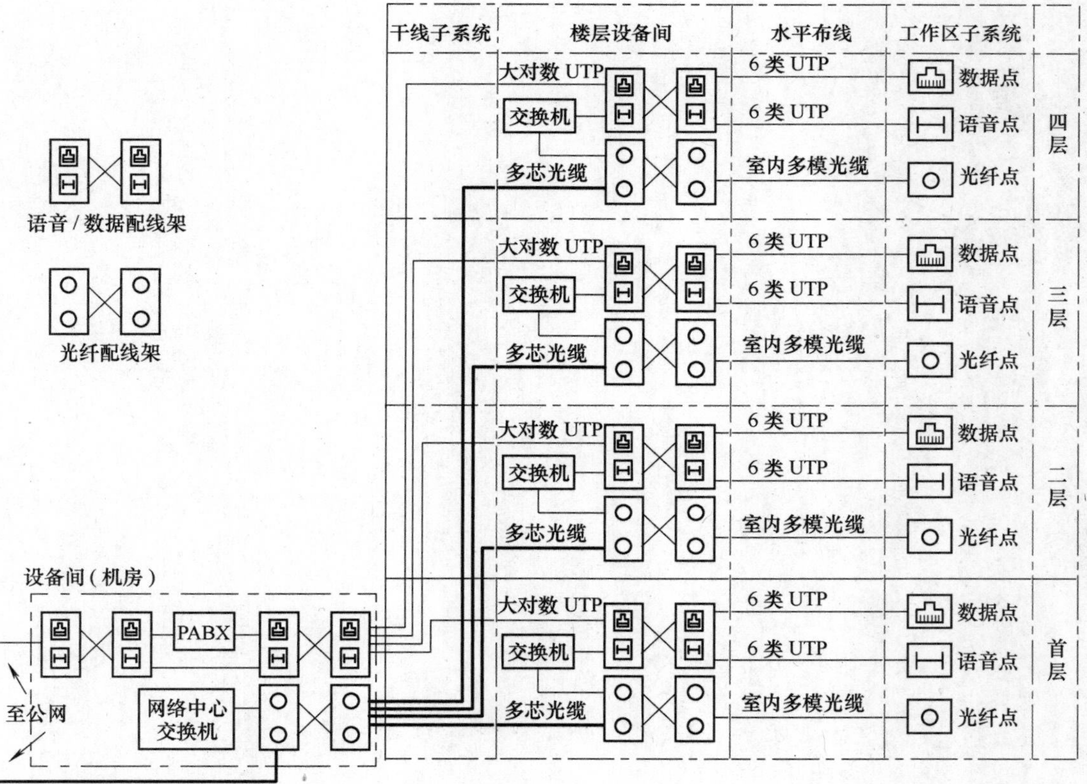

图 6-43　一个典型的结构化综合布线系统

习　题

1. 什么是智能楼宇?
2. 什么是集散型计算机控制系统?
3. 集散控制系统的特点有哪些?
4. 为什么在智能楼宇中选择集散控制系统?
5. 简述各种火灾探测器的基本原理及应用场合。
6. 简述中央空调的组成。
7. 在智能楼宇中给水排水的特点是什么?给水方法有哪些?
8. 什么是综合布线系统?其特点有哪些?
9. 参观一座智能楼宇(智能住宅小区、智能校园、智能医院、智能体育场馆、智能办公写字楼、……),写出观感总结。

第七章　高速公路收费设备

第一节　概　　述

一、我国高速公路基本状况

公路是国民经济的大动脉，是国家交通基础设施。高速公路作为现代化的公路运输基础设施，其产生和发展是国民经济发展的必然结果。我国高速公路的建设于20世纪80年代中期才起步。我国高速公路建设起步虽然晚，但是发展迅速。

截至2008年年底，全国公路总里程达199.5万km(不含村道)，高速公路达6.03万km。2009年上半年，我国新开工高速公路建设项目111个，建设里程1.2万公里，计划总投资约7000亿元。到2009年6月，中国已建成的高速公路就已经达到7.5万公里左右。根据规划，到2020年，全国公路总里程将达到300万公里以上(不含村道)，其中高速公路10万公里左右。

1988年上海至嘉定高速公路建成通车，结束了我国大陆没有高速公路的历史；到1997年底，我国高速公路通车里程达到4771公里；1999年，全国高速公路里程突破1万公里；2002年底，我国高速公路通车路程一举突破3万公里；“十五”末期，我国高速公路通车里程达到了4.1万公里；“十一五”末期，我国高速公路通车里程达到了7.4万公里；2012年底，我国高速公路通车里程达到了9.6万公里。

“十二五”时期，国家将继续推进国家高速公路网、国家区域发展战略确定的高速公路、特大城市圈、大中城市群、疏港高速公路，以及省际连接线高速公路建设，加快重要高速公路通道扩容改造建设。到2015年，国地两网高速公路共计通车里程约达14万公里。

二、我国公路收费制式

我国的公路建设采用政府投资、社会集资、银行贷款、境外融资等多种投资渠道，形成了目前多路段、多业主的管理格局。

高速公路建成后，收取一定的车辆通行费用以收回投资或偿还贷款，维持高速公路运营管理费用支出，进一步加快高速公路建设，而通过收费这一调节手段还能对过往车辆加强管理，从而更充分地发挥高速公路设施的功能和作用。

收费制式是指按照收取道路通行费的位置进行收费的模式。目前，世界各国的收费系统常采用的制式可分为全线均等收费制(简称均一式,也称匝道栅栏式)、按路段均等收费制(简称开放式,也称主线栅栏式)和按互通立交区段收费制(简称封闭式,也称匝道封闭式)三种。部分地区的收费系统根据其道路情况采用两种或两种以上制式的混合式收费制，如常用的是主线/匝道栅栏式(开放式与均一式混合)。在我国，由于高速公路投资和建设的多样性特征，使得各种收费制式均有运用。

参照国际道路收费情况，我国道路收费有以下几种制式:

1. 开放式收费

不计行驶里程多少，只按车型和通过次数，一次性征收固定路费额，称为开放式收费。开放式收费制式一般适用于大中型桥梁、隧道、机场等专用路，以及里程不长或较少出入口以主线交通流为主的公路。

这种收费制式的优点是收费过程与历史信息无关，缴费方便，收费设备简单，投资少，建设周期短，人员配置少，易于管理。

2. 封闭式收费

封闭式收费根据车辆类别和行驶里程数征收路费。封闭式收费制式一般适用于城间和环城高速公路。封闭式收费必须知道车辆的道路入口和出口信息。车辆进入高速公路，在入口处领取通行券，出口时按车型、出入口之间距离和路费率计算路费。由于整条公路所有出入口被收费站完全封闭，可以控制车辆进入。

封闭式收费的优点是收费合理，无漏收多收，但是系统复杂，投资大，建设周期长，管理周期长，管理较复杂。

3. 混合式收费

混合使用开放和封闭收费制式，根据道路交通流量的具体分布，设置收费站和确定收费标准。混合式收费设备较简单，用户缴费也相对方便。但是，要保证收费的合理，不过多地增加用户停车交费的次数，必须对收费站点进行科学合理地设置。

4. 浮动式收费

收费率不固定，随时间变化的收费制式称为浮动式收费。浮动式收费常用于调节车流，改善交通拥挤状态，鼓励使用高通过率车道的有效控制方法。

采用浮动式收费的条件是有完善的收费系统计算机网络和控制功能，收费管理中心可按照时间段，实时采集上下游交通数据，按照一定的控制策略，调整下一周期的路费率。

5. 计重式收费

通行费的收缴与通行车辆的自重和载重有关，并根据行车里程进行调节。

计重式收费的优点是通过计算车辆的重量，合理收费，最大限度地减少车辆对道路的损毁。目前这种收费方式尚不普遍。

三、对收费系统的要求

由于收费系统投资较大，运营管理成本较高，因此，对设备的设计、选型、制造、调试、维护等方面都应严格要求。主要体现在以下几方面：

(1) 通行费征缴率高　收费系统所引起的通行费漏缴率低，以及设备不会产生车型和费额的误判；无贪污作弊环境，即系统有事前防范和事后审计功能。

(2) 对公路畅通的影响小　非全自动的收费系统需要停车缴费，对系统硬件和软件应提出明确要求，并对收费人员业务素质大力培养提高，尽可能减少车辆排队等待时间。

(3) 数据管理效率高　收费系统涉及钱，有大量财务类型数据要在各个管理层次间传送，交通流和车辆的各种状态也需要处理、传输，应严格控制数据在传输过程中的差错率。

(4) 交通控制功能强　入口匝道控制是高速公路的一种重要交通控制方式，在系统选型时，应对相关的软、硬件提出具体而明确的要求。

(5) 设备可靠性高　主要设备一旦失效，不仅相关收费功能丧失，与之相连的那一部分数据也可能丢失，给收费管理带来麻烦，因此保持设备连续运行的可靠性特别重要。

（6）投资尽可能低　收费方式和系统选型决定投资额，主要根据公路计划交通量进行选型设计。

第二节　收费方式

收费方式是在收费制式确定之后，采用哪种技术等级、技术方案进行收费的总称。自从收费设施引入高速公路以来，收费方式经历了从低级到高级，从功能简单到丰富完善的过程。收费方式是指收取车辆通行费中的一系列操作过程，涉及车型分类、通行券选择、通行费计算、付款方式和是否停车等因素。不同的要素组合成不同的收费方式。

一、收费方式分类

收费方式一般有人工收费、半自动收费和自动收费三种。

1. 人工收费方式

人工收费直接进行现金交付，既无可靠的收费监控设施，也缺乏先进的计算机管理手段，因此存在工作疏忽、司机逃票、收费员作弊等漏款现象。目前我国新建的高等级公路和高速公路的收费系统已不单纯采用这种收费方式。

2. 半自动收费方式

人工或自动判别车型，人工收取通行费，计算机辅助核查管理的半自动系统，部分采用通行券作为相对长期的票证通行。这种方式可避免纯人工收费方式的一些弊端，提高通行能力。目前我国高等级公路和高速公路收费系统多采用这种形式的收费方式。

3. 自动收费方式

完全采用专用的设备和计算机系统联网，自动判断通行车辆的车型，收费车道安装IC卡读写装置(可用微波、红外、激光)，每辆车上安装不可卸的IC接收卡，卡上存有该车的主要信息，即车主单位、存入金额、车型类别等，可以不停车自动读写，自动进行通行费的收缴，但这种方式所需投资较大。我国新建的高速公路已部分开始采用这种收费方式。

二、通行券

收费系统按车型和行驶里程计费，需要记录进出口地址的凭证，该凭证称为通行券。

目前常用的通行券主要有：纸券、磁票、磁卡、IC卡、条形码等。

1. 纸券

纸券为一次性使用的纸质通行券。券面印有高速公路名称、日期、入口、收费站名称和车辆类型等信息。它适用于人工收费方式。

优点：纸券制作简单，成本低，收费处理简单。

缺点：纸券易于伪造作弊，给管理带来困难。因此，从纸券发放与回收过程管理，到现金与纸券的结算，需要严格完善的管理制度和必备的监督稽查体制。

2. 磁票

磁票是一种纸质磁性记录通行券。磁票正面印有营运公司的有关不变的信息；背面有一磁条，磁条记录了需要的各种信息。磁票上的信息需要专用的读卡机读取有关的信息。根据

ISO 国际标准，磁票的几何尺寸如图 7-1 所示。

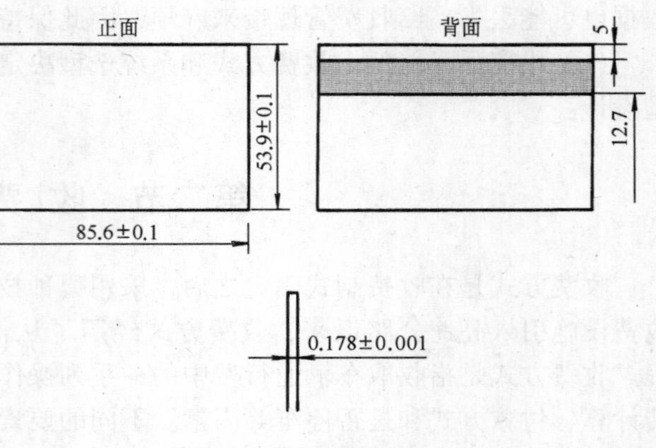

图 7-1 磁票形状规格

优点：成本低，操作简单，不易伪造，人工界面少，大部分操作由设备和计算机处理，管理效率高。

缺点：一次性使用，只是用于现金交易，无法作为储值使用。

3. 磁卡

磁卡一般由塑料或纸制成，上面均匀涂有 1~3 条磁带，以便读/写有关信息。磁卡要求在信息的写入、保持、读取、校验等整个过程中保证信息的安全、准确、可靠。根据 ISO/IEC 7811 国际标准，磁卡的技术标准如图 7-2 所示。

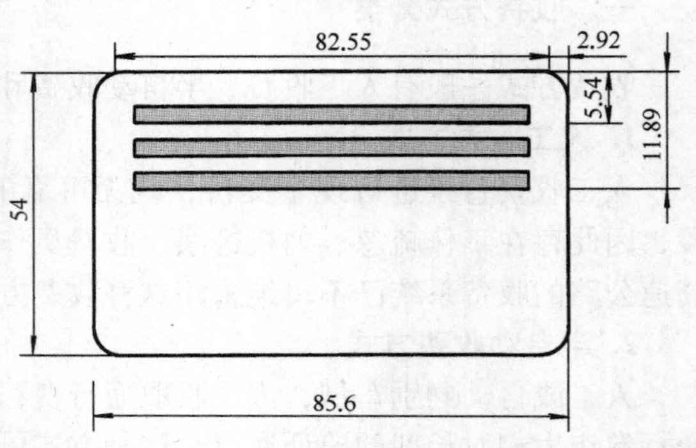

图 7-2 磁卡磁条所在面的物理位置和尺寸

优点：成本低，不易伪造，管理效率高。

缺点：在流通过程保密性低，易污损；在特殊环境下，会消磁，丢失数据。

4. 集成电路卡(IC 卡)

IC 卡和磁卡的工作原理基本一致，只是存储介质以及读卡器有所区别，而且可以一卡多用。IC 卡采用标准的信用卡尺寸，我国的金卡工程总体方案中明确了我国金融交易卡“从防伪及技术发展考虑，以 IC 卡为主导”的指导思想，所以可以在高速公路收费中直接用信用卡进行交易。

采用 IC 卡的好处是显而易见的，特别是随着我国金融体制改革的深化以及公路运输量的迅速增加，全自动收费不会是很遥远的事情。采用 IC 卡就很容易升级到全自动收费。

IC 卡分为接触式 IC 卡和非接触式 IC 卡。

（1）接触式 IC 卡

1）优点：IC 卡是一种代币，采用 IC 卡可以不用在收费处找钱，为公路收费人员和过往汽车节省了时间和力气，因此是一种比较方便的解决方案。

2）缺点：在实际操作过程中，由于 IC 卡需要预先购买，因此对于外地路过车辆，此种方法是不实用的，而高速公路上外地路过车辆的比率是很高的。IC 卡的寿命很短，一般只有一年左右，如果 IC 卡放在口袋或丢在车内，更容易折损。

（2）非接触式 IC 卡　非接触式 IC 卡的主要优点如下：

1）可以远距离读写操作，可以根据实际需要选择操作距离。

2）读写操作时间短。由于读写过程不像磁卡磁条读写那样有机械传动过程，读写操作只需 0.1s。

3）可以长期重复使用。使用无源卡，数据存储在 EEPROM 上，数据可以保存 10 年以上，每张卡的重复使用可达 10 万次以上。

4）读写可靠性和安全性高。非接触式系统采用无线电波传送信号，避免了磁卡条怕水、怕灰尘、怕污物及怕折叠等缺点，读写成功率高，提高了系统的可靠性，降低了对系统的维护要求，如果采用加密措施，数据安全性会更好。非接触卡通信顺序如图 7-3 所示。

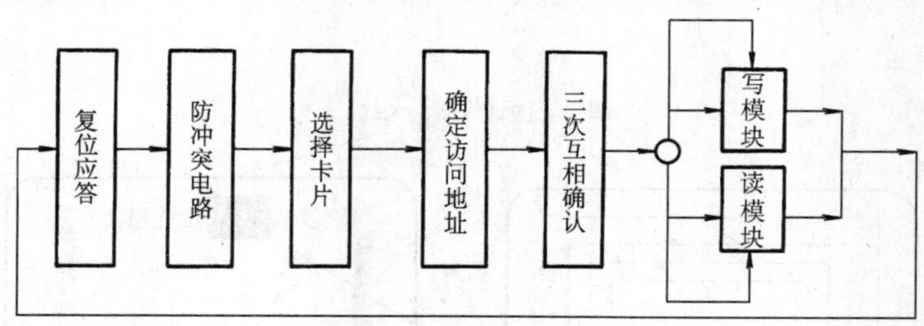

图 7-3　非接触卡通信顺序

5. 二维条码收费方式

二维条码是由一组按一定编码规则排列的条、空符号，它是当今应用最广泛、最经济实用的一种自动识别技术。常见的多为一维条码，如商品条码。一维条码虽然具有可靠性高、实现了实时快速数据采集和标准统一等显著特点，但其信息容量较小，一般只有几十个字节，其信息仅仅记录了某个物品的编号，至于此编号代表的内容却需要查询数据库才能确定，因此，其应用具有局限性。

为满足应用的需求，二维条码就应运而生了。常见的二维条码有 PDF417 码、Code49 码、Data Matrix 码、MaxiCode 码、QR 码等。二维条码以其信息容量大、具有良好的容错能力以及优于一维条码的编码特性和译码的高可靠性等优点，迅速在国防、公共安全、交通运输、医疗保健、工业过程控制、商业、金融、海关及政府管理等多个领域得到应用。

6. 车载电子标签

电子标签是一种安装在车辆上的无线通信设备，可允许车辆在高速行驶状态下电子标签与路旁的读写设备进行双向通信，其结构、工作原理和功能与非接触式 IC 卡颇为相似，主要差别在于通信距离。它装有微处理器芯片和接收发天线，在高速行驶中(可达 250km/h)与相距 8～15m 远的读写器进行微波或红外线通信，比非接触式 IC 卡的工作频率、通信速率高出很多。它以读/写方式验证电子标签。由于通信距离较远，凭借读卡机发射的微波或红外功率转换为电子标签的能源在功率上难于满足通信距离和通信速率的要求，一般需配备锂电池或接装车辆电源，电子标签一般为有源器件。

电子标签具有身份证明、通行券或代替现金付账等功能，其体积小、质量小，如同一张标签贴在汽车前挡风玻璃上，用于开放式或封闭式不停车收费。当用户在设有不停车收费系统的公路上行驶时，可不停车高速通过收费站，收费系统设备自动完成通行费征收，极大地提高了收费站的通行能力，减少了污染，节约了能源，避免了收费贪污等问题。

三、非接触式 IC 卡工作原理

非接触式 IC 卡又称射频卡或感应卡，是射频识别技术和 IC 卡技术有机结合的新型智能卡技术。

非接触式 IC 卡系统一般由两部分组成：卡(应答器)和读卡机(阅读器)。一台典型的读卡机包含高频模块(发送器和接收器)、控制单元以及与应答器通信的耦合元件。此外，许多读卡机还设有附加的接口(RS-232、RS4-85 等),以便将所获得的数据进一步传输给另外的系统(个人计算机/机器人控制装置等)。

卡是射频识别系统真正的数据载体。通常,卡由耦合元件以及微电子芯片组成,如图 7-4 所示。

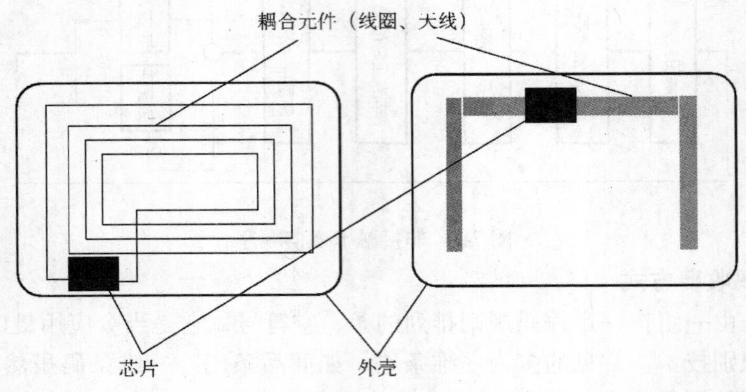

图 7-4　非接触式 IC 卡示意图

在读卡机的响应范围之外,卡处于无源状态。通常,卡没有自己的供电电源(电池)。只有在读卡机的响应范围之内,卡才是有源的。卡工作所需的能量,如同时钟脉冲和数据一样,是通过耦合单元(非接触的)传输给卡。当读卡机对卡进行读写操作时,读卡机天线发出的信号由两部分叠加组成:一部分信号是电源信号,该信号由卡的天线接收后,与其本身的 *LC* 振荡电路产生谐振,产生一个瞬间能量来供给芯片工作;另一部分信号则是数据信号,可以控制卡的芯片完成数据读取存储等动作,并通过天线返回给读卡机。由于非接触式 IC 卡读卡系统的硬件结构以及操作过程都得到了很大程度的简化,因此多数读卡机均采用脱机的读写卡操作方式,用户无需关心卡读写中的底层操作过程,使非接触式 IC 卡的数据读写过程变得非常简单。

按照其组成结构,非接触式 IC 卡可以分为一般存储卡、加密存储卡、CPU 卡和超级智能卡;根据不同的载波频率,非接触式 IC 卡可分为高频卡(915MHz、2. 45GHz、5. 8GHz)和低频卡(125kHz、13. 56MHz)。载波频率为 13. 56MHz 的非接触式 IC 卡根据不同的工作距离对应有不同的国际标准,见表 7-1。

表 7-1　13. 56MHz 非接触式 IC 卡对应的国际标准

ICC	读 卡 机	国 际 标 准	读 写 距 离
CICC	CCD	ISO/IEC-10536	<2mm
PICC	PCD	ISO/ICE-14443	<10cm
VICC	VCD	ISO/IEC-15693	<50cm

注:CICC(Close-couple ICC);PICC(Proximity ICC);VICC(vicinity ICC)。

一般来说,非接触式 IC 卡具体通信方式的选择取决于通信距离、静态对动态的询问需求以及对收费卡的定向要求和预期的干扰变化形式和干扰程度的大小。通常的通信方式有以下几种。

1）反射式背向散射：这种方式仅接收由读卡机发送的信号，将其调整或调制之后，再将调制过的信号反射给读卡机。为了保证这些信号能反射回读卡机，卡和读卡机必须充分对准。有些系统要求在收(付)费卡上配一个金属背层。

2）单一频率：这种方式涉及要在非接触式 IC 卡和读卡机单元上都加一个发射/接收组件。虽然在一些系统中会因此要求在卡上装一个电池，但是用了电池以后，在保持同样的读出距离的条件下，则会造成要发送的询问信号功率变低。

3）频谱展开：这种技术的优点是可以减少某些类型的干扰。目前在非接触式 IC 卡中应用这种技术，成本仍然很高。

非接触式 IC 卡又可分为：

1）射频加密式(RF ID)通常称为 ID 卡。射频卡的信息存取是通过无线电波来完成的。主机和射频之间没有机械接触点，比如 HID、INDARA、TI、EM 等。

2）射频储存卡(RF IC)通常称为非接触 IC 卡。射频储存卡也是通过无线电来存取信息。它是在存储卡基础上增加了射频收发电路，比如 MIFARE ONE。

3）射频 CPU 卡(RF CPU)通常称为有源卡，是在 CPU 卡的基础上增加了射频收发电路。CPU 卡拥有自己的操作系统 COS，才称得上是真正的智能卡。

第三节　半自动收费系统设备

半自动收费是我国目前广泛使用的一种通行费收缴方式。它的特点是：人工或自动判断车型，人工收取通行费，采用(或部分采用)通行券，计算机辅助核查。

一、系统构成

该系统一般为三层结构：收费车道、收费站、收费管理中心，如图 7-5 所示。

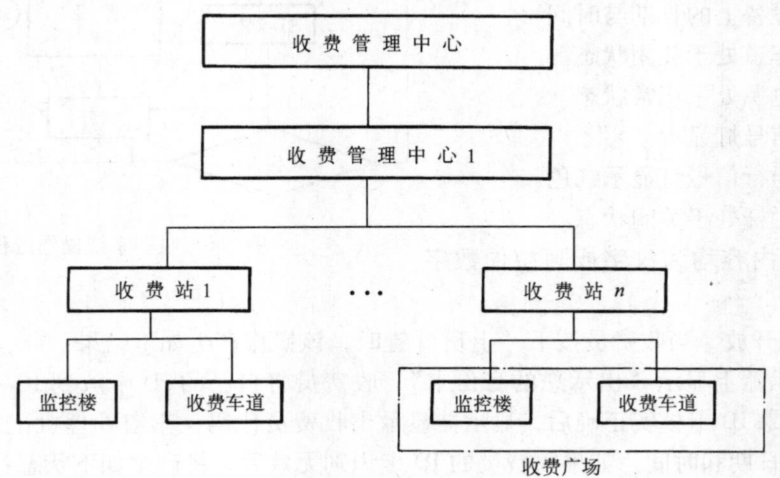

图 7-5　收费系统组成简图

收费车道是收费系统的基本构成单元，它完成征收通行费和采集实时数据两大功能。

收费站由收费区、收费广场和监控室等组成。收费区布置有单向或双向多条收费车道，车道与车道间设有收费岛。收费岛上建有收费亭和相关的收费设备；收费亭的顶棚上安装通行信号灯。

收费管理中心是对车道收费管理提供数据处理和决策支持的中央级信息管理系统。数据管理中心的基本功能模块有：数据采集、收费管理、交通监控、设备运行监控、通行券管理和系统功能管理等。

二、收费系统操作流程

收费系统的组织和管理，根据行政区域和集资方式以及路段的里程而采用不同的形式。收费系统操作流程如图 7-6 所示。

1. 收费过程描述

(1) 初始状态　收费员上班时，打开终端电源，收费车道应处于如下状态：

1) 收费车道处于关闭状态，雨篷信号灯显示红色，监视器上显示“车道关闭”。

2) 自动栏杆处于关闭状态，车辆检测器处于工作状态并检测所有违章车辆。

3) 除“上班”键可操作外，其他键失效。

4) 收费员终端显示器至少显示以下内容：

① 收费站名称。

② 车道编号。

③ 当前设备上的日期与时间。

④ 指示车道处于关闭状态。

⑤ 指示电源处于正常状态。

⑥ 顶棚信号灯显示“×”。

⑦ 车道通行信号灯显示红色。

⑧ 自动栏杆处于关闭状态。

所有显示内容均为汉字或阿拉伯数字和指示符。

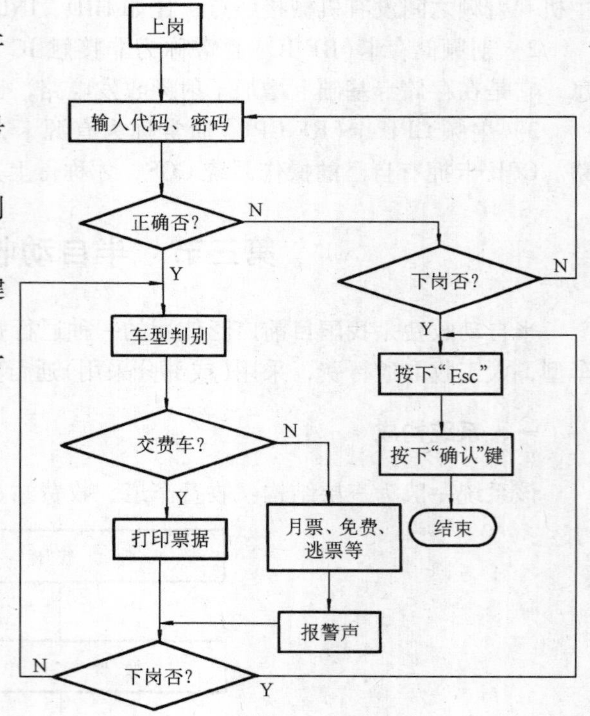

图 7-6　收费系统操作流程

(2) 车道开放　当收费员按下“上班”键时，该操作产生如下结果：

1) 在显示器上显示“出示您的身份卡”，收费员将自己的 ID 卡放到 IC 卡读写器的天线基座上，如果 ID 卡核实正确后，显示器显示出收费员代码，车道处理机记录下收费员编号、车道号、日期和时间。如果收费员的 ID 卡识别无效后，将产生如下状态：

① 发出报警信号。

② 在收费站控制室显示“无效身份卡”信息。

③ 在收费员终端显示器上显示“无效身份卡”信息。

④ 这种情况只允许发生三次，超过三次以上，车道设备自动处于锁定状态，只有管理人员授权才能起动。

2）收费员按下“上班”键后，入口车道处于如下状态：

① 天棚信号灯由红色转为绿色。

② 车道通行信号灯显示红色。

③ 在显示器上显示车道打开的信息。

④ 自动栏杆处于“关闭”状态。

⑤ 生成上述信息存入车道处理机中，并上传收费站计算机。

⑥ 车道处理机进入正常发卡程序。

⑦ 如果是人工判别车型，则在显示器上显示“请输入车型”。

（3）车道的正常处理与记录

1）当车辆驶入车道时，对于人工判别车型则要求收费员根据车型分类标准键入车型，此时，显示器上显示所选择的车型，如果输入错误，可以重新输入车型，前次输入的车型信息无效。

2）通过费额显示器、语音报价器提示司机车型类别和应缴费额。

3）车道处理机给出信号，将捕捉的视频图像信息传输到收费站计算机加以处理和存储。

4）如果是交费车，收费员收取现金，按下“确认”键，票据打印机自动打出票据，交给司机。

5）车道通行信号灯显示绿色，自动栏杆打开，显示器显示“栏杆打开”的信息。

6）免费车辆、月票车辆将提交非接触IC卡，收费员刷卡，由计算机确定合法身份后准予通行。

7）司机起动车辆驶过栏杆下的检测器的检测区域，车辆检测器产生通过信号，车道通行信号灯显示红色，栏杆自动关闭，同时显示器显示“栏杆关闭”，并提示收费员进行下一次操作。

8）车辆进入车型识别监测区域，车型分类系统自动进行判别，将判别数据上传车道机存储，以备核查。

9）收费车道完成一次正常入口收费业务，生成“车型”“通过时间”“收费员编号”“收费金额”“IC卡信息”等数据，存在车道处理机中，并上传至收费站计算机。

（4）紧急车辆的处理和记录　当有紧急执行任务的救护车、工程抢险车、消防车及车队等紧急车辆通过入口车道时，收费员应按“紧急车”键并确认后，收费站值班员控制台响起报警。待值班人员确认后，将出现如下状态：

1）显示器上显示“紧急车”信息，自动栏杆打开，并一直处于打开状态。

2）车道摄像机自动拍照记下每个紧急车辆的图像信息，同时车道处理机通过车辆检测器自动记录通过的紧急车辆数。

3）一旦紧急车辆全部驶出检测器的检测区域后，收费员按一下“模拟”键，或由收费站值班员向车道处理机发出一个复位信号，自动栏杆关闭，IC卡读写器工作，同时显示器显示“栏杆关闭”，并提示收费员进行下一次操作。

4）收费车道生成“车型”“通过时间”“收费员编号”“紧急车”车辆数等信息，存在车道处理机中，并上传至收费站计算机。

（5）“违章”车辆的处理与记录　当收费员未完成收费业务操作时，车辆已驶入自动栏杆附近的检测区域，那么确认该车辆违章。如果收费员没有起动收费设备，车辆就通过车道的情况下也确认该车违章。

1）当出现“违章”状态时，收费亭上的黄色声光报警装置发生报警，收费站终端显示“违章”信息，同时报警。经过 15s 或收费站值班员确认后，报警及“违章”信息消失，此时车道摄像机自动拍照记下每个违章车辆的图像信息。

2）收费车道处理机记录“违章”时间，上传至收费站计算机，收费车道恢复正常状态。

（6）车道关闭

1）收费员按下“车道关闭”键，系统变成等待状态，顶棚信号灯由绿色变为红色，显示器显示“车道关闭”的信息，车道处理机存入上述信息和上传至收费站计算机，收费站监视器上以闪动的方式显示该车道号，在这种情况下，收费员还可以继续处理在车道内排队的车辆。

2）当处理完排队车辆时，收费员按下“下班”键并按下“确认”键后，车道处理机将存储的“下班时间”“收费员身份码”“车道号”“收费站名称”信息及该班次的所有登记录信息上传给收费站计算机，供存储和打印报表。

3）当按下“下班”键后，收费站计算机会根据处理文件刷新值班信息、处理文件和时间信息。

4）收费站计算机打印出的班次报表是一天中若干班次的汇总表，如有要求，也可分别在每一小班次结束后，打印该班次的报表。

5）当收费员按下“下班”键并按“确认”键后，车道处于如下状态：

① 顶棚信号灯为红色。

② 车道通行信号灯显示红色。

③ 自动栏杆处于关闭状态。

④ 收费车道处理机、车辆检测器、报警装置及车道摄像机处于正常工作状态。

⑤ 收费员键盘除“上班”键和系统状态测试指示灯处于工作状态外，其他键失效。

⑥ 显示器处于关闭状态。

在上述条件下，当车辆通过检测器时，收费车道处理机将按“违章”类型进行记录，并报警，报警持续时间为 15s 或经收费站值班人员确认后方可解除。所有“违章”累计数及发生时间等信息将在下一班次的收费员报表中打印出来。

2. 维修状态

每个维修人员都拥有自己的 ID 卡。当用此卡起动车道处理机时，经确认为合法用户后，维修状态才会成立。系统将起动一个保养的帮助菜单屏幕来方便地检查或测试系统的各个组成部分，顶棚信号灯可以人工置位开或关，否则顶棚信号灯在 2s 后会自动变为红色状态。

1）维修状态下的登记数据应单独记录，不进入收费数据库，但维修员密码、维修状态开始时间和结束时间要上传并记录在收费站计算机中，并在收费站车道运行情况日报表中打印出来。

2）一旦车道进入维修状态，维修人员可通过车道处理机利用一些专用工具对收费车道设备进行定期测试、安装软件或功能诊断。

3）在维修状态下，一旦有车辆进入车道时，按“违章”情况进行处理。

三、收费系统设备

收费系统设备随着采用不同的收费方式、收费功能而差别各异，主要包括网络设备及车道设备。

1. 收费系统网络设备

收费系统网络设备构成如图 7-7 所示。

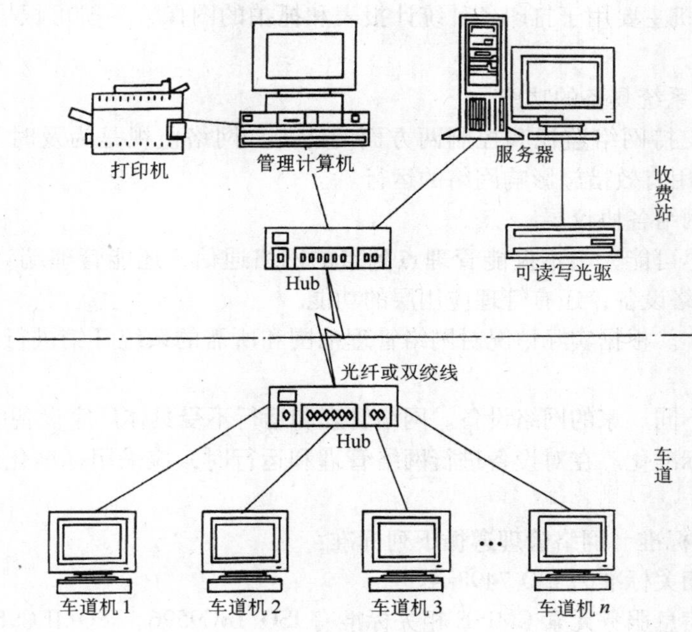

图 7-7　收费系统网络设备构成

收费站计算机与车道计算机组成局域网，采用客户机/服务器模式，符合 IEEE 802. 3 标准。收费站计算机网络拓扑结构一般采用星形结构。为了实现资源共享及动态数据的有效管理，监控室配置一台 10M/100M 交换式集线器，采用 100Base-T 局域网的形式，通过五类或超五类双绞线将集线器与收费站服务器、收费管理计算机及其车道控制机相连，形成收费站计算机以太网，打印机则通过打印服务器连接到网络上，以实现打印机共享。这种网络结构遵循 IEEE 802 系列标准，采用 TCP/IP，具有便于安装和维护、可靠性高、通信速率快、技术成熟、便于扩展等特点。

当监控室与距其最远的收费车道的距离(布线长度)大于 100m 时，在广场靠近监控室一侧的收费亭设置一个集线器，通过集线器级联方式构造网络。当收费站集线器与广场集线器之间的实际距离大于 100m 时，可以敷设多模光纤以连接广场集线器与收费站集线器；如果收费广场距离收费站控制室距离较远(大于 2km)，则可以使用单模光纤。

硬件设备主要有：服务器、管理计算机、打印机、可读写光驱等。

收费站服务器是收费站所有计算机中配置最高的，它不但要存储收费站所有的收费数据、交通量数据、班次管理数据和图像，还负责收费站局域网的网络管理，因此要求专用的服务器。为了安装网络操作系统，收费站服务器应具有足够大的内存；考虑到图像和数据的分开存储，且站级至少要存放一个月的数据，服务器最好采用高容量硬盘和可读写光盘机，用于定期数据备份和人工数据上传。

收费站管理计算机要完成对车道数据和图像的管理，通常需要配备图像监控计算机，管理计算机在存储空间的配置方面，应考虑图像存储占用大量的存储空间这一特点，在接收车道控制计算机发来的图像捕获请求时，通常以串口为主接口，以网络为辅助接口，在检测到报警信息时，还要实时打印相关信息并存储，所以应注意预留所需接口。因此，管理计算机应具备较高的分辨率，最好选用大屏幕显示器。

收费站的打印机主要用于打印各种统计报表和抓拍的图像，一般可根据需要选用点阵、喷墨或激光打印机。

（1）网络管理系统具备的功能

1）具有同时支持网络监视和控制两方面的能力。网络监视是为及时了解当前运行状态，网络控制是采用有效措施影响网络的运行。

2）能够管理网络各协议层。

3）管理范围尽可能大。不仅能管理点到点的网络通信，还能管理端对端的网络通信；不仅能管理基本网络设备，还有管理应用层的功能。

4）系统开销小。根据实际情况对网络管理范围和所需的系统开销进行统一、合理地分配和选择。

5）可以管理不同厂家的网络设备。网络管理和运行不受具体厂家设备的限制。

6）网络管理标准化。在对设备进行网络管理和运行时，应采用标准化的网络管理机制和协议。

（2）网络管理标准　网络管理遵循下列标准：

1）管理框架相关标准为 ISO 7498-4。

2）公共管理信息服务元素 CMISE 相关标准有 ISO/IEC9596，ISO/IEC9596-2。

3）管理信息结构 SMI 相关标准有 ISO/IEC10165-1、2、4、5。

4）系统管理 SM 相关标准或标准草案有 ISO/IEC10040，ISO/IEC10164-1 等。

（3）网络管理的功能模型

1）失效管理，提供维护故障目标、响应故障通知、诊断测试、故障类型分析和确定、故障定位、故障隔离、系统重构、故障排除等功能。

2）配置管理，包括识别被管理网络的拓扑结构，标识网络中的各种对象，初始化和自动修改指定设备的配置，动态维护网络配置数据库等。其中收集和提供配置数据以及状态信息属例行操作。

3）性能管理，包括从被管对象中收集与网络性能有关的数据，分析和统计历史数据，建立性能分析模型，预测网络性能的长期趋势，并根据分析和预测的结果，对网络的拓扑结构、配置和参数进行调整，逐步达到最佳。

4）安全管理，包括与安全措施有关的信息分发（如密钥分发和访问权设置等），与安全有关的事件通知（如网络有非法侵入、无权用户对特定信息的访问企图等），安全服务设施的创建、控制与删除，与安全有关的网络操作事件的记录、维护和查阅等日志管理工作等。

网络安全是指利用网络管理控制和程序（步骤）保证在一个网络环境里，数据（信息）的机密性、一致性及可使用性（CIA）受到保护，主要目标是要确保通过网络传送的信息，在到达目的站时如同原样，没有任何增加、改变或丢失。任何信息技术系统的安全性都可以由用户身份的验证、用户的授权、责任及系统的保证来衡量。

2. 收费车道设备

收费车道设备可以分为入口车道设备和出口车道设备，两种设备略有区别。

入口车道负责对进入本站的车辆判别车型，将车辆信息和本站信息(包括车型、入口代码、车道代码、日期时间、收费员工号等)写入IC卡中，然后放行车辆。入口车道的硬件设备主要包括车道控制计算机、收费终端、收费专用键盘、IC卡读写机、自动栏杆、车辆检测器、信号灯、对讲设备及声光报警器等。

出口车道主要是检验车辆携带的IC卡，校核车型并根据它们计算、收取IC卡，打印收费票据，放行车辆。因此，出口车道在硬件上除具备入口车道相同的设施外，还应配备费额显示器、收费票据打印机和字符叠加器。由于出口收费涉及现金，因此对出口车道的监控系统要求是很高的，通常必备收费车道摄像机和对讲机。字符叠加器就是用来将车辆通过时的图像和收费数据进行叠加，显示在收费站的图像监控屏幕上，便于管理人员对收费情况进行实时监视和事后稽查。

车道设备构成如图7-8所示。

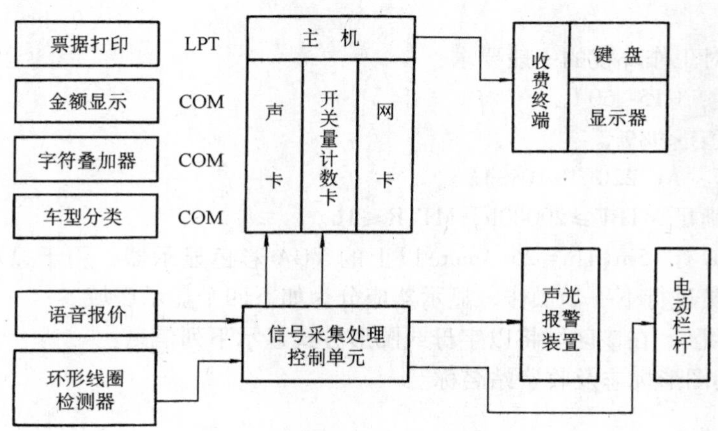

图7-8　车道设备构成

在系统中每台车道机都要和许多外围设备进行连接，以便进行数据的采集和设备状态的监视，这些外围设备包括：终端、键盘、车辆检测器、字符叠加器等。这些外围设备将信号或数据送到车道计算机，经过车道计算机应用软件的处理，分别变成计算机收费系统需要的收费数据和设备工作状态的数据，送至收费站数据库和车道机本身的数据库中进行存储，以备查询或打印各种数据报表。

(1) 车道收费亭内设备　车道收费亭内设备包括收费员控制桌、收费员终端(显示器、专用键盘)、车道处理机(工业级)、IC卡读写器、接口电路、过电压保护装置及驱动控制电路等。其中桌面上主要放置收费员显示器、键盘、IC卡读写器天线、内部对讲设备；桌体中放有车道处理机、IC卡读写器、接口电路、过电压保护装置及驱动控制电路等。设备之间连接设计应考虑到便于维修和收费员正常操作。

所有收费车道设备均应考虑通风、冷却、换气和防尘等。

(2) 车道控制机　车道控制机安装在收费亭内，收费员的工作是根据进站的车辆车型人工或自动输入到计算机，计算机计算收费金额并在终端上显示要缴纳的通行费，并伴有语音报价提醒司机交费，待收费完毕无误，在计算机键盘上按“确认”键，车道栏杆自动抬起，交票放行，计算机进行数据处理。

车道控制机以工业级计算机为基础，其结构包括若干用于控制意义明确的独立模块。车道控制机具有多个 I/O 接口和标准接口。标准接口包括 RS-232 口、并行口、收费员键盘接口、标准键盘接口、PS2 鼠标口、显示器口及板内以太网控制单元等，应具有工业级 CPU 母板，充分电磁兼容设计，低功耗，全面故障自我检测及报警能力。

车道控制机应能长期昼夜连续工作，并能保存三个月以上的收费处理业务信息。

车道控制机具有摄取车辆车牌图像的处理功能，即在收费亭附近安装一个检测器，当车辆进入车道时，该检测器被激活，检测器检测来的信号被用作帧检取器动作的开关，起动帧图像捕捉并存储，这个图像文件以压缩的视频图形文件形式暂存于车道控制机中。当收费员按“确认”键时，被存储的图形文件将和一些文字信息(如收费员编号、日期、时间、车道号及车型等)一起传输到收费站计算机中。

车道控制机的物理电路、接口、软件结构和处理能力有足够的余量，以便将来增加外设。

车道控制机对工作环境的一般要求：

1） 工作温度：−15~60℃。

2） 工作湿度：<98%。

3） 输入电压：AC 220(1±10%)V。

车道控制机满足 MTBF≥20000h，MTTR≤1h。

收费员终端应有 15in(1in=25.4mm)以上的 VGA 彩色显示器，用于显示收费员所需的信息或提示收费员进行下一步操作，显示器应分为如下四个显示区域。

1） 状态显示区。在该区域将以字母或图形方式显示下列信息：

① 收费站的图形标志及收费站名称。

② 车道号。

③ 当前的日期和时间。

④ 车道开放/关闭模拟图。

⑤ 自动栏杆升起/落下模拟图。

⑥ 车辆检测器工作状态模拟图。

⑦ 收费员身份码等。

2） 设备状态显示区。在该区域的信息显示各种外设的工作状态。

3） 收费业务处理显示区。

① 收费员所选择的车型。

② 收费业务处理类型，包括正常、免费车、车队、违章车等。

③ 收费业务处理状态。

④ 为了引起收费员注意，车型、处理类型和费额将以大字体显示。

4） 帮助显示区。

① 该显示区至少由一行组成，给予收费员操作提示。

② 显示器的操作界面应具有提示功能。

当收费员按收费业务处理程序输入每一键时，收费员可以在显示器上清楚看见其显示。显示器的主要技术指标如下：

① 15in 以上 VCA 彩色工业级显示器。

② 800×600 像素分辨率。

③ 0.28mm 以下点间距。

④ 抗静电、低辐射型。

⑤ 抗电磁干扰、图像稳定。

⑥ 环境温度：0~50℃。

⑦ 相对湿度：5%~95%，非冷凝。

⑧ MTBF：20000h。

⑨ MTTR：0.5h。

⑩ 振动：10~55Hz。

⑪ 冲击：50g，11ms。

（3）专用键盘　收费员键盘是专为收费而制作的专用键盘，它通过标准接口与车道处理机连接，是一个单独的可拆卸的组件，如图 7-9 所示。

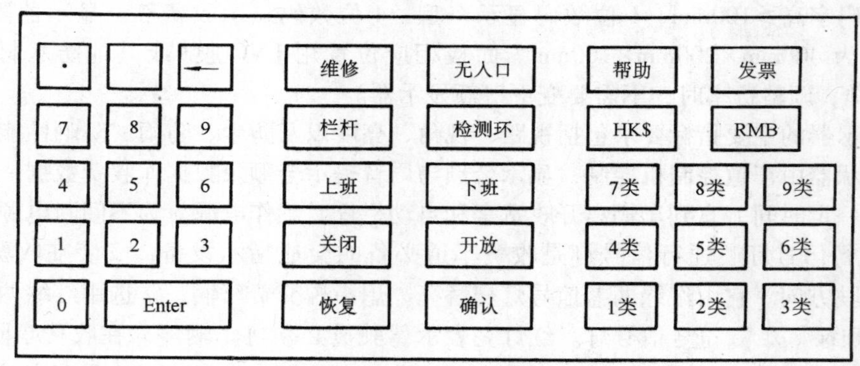

图 7-9　专用键盘示意图

键盘满足系统要求的所有功能。键盘上的按键能承受 1N 以上的操作力，键开关的有效接触寿命在正常工作环境下达到一千万次以上操作。

键盘逻辑有锁定功能，第一个按下的键予以承认，在该键未松开前，按其他键不生效。

键盘上的各种键不会因为重复使用而出现错误登记。收费员只有按规定正确操作，才能完成收费过程登记，否则操作无效。

键盘按功能划分成四个分区：数字键、车型键、功能键、特殊键，仅在软件流程设置当前操作允许的情况下，收费员按键才有效。

车道收费员终端键盘应至少包括下列键：

1）数字键：0~9 的数字，用来输入数字式数据，包括收费员工号、密码以及金额等。

2）车型键：共设 9 个车型键。在车型增加时，可增加有效的车型键。

3）功能键：

①“上班”键：按“上班”键，进入上班登录程序。

②“下班”键：收费员处理完车道内排队车辆后，按下“下班”键，系统认定为正式

下班，车道关闭。

③“确认”键：收费流程处理完成后，栏杆打开，允许车辆通行。

④“取消”键：当收费员操作有误时，按下“取消”键允许在授权情况下更改输入内容，但只允许修改一次。

（4）票据打印机　出口车道配备票据打印机，用打印票据代替定额票据。票据打印机放置在收费亭的操作台上，收费员收取通行费后，起动打印机打印票据。通行费票据上有两种信息，即预印刷的确定信息，包括业主名称、高速公路名称、收费监制单位名称和收据顺序号等；现场打印信息，包括日期、时间、收费员工号、收费站名称、车型代码以及收费金额。

票据打印机的主要技术指标包括打印速度、打印头寿命以及接口方式等。目前较为常见的打印机主要有两种，分别是针式票据打印机和热敏/热转印条码打印机。

（5）费额显示器　费额显示器安装在出口收费亭侧窗后面，面向缴费的车辆，用来显示应收通行费金额的设备，并带有语音提示功能，报出相应的收费金额。该金额由车道控制机根据入口、出口和车辆信息计算并发往费额显示器。费额显示器显示的内容分为两部分，即车型(1位)、收费金额数(4位)。费额显示器一般由5位7段超高亮度红色发光二极管数码组成，数码字高≥100mm，1位数码显示车型，4位数码显示收费额。显示器阳光下5m可见，尺寸为400mm×200mm×100mm。面板相应位置用PVC膜(或其他防水材料)印刷“元”等字样。调整费率时，不需要变更费额显示器。

费额显示器的主要指标要求包括视距、视角、亮度以及防尘、防雨、防晒性能。

费额显示器由车道控制机控制，显示金额与语音提示金额及数据库收费数据一致。显示信息应保留一定时间，直到车辆离开收费亭和自动栏杆。工作电源应为不间断电源。

（6）通行信号灯　通行信号灯是收费车道必备的交通指示设备，安装在收费亭后方，面对车辆行驶方向。它由红绿两盏信号灯交替亮、熄指挥交费车辆，常选用红绿两色信号灯或红“×”和绿“↓”符号信号灯。红灯亮表示驾驶员必须将车辆停靠在收费亭附近交费。绿灯亮表示已完成收费过程，驾驶员可以离开收费亭。红灯为常亮状态，只有完成交费后绿灯才亮，当车辆离开后，又切换为红灯状态。通行信号灯受车道控制机控制，信号灯选用模块组合式，以方便安装和维护。

通行信号灯的主要技术指标包括视距、亮度以及尺寸等。

通行信号灯应与自动栏杆协调动作：红灯亮时栏杆落下；绿灯亮时栏杆升起。为确保动作可靠，两状态之间应具有互锁。

通行信号灯安装高度一般为2m左右，灯面直径100mm，应有较高的无故障工作次数。主要性能和指标如下：

1）光学性能：高亮度LED红、绿两色显示亮度≥5000cd/m^2。

2）主波长：红626nm，绿505nm。

3）电性能：额定电压：220(1±10%)V。

4）工作环境：雨、雾、雪、有风尘及含盐雾空气场所。

5）使用寿命：发光管使用寿命不小于100000h。

6）遮光罩和主柱采用不锈钢材料制作。

（7）顶棚信号灯　顶棚信号灯安装在车道上方的顶棚上，它引导车辆驶入收费车道，是最重要的收费车道监控设备之一，它适用于人工收费、半自动收费、全自动收费车道。

顶棚信号灯由红绿两盏信号灯组成，如图 7-10 所示，红色“×”表示该车道关闭，停止收费操作；绿色“↓”表示该车道开放，驾驶员可以驶入交费。两盏信号灯的状态互锁。

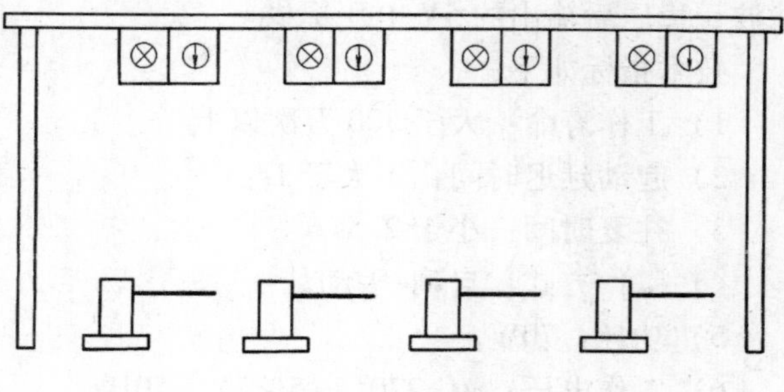

图 7-10　顶棚信号灯

顶棚信号灯为 24h 全天候工作，要求信号亮度高，标识符简洁清晰，可视距离达 100m 以上。在可视条件件较差的环境下，信号标识仍清晰可见。信号灯由高强度发光源、散射面罩和遮光外罩等组成。要求标识符直径达 300mm 以上。

顶棚信号灯的状态直接由车道控制机控制，它与收费过程相联系，当无人操作收费设备、车道处于维修状态时，信号灯应为红色；顶棚信号灯安装角度应可调，以保证信号的可视面对进入收费车道的驾驶员来说是最佳的；顶棚信号灯的外罩和内部器件的布设以前开门式操作为宜，便于维修人员维修更换设备。所有外罩必须是防水、防尘结构，外壳由防老化材料制成，以保证顶棚信号灯的整体寿命。

技术指标如下：

1）LED 发光强度：单体超高亮度红色发光亮度 $1000\mathrm{cd/m^2}$，单体超高亮度绿色发光亮度 $1200\mathrm{cd/m^2}$。

2）总发光亮度：红色 $4200\mathrm{cd/m^2}$，绿色 $5000\mathrm{cd/m^2}$。

3）有效距离：视力在 4.8 以上的司机在 100m 外清晰可认。

4）环境温度：-10～60℃。

5）MTBF 大于 50000h，使用寿命大于 100000h。

（8）声光报警器　声光报警器通常安装在收费亭顶端，由收费员控制，若车道发生闯关或其他特殊情况，车道机控制声光报警器发出声响和闪光，以警示相关人员。

（9）自动栏杆　自动栏杆是道路收费所必需的设施。它安装在与收费亭同一位置的前方，由车道机通过机电设备控制栏杆起降。为保证异常情况发生时(停电、故障等)仍能正常收费操作，应设置手动摇把，将拉杆摇起。

自动栏杆接收到车道控制机发来的指令，能在确认收费完成后将栏杆升起，车辆离开车辆检测器后落下，其动作不应与自动栏杆的当前状态有关。一旦在落下的过程中又接到升起指令或出口车辆检测器检测到车辆通过时，栏杆应能立即返回至完全抬起位置。其驱动电路与传动机构应满足这一要求。自动栏杆原理框图如图 7-11 所示。

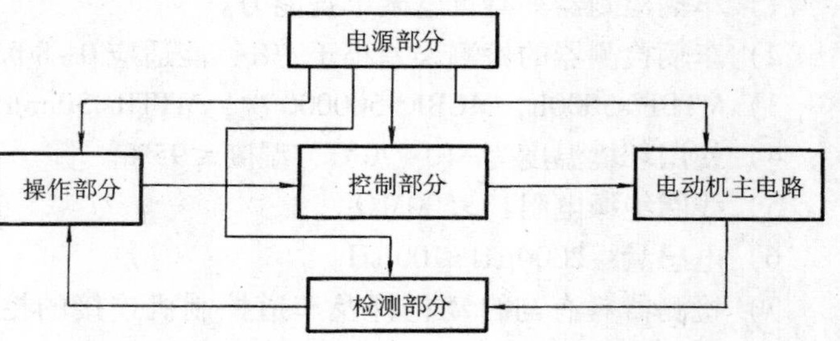

图 7-11　自动栏杆原理框图

检测部分用来检测栏杆上升、下降的到位情况，并将检测信号输出。操作部分由收费员控制将栏杆升起或下放。控制部分接收到操作信息，产生相应的操作指令使自动栏杆电动机动作。各部分的电源由通过桥式整流、滤波、稳压后输出的5V电压提供。

技术指标如下：

1）工作寿命：大于500万次以上。

2）起动延迟时间：不大于1s。

3）往复时间：小于2.5s。

4）工作方式：自动/手动。

5）功耗：70W。

6）工作电压：AC 220(1±5%)V，50Hz。

7）环境温度：-40~60℃。

（10）车型自动判别装置　车型分类标准决定车型分类设备应具备的功能。它主要由光栅、高度检测器、轴数检测器等组成，通过采集车辆的高度和轴数等参数，经综合分析比较来判别车辆的车型。该装置应保证至少可以判别三种以上车型。为了更准确地判别车型，可同时采用多种判别装置。

以光栅式测高器为例，它是用于检测车头高度的检测装置。光栅式测高器的发光柱向接收柱按高度发出一定数量的红外或激光柱，在两柱之间形成一道光栅。当有车辆经过时，部分光柱被挡住，从而测定出车辆的高度。光栅式测高器如图7-12所示。

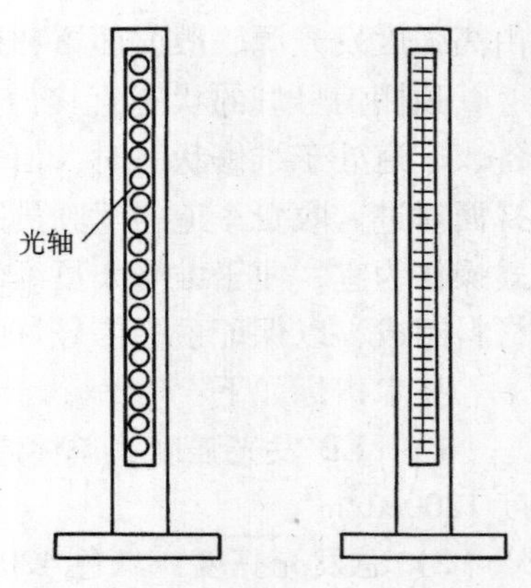

图7-12　光栅式测高器

（11）车辆检测器　车辆检测器可以检测出入收费车道的各种车辆，以便系统自动进行车流量统计及图像抓拍。每一收费车道均埋设两个环形感应线圈（靠近出口处及每个车道靠近收费员位置处各埋设一个）以便车辆停下来缴费时，系统进行图像抓拍，检测器应能可靠判别拖挂车辆。车辆检测的主要部件是环形感应线圈，它结构简单，可靠性高。一般收费车道均安装入口车辆检测器和出口车辆检测器。当驶来的车辆通过入口车辆检测器的感应线圈时，检测器输出一个状态信号给车道机计数并起动车道摄像机抓拍车辆图像。当车辆离开收费车道时，出口车辆检测器输出一个状态信号，使栏杆自动落下。

技术指标如下：

1）车辆检测器具有抗电磁干扰能力。

2）车辆检测器的检测误差小于1‰，能适应0~80km/h车辆行驶的速度。

3）MTBF>5000h，MCBF>500000次，MTTR<30min。

4）使用环境温度为-10~70℃，湿度≤95%。

5）线圈绝缘电阻：>500MΩ。

6）电感量：2000μH±100μH。

7）检测器具有与自动栏杆及车道控制机连接的控制口，并能可靠、方便地安装在箱体内。

8）环形感应线圈与收费站站区道路（一般为水泥路面）的填充料应保持良好连接，不剥落，在气温较高(40℃气温，地温70～80℃)时不软化。

(12) 雾灯　雾灯安装在收费岛头部，在雾天或能见度低的情况下，开启雾灯指示车道位置。雾灯由收费员直接控制。

主要性能和指标如下：

1) 采用高亮度LED橘红色显示，单管亮度≥$1000cd/m^2$，按航海雾灯闪动方式工作，1～5s周期可调。

2) 电源：AC 220(1±10%)V。

3) 环境温度：-20～60℃。

4) 外壳采用亚光不锈钢材料制作。

(13) 亭内有线对讲机　亭内有线对讲机是监控员和收费员联系的辅助设备，当发生异常情况时，监控员可以通过亭内有线对讲机了解情况，发布语音命令，实现对现场的实时监控。

对讲机多采用全双工通信方式，监控员可与一个或多个收费员对话，其运行模式由监控员在控制台上切换。完善的对讲系统便于控制、指挥、调度。

(14) 收费监视系统　收费监视系统对车辆通过收费站的工作状态、各车道的收费和收费员的操作实施全面实时图像监视。收费监控系统布置图如图7-13所示。

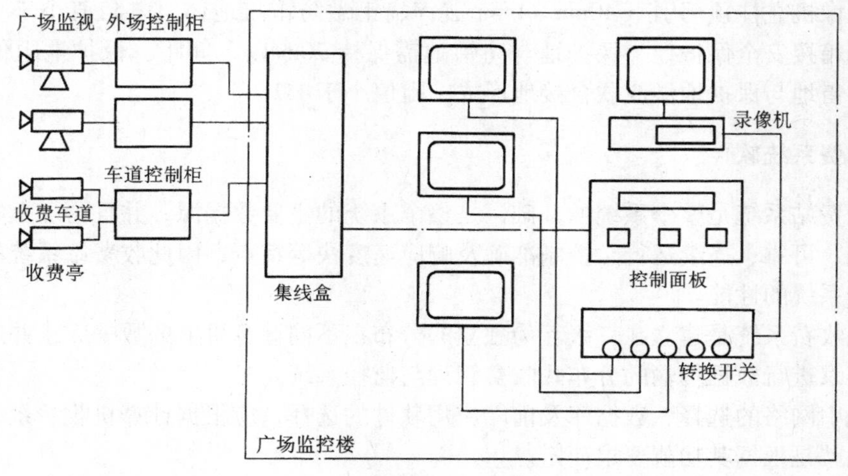

图7-13　收费监控系统布置图

收费监视系统监视的区域有收费广场、收费车道、收费亭。

收费广场的监视一般设置两台带云台的可调焦距的摄像头，摄像头安装的位置应能俯瞰整个收费广场，监控员根据需要通过控制台调节摄像头转动的角度监视收费广场的全部或部分。摄像头主要用于观察整个收费广场的车辆通行情况，并将其拍摄到的图像适时显示在收费站监控室的监视器上；监控员可以通过切换矩阵自由切换每个摄像机的图像。

收费车道的监视通常采用近距离固定式摄像头，每条车道设置一台摄像头。收费车道摄像机被安装在收费岛的尾部，拍摄收费员与驾驶员的交费过程及车辆近景镜头。收费车道摄像机主要用于监视通行车辆的交费情况，并将其拍摄到的图像适时显示在收费站监控室的彩色监视计算机上，同时将交费处理信息，如通过时间、收费车道号、收费员号、交费车型以及交费方式等，同步叠加在监视器屏幕上；对于非正常交费车辆，如免费车、违章车等，录像机自动将这一图像录制到磁带上。

收费亭的监视采用固定式摄像头，安装在收费亭内工作台上方，监视收费员的收费全过程。

（15）其他设备

1）UPS（不间断电源）。为整个收费系统提供稳定、可靠的电源供应。所有收费站、管理中心设备的 UPS 在满负荷无供电电源条件下可维持 120min 供电。每台 UPS 设备都包括电池、整流器、充电器、保护单元、绝缘和配电装置，基本电源系统有效供电时，整流器和充电器的设置保证电池自动处于正常的充电状态。

当主电源或后备发电机正常工作时，电源和频率的变化可能会有瞬间超出正常范围内，UPS 具有稳压、稳频功能，以保证所有设备的连续正常操作。若电源和频率保护在正常范围内，UPS 不用电池放电就可以保证所有设备的连续正常操作。

2）防雷设施。所有重要设备的接口板和功能板、接口均应采用光电隔离技术，以减弱浪涌电压对集成电路 CMOS 芯片的损坏。

收费车道和收费站机电设备采用联合接地，即设备的工作地、保护地及建筑物的防雷接地共用一地网，接地电阻小于 1Ω。联合接地网在工程施工时完成。

广场摄像机立柱顶部引下 40mm×4mm 镀锌扁钢做防雷接地体，电阻值小于 10Ω。电缆屏蔽层和机箱接安全保护地，保护地与防雷地需保持 20m 以上间距，保护地阻值小于 4Ω。也可以将防雷地与保护地做成联合接地形式，阻值小于 1Ω。

四、收费系统软件

由于收费站系统是整个系统的基础，是整个系统的主要数据源，并且再加上收费车道系统要求稳定、可靠、连续运行、控制准确及响应速度快等特点，因此收费站系统的好坏将直接影响整个系统的性能。

计算机收费系统是建立在三级互为独立的分布在不同计算机上的数据库，并通过网络介质及网络协议进行数据传输的分布式收费管理与监控系统。

该系统中网络的选择、数据库及前端应用软件的选择，应根据计算机收费系统的特点需求而定，也就是根据其功能要求而定。

收费站是最基本的收费管理单位，是整个收费系统的基础，所有收费原始数据都来源于收费车道，因此收费车道系统设计的好坏直接影响整个联网收费系统的运行。整个收费系统主要结合了自动控制技术、IC 卡技术、局域网技术、数据库管理技术、通信技术和 CCTV 及图像抓拍存储技术。

收费站是公路通行费收款最基层单位，负责现金的收款、资金的管理并将收款资金交存银行，确保资金的有效管理。收费站管理最小单位是班次和车道（即收费员），实行收费员班次管理制度，收费站根据统一规定的结算时间制定、编排车道的工作班次。每个车道班次交接班时，向收费站或所在银行交清收费款项，如遇款账不合者，做好长短款处理。

站内收费管理系统的主要工作是负责汇总并可靠记录收费车道上传的收费交易数据、通行车辆数和其他信息，并利用这些数据对车道收费进行监控，及时处理车道出现的异常情况；同时还能对这些数据做科学地统计、分析，产生本站的各种统计报表，进行业务分析。

除此之外，系统还要负责按照规定，定时向收费中心上传各种数据，接受收费中心下传的运行参数数据。

为适应公路收费的现代化管理，站内收费管理系统应建立在收费站内部的计算机局域网之上。

收费系统软件分为三个部分。

（一）收费车道系统软件

由于车道系统是整个系统的基础，是整个系统的主要数据源，并且再加上收费车道系统要求稳定、可靠、连续运行、控制准确及响应速度快等特点，因此收费系统的性能将直接影响整个系统的性能。

系统目标是确保准确可靠地收费，保证收费原始数据的安全性、一致性、完整性，提高效率，防止漏洞。系统形成整体，保证车辆快速通过，对特殊事件进行有效管理和统计，并有相应措施保证。入口车道平均处理速度不大于10s/车，出口车道不大于15s/车。分车型、分里程、分路段正确收费、对账。所有的收费登记必须完整，准确，上报及时，满足收费和交通管理要求。具体业务设计要求包括入口车道收费管理和出口车道收费管理。

（1）入口车道收费管理　入口车道收费管理主要完成入口车道收费的过程管理。收费员根据车辆信息，输入有关数据，车道计算机控制相应的外场设备，将有关信息写入通行卡中，收费原始信息送收费站和结算中心，并能完成特殊事件处理。特殊事件主要有以下几方面：

1）免费车辆处理。

2）紧急车辆处理。

3）车队处理。

4）补票(或IC卡)处理。

5）差错处理。

6）车道开启状态时冲卡处理。

7）车道关闭状态时冲卡处理。

（2）出口车道收费管理　出口车道收费管理主要完成出口车道收费的过程管理。收费员根据通行卡上的信息进行操作，车道计算机自动计费，收费员收款。车道计算机控制相应的外场设备(包括回写IC卡)，打印收费票据，将收费原始信息送收费站和结算中心，并能完成特殊事件的处理。特殊事件主要包括以下方面：

1）紧急车辆处理。

2）车辆信息不一致处理。

3）无款处理。

4）代金IC卡现金不足处理。

5）坏卡处理。

6）U形转弯处理。

7）车道开启状态时冲卡处理。

8）车道关闭状态时冲卡处理。

9）打错票据处理。

10）拖车处理。

11）车队处理。

12）无券(无卡)处理。

(二) 收费站系统软件

收费站系统网络结构如图 7-14 所示。

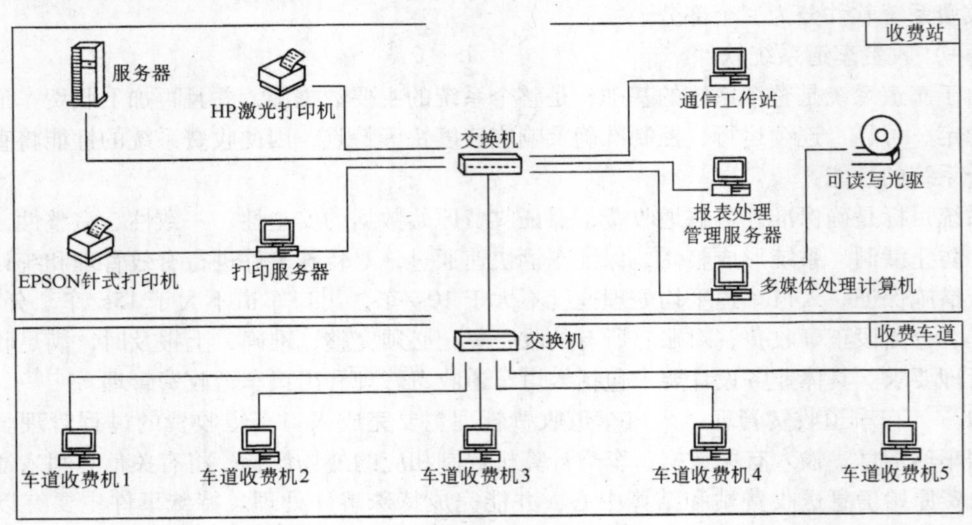

图 7-14 收费站系统网络结构

高速公路各收费站，接收收费中心下传的系统运行参数，接收收费车道上传的收费数据，下发车道的系统运行参数，承担收费站的 IC 卡配送管理、运行监控管理、数据查询、业务管理和票据管理职能，是系统的核心，有着重要的地位。为了保障工作站之间和收费车道的数据采集和处理，必须建立较高性能的局域网。收费站局域网采用 10M/100M 快速以太网。

收费站系统软件是收费站管理的核心，它的功能主要包括收费管理模块、实时监控模块、图像管理模块、数据维护模块以及数据通信模块等。

1. 收费管理模块

(1) 录入 对需要进行人工调整及输入的数据表格，实现数据的人工录入，操作应简单、直观，对操作应有相应的提示，数据一经确认后不允许随意修改。

(2) 统计 要求对软件需求文件中的交通流量和通行费收入报表进行统计计算，所有统计的实际计算时间不应过长，应提高统计速度。

(3) 检索(查询) 能够根据给定的检索条件(车道、班次、车型、收费员、车型和车情的任意组合)对任意给定的时间范围内的数据进行检索。检索结果可以进行筛选、汇总、排序等操作，如有需要，应能和图像文件连接。

(4) 退出/登录 系统应对不同的对象设置不同的权限，权限在登录时就确定，各种权限不同的人登录后所操作的内容和范围不同。

2. 实时监控模块

实时监控模块实时显示收费站各出口车道和入口车道的运行状态(如打开、关闭、故障、维修等)、流量和收费情况。用户界面以滚动显示的方式显示某一车道的详细操作记录，对于每条车道，显示内容包括收费员工号、雨篷信号灯的状态、收费员判定的车型、车辆检测器工作和故障的确认、所有错误操作的确认、收费站计算机系统和车道控制器数据通信故障的确认等。

3. 图像管理模块

图像管理模块安装在收费站的多媒体计算机中，其功能是审计、稽查数据库中的特殊事件及相应图像。

4. 数据维护模块

数据维护模块完成固定时间范围内的数据备份与上报，并可根据实际使用的车道情况调整文档数据库中的相关数据，如手工录入或复制费率库、增/减收费员、更改密码及使用整理权限、整理文档(程序、库结构及清单)、程序参数的设置等。

5. 数据通信模块

数据通信模块主要完成从收费站到管理分中心的通信。从功能上讲，它主要完成收费站收费数据定时或实时的传输，接收分中心下达的指令，传至各收费车道，并将收费站和管理分中心所有的计算机的时间统一为管理中心服务器时间。

6. 帮助模块

除提供帮助文档外，应能在系统中提供相关的在线使用帮助。

（三）收费报表系统软件

收费站报表是收费站管理的重要手段和凭证，报表格式应符合有关标准和规范，收费站报表一般包括收费员管理报表、通行费收入报表、票据管理报表、特殊收费业务管理报表、交通流量统计报表及设备管理报表等。

1. 收费员管理报表

收费员管理报表包括收费员班次报表、收费员班次记录明细表和收费员班次汇总表。

2. 通行费收入报表

通行费收入报表包括通行费收入日报表、通行费收入月报表、通行费收入年报表及欠费记录表等。

3. 票据管理报表

票据管理报表指收费站票据申领、发放统计表。

4. 特殊收费业务管理报表

特殊收费业务管理报表包括车道特殊处理明细表和特殊收费业务次数汇总表。

5. 交通流量统计报表

交通流量统计报表包括交通量日报表、交通量月报表及交通量年报表等。

6. 设备管理报表

设备运行情况明细表，统计反映每天收费站设备运行情况、故障情况、维护情况等。

（四）收费系统软件要求

（1）系统先进性　为适应新技术发展及未来应用需要，系统应建立在先进的软硬件平台结构之上，设计采用最新的结构技术和策略保证系统的性能在设计时最优，在今后随着计算机软硬件技术的发展而提高。

（2）系统可靠性　系统项目本身应具有一定的覆盖面，覆盖区域内高速公路网上的所有收费站、发卡储值网点、大量储值卡持卡用户，系统内传送的数据均为含金额的交易数据，由于“一卡通”应用的需要，整个系统的安全性和可靠性须着重予以考虑；如果没有可靠性的保障，系统难以在相当长的一段时间内正常无故障地运行。

（3）系统开放性　开放系统是当今世界信息产业发展潮流，一个开放的系统可以充分利用世界上各种产品的优秀特性，在最小的系统开销下，方便地扩充整个系统的功能，充分保证系统的灵活性，并且随着新技术的发展，无缝地将新技术集成于系统之中。

（4）系统规范性　统一化、标准化是系统取得成功的必要条件，总体结构设计乃至接口的设计都要遵循国际及国家通用的规范标准，并将规范化、标准化贯穿于系统开发设计及项目生命周期的每一个阶段之中。

（5）系统继承性　高速公路网“一卡通”收费系统作为国内在公路交通领域推行新型收费方式的项目，必须充分考虑已建和在建高速公路系统的收费特征，继承和兼容原有收费管理中的经验，并使之贯穿到新的“一卡通”收费系统中。

（6）系统安全性　通过一个功能强大的安全控制系统，对系统中的任何对象及环节进行保护，满足国际和国内标准，即实现个人认证、访问控制、设置权限及通信认证等，以确保系统的安全运行。

（7）系统模块化　在系统总体功能设计时应该把系统按照实际的功能分解为若干易于处理的子系统，然后在各个子系统中划分为不同的功能模块。

第四节　自动发卡机

近些年来，随着国民经济的发展和社会车辆保有量的不断增加，高速公路收费站在车流量较大的情况下时常出现拥堵。这不仅增加了收费站车辆的延误时间，而且增大了车辆的运行成本，还增加了汽车尾气的排放。如何利用先进技术解决大车流量下高速公路出入口车辆堵塞问题，提高高速公路的通行效率，减少人力成本，降低收费员的劳动强度，已成为高速公路收费管理系统建设工作和社会各方面密切关注的焦点，国内部分省的部分高速公路运营单位均先后尝试采用了IC卡无人值守自动发卡机收费技术，并收到了良好的效果。

严格意义来讲，采用自动发卡机收费技术仍然属于半自动收费，它用自动发卡机取代了早期半自动收费设备中入口处管理人员人工写卡发卡过程，采用IC卡无人值守自动发卡机在运营管理上的优势十分明显。

1）入口人员取消，节约人员费用。

2）自动完成发卡全部工作，发卡机完成读写、计数、发出动作，大幅度提高了效率，在减少相关配置人员的同时，也减少了卡的污损和丢失。

3）降低管理成本，改善运营环境，提高管理水平。IC卡在车道间直接周转，避免收费员与管理员之间的人工交接，减少了工作量，缩短了交班时间，系统通过设备管卡，避免了各种人为因素的影响，进而消除了丢卡、作弊的可能。

4）实现车道间卡的直接周转，大量减少系统用卡量。IC卡在车道间直接周转使用，当班可多次循环，加快卡的周转速度，提高利用率，节省大笔购卡费用，经济效益显著。

5）服务质量客观，不受人为因素影响，卡机全天运转，不休息，不换班。

6）成为现代化高速公路的靓丽风景，整洁规范，具有良好的窗口形象。

7）可取消收费亭、收费岛，可以绿化、美化环境。

8）在加快高速公路入口通行能力的同时，可以将原入口的人员补充到新增出口，或者把主要精力放到闲置外场车流引导上，缓解通行压力。

一、自动发卡机组成

自动发卡系统涉及机械力学、电机传送、物理传感、光学成像识别、车型和车牌数据库、通信技术、数学逻辑算法和控制运用等多类学科。自动发卡系统由 LED 信息显示屏、自动车型识别系统、自动牌照识别系统、自动发卡机及其控制系统构成，如图 7-15 所示。

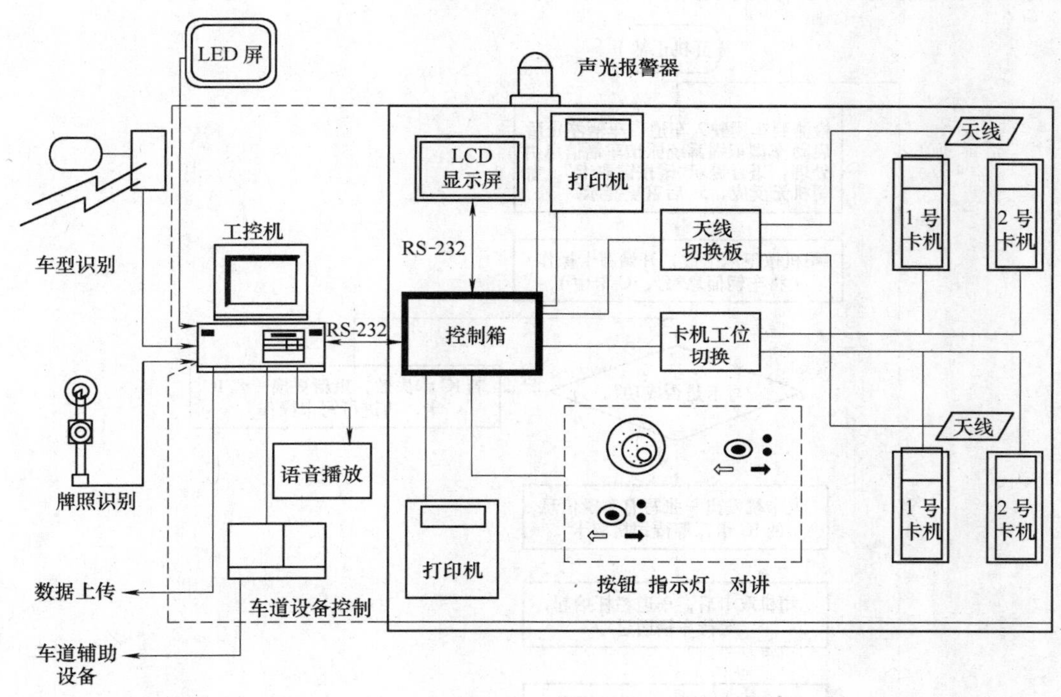

图 7-15　自动发卡机系统构成图

1. LED 信息显示屏

在高速公路收费广场无人值守车道入口车道的大棚上方，固定一块醒目的“自动发卡机车道”标示牌，提醒绿农车和其他车辆勿进入，避免车辆误入耽误通行时间。

2. 自动车型识别系统

在自动发卡机进口车道安装自动车型识别系统，系统采用压电技术、光电技术、电磁技术和计算机模数转化，同时采用拓扑法对传感器进行平斜度组合，覆盖客、货车系列等车型数据，及车轴、轴型、轴距、车型分类等信息的采集。

3. 车型识别控制器

车型识别控制器主要负责对数据的采集、处理和传输。控制器先对光幕、地感线圈、传感器外围识别进行数据采集，对采集到的数据进行处理，依据数据库模型得出客观检测结果，最后将处理结果传送给车控机，由车控机发送到自动发卡机。

二、自动发卡机工作流程

自动发卡系统的操作流程如下：车辆驶入入口车道，车道的到达线圈检测到车辆的驶入，启动自动车型识别系统进行车辆信息采集，车型识别控制器对采集到的车型信息进行处理，车型信息结果最终传输到发卡机，发卡机完成写卡后语音提示司机按键取卡，司机按自动发卡机上的发卡键后取卡，自动栏杆抬起，车辆驶过离开线圈后自动栏杆落下，车道控制机生成入口相关数据，完成发卡过程。自动发卡机工作流程图如图 7-16 所示。

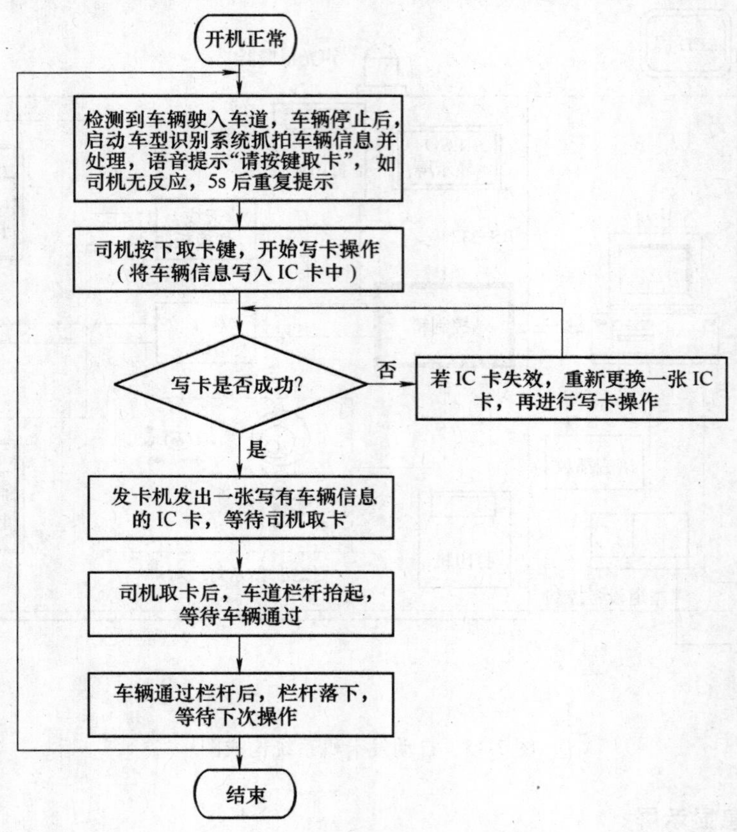

图 7-16　自动发卡机工作流程图

自动发卡机有 4 种工作状态，由操作人员操作并使用身份卡进行切换。

1）“关闭”状态：自动发卡机加电后自动进入此状态，此时不能发卡；车辆通过离开线圈将会产生报警信号。

2）“打开”状态：使用操作员身份卡登录后，进入此状态；车辆驶入车道并按“出卡”按钮将会发卡。

3）“车队”状态：适用于免费车队，自动栏杆抬起，发卡机不发卡，车辆通过离开线圈后栏杆不落下，直至结束此状态。

4）“维护”状态：使用维护员身份卡登录后，进入此状态；可以测试卡机和其他车道外围设备。

三、自动发卡设备车道软件模块划分

1. 主控模块

负责整个应用程序的初始化、运行。

2. 外围设备控制模块

检测发卡按钮状态；检测到达线圈、离开线圈的状态、故障情况；检测自动栏杆状态；控制顶棚信号灯、通行信号灯红绿转换；控制声光报警器；控制自动栏杆起落。

3. 数据存储模块

保存发卡数据。

4. 网络通信模块

上传发卡数据；上传报警信息；接收系统运行参数(人员编码等)。

5. 流程控制模块

负责状态转换。

6. 界面显示和键盘输入控制模块

显示设备状态；显示操作提示；接收键盘输入信息。

7. 磁卡机/IC 卡读写器控制模块

读取身份卡；发放通行卡；检测磁卡机/IC 卡读写器故障信息。

8. 系统控制板通信模块

接收设备温湿度数据；接收液晶面板按键信息；下传控制参数；向液晶面板发送故障报警信息。

9. 硬件看门狗控制模块

监测系统状态，系统宕机时让发卡机自动重新启动。

10. 字符叠加控制模块

初始化字符叠加板；发送字符叠加信息，将有关数据叠加到车道图像上。

11. 车牌识别器控制模块

获取入口车道通过车辆的车牌照信息。

第五节　自动收费系统设备

一、概述

自动收费系统又称为不停车收费系统(Electronic Toll Collection,ETC)，是国际上正在努力开发并推广普及的一种用于公路、大桥和隧道的电子自动收费系统。在这种收费系统中，车辆需安装一个带编号的电子标签，收费站需安装可读写该电子标签的天线系统和相应的计算机管理系统。车辆通过收费口时，司机不必停车交费，而允许以较高的速度通过，车载电子标签自动与安装在路侧或门架上的天线系统进行信息交换，中心控制计算机根据这些信息识别出道路使用者，然后自动从道路使用者的银行账户中扣除通行费。如果自动收费过程失败，当事者将被拦截或者其汽车牌照将被高速抓拍，便于进行事后处理。

二、自动收费系统

1. 自动收费系统构成

自动收费系统构成如图 7-17 所示。

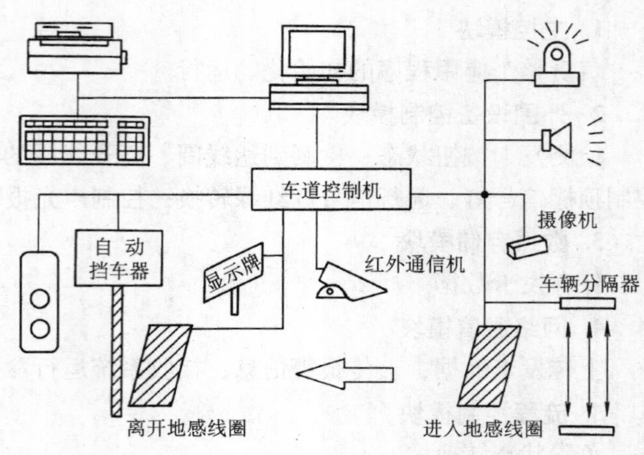

图 7-17　自动收费系统构成

具有网络体系结构，作为该体系前台的车道控制子系统，用于控制和管理各种外场设备，通过与安装在车辆上的电子标签的信息传输，记录车辆的各种信息，并实时传输给收费站管理子系统。收费站管理子系统对车道控制子系统上传的数据进行整理后，通过网络系统上传到收费结算中心，结算中心将统计数据传至银行，由银行进行划账，并将欠费的黑名单传回结算中心、收费站和收费车道。

2. 电子收费业务流程

不同的电子收费系统的收费业务流程基本相同，以封闭式为例。当车辆进入收费车道进口天线的发射区时，处于休眠状态的电子标签受到激励（微波、红外等）而苏醒，开始工作；电子标签响应天线的请求，发出电子标签标识和车型代码；天线接收并确认电子标签有效后，发出车道代码和时间信号，写入电子标签的存储器内。当车辆驶入收费车道出口天线发射范围时，经过唤醒、确认有效性等过程，天线读出车型代码以及入口代码和时间，传送给车道控制机；车道控制机对信息核实确认后，计算出通行费额，存储或指令天线将费额写入标识签。同时，车道控制机存储原始数据并编辑成数据文件定时传送给收费站并转送收费结算中心。如果持无效电子标签或无电子标签，在收费车道上高速冲卡，天线在确认无效性的同时，启动自动栏杆，关闭收费车道，将冲卡车辆拦截下；启动自动抓拍摄像机，抓拍冲卡车辆的有关图像信息；启动自动报警系统，提示管理人员介入，进行相应处理。

三、自动收费系统关键技术与设备

自动收费系统的车道设备与半自动收费系统基本上一致，主要区别在于自动收费系统采用了车辆检测装置、数据采集装置及车辆牌照识别装置等。

为了使 ETC 能够高效、可靠地完成收费过程，达到最大的车辆通过率，该系统必须包括三个关键的子系统，即自动车辆识别系统（Automatic Vehicle Identification, AVI）、自动车型分类系统（Automatic Vehicle Classification, AVC）、逃费抓拍系统（Video Enforcement System, VES）。

自动车辆识别系统（AVI）使用装在车上的射频装置向收费站的收费装置传送识别信息，如 ID 号码，车型、车主等，以判别车辆是否可以通过不停车收费车道。自动车型分类系统（AVC）利用安装在车道内和车道周围的各种传感装置来测定车辆的类型，以便按照车型实现正确收费。逃费抓拍系统（VES）用来抓拍使用不停车收费车道但是未装备有效标识卡的汽车牌照图像，用于确定逃费车主并通知其应交费用或处罚办法。

1. 自动车辆识别系统

自动车辆识别技术是电子收费系统的基础，是指当车辆通过某一特定地点时，可以不借助人工而能将该车辆的身份识别出来的技术。

自动车辆识别系统一般包括三个部分：车载单元、路侧阅读单元、数据处理单元。

车载单元部分的组件附属在车辆上，可以是固定的，也可以是活动的，作为车辆识别用的标识，其本身拥有一种可供识别的信号，这信号一般是唯一的，可以当作车辆的身份证。

路侧阅读单元部分用于接收或识别车载单元发射或反射出来的信号，并把收到的信号，解译成有意义的信息，供分析计算使用。

数据处理单元把从路侧阅读单元读来的信息进行相应地对比和处理，包括身份验证、通行费计算、交易时间及地点等资料。

自动车辆识别系统是电子自动不停车收费系统的重要组成部分，也是公路交通现代化的组成部分，目前主要有两种方式完成，分别是红外式和微波式。

1）红外式是通过红外方式传输智能卡内数据的自动收费系统，是解决高速公路自动收费问题的一种有效可行的方法，可实现高速公路不停车收费。它能有效解决高速公路收费处的车辆堵塞问题，具有较强的实用性。

红外智能卡收费系统包括：车辆的红外收发装置、收费站的红外收发装置、管理部门的管理系统。车辆的红外收发装置由智能卡接口电路、红外发射电路、红外接收电路、单片机控制电路组成；收费站的红外收发装置由红外发射电路、红外接收电路、微机接口电路、微机组成；管理部门的管理系统由微机、IC 卡读写器和一套相应的管理软件构成。车辆的红外收发装置安装在司机驾驶室内，车辆要通过收费站时，司机将预先在管理部门购得的存有一定金额、并附有车辆信息的智能卡插入车辆的智能卡适配器内，按下开关键，系统读取 IC 卡内金额后处于接收状态，车辆内的红外接收电路接收到收费站发来的请求信号后，将 IC 卡内的金额和信息经红外发射电路发射出去后，又处于等待接收状态，接收后，将收到的收费站发来的余额信息存入 IC 卡内。收费站收费系统在开始时处于发送请求状态，当接收电路接收到车辆发来的红外信息后，经解调、送入微机内，经数据库查询出该车辆的信息，扣取通行费，将余额经发射电路发给车辆，并修改数据库数据，如发现余额不足以支付通行费(余额为负数)时，通知报警。整个通信系统是在半双工状态进行的。管理部门的管理系统主要完成发卡、售卡、查询、统计、汇总等功能，可根据实际需要进行功能增减。

红外发射接收装置通过控制发射功率使接收距离达 10m 以上，可根据收费站的具体情况进行调整。它在阳光直射下能正常工作。在整个系统工作中，只有写卡过程费时较多，但写卡过程可在车辆通过收费点(超出红外发射管发射范围)后进行，故对车速影响不大。

2）微波式主要是利用车辆识别系统控制，当车辆通过收费站车道时，系统检测到来车，然后启动激励天线发出电磁波，车辆上的无源应答器以所激励的电磁波能源产生应答信号，被接收天线捕获后送收发阅读器，产生该车辆的信息码，然后送入收费管理系统。收费管理系统实时收集各个路口检测站的工作信息，对每个路口检测站的信息进行处理，根据各路口车辆检测站送来的车辆的信息码，查阅收费计算机中相应用户信息，并将该车辆用户预先交纳的过路(桥)费中按预先规定的车型扣除本次费用，从而完成车辆不停车状况下的一次自动收费操作。对法定免费通行的特种车辆，记录通行信息，但不做扣费操作。未安装车辆应答器的车辆(也包括费用用完的车辆)，应驶入专门的停车收费道，用传统现金或IC卡停车付费；若未安装应答器的车辆驶过收费站路道，系统会自动启动摄像机，将车辆的牌号摄录下来存入计算机，同时给值班人员通报信息，信号灯停车告警，驾驶人员靠边停车付费。收费管理系统还将处理室外大型通行显示屏和发声系统，告知车辆费用情况。

2. 自动车型分类系统

自动车型分类系统就是利用硬件和处理程序来确定车辆的类型，它由测量车辆物理特征的各种传感器及相应的装置组成。车道传感器记录车辆的物理特征，处理器汇集各种传感器的输入信息并根据这些信息对车辆进行分类，将确定了车型的车辆信息发送到相关系统，以确保按车型实施正确收费。

车型类别可以从两条渠道获得：一是标识卡上存储有车辆牌照和车型类别代码；二是对检测到的车辆各种间接参数进行综合判别而确定车辆类型。

3. 车辆牌照识别装置

目前，部分自动收费系统安装了车辆牌照识别器，以工业控制计算机、图像硬件相关处理模块和字符识别软件为核心部件，实时地完成车辆牌照的图像抓拍、牌照区域定位分割和字符及牌照底色的自动识别。

车辆牌照识别器原理框图如图7-18所示。

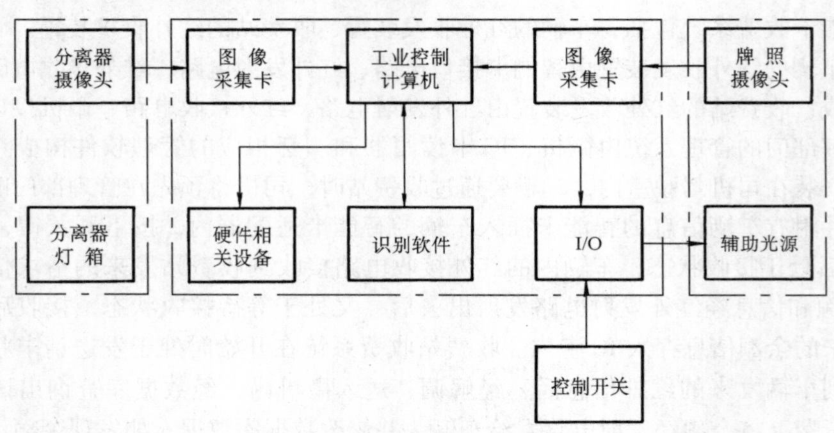

图7-18 车辆牌照识别器原理框图

工作原理：车辆牌照识别器上电复位后，工控机通过图像采集卡连续采集来自分离器摄像头的图像信号，当分离器之间没有目标存在时，该信号为分离器灯箱正面的纹理图像，采集频率为50场/s。每采集完一场后，在场回扫期对分离器摄像头采集到的图像做纹理分析处理，一旦发现图像纹理结构与预置的纹理有较大差别，工控机通过I/O卡启动辅助光源发出一束宽度为0.1ms的脉冲闪光，同时采集牌照摄像头图像，这样就可以保证牌照图像是在车头处于某一特定位置抓拍到的。汽车正面图像被抓拍到计算机内存后，首先启动硬件相关模块对图像进行大范围相关搜索，寻找与汽车牌照特征相符的若干区域，然后对这些候选区域利用软件进一步评判比较，最后选定一个最佳的区域作为牌照区域，并将它从图像中分割出来。后面的处理就局限于这一区域内进行。其他工作主要由软件完成，包括牌照边界定位、字符边缘提取、字符粗切分、字符细切分、字符特征提取、字符识别、牌照底色识别及识别结果置信度分析等。

四、工作原理与流程

自动收费系统运行流程图如图 7-19 所示。

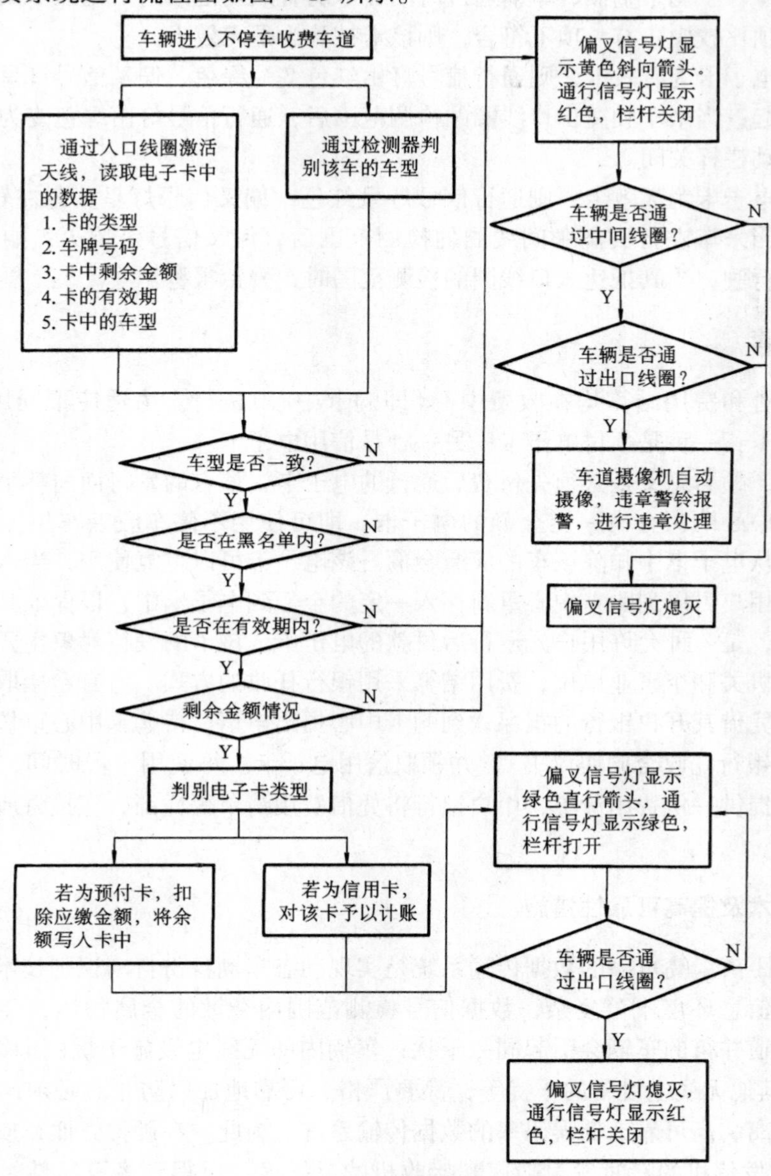

图 7-19　自动收费系统运行流程图

不停车收费系统不需要专门的收费员进行操作，它利用微波技术，完全通过设备本身来完成对通行车辆的收费工作。

存储有车型、车号、金额、有效期等信息的电子卡被安装在汽车前方挡风玻璃内侧的左下角。当持卡车辆进入不停车收费车道时，入口线圈产生来车信号，激发无线电波收发器(即天线)读取该车电子卡上的信息(车型、车号、剩余金额和有效期等)，同时利用光栅、高度检测器和轴数检测器等车型识别设备，自动检测来车的实际车型。

从电子卡上读取的信息，以及车型判别设备所采集到的数据均被送到车道控制计算机内进行分析比较，如电子卡中所记录的车型与设备所判别的车型一致、卡中车号不在黑名单内、应缴金额小于等于剩余金额、车辆通过时间在卡的有效期范围内，则该卡被认为是有效卡；如果前述四项比较中，有一项不符合，则该卡被认为是无效卡。

若来车所持电子卡为有效卡，则通行信号灯由红色变为绿色，偏叉信号灯呈绿色直行标志，自动栏杆抬起；当来车驶离出口线圈的检测范围后，通行信号灯由绿色变为红色，偏叉信号灯熄灭，自动栏杆关闭。

若来车所持电子卡为无效卡，则通行信号灯呈红色，偏叉信号灯呈黄色左转通行标志，自动栏杆关闭；当来车左行驶离中间线圈的检测范围后，偏叉信号灯熄灭；如来车没有左行，而依然向前行驶，当其抵达入口线圈的检测范围时，警铃报警。

五、收费结算

电子卡的销售和费用结算均在收费中心(即购卡中心)进行。为适应不同用户的需要，可发行两种电子卡：一种是预付电子卡；另一种是信用电子卡。

预付电子卡，顾名思义是必须先付费后通行的电子卡，该卡的发行面向整个社会。用户仅需直接到购卡中心购买存有一定金额的电子卡，即可使用不停车收费车道。在每次使用时，系统将自动从电子卡中扣除该车的应缴金额。该电子卡可以重复使用，当卡中剩余金额很少或没有时，用户可以到购卡中心重新存入一定的金额到电子卡中，以保证其继续有效。

信用电子卡，是一种允许用户先通行后付款的电子卡，该卡的发行对象主要是一些企业形象很好的国家机关和企事业单位，费用结算采用银行托收的方式。所有希望取得信用电子卡的单位，必须凭借其开户银行的担保，到购卡中心提出申请，待购卡中心审核无误后，双方签署“通行费银行托收合同协议书”，并领取信用电子卡。每使用一段时间，购卡中心将向用户及其银行提供一份费用清单，用户银行将凭借费用清单等凭证，直接将所需费用划拨至购卡中心账号。

六、关键技术及提高可靠性措施

无接触、远距离、高可靠的数据传输系统是实现动态车辆身份自动识别技术的关键。由于道路和车内的信息环境十分复杂，数据信号检测范围内杂散的金属物体，会引起多径干扰；相邻不同车道并行的车辆会引起同频干扰；车辆内的无线电设施干扰(如移动通信的干扰)及本系统对其他无线电设备的干扰等，都要严格、可靠地加以防止。必须向系统提供一个无接触、远距离、高可靠、低误码率的数据传输系统。为此，在硬件方面，应尽可能提高IC卡和路侧的收发信机的瞬时发射功率和接收机的灵敏度，以得到高可靠性、低误码率的数据传输系统。或采用信道共用技术，对不同车道自动选用不同的信道频率，以避免相邻不同车道并行的车辆引起的同频干扰。同时还要从软件方面着手，提高可靠性，降低误码率。通过两者结合，其技术难点是能够得到解决的。

习　题

1. 简述我国公路的几种收费制式。
2. 简述各种收费方式的优缺点。

3. 收费车道设备包括哪些?
4. 简述自动栏杆的工作原理。
5. 简述自动收费设备与半自动收费设备的区别。
6. 自动收费设备的关键技术有哪些?
7. 简述车辆牌照自动识别器的工作原理。

第八章　停车场收费设备

第一节　概　　述

停车场收费管理系统是伴随着公用收费停车场这一新生事物而诞生的。随着经济的发展以及技术的进步，各种新技术、新材料的应用使停车场管理系统的各种管理功能逐渐完善，可靠性逐步提高。许多现代控制领域及智能交通领域的前沿技术在停车场管理系统中也得到了广泛应用，使当今停车场管理系统越来越具有智能化的特点。

收费介质是停车场管理系统用来标识车辆的唯一标志，是管理系统的重要技术特征。通过使用何种收费介质可以反映其系统的技术先进程度。以停车场管理系统使用的收费介质为核心特征，停车场收费系统经历了磁卡、纸质磁卡、条形码以及非接触类型收费介质等几个发展阶段。每个阶段的停车场管理系统都是在克服了其上一代系统在收费介质缺陷的基础上，进一步提高了收费系统的工作效率和可靠性，并丰富了管理系统的管理服务功能。目前，使用以非接触式 IC 卡、射频电子标识、车牌图像识别技术为代表的非接触类型收费介质已经成为停车场管理系统建设的主流方向。

随着停车场管理系统技术的不断进步，使停车用户的存取车过程更加简捷方便，而且对用户而言，停车场管理系统技术进步的明显特征是停车交易支付手段的多样化。先进的停车场收费系统一般可以采用多种支付手段。使用户可以选择在离开停车场时用信用卡、手机等电子(E 化)货币支付自己的停车费用，也可以通过互联网预支费用或进行结算。

一、国外停车场管理系统的现状与发展趋势

国外停车场管理系统经过半个多世纪的发展，已经基本进入了智能化收费的阶段。其使用的收费介质已由传统接触读写类型收费介质转变为非接触类型的新型收费介质。国外停车场收费系统一般采用高度智能化的专用设备，可以实现收费系统的无人化操作。设备制造工艺精良，系统稳定性和产品技术水平达到较高水平。国外停车场管理系统的一个显著特点是停车交易支付手段的电子化程度非常高，基本上不存在现金交易的现象。而且许多国外停车场管理系统还配备了停车车位引导系统、停车车位查询系统等智能化设备，使停车场管理系统的功能更加完善和丰富。

目前，一些国外停车设备厂商正在研究能够实现“网络化存车”的停车场管理系统。该管理系统能统一调度车位资源，统一进行交易结算。停车用户在家中通过网络就可以预定停车车位，交纳停车费用，查询出行目的地的各类停车信息。这种新型停车场管理方式适应了网络在人们日常生活中越来越普及的现状，使停车场管理系统的作用范围和功能得到了极大的扩展和延伸。

当然停车场管理系统在采用大量先进技术的同时，其系统的造价非常高昂，技术实现难度增大，系统维护成本高。

二、国内停车场管理系统的现状与发展趋势

国内停车场管理系统是伴随着国内公用停车场的大量出现而产生并逐步发展起来的。最初的国内停车场管理系统是在引进和消化吸收国外同类系统的基础上逐步发展起来的，并在此基础上不断改进提高。

从1996年开始，我国城市停车设施有了较快的发展，特别是近几年来，随着认识的不断提高，技术的不断进步，国内停车场已经开始作为产业发展壮大，国内停车场管理系统厂商的技术实力得到迅速增强。国内停车场管理系统也由单纯的引进转向真正意义上的技术研发。一些国际先进的停车场管理技术和理念也在国内新型停车场管理系统中得到广泛应用。

目前国内很多停车场管理系统已经开始进入由传统的人工式管理系统向新型智能化管理系统升级换代的时期。以收费介质为例，以接触式IC卡收费介质为特征的管理系统已经面临被逐渐淘汰的局面。而以非接触式IC卡技术等非接触类型收费介质为特征的新型停车场管理系统已经走向成熟，并成为国内停车场管理系统的主流。

第二节　非接触式IC卡停车场管理系统

一、非接触式IC卡停车场管理系统特点

收费介质是停车场管理系统用来标识每辆车及车主的唯一标志，介质中储存有一组标明车辆身份的数字标识。收费系统通过此标识记录和查询车辆的使用权限、进出时间等特征信息，从而实现对车辆的收费管理。非接触式IC卡停车场管理系统采用非接触式IC卡作为收费介质，该系统具有以下几方面特点：

（1）严格的收费管理　对于目前的人工现金收费方式，一方面劳动强度大、效率低，另外一个主要弊端就是财务上造成很大的漏洞和现金流失。使用非接触式IC卡收费管理系统，车场的收费都经收费计算机的确认和统计，能有效地杜绝收费过程中的失误和作弊。

（2）管理更加安全　该系统能真正做到“一卡一车”，对用户停车的相关资料存档，保证了停车场停放车辆的安全性。采用本管理系统后，长期卡消费者在计算机中记录了相应的资料，卡丢失后可及时补办。临时卡和特殊卡丢失也可随时检索，及时处理。并在计算机中建立黑名单，对丢失卡的卡号进行记载，防止有人盗用。

（3）防伪性高　因为非接触式IC卡保密性极高，它的加密功能强，并且卡号是唯一的，所以不容易被仿造。

（4）系统寿命长　本系统采用的非接触式IC卡，为无源的非接触式的IC卡，卡内有线圈作数据传递和接收能源用，全部密封，所以防尘防水。又因为不用磁头读写，不存在磨损磁带或受干扰，或因磁头积尘而失效。此外，非接触式IC卡表面无裸露的芯片，无需担心脱落、静电击穿、弯曲、损坏等问题。非接触式IC卡能使用10万次以上，在耐用、可靠程度和经济上远优于磁卡。

（5）操作方便、快捷、安全防冲突　由于使用射频通信技术，读卡机在10cm范围内就可以对卡片进行读写，没有插拔卡的动作。非接触式IC卡使用时没有方向性，卡片可以任意方向掠过读卡机表面，读写时间不大于0.1s，大大提高了每次使用的速度；非接触式IC卡的序列号是唯一的，制造厂家在产品出厂前已将此序列号固化，不可更改。非接触式IC卡与读

卡机之间采用双向验证机制，即读卡机验证卡的合法性，同时卡也验证读卡机的合法性。

二、管理系统组成

非接触式 IC 卡停车场管理系统是一种采用非接触收费介质——非接触式 IC 卡的新型停车场管理系统。该系统应用的核心技术非常成熟，成本较低，便于维护。应用该系统可完成半自动收费方式的停车场收费及相关管理工作，适合各类企事业单位、宾馆、购物中心、住宅小区的自有或公共停车场作为管理系统使用。

1. 系统设备组成

以“一入一出”型配置的非接触式 IC 卡停车场管理系统为例。根据设备分布位置可以将系统设备分为入口设备、出口设备、收费终端设备、数据中心设备、停车场车位引导设备、停车场监控设备和其他设备等部分，系统设备安装位置示意图如图 8-1 所示。

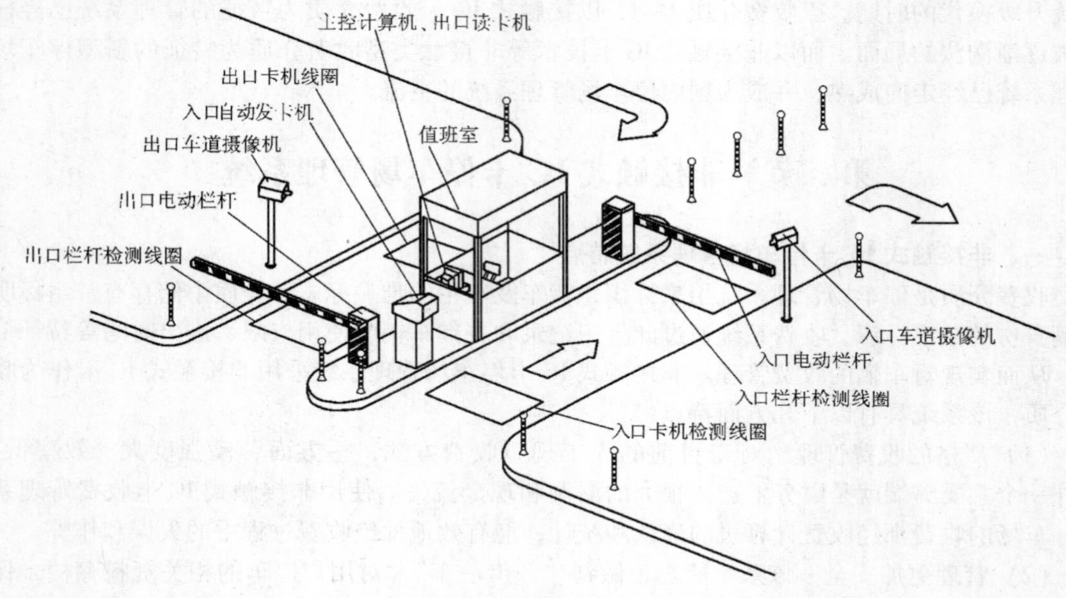

图 8-1　系统设备安装位置示意图

1）入口设备包括：入口自动发卡机、入口读卡机用车辆检测器、入口语音提示设备、入口控制器、入口电动栏杆、入口栏杆用车辆检测器、入口车道摄像机、满位指示屏(可选)。

2）出口设备包括：出口读卡机、出口读卡机用车辆检测器、出口语音提示设备、出口控制器、金额显示器、出口电动栏杆、出口栏杆用车辆检测器、出口车道摄像机。

3）收费终端设备包括：收费终端计算机、视频捕捉卡、485 通信卡、收费票据打印机(可选)、钱箱(可选)。

4）数据中心设备包括：数据服务器、中心读卡机、后备电源(可选)。

5）车位引导设备：中央控制器、节点控制器、车位引导屏、出入口显示屏。

6）停车场监控设备：监控摄像头(可选)、视频卡(可选)、显示器(可选)、声光报警装置(可选)。

7）其他设备包括：照明设备、通风设备、消防设备等。

2. 系统设备功能

入口设备是停车场车辆进入(存车)过程所使用的设备的集合。其功能包括感应车辆、发行用户IC卡、读取卡号、传送存车视频信息、控制车辆驾驶行为等。其核心功能是通过卡读卡机获得用户及其车辆在管理系统中的身份标识——用户IC卡号码，以此为依据检验用户是否具有存车的权限并通过硬件设备控制车辆的驾驶行为。

出口设备是停车场车辆离场(取车)过程中使用设备的集合。其硬件功能包括感应车辆、回收用户IC卡、读取卡号、控制车辆驾驶行为等。其核心功能依然是通过读卡机获得用户及其车辆在管理系统中的身份标识——用户IC卡号码，以此为依据检验用户是否具有取车的权限并通过硬件设备控制车辆的驾驶行为。

收费终端设备是系统底层硬件设备的控制中心，负责所有底层硬件设备状态检测、数据通信及控制功能。收费终端设备作为系统前端应用软件的运行平台，为用户提供友好的管理系统界面，显示设备运行情况和停车场管理信息，执行管理者发出的管理命令。通过金额显示器、票据打印机等配套设备，收费终端可以完成停车交易的结算功能。

数据中心设备是系统数据库运行的硬件平台，其功能是保证数据库系统的稳定可靠运行，保证管理系统数据被安全可靠地存储、查询。

停车场监控设备主要由摄像机、视频卡、显示器构成，根据停车场车库的构造，在适当位置安装摄像头，使管理人员能够直观了解停车场内部车辆停放情况，便于采取相应措施。

其他部分主要包括照明系统，本系统可以是一个分布式的控制系统，由多个对等的控制节点组成，从功能上来分，可分为两种：一种是控制监测节点，放在停车场的每一个出入口，它的功能是：实现停车场所有灯光的集中控制；另一种是监测控制节点，其中的输入用于监测行人，输出用来控制多个照明回路。利用现场总线技术，可实现现场参数设定，更改系统中各个回路的绑定关系。停车场应根据建筑标准要求配置相应的消防设备。

三、系统工作流程

1. 入场工作流程

当停车场有空余车位时，系统允许车辆进入停车场。

(1) 临时车辆入场工作流程　临时车辆进入停车场时，设在车道下的车辆感应线圈检测到车辆，语音提示设备发出有关语音提示，指导用户操作，同时启动读卡机操作。同时入口智能控制器向相关设备传送有车信号。控制语音提示设备提示用户按动取卡按钮，计算机(智能控制器)检测到取卡信号，通过串口向发卡机发送发卡命令。发卡机接到命令后，发出一张临时用户卡。临时用户卡在经过发卡通道过程中，经过读卡机读卡天线时稍做停留，等待读卡机读取用户卡的卡号并发送给计算机(智能控制器)，如果此卡在有效时间内不能被正确读取，发卡机将自动把该卡收回到发卡机的废卡回收箱内，然后重新发一张卡。读卡机正确读卡后，计算机(智能控制器)控制车道摄像机拍摄车辆入场静态图像，然后给发卡机发送发卡命令，发卡机将用户卡吐出，等待用户取走卡，同时语音提示器提示用户取走临时卡(如果用户在规定时间内不取卡,发卡机将自动吞回用户卡,计算机取消此次入场工作)。用户取走卡后，发卡机发出用户已取走卡的信号给计算机(智能控制器)，通过入口智能控制器抬起栏杆，用户驾车驶入停车场。入口电动栏杆检测到配套车辆检测器信号出现有车→无车变化后，自动将栏杆放下。计算机(智能控制器)接收到入口栏杆出现抬杆→落杆的动作后，确认本次入场过程已经完成，将先前获得的用户卡号、入场时间、入场图像保存到数据库中并将入场车辆数量加1，停车场车位减1，完成一次入场过程。

（2）长期卡入场工作流程　持长期卡入场工作流程与临时卡入场工作流程基本相似，只是用户入场时不需要取卡操作，设在车道下的车辆感应线圈检测到车辆，计算机(智能控制器)启动读卡机工作。用户只要将自己预先已经取得的长期用户卡在发卡机读卡天线有效范围内划过，读卡机读取到用户卡号，计算机(智能控制器)验证卡号，并验证车辆信息与计算机存储该卡的相关的信息相符，计算机(智能控制器)控制车道摄像机拍摄车辆入场静态图像，然后打开入口电动栏杆，允许车辆入场。若无效，发出语音提示，不允许车辆进入。入场流程图如图8-2所示。

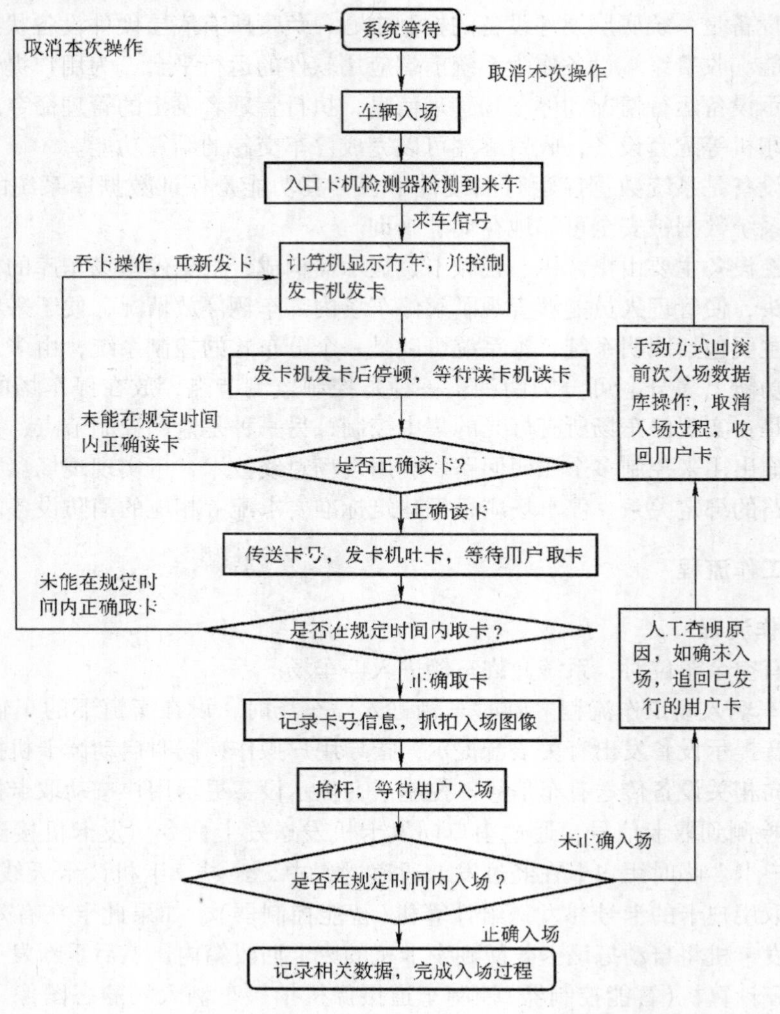

图8-2　入场流程图

2. 入场工作流程特点

1）发卡机发卡、读卡机读卡与入口检测器检测到来车是互锁关系。无车时按动取卡按钮发卡机不会发卡，入口读卡机也不会读卡，并能通过智能控制器向计算机发出报警信息，提示工作人员可能有人在入口处误操作或捣乱，提醒工作人员检查入口检测器是否有故障等。

2）用户取得临时用户卡后，在正确完成入场过程之前(即用户车辆进入停车场后,入场电动栏杆自动下落之前)自动发卡机不会再次发卡，以防止因用户一次进场，多次取卡而造成的卡片流失。读卡机也不会再次读卡，防止已经入场的卡多次读卡，给计算机(智能控制器)增加额外的工作量，影响其他指令的发送或接收。

3）具有入口读卡机是否在预定时间内正确读卡判断，是防止将已经损坏的临时卡发行给用户，造成用户取走卡后无法进入停车场，并无法再次取卡的现象。本系统选用的发卡机自身配有废卡回收箱，具有在规定时间内将不能正确读取的用户卡吞回并向计算机(智能控制器)发出相关信息的能力，配合计算机(智能控制器)控制，可以检测出损坏的用户卡并收回和重新发卡。

4）具有等待用户取卡判断，是防止用户按动取卡按钮，发卡机正确吐卡后，用户长时间不取卡，造成用户卡外露在取卡口处，容易被无关人员盗取，造成卡片丢失。

5）语音提示是为了给来停车的用户一个正确的操作提示，防止误操作，影响设备的正常运行和缩短正常入场的时间。

6）设有入口电动栏杆是否在预定时间内正确下落判断，是为防止用户取卡后，倒车离开停车场入口通道，系统此时认为未完成完整的入场过程而长时间等待，造成后续车辆既无法正确取卡入场，又可能因为入口电动栏杆已经打开而无卡闯入停车场的现象。此种问题的解决过程为当计算机(智能控制器)提示出现入口栏杆未正常落下时，由管理人员前往入口进行人工干预，如果取卡用户仍然要入场，则可正常进场，自动落杆，系统将正常记录入场信息。如果取卡用户拒绝进入停车场，且能追回发出的IC卡，可按计算机(智能控制器)的提示，去除此次的所有的数据操作，并落下电动栏杆，等待下一辆车到来。如果未能追回发出的IC卡，则可按计算机(智能控制器)的提示，在去除此次的所有数据操作、恢复入口设备状态外，还要将此次发出的IC卡记入丢失卡黑名单，防止盗用。同时也是检测入口电动栏杆和与电动栏杆配套的检测器是否出现故障的提示过程。如果时间超过预定的入场时间而栏杆还没有落下，同时也没检测到检测器的有效信号，则可能是检测器出现故障。如果检测器有信号，而栏杆没有落下，则电动栏杆有可能出现故障，提示工作人员及时进行必要的设备检查维护。

入口流程采用的各种措施一方面可以有效防止发卡机中用户IC卡丢失，另一方面也可以保证入场流程严格按照“一车一卡”“一卡一杆”的收费原则，保证流程的流畅性和可靠性，最大程度减少一些用户非规范的入场行为对停车场收费系统的影响，从而在根本上保证停车场收费系统的正确稳定运行以及收费的正确性。

3. 出场工作流程

(1) 临时卡出场工作流程　用户驾驶车辆进入停车场离场通道，停在值班室处，出口卡机对应的车辆检测器检测到有车信号，向计算机(智能控制器)发出有车信号。用户将入场时取得的用户卡交给管理人员，管理人员用桌上的出口读卡机读取用户卡号，并将用户卡收回循环使用。计算机通过检索数据库中对应卡号，获得该用户卡类型(临时卡)、入场时间、入场图像，将用户车辆入场图像显示在计算机屏幕上，同时控制视频捕捉卡抓拍车辆出场静态图像予以显示(由管理人员比对车辆款式、颜色、车牌号是否与入场时一致)。管理人员确认图像比对一致后，按图像确认键，计算机根据车辆在场内停留时间和计费费率，计算出用户应缴费额，显示在金额显示器屏幕上，同时语音提示设备提示出相应收费金额，用户交纳相应费额后，管理人员将找零和打印的收费票据一并交给用户，按交易完成键。计算机确认交易完成后，通过智能控制器打开出口电动栏杆，用户驾车驶出停车场。出口电动栏杆检测到配套车辆检测器信号出现有车→无车变化后，自动将栏杆放下。计算机接收到出口栏杆出现抬杆→落杆动作后，确认本次出场过程已经完成，将先前获得的用户卡号、入场时间、入场图像、出场时间、出场图像保存到相应数据库中并将停车场内车辆数减 1，车位数加 1，完成一次出场过程。

（2）长期卡出场工作流程　持长期卡出场工作流程与临时卡出场工作流程基本相似，只是用户出场时只需向管理人员出示自己的长期用户卡，管理人员通过计算机（智能控制器）确认该长期用户卡的有效性，并通过图像对比系统确认图像符合，即可按交易完成键抬起出口电动栏杆，并将用户卡归还给用户。用户驾车离开停车场，完成一次出场过程。出场流程图如图 8-3 所示。

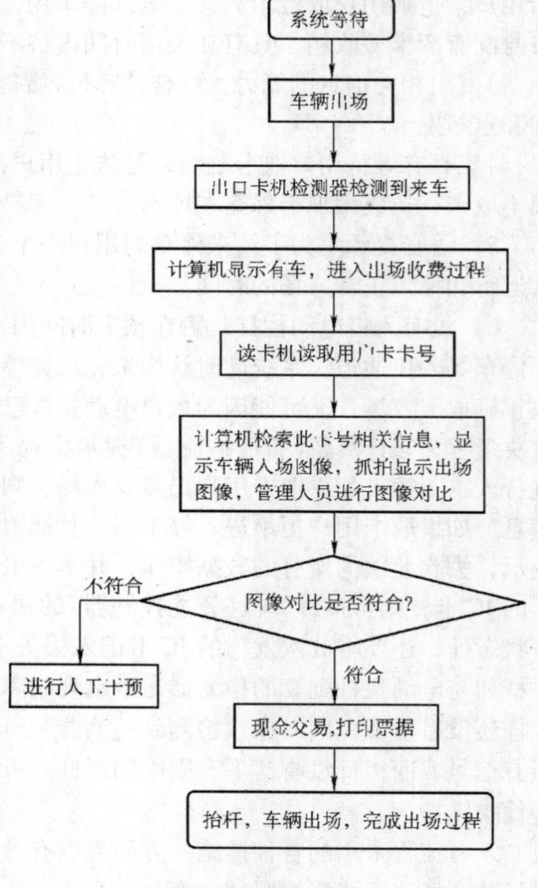

图 8-3　出场流程图

4. 出场工作流程特点

出场流程相对入场流程比较简单，最主要的原因是一般具有收费功能的停车场出口处都有人值守，遇到特殊情况，可以人为加以处理，因此收费系统在出口流程中主要考虑的是如何使收费作业更加快捷和准确。

考虑到准确性、成本等原因，不一定选用技术上更加先进的计算机图像（车牌）识别对比系统，可采用技术实现上更为简单且成本低的人工图像对比技术。通过管理人员去判断比对出入场图像的一致性，从而提高停车场的安防水平。

在出场现金交易过程中，可以采用类似超市收银功能的收费窗口，除可以根据用户在场内停留时间和收费费率自动计算出用户应缴费额以外，系统根据管理人员输入的用户交款额，计算并显示找零金额，方便管理人员收费操作。

四、设备通信

停车场管理系统中，底层硬件设备与管理计算机之间存在着频繁的数据交换，在管理计算机上要时时能检测到外设的状态并对外设具有控制能力，如发卡机状态及控制命令、车辆检测器信号、电动栏杆状态及控制命令，还有读卡机读取的一些用户的信息等。这些不同类型的信息如何准确及时地在底层设备与管理计算机之间传递，使多种软硬件能够成为一个协调统一的整体，是一个停车场管理系统必须考虑的问题。

RS-485 是一种多点、差分数据传输的电气接口规范，由于这种通信接口允许在简单的一对双绞线上进行多点、双向通信。它所具有的噪声抑制能力、数据传输速率、通信距离及可靠性是其他标准无法比拟的，因此现已成为应用最为广泛的标准通信接口之一。系统硬件设备连接示意图如图 8-4 所示。

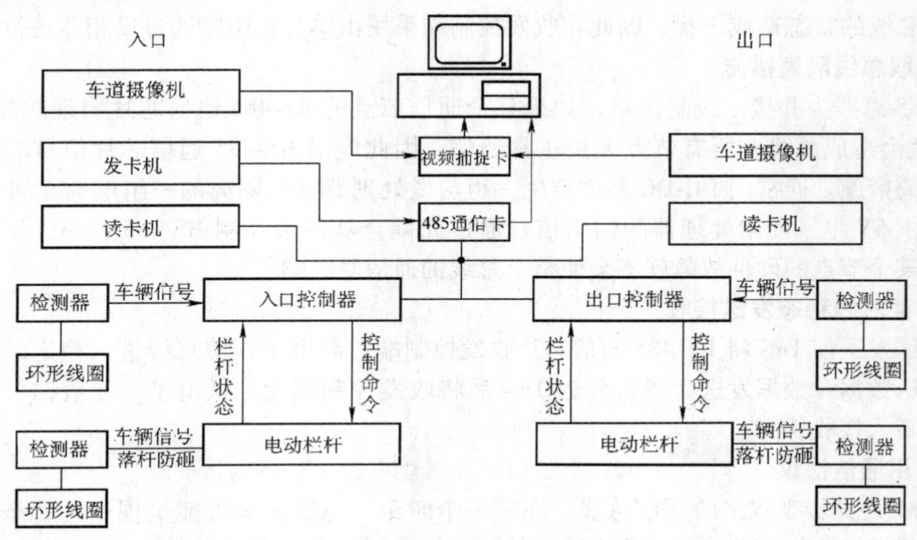

图 8-4　系统硬件设备连接示意图

停车场收费系统硬件的安装位置会因停车场出入口布局的不同而发生变化，这种变化会体现为停车场的底层设备与管理计算机之间的通信距离发生不确定的变化，根据工程经验，这一距离通常为数米至数百米之间。管理计算机与底层停车设备之间的通信采用主从查询应答的半双工异步通信方式。根据通信距离、通信工作方式并考虑停车场设备布线成本，下面以采用 RS-485 总线方式的设备通信连接方式为例进行介绍。虽然 RS-485 总线式通信方式作为一种已被广泛接受的一个电气接口规范，技术上具有一定的优势，但其在停车场管理系统的实际应用中经常因为通信节点距离较远、工作现场存在各种干扰以及设备软硬件设计的不完善等原因容易造成通信的可靠性降低，以至于影响到整个管理系统的正常使用。可以采用以下措施来提高停车场设备通信的可靠性。

1. 选用正确的总线连接方式

RS-485 支持半双工或全双工模式，网络拓扑一般采用终端匹配的总线型结构，不支持环形或星形网络。最好采用一条总线将各个节点串接起来，从总线到每个节点的引出线长度应尽量短，以便使引出线中的反射信号对总线信号的影响最低。不恰当的总线连接方式尽管在某些情况下(短距离、低速率)仍然可以正常工作，但随着通信距离的延长以及时间的积累，其不良影响会越来越严重。

2. 使用终端匹配电阻或采用比较省电的阻容匹配方案

为了匹配网络的通信阻抗，以减少由于不匹配而引起的反射、吸收噪声，有效抑制噪声干扰，提高 RS-485 通信的可靠性，需要在 RS-485 网络的两个端点各安装一个终端匹配电阻，终端匹配电阻的大小由传输电缆的特性阻抗所决定，双绞线特性阻抗在 100~120Ω 之间，通常使用120Ω电阻作为RS-485总线的终端匹配电阻。虽然停车场设备RS-485通信的通信速率并不高，通信距离也未达到理论的极限值，但根据实际使用经验，增加终端匹配电阻的确可以降低设备通信的故障率。

3. 保证设备通电时其RS-485通信芯片处于接收输入状态

如果采用单片机引脚直接控制RS-485通信芯片收发控制端，上电或通过定时器复位时有可能对总线的状态造成干扰，因此在收发控制端采用由单片机引脚通过反相器进行控制。

4. 采取总线隔离措施

RS-485总线为并接二线制接口，如果某个通信节点的RS-485通信芯片出现故障(例如被击穿)就会造成总线上所有节点无法正常通信，因此应对RS-485通信芯片信号输出端采取总线隔离措施。通常用DC-DC器件产生一组与微处理器完全隔离的一组电源，向RS-485收发器提供5V电。使微处理器的输出信号通过光耦合器件来控制RS-485的A、B与使能端，这样某个节点的硬件故障就不会使整个总线的通信受影响。

5. 保证总线稳态发送接收

在数据发送前1ms将RS-485通信芯片收发控制端置高电平，使总线进入稳定的发送状态后才发送数据；数据发送完毕再延迟1ms后将收发控制端置为低电平，使数据可靠发送完毕后才转入接收状态。

6. 应用通信协议

RS-485是异步半双工的通信总线，在某一个时刻，总线上只可能呈现一种状态，所以这种方式适用于主机对分机的查询方式通信，总线上必然有一台始终处于主机地位的设备在巡检其他的分机，需要制定一套合理的通信协议来协调总线的分时共用，可采用数据包通信方式，通信数据是成包发送的，每包数据都由起始位、长度位、地址位、命令位、数据位、校验位、尾位等部分组成。其中起始位是用于标明每一包数据的头；长度位是这一包数据的总长度；地址位是节点的本机地址号；命令和数据是这一包数据里的各种信息；校验位是这一包数据的校验标志。

7. 良好的接地

电子系统的接地是一个非常关键而又容易被忽视的问题，接地处理不当经常会导致不能稳定工作甚至危及系统安全。对于RS-485网络，没有一个良好的接地系统可能会使系统的可靠性大大降低，尤其是在停车场这样工作环境比较恶劣的情况下，对于RS-485通信的接地要求更为严格。接地不良或者根本不接地将导致RS-485通信可靠性降低、通信接口芯片损坏率高。

五、车位引导

1. 无线车位引导

通过安装在每个车位上的探测器(如地磁式)，实时获取停车场的各个车位的车辆信息，该探测器每间隔几秒检测一次地球磁场的变化来判断车辆的存在，如果车位状态发生变化，则立即发送无线信号到无线节点，否则每间隔几分钟发射一次信号。无线节点控制器按照一定规则将数据压缩编码后反馈给中央控制器，由中央控制器完成数据处理，并将处理后的车位数据发送到停车场各个车位引导屏进行空车位信息的显示，从而实现引导车辆进入空余车位的功能。系统同时将数据传送给计算机，由计算机将数据存放到数据库服务器，用户可通过计算机终端查询停车场的实时车位信息及车场的年、月、日统计数据。

2. 有线车位引导

通过安装在每个车位上的探测器(如超声波)，实时采集停车场的各个车位的车辆信息。当前车位有车辆停放时，超声波车位探测器发出信息。连接探测器的节点控制器会按照轮询的方式，对所连接的各个探测器信息进行收集，并按照一定规则将数据压缩编码后反馈给中央控制器，由中央控制器完成数据处理，并将处理后的车位数据发送到停车场各个车位引导屏进行空车位信息的显示，从而实现引导车辆进入空余车位的功能。系统同时将数据传送给计算机，由计算机将数据存放到数据库服务器，用户可通过计算机终端查询停车场的实时车位信息及车场的年、月、日统计数据。

第三节　非接触式 IC 卡停车场管理系统硬件设备

一、读卡机

1. 用途及工作原理

读卡机用于读取用户 IC 卡中的用户卡号，并将用户卡号传递给收费终端。

其工作原理为：利用射频线圈天线向 IC 卡内的 IC 芯片传输能量，使 IC 卡芯片有足够的能量转换为自供电源，再由芯片反向经 IC 卡内部线圈天线送出卡号信息。此信息在射频电磁波场中调制以传输速率为 500bit/s～4kbit/s 的速度传输卡号信息给读卡机天线。读卡机天线读取经过调制的信号，加以解调获得所需的卡号信息，提供给解码电路进行解码，工作原理图如图 8-5 所示。

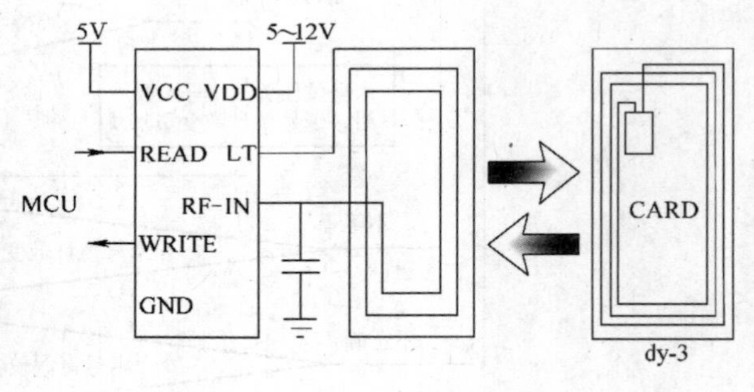

图 8-5　工作原理图

2. 读卡机的构成

(1) 非接触式 IC 卡读卡机的构成　停车场用非接触式 IC 卡读卡机由读卡电路和读卡天线组成。读卡电路包含 CPU、读卡模块、解码 IC、定时器电路、RS-232 通信接口芯片、RS-485 通信接口芯片、状态指示灯、蜂鸣器、电源电路、EEPROM 读写电路(可选)、输入输出接口(可选)等。

一般非接触式 IC 卡读卡模块的读卡距离为 5～15cm，工作频率为 125kHz，可以读取支持 uem4100 兼容格式的 ID 卡，其输出为 32bit/s 曼彻斯特编码格式，使用 PIC12C508A 单片机对读卡模块进行解码，把曼彻斯特编码转换成韦根协议，可以利用 89C2051 单片机把卡号转换成十六进制。非接触式 IC 卡读卡机与收费终端和智能控制的通信方式为 RS-232 和 RS-485 两种通信方式任选一种。读卡时间小于等于 0.1s，读卡种类为 EM 卡(一种主流的只读型非接触式 IC 卡)。入口读卡机安装在自动发卡机内部，出口读卡机为桌面型，可放置在收费终端附近使用。

(2) 软件流程　读卡模块接收读卡天线返回的包含有卡号信息的调制信息后，经过解调，输出曼彻斯特编码方式的卡号信息。曼彻斯特编码流经过解码和转换运算，输出韦根格式卡号信息。DATA0 接 CPU P3.2(INT0)，产生中断时接收卡号中为 0 的位，DATA1 接 CPU P3.3(INT1)，产生中断时接收卡号中为 1 的位。接收信息由 CPU 经过组合运算和校验，以十六进制格式通过通信接口芯片输出。读卡机软件流程图如图 8-6 所示。

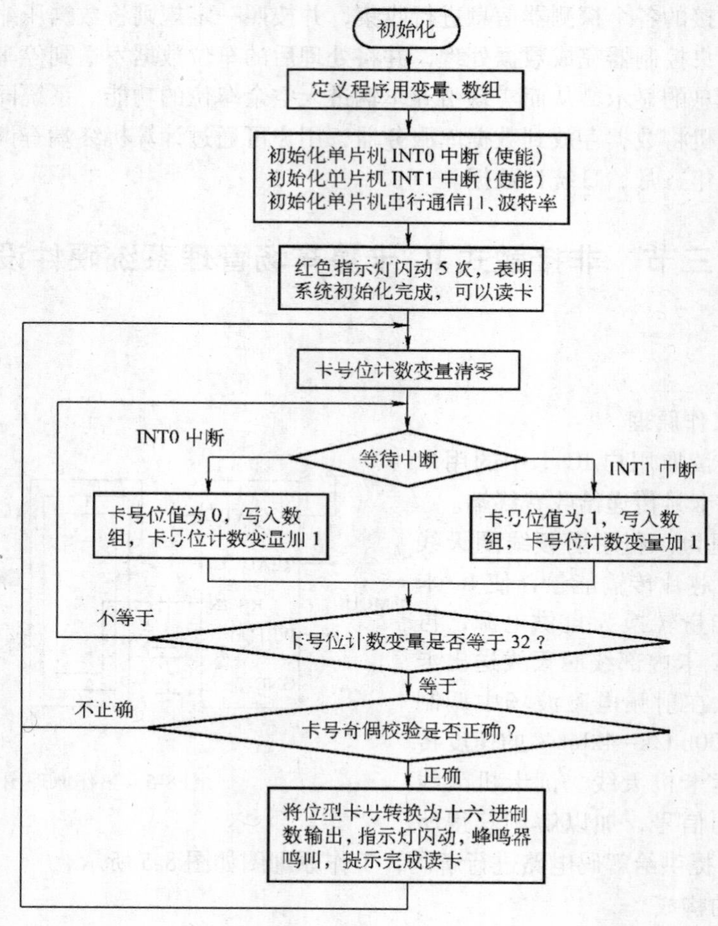

图 8-6　读卡机软件流程图

（3）技术参数、特点

1）工作电压：DC 12V。

2）工作平均电流：小于 70mA。

3）工作频率：125kHz。

4）IC 卡类型：uem4100 兼容格式 ID 卡。

5）读卡距离：5~15cm。

6）有效距离内数据接收时间：小于 100ms。

7）天线参数：570μH。

8）天线数量：可带双天线。

9）通信接口：标准 RS-232、RS-485（可选）。

（4）读卡机驱动双天线特性　通过调整读卡天线电感量和天线尺寸，可以实现一台读卡机驱动两套天线进行读卡操作，大尺寸天线读卡距离较长，用于读取长期卡，小尺寸天线读卡距离较短，可附加安装在自动发卡机内部，用于读取发行的临时卡。

二、自动发卡机

入口自动发卡机是IC卡式停车场收费系统中机械结构较复杂的设备。它的主要功能是储存并向临时用户发行IC卡，并为入口的其他设备提供安装平台，另外也能够读取临时用户的用户卡信息。入口自动发卡机由外壳、发卡机构、非接触式IC卡读卡机、读卡天线、电源组成。

1. 自动发卡机核心机构

根据停车场管理系统对自动发卡机的要求，发卡机由储卡箱、发卡机构和送卡机构三部分组成，一般采用直流电动机、变速齿轮和同步传输带驱动，光电设备检测IC卡位置，橡胶摩擦轮送卡的工作方式，发卡机构利用安装在储卡箱底部的摩擦轮实现分卡动作，而卡片导向器、卡厚度调节装置以及可正、反转的送卡轮组成的柔性送卡机构可以保证精确传送单张IC卡。发卡机构设有可选的分离式扩展卡箱，储卡容量最大可以达到300张。采取柔性送卡的驱动方式的先进性在于当IC卡出现前送困难时，送卡轮将自动反转运行多次以调整IC卡位置，保证顺利出卡。如果多次调整无效后，发卡机构会发出报警信息。另外还应具有数量可调的缺卡报警功能，并设有废卡回收箱，可按指令或定时回收不能正确读取的废卡和停留在取卡口处的IC卡。

2. 自动发卡机结构及功能

自动发卡机外观为箱式结构，外壳板材一般为镀锌钢板。有用户取卡按钮、出卡口和读卡天线示意图和读卡状态灯。面板内部安装有读卡天线和语音扬声器。上部后侧为发卡机添加IC卡的活动上盖。发卡机本身有统计箱内IC卡数量的功能，并有自动收卡的功能，以及RS-232串口通信功能。把自动发卡机的状态及时传输给智能控制板，以便进行下一步的操作。

机箱内上部安装发卡机构，下部布置有15针车辆检测器安装插座、入口控制器安装插口、读卡机安装插口、系统电源等，用于安装入口读卡机、车辆检测器等设备。

自动发卡机具有的功能包括自动发卡、自动吞卡、未取卡报警、缺卡报警、塞卡报警。选用的发卡机构还具有发卡中途停留的功能，以便为安装读卡天线及识别无法读取的IC卡提供可能。可选件包括LED提示信息显示屏、提示语音板、用户对讲机等。

3. 双读卡天线结构的自动发卡机

一般停车场自动发卡机的读卡机天线安装在自动发卡机塑质面板背面的中上部，用户按取卡按钮取得用户卡后，需要将已经发到手中的用户卡在天线有效距离内划过，使读卡机读取到用户卡号信息后，才可进入停车场。用户的操作较为复杂(特别是新用户经常取卡后忘记划卡动作)，系统识别用户卡的时间比较长，因而延长了临时用户在入场口的停留时间，降低了停车场的入口流速。为简化临时用户入场操作，提高停车场入场过程的流畅性，可以选择内部读卡机具有双读卡天线的自动发卡机，能实现临时用户操作过程中一次性读卡的功能，即除在保留原面板位置安装的读卡天线外(供长期用户刷卡用)，在发卡机构送卡通道处水平安装有一个尺寸略小的读卡天线，当临时卡通过发卡通道并停留在此读卡天线下面时，读卡机即可读取到卡号(一定时间内无法读取到卡号的IC卡,将被认为是损坏卡,由卡机回收并再次发出新卡）。已读取到卡号的临时卡继续向前，停留在出卡口，等待用户取卡。

三、智能控制器

（一）停车场出入口控制器

停车场出入口控制器是用于检测和控制车辆检测器、电动栏杆等设备的专用控制器，分为入口控制器、出口控制器及出入口一体型三种类型。

1. 工作流程

出入口控制器是由单片机构成的控制单元，负责采集停车场出入口设备的各种状态，控制电动栏杆的起落，同时与收费终端进行通信。

该控制器同时具有独立的工作能力，当收费终端计算机出现故障时，它可临时独立工作。当智能控制器检测到计算机出现故障时，便把所读取的卡号与数据存储器中（采用的EEPROM为DS123OY—100）存储的卡号相比较（长期卡）校验该卡是否为有效卡，如是有效卡，则允许车辆进场同时在数据存储区的入场区添加该卡号及车辆的进入时间（临时卡直接把卡号添加到该区域），当计算机能正常工作时，把相关的数据传输给计算机进行保存。其工作流程图如图8-7所示。

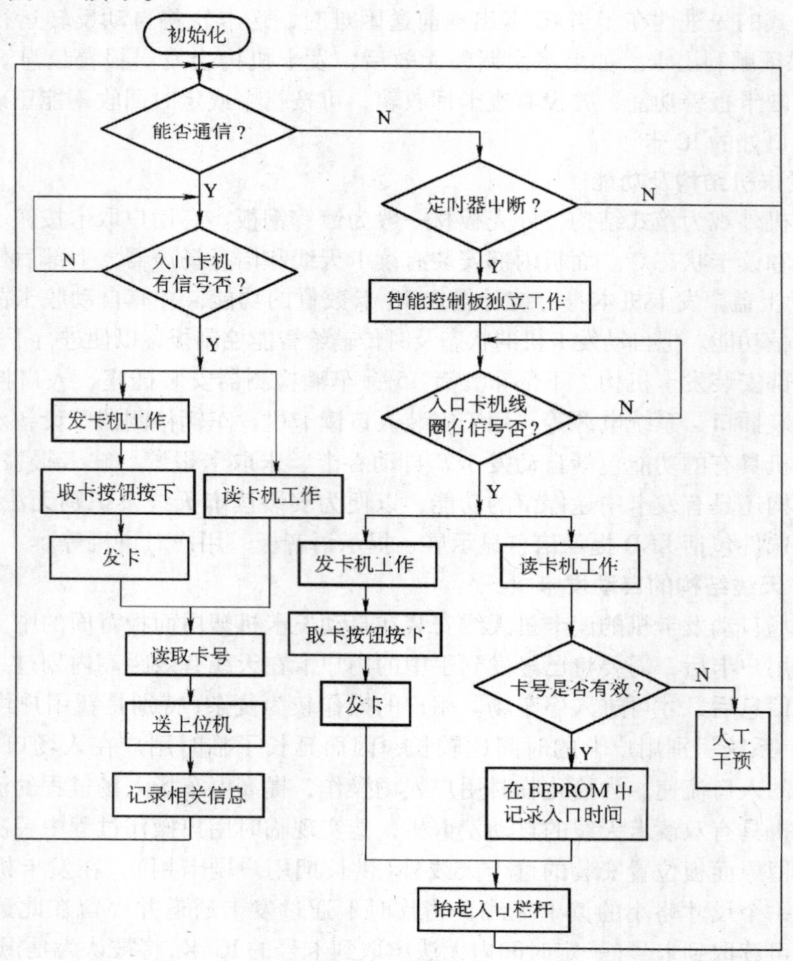

图8-7 工作流程图

正常工作情况下，每天交接班时，进行一次数据存储，把计算机数据库中的长期卡和特殊卡的卡号传输给智能控制器，存到数据存储器中以做备用。

2. 智能控制器结构

（1）出入口控制器的类型　目前，部分停车场管理系统采用一个控制器控制整个管理系统，即一台控制器既检测控制入口设备的工作又检测控制出口设备的工作。这种工作方式在一定程度上能降低整个系统的造价，使用一个控制器完成整个停车场出入口所有设备的状态的检测和对外设的控制工作；另外有一些小的停车场（住宅小区）是采用标准的出入口一体化结构的布局方式，因而一体化设计可以适应他们的具体情况。但随着车辆的增加，停车需求的不断增长，停车场面积增大，甚至是两层的停车场，因此有70%以上采用的并非标准型的布局方式，而是采用出入口完全分离的设计方式，即停车场入口和出口处于不同的地理位置，出口和入口之间有一定的距离。如果采用一体化设计的停车场出入口控制器，会造成诸多的不便，如把控制器放在入口处，与出口设备的距离远，长距离多信号传送，将使信号在传送过程中造成没必要的外来干扰和信号之间相互干扰，还会有一定程度的衰减，使检测信号变弱，有可能会有信号丢失的现象，而且大量的数据传输使整个系统工作的稳定性和安全性大大降低，同时需要敷设多条线缆，增加了工程的施工费用（放在出口处时同样）。

采用分离式设计的停车场出入口控制器适应了多数停车场出入口分离的布局方式，入口控制器仅负责入口处的设备，出口控制器仅负责出口处的设备，它们通过 RS-485 的通信方式与计算机通信，可有效降低施工成本。而且出入口控制器可以使用相同的电路板设计，并通过减少数据输入输出口等措施降低设备制造成本。

（2）出入口控制器的构成　控制器单片机以 89C51 为核心，由 CPU、通信、时钟电路、数据存储、定时器、光电隔离、数据采集、驱动、继电器输出等部分组成。针对停车场系统对控制器可靠性要求高，而设备使用环境相对恶劣的特点，并根据工程实际使用情况，应采取一定技术措施来提高控制器的工作可靠性，例如数据输入口采用光电隔离措施，防止外来信号的干扰；采用独立的电源系统，防止信号共地造成相互干扰；通过设置定时器电路，可以防止死机现象发生。

（3）出入口控制器的通信方式　一般采用的出入口控制器有四路输入和两路输出，与收费终端、读卡机通信方式为 RS-485 通信，与发卡机采用 RS-232 通信。可以扩展为包含 EEPROM、实时时钟电路和输入键盘的智能型停车场控制器，用于无管理计算机的简单非接触式 IC 卡门禁系统。

（二）车位引导控制器

1. 中央控制器

中央控制器是车位引导系统的核心，主要用于负责整个智能车位引导系统的采集与控制，并通过对车位引导屏实时数据的更新，实现对车辆的引导功能。

2. 节点控制器

节点控制器是车位引导系统三层网络总线的中间层，对保证本系统的安全、可靠与高效有重要作用。循环检测并接收探测器发出的车位状态信息，并将有关信息传输到中央控制器。

四、电动栏杆

电动栏杆主要起到防止车辆丢失、逃费等行为。

针对停车场的特殊性，选用的电动栏杆应采用专用的扭矩减速免维护电动机，既省掉了外接减速结构，又能使整个系统更趋于紧凑、合理；通过专门的控制器控制，可使栏杆运行更加平稳、准确，设有过载保护、限位控制，起落杆的时间可由用户设定，可选装风扇，符合停车场频繁起落杆动作，工作环境温度高的要求。栏杆本身自带车辆检测器接口，加装配套车辆检测器后具有过车后自动落杆和落杆时防砸的功能。栏杆配备手动开关控制盒和遥控功能，可以在特殊情况下人工控制起落状态。电动栏杆具有开启、关闭到位信号传感器，检测器采用双路输出功能，起到自动落杆和防砸车的功能，有栏杆电动机超时、过载保护功能，具有防撞机构，在由于意外原因导致车辆撞击电动栏杆时，防撞机构可使之旋转 90°，从而避免电动栏杆的损坏。同时可附加红绿灯，根据栏杆的起落状态自动切换显示红绿灯信号。

1. 技术参数

1）电源电压：AC 220×(1±10%)V。

2）电源频率：50×(1±4%)Hz。

3）电动机额定功率：70W。

4）电动机额定转速：20r/min。

5）电动机额定转矩：20N·m。

6）栏杆臂长度：2.5~3.5m(可根据用户需要选择,直杆或折叠杆)。

7）运行噪声：≤60dB。

8）标志杆起落时间：1.4~3.5s(根据用户的需要可调整运行时间)。

9）运行寿命：≥500 万次。

10）栏杆误动作率：≤0.01%。

2. 控制模式

根据停车场的实际应用，设置了自动起落杆模式、手动起落杆模式，同时还专门为停车场栏杆配备了无线遥控起落杆模式，方便用户的使用。

3. 操作模式

(1) 模式 0：系统自检功能　选择此模式，栏杆通电时自动抬起到最高位置，按复位键后再自动落杆到最低位置；如果以上过程有误，则表示栏杆工作不正常。

(2) 模式 1：同步控制功能　选择此模式，适用于带锁的按键式控制盒控制。单键控制，按键状态与栏杆工作状态同步，即按键闭合表示栏杆落下；按键开启表示栏杆抬起。

(3) 模式 2：锁紧控制功能　选择此模式，适用于非锁动按键式控制盒控制。双键控制，抬杆时，只需按一下开启按键；落下时必须按着关闭按键到栏杆下落最低位置才可松开，否则栏杆会自动升起。

(4) 模式 3：单键脉冲式控制功能　选择此模式，适用于非锁动按键式控制盒控制。单键控制，每按下一次按键，栏杆都将执行一次状态转换操作。

(5) 模式 4：双键操作功能　选择此模式，适用于非锁动按键式控制盒控制。双键控制，开启、关闭按键分别控制栏杆的升落，即按开启按键，栏杆抬起；按关闭按键，栏杆落下。

（6）模式5：双键操作加线圈检测器功能　具有模式4的所有功能，但需外配车辆检测器及铺设线圈。车辆一进入线圈检测范围时，栏杆自动抬起；车辆离开线圈后，栏杆在设定的时间内自动落下。

用户可根据自己的需要，选择不同的控制模式。

五、车辆检测器

由检测器本身和配套的地感线圈组成，是利用预先埋设于行车道地表下的地感线圈感应车辆引起的电磁变化，从而判断是否有车辆通过的设备。功能为感应来去车辆，防止电动栏杆落杆时砸车。

1. 选型要求

通常停车场空间比较小，在狭窄的空间地下埋设地感线圈，由于距离近有时会造成地感线圈之间的相互感应，使检测器工作的稳定性有所下降。在这种情况下，为了适应停车场的特殊性，一般应具有继电器输出和电信号输出两种工作方式，电信号有电平输出和脉冲输出两种，与电动栏杆配套使用，用于防砸和自动落杆的功能。检测器工作频率及灵敏度可以根据环境的不同进行调整，防止多个线圈之间相互干扰导致设备的误动作。检测器反应迅速，检测效果可靠，适合大流量停车场系统使用。

车辆检测器应该满足各种使用环境下的应用。当车辆通过埋设的地感线圈时，金属导体会改变地感线圈的电感量，通过电感量的变化来判断是否有车通过。

2. 主要技术参数

1）电源电压：AC 220×(1±10%)V。

2）电源频率：50×(1±4%)Hz。

3）地感线圈电感量范围：50~1000mH，可根据现场环境状态，自动调整以符合实际需要。

4）九级灵敏度可选。

5）输出模式：电平信号、脉冲信号(继电器输出)。

6）反应时间：100ms。

7）环境温度漂移补偿。

8）线圈隔离输入保护。

9）线圈故障后恢复正常状态时，不需要重新开机(RESET)，即可自行恢复至正常探测状况。亦有重置开关(RESET)可强制重新开机。

10）探测速度：0~130km/h，任何车辆均能被探测到。

六、车位探测器

1. 无线车位探测器(如地磁探测器)

无线地磁探测器是户外车位引导系统中的重要组成部分，它安装在每个车位的地表上，通过精确探测车辆对地球磁场的扰动情况对停车位进行实时侦测，从而判断停车位信息。无线地磁探测器如图8-8所示。

图 8-8　无线地磁探测器

Wifi 通信接线图如图 8-9 所示。

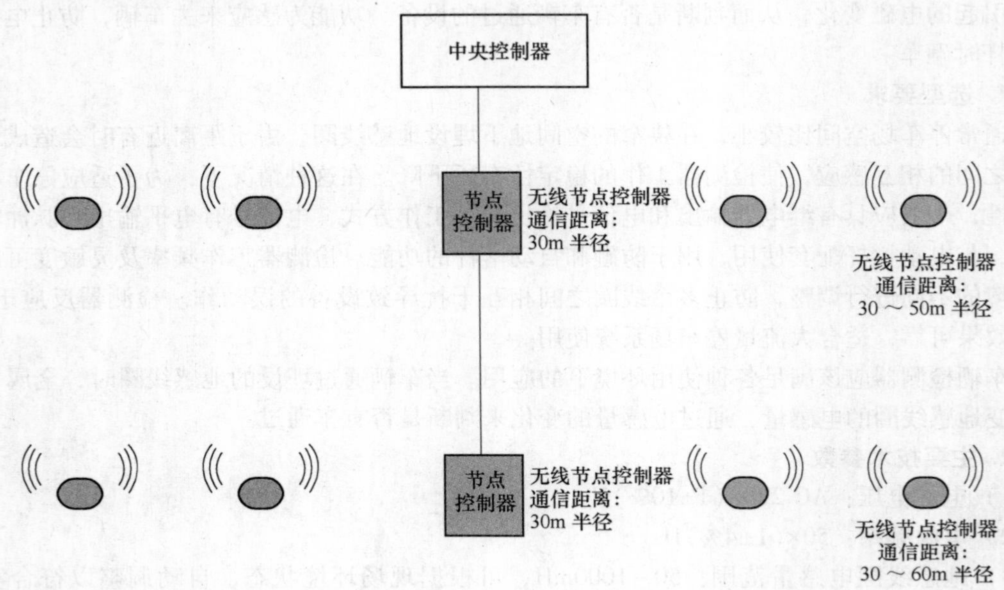

图 8-9　Wifi 通信接线图

主要技术参数：

1）供电电压：3V 电池。

2）平均电流：55μA。

3）休眠电流：<4μA。

4）探测距离：30~50cm。

5）抗重压：10t。

6）功率：165μW。

7）通信方式：915/868/470MHz 射频通信（可选）。

8）发射功率：5dBm。

9）发射距离：约 30m。

10）工作温度：-40~80℃。

2. 有线车位探测器（如超声波探测器）

探测器是车位引导系统中的重要组成部分，将超声波探头与指示灯集成一体化，安装在每个车位线的正上方，采用超声波测距的工作原理采集停车场的实时车位数据，控制车位指示灯的显示，同时把车位信息及时通过 485 网络传送给节点控制器。485 通信系统接线图如图 8-10 所示。

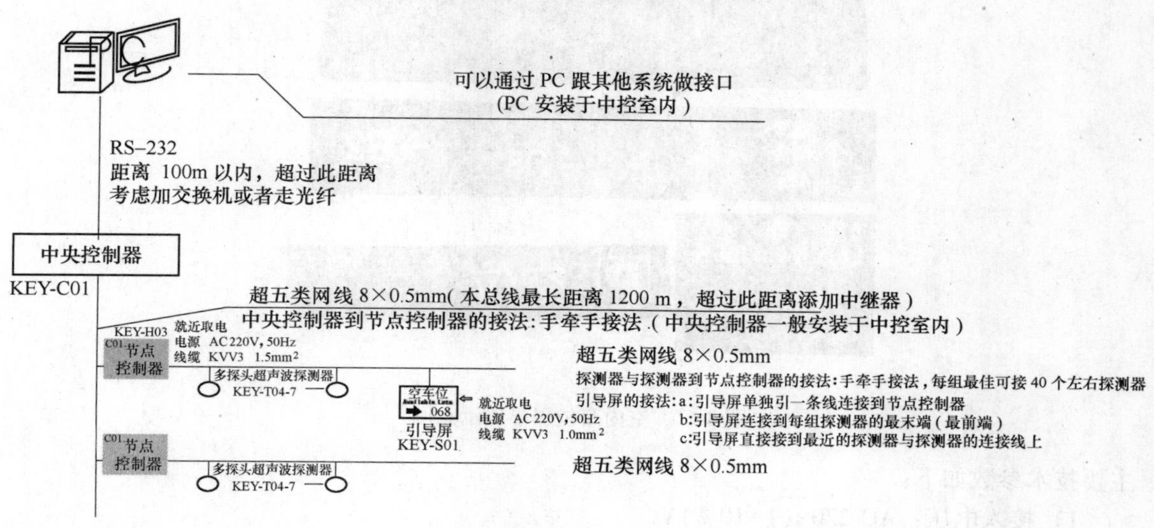

图 8-10　485 通信系统接线图

一个前置式超声波车位探测器由探测器主体和指示灯组成，探测器主体为超声波探头，用来探测车位的空满状态；而集成一体化的指示灯则根据探测器的指令显示出不同的颜色。当车位上没有车辆停泊时指示灯显示为绿色，有车辆停泊时指示灯显示红色。

主要技术参数：

1) 工作电压：DC 12~24V。

2) 安装高度：2.0~3.0m。

3) 距车水平最远距离：2m。

4) 通信方式：RS-485。

5) 串口设置：4800bit/s，*N*，8，1。

6) 工作温度：-40~80℃。

7) 距离最大误差：0.1m。

七、车位引导屏

1. 室内车位引导屏

车场内部重要的岔道口应安装车位引导显示屏，车位引导屏数量和显示文字内容根据停车场需要来定制，引导屏由室内高亮度 LED 模块、驱动电路、控制电路、支架等部分组成。它接收中央控制器的输出信息，用数字、箭头和文字等形式显示车位方位，引导司机快速找到系统分配的空车位。停车场中央控制器(CCU)通过网络可以实现每个路口的任意方向引导，从而将车流分配到停车场内最合适的位置，保证停车场的畅通和车位的充分利用。室内车位引导屏示意图如图 8-11 所示。

图 8-11　室内车位引导屏示意图

主要技术参数如下：

1）接入电压：AC 220×(1+10%)V。

2）功率：＊W(可选)。

3）通信速率：4800bit/s(可选)。

4）LED 点阵：16＊48，24＊64(可选)。

5）通信方式：RS-485。

6）亮度：300cd/m²(可选)。

7）规格尺寸：可定制。

2. 户外车位引导屏

停车场的每个入口均应该安装总出入口车位引导屏，用于显示停车场内的车位信息。显示屏由高亮度户外 LED 模块、驱动电路、控制电路、支架等部分组成，根据停车场所划分的区域数量来设定总入口的 LED 小屏数量，分别显示各个区域的车位数信息。它接收服务器的车位统计信息，用数字和文字形式实时显示当前停车场空闲车位数量，提示准备入场的车辆司机，应 24h 全天候使用。内部程序还可以根据用户要求随时修改，显示用户需要的其他信息。户外车位引导屏示意图如图 8-12 所示。

图 8-12　户外车位引导屏示意图

八、语音提示设备

它是由语音控制器、功率放大器、扬声器组成的。该设备是辅助设备，出入口时提示用户取卡、读卡、交费金额和文明用语等。

九、金额显示器

金额显示器一般采用超高亮度的 LED 数码管，使显示的金额更清晰，在停车场出口处，从视觉上提示用户应交纳的停车费用，与语音提示费用相呼应，并让用户自己确认交费金额的正确性。

十、车道摄像机

通常采用数字式 CCD 彩色摄像头，用于拍摄车辆进入和离开停车场过程的图像，向视频捕捉卡传递视频信号。视频对比系统使用 CCD 彩色摄像机，一般应选择在低照度环境下图像质量良好的型号，镜头采用自动光圈镜头，可以防止因车辆前照灯打开时产生眩光造成的无法看清车牌的现象。车道摄像机可以根据使用环境选装室内型或室外带防护罩型，并安装支架。

十一、收费终端计算机

收费终端计算机作为系统底层硬件设备的控制中心，一般采用工业控制计算机，采用加固型机箱、可调式紧固压条、微正压冷却系统。至少配备 128MB DDR 内存以及 40GB 硬盘，主板可集成 AGP 显卡。采用工控机的目的是提高收费终端在停车场恶劣工作环境下的运行稳定性，保证系统数据安全。

十二、视频捕捉卡

视频捕捉卡是将模拟视频信号进行数字化处理，以便由计算机显示、存储的设备。具有图像对比功能的停车场管理系统通过视频捕捉卡获取和存储车道摄像机传送的视频信号。

系统可采用 10Moons 系列 SDK2000 型视频捕捉卡，该卡为 PCI 结构，具有两路视频输入、一路 S 端子输入，随卡有功能丰富的软件开发包，捕捉图像细节清晰，图像文件体积小。对于无实时视频监控要求的系统，通过在一块视频捕捉卡两个视频输入口进行切换，就可以满足图像对比系统对出入口抓拍静态图像的需要。对有实时视频监控要求的停车场收费系统，可以安装两块视频捕捉卡，平时可以显示两路实时动态图像。有车出入时再切换为相应的静态图像，实现监控和图像对比两项功能。

十三、RS-485 通信卡

RS-485 通信卡是将 RS-232 通信协议转换为 RS-485 通信协议的串行通信卡，用于延长通信距离，提高在恶劣电磁环境下的通信质量。

一般可采用 CP132 型 PCI 结构 RS-485 通信卡，该卡具有两路 RS-485/RS-422 通信接口，在 Windows98/Windows2000/Windows XP 操作系统下可以实现即插即用。该卡本身具有浪涌保护功能，可以保证良好的通信质量。

第四节　非接触式 IC 卡停车场管理系统软件

停车场管理系统软件作为停车场管理系统的软件核心，担负着硬件设备控制、数据信息处理、人机交互等一系列重要的工作，是支撑管理系统运行的关键。软件本身必须具有完善的管理功能和较强的稳定性。停车场管理系统软件的完善程度对系统的性能具有决定性影响。非接触式 IC 卡停车场管理系统软件设计框图如图 8-13 所示。

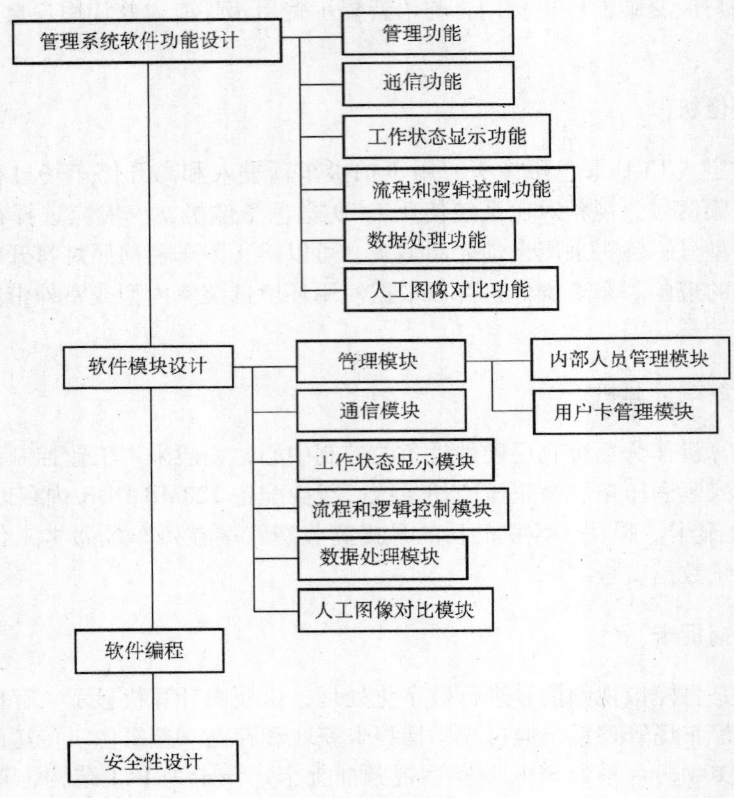

图 8-13　非接触式 IC 卡停车场管理系统软件设计框图

一、管理系统运行环境

1. 硬件环境

收费系统运行推荐硬件配置至少为 PIII 以上级计算机。主控计算机要求 128MB 内存，AGP 显卡(用来配合图像捕捉卡)，有四个以上 PCI 插槽。为保证系统运行的高可靠性，机型建议选用工业控制计算机。

除简易型管理系统，其他类型停车场管理系统都建议配备专用的数据服务器。

2. 软件环境

操作系统建议使用 Windows 2000 操作系统，其中前端收费计算机安装 Windows 2000 Professional 版本，管理计算机安装 Windows 2000 Server 版本。数据库系统采用 SQL Server 2000 Professional 版本(小型管理系统也可采用 ACCESS 数据库)。以上软件均安装最新的 Service Pack 补丁。

二、软件功能

1. 管理功能

根据停车场管理流程需要，管理功能主要有以下几方面：

(1) 操作权限　软件系统根据管理的不同权限分为操作员级、主管级两个不同级别。不同级别对应着进入软件系统的不同密码，故软件系统具有良好的保密性与可靠性。不同等级的操作人员进入软件系统后，能实现不同的功能。操作员级只能实现基本功能；主管级除能实现包括操作员级操作功能外，还能实现其他一些功能，并可修改全部操作人员密码。

（2）收费卡管理　IC 卡管理的主要功能是发行、查询、删除、修改用户卡信息(包括持卡人、卡号、身份证号码、性别、工作部门、车牌号等)，可以根据用户的需求自动删除或人工删除到期的 IC 卡。

1）长期卡：车主购买长期卡，按设立的收费标准计算应收金额，并确定有效期限(可精确到分、秒)，在确认的时限内可随意进出车场，否则不能进入车场，长期卡资料包括卡号、车号、金额、有效时间等。

2）临时卡：可根据用户需要，收费标准设定为按时收费或按次收费。

① 按时收费：车辆进入车场时，计算机已记录了该车入场的日期和时间，读出出场时间，计算机自动算出该车停放时间；根据设定的计费标准，自动计算收费总额。

② 按次收费：车辆进入车场时，计算机已记录了该车入场的日期和时间。读卡出场时根据设定的计费标准，自动计算出收费总额。

3）特殊卡：根据停车场需要，可向某辆入场车发放特殊卡，并将记录自动记入计算机档案(也可打印出来)，以便统计与查询。

（3）车位引导　控制显示屏引导车主以最短的时间快速进入空闲车位，提高停车场的使用率；实时更新停车场内车位情况；通过规避引导，实现对于专用车位的保留；统计停车场每天和每月的使用率、分时段使用率等，方便业主了解停车场的使用状况；车场管理人员可以在控制室随时了解车位的停车情况。

（4）实时监控　实时监控是指当读卡器接收到卡信息出现，立即向计算机报告的工作模式。在计算机的屏幕上实时地显示各出入口车辆的卡号、状态、时间及日期等信息。

（5）设备管理　设备管理的功能是对出入口(读卡机)和控制器等硬件设备的参数和权限等进行设置。

（6）报表统计结算　生成报表，以进行统计和结算，并根据需要进行修改。

（7）系统设置　可对软件系统自身的参数和状态进行修改、设置和维护，包括口令设置、软件参数修改、系统备份和修复、进入系统保护状态等。

2. 硬件通信功能

应用软件应可以通过收费终端 RS-485 通信卡，以串行通信方式查询并接收停车场硬件设备发出的状态信息以及数据信息，控制相关硬件设备动作。

1）需要接收的信息包括：出入口控制器输入信号(车辆信号、取卡信号)、电动栏杆输入信号(栏杆到位信号)、发卡机信号、读卡机信号。

2）需要发送的信息包括：出入口控制器控制命令、发卡机控制命令。

3. 设备工作状态显示功能

管理系统应可以通过计算机屏幕以图形方式直观显示停车场设备当前工作状态，便于管理人员掌握设备运行情况，及时处理产生的问题，包括：

1）出入口车辆检测器检测线圈上是否有车。

2）出入口电动栏杆到位情况。

3）出入口读卡机是否处于读卡状态。

4）网络连接情况(联网型收费系统)。

5）停车场内车位情况。

6）各种报警信息。

4. 工作流程逻辑控制功能

由于停车场管理系统的运行具有非常严格的工作流程，因此要求设备之间应具有一定的逻辑控制关系，主要包括：

1）若无空车位，禁止车辆入场。

2）检测器有车时允许接收 IC 卡读写器发送的卡号(无车时收到的卡号无效)。

3）检测器有车允许取卡。

4）防止多次重复取卡。

5）发卡后未在规定时间内读取到卡号(定时器)时报警，由值班人员处理。

6）用户未按规定时间取卡(定时器)，自动回收卡。

7）用户未按规定时间入场、出场造成电动栏杆长时间打开(定时器)时报警，由值班人员处理。

5. 数据处理功能

应用软件对数据处理的功能包括数据存储、数据查询和数据管理三个方面。

（1）数据存储功能　系统软件实现在系统数据库中存储车辆入场、出场、交费等完整的数据信息，并应保存管理人员对软件系统的操作过程信息。入场信息包括用户卡号码、入场时间、入场管理人员、入场口号码(多入口型停车场)、入场图像；出场信息包括用户卡号码、出场时间、出场管理人员、交费金额、出场口号码(多出口型停车场)、出场图像、图像对比结果。管理人员操作信息包括上班时间、下班时间、收费总额、手动抬杆次数、发行长期卡情况、收发临时卡张数等。

（2）数据查询功能　应实现有关车辆存取信息的各类查询，具有报表打印功能。如在场车辆情况，某长期卡用户出入场情况，某时段车辆出入场情况等。

（3）数据管理功能　系统管理软件对已存储的数据可以进行修改、删除、整理以及拥有对系统数据库备份及修复的能力。

6. 人工图像对比功能

管理系统软件利用计算机图像文件数据库存储技术，将用户卡号和对应出入场图像(或图像标识)保存在数据库中，在出场流程中增加人工图像对比过程，防止车辆失窃，提高停车场安防水平。此需求包括：

1）可以抓拍并保存入场、出场静态图像。

2）可以进行入场图像查询(利用用户卡号)。

3）可以按出入场时间、卡号等条件查询相关图像，具有另存和打印图像文件的功能。

三、软件功能模块

根据停车场管理要求，将管理系统软件分为七个功能模块。

1. 内部人员管理模块

负责内部人员的增加、删除和密码修改，设定管理人员在管理系统中的权限及软件权限认证模式。

2. 用户卡管理模块

应用软件对收费介质——非接触式 IC 卡的管理通过用户卡管理模块进行。本模块可以设置停车场使用哪些类型的用户卡，对用户卡的管理工作包括卡的初始化、发行、回收、挂失以及报废等。

3. 通信模块

主要功能是通过收费终端通信口，使用串行通信方式查询并接收停车场硬件设备发出的状态信息以及数据信息，控制相关设备。本模块可以通过 VB 自带的 MSCOMM 串口通信控件来完成。

4. 系统状态显示模块

主要功能是通过收费终端屏幕，以图形、文本以及视频图像等格式直观地显示管理系统各设备的工作状态和系统工作流程运行情况，使用户能够随时了解和掌握系统运行的有关信息。本模块是利用 VB 的图形控件、文本控件等来完成。

5. 工作流程逻辑控制模块

主要功能是通过在计算机内存中设置多个表示工作流程状态及设备状态的变量，通过编程对变量之间进行逻辑运算并配合定时器，实现各设备及工作流程的逻辑控制。由于这些变量由应用软件的多个模块调用，因此这些变量应使用全局变量。

6. 数据处理模块

主要功能是负责停车场管理系统的数据处理工作，分为数据存储、数据查询和数据管理三个子模块。

（1）数据存储子模块　向系统数据库中添加管理系统运行过程中产生的所有数据，包括入场信息、出场信息、管理人员操作信息等。

（2）数据查询子模块　实现从系统数据库中查询目标数据的功能，应用软件的所有报表处理功能由本模块执行，报表通过 VB 的报表生成器产生。

（3）数据管理子模块　负责系统数据库中数据的修改、删除、整理以及系统数据库备份及修复功能。

7. 人工图像对比模块

本模块与数据处理模块结合，实现应用软件的图像对比功能。其主要功能是平时驱动视频捕捉卡显示停车场入口和出口的实时动态图像，当有车通过时，抓拍静态图像并保存。出场时查询并显示对应图像供管理人员人工对比使用。

四、人工图像对比与图像数据库技术

停车场人工图像对比功能是利用计算机图像数据库技术将用户卡号和对应用户车辆入场抓拍图像文件保存在系统数据库中，以便在出场时进行人工对比的一种技术。使用人工图像对比功能的意义在于这种功能保证收费介质与车辆之间能够形成唯一对应的关系，防止车辆在停车场内被窃，从而可以提高停车场管理的安全防范水平。

停车场人工图像对比功能技术实现难度小，设备成本低，误判责任明确，其实现的技术难点主要在于如何将图像数据保存到数据库中并能有效检索。

1. 图像数据库技术

在一些停车场管理系统中，管理软件对于抓拍图像数据的管理是采用“表+实体”的方

法，即图像数据以文件形式存放于指定的磁盘目录下，在数据库表中只反映图像数据文件的存储路径。这种管理模式，给图像数据的维护增加了难度，同时也给图像数据的安全带来一定的隐患，例如具有查看目录权限的用户可以随意查看、删除图像文件。因此，要真正做到抓拍图像数据的安全管理，就必须利用图像数据库技术将图像数据直接存储在数据库表中。

图像数据库技术解决的是大容量数字图像的有效存储和管理问题，它是数据库技术的继承和发展。使用图像数据库技术的优点在于：

1）易于管理。当二进制大对象（Binary Large Object，BLOB）与其他数据一起存储在数据库中时，BLOB 和表格数据一起备份和恢复，这样就降低了表格数据与 BLOB 数据不同步的机会，而且降低了其他用户无意中删除文件系统中 BLOB 数据位置路径的风险。另外，将数据存储在数据库中，BLOB 和其他数据的插入、更新和删除都在同一个事务中实现，这样就确保了数据的一致性和文件与数据库之间的一致性。还有一点好处是不需要为文件系统中的文件单独设置安全性。

2）可伸缩性。尽管文件系统被设计为能够处理大量不同大小的对象，但是文件系统不能对大量小文件进行优化。在这种情况下，数据库系统可以进行优化。

3）实用性高。数据库具有比文件系统更高的实用性。数据库允许在分布式环境中复制、分配和潜在地修改数据。在主系统失效的情况下，日志转移提供了保留数据库备用副本的方法。

2. VB 存取图像数据的方法

由于 image 数据类型中的数据被存储为位串，SQL Server 不对它进行解释，image 列数据的解释必须由应用程序完成。例如，应用程序可以使用 BMP、TIF、GIF 或 JPEG 格式把数据存储在 image 列中，image 列的全部工作就是提供一个位置，用来存储组成图像数据值的位流，因此 VB 代码中不能简单地使用例如“INSERT”语句将图像数据文件赋予 ADO 记录集中相应的 image 类型列。SQL Server 2000 提供了数据库 API AppendChunk 方法以逐块处理的方式将图像数据文件保存到 image 类型列中。

VB 代码中利用 ADO 将 image 列映射为 Field 对象，使用 AppendChunk 方法逐块地写数据，具体流程为：

1）定义每次读写块的大小，一般为 4096B。

2）定义文件号，读文件方式打开图像文件，用 LOF( ) 函数取得文件长度。

3）计算图像文件包含的读写块的数量 A1 以及剩余字节数 A2。

4）定义 BYTE 类型数组 bytedata(A1)。

5）将打开的图像文件装入 bytedata(A1) 中。

6）建立数据库连接，打开数据记录集。

7）利用循环结构和 AppendChunk 方法将 A1 块图像数据装入 Field 对象中。

8）重新定义 BYTE 类型数组 bytedata(A2)。

9）用 AppendChunk 方法将剩余图像数据装入 Field 对象中。

10）更新数据集，将图像数据保存到数据库 image 类型列中。

取得 SQL Server 数据库中图像文件的方法：

SQL Server 2000 提供了数据库 API GetChunk 方法，以逐块处理的方式获得保存在数据库 image 类型列中的图像数据。具体流程为：

1）定义每次读写块的大小，一般为4096B。

2）定义文件号，写文件方式打开图像文件。

3）建立数据库连接，打开数据记录集，利用数据记录的Actual Size属性获得文件长度。

4）计算图像文件包含的读写块的数量A1以及剩余字节数A2。

5）定义BYTE类型数组bytedata(A1)。

6）利用循环结构和GetChunk方法将A1块图像数据装入数组bytedata(A1)中。

7）重新定义BYTE类型数组bytedata(A2)。

8）用GetChunk方法将剩余图像数据装入数组bytedatα(A2)中。

9）利用PUT语句将数组中的内容写入图像文件中。

五、安全性

操作系统和数据库系统作为停车场收费管理软件的系统软件平台，决定着应用软件运行的可靠性。工程实践表明，有相当比例停车场管理系统软件故障是由于其系统软件平台被破坏而引起的。故应采取一定措施，确保降低停车场收费管理软件系统软件平台破坏的可能性，以及确保系统软件平台被破坏后能够快速恢复。

（1）合理配置系统软件平台　对安装好的操作系统和数据库系统，要进行适当的配置，如设定收费管理软件使用者为较低的权限、合理配置网络参数、安装防病毒软件等，限制软件使用者对操作系统拥有过大的权利，防止其对操作系统造成有意或无意的损坏。

（2）合理规划系统软件安装平台　安装管理系统的硬盘应划分为主分区和扩展分区，主分区容量占计算机硬盘总容量的10%，扩展分区容量占总容量的90%。主分区中安装Windows 2000操作系统、硬件驱动程序、SQL Server2000数据库系统（其中数据库文件不安装到此分区）以及停车场管理系统（其中收费系统配置文件不安装到此分区）等。扩展分区中建立收费系统运行目录PM，该目录保存SQL Server2000数据库文件及收费系统配置文件。建立系统备份目录BAK，该目录用来保存操作系统的备份镜像文件。

（3）系统软件平台备份及恢复方法　系统软件平台的备份可以采用的Symantec公司的GHOST硬盘对拷软件。GHOST软件支持各类分区，可以将硬盘的某个分区的内容高速复制到另一个分区，给操作系统安装及恢复工作带来极大的方便。

1）系统软件平台备份方法。系统软件平台和管理系统应用软件安装到主分区中并安装调试完成后，使用GHOST软件将硬盘主分区备份到扩展分区BAK目录中，生成镜像文件。为用户制作一张DOS启动盘，将GHOST软件复制到该软盘中，在AUTOEXEC. BAT文件中加GHOST自动恢复主分区镜像文件的命令语句“Ghost. EXE -CLONE, MODE=PLOAD, SRC=扩展分区路径\镜像文件名.GHO 1”，使其成为系统软件平台故障恢复软盘。

2）系统软件平台恢复方法。当系统软件平台由于某种原因出现故障时，维护人员进入计算CMOS配置中，将系统改为软盘启动，将故障恢复软盘插入软驱并启动计算机，就可以自动将出现故障的主分区恢复为备份的完好状态，并且这种恢复操作不会对管理系统的已有数据及配置文件造成损坏。

第五节　智能停车场管理系统发展

联网型停车场管理系统是建立在局域网基础上的大型管理系统，除具有单机型管理系统的特点以外，自身又有着更为鲜明的特点。由于有多个收费终端应用程序对管理系统数据库进行并发式访问，因此对数据库系统的性能要求提出了更为严格的要求。因此应采用独立的高性能服务器作为数据库系统的硬件平台。

一、联网型管理系统软件结构

在单机型管理系统软件的基础上，将数据库平台独立出来，用网络将所有收费终端与数据服务器连接起来组成典型的客户——服务器结构。管理软件本身分化为停车场数据管理应用软件和收费终端应用软件。停车场数据管理应用软件不再行使底层硬件设备检测控制功能，仅进行数据查询、数据管理、财务管理、系统监控等高级功能。收费终端应用软件负责自身连接停车场硬件设备的控制功能，并将采集到的数据传递给数据服务器，同时向数据服务器发出数据查询请求，并根据返回的查询结果，行使停车场底层设备管理功能。

二、联网型管理系统的数据库访问策略

单机型收费系统由于是单用户访问数据，一般不会发生数据资源请求冲突。联网型收费系统由于是多用户环境，当用户访问数据库时，存在发生数据资源请求冲突的可能。为了管理这些冲突，VB 通过 Microsoft Jet 数据引擎提供了数据访问控制和应用程序的锁定服务，以保证在特定的时间内，只有一个用户可以访问数据库。

根据锁定服务的等级锁定可以分为：

1. 互斥地使用数据库

以互斥方式打开数据库是对数据访问施加的最大限制，实际上是以独占方式使用数据库。这种方式可以阻止任何用户和应用程序访问正在使用的数据库中的信息。由于这种方式的限制太大，因而只在管理系统进行影响整个数据库的操作时使用，例如压缩数据库、更新某个表、修改数据库结构等操作时，以互斥方式打开数据库，此时前端应用程序将无权向数据库发出数据资源请求，从而保证操作正常运行。当然以这种方式访问数据库时，会引起前端收费工作的暂时性中断，因此不应在停车场业务高峰时使用。

2. 对数据库中表的锁定

由于独占方式打开数据库方法的局限性太大，更多情况下可以使用更具有灵活性的表锁定方式，对表锁定包括禁止读和禁止写两种方式。通过这种方式可以以独占的方式打开一个表或者给予用户部分的共享权利。例如停车场前端应用程序打开停车场交易情况数据表时为表锁定中的禁止写，这样就保证了其对表中的数据只有读的权限(便于用户查询自己的出入记录)，而没有写的权限(不可能私自修改交易记录)。

3. 页面锁定

Microsoft Jet 数据引擎不支持真正的记录锁定，而是使用页面锁定。页面锁定只锁定包含当前正在编辑的记录的页，大小为 2KB。在使用页面锁定时，其他用户可以读取锁定页中

的数据，但不能对数据进行修改。

页面锁定分为保守式锁定和开放式锁定。保守式锁定是 VB Recordset 对象的默认锁定方式，主要优点是可以防止其他用户修改锁定记录中的数据，因此不会发生锁定冲突。但当锁定时间过长时，会给其他用户造成不必要的麻烦。开放式锁定仅在应用程序试图提交变更时才锁定数据页，因此锁定时间最短，其他用户仅在锁定生效的短时间内不能访问该页面。开放式锁定的缺点是用户编辑记录时，不能保证更新是否会成功。

由于联网型收费系统中一张用户 IC 卡同时仅能在一个前端应用程序中使用，也就是管理系统不会出现同时访问一条记录的情况，因此前端应用程序访问包含用户 IC 卡信息的数据库时应选用页面锁定的开放式锁定。

合理地选择访问数据库的策略，是联网型收费系统既可以充分保证数据安全，又能最大程度地提高数据访问效率的关键因素。

三、基本数据前端备份与数据前端暂存技术

联网型收费系统采用完全集中式数据管理，将数据全部存放在数据服务器中，如果网络因某种原因发生故障，将会造成前端收费系统因无法查询或保存数据而停止正常工作，从而使联网型收费系统的运行可靠性有所降低。针对此问题，解决方法之一是提高网络的可靠性，例如采用环形网络结构代替常用的星形网络结构；解决方法之二是将数据库中的基本数据进行前端备份。

基本数据是指能够维持停车场基本功能的数据的集合，包括停车场用户信息、用户 IC 卡号码、IC 卡有效期信息等一些停车管理的最基本数据。当管理人员上班时，收费终端应用程序从数据服务器中下载上述的基本信息，在网络工作正常等情况下，收费终端应用程序并不使用这些信息，而是直接与数据服务器进行数据交换。当收费终端应用程序需要与数据服务器进行数据交换并检测与数据服务器通信出现故障时，将数据访问自动转向本地保存有基本数据的本地数据库，从而保证收费终端应用程序具有最基本的停车场管理功能。当网络恢复正常时，收费终端应用程序将故障期间在本地保存的交易信息上传给数据服务器，并恢复正常工作状态。

应该指出的是，应用基本数据前端备份与数据前端暂存技术虽然可以提高联网型停车场管理系统的可靠性，但这种应用在一定程度上破坏了收费系统的工作流程，造成管理系统会出现一定的漏洞。例如停车场一般采用“一车一卡”工作方式，即一张有效用户 IC 卡，只能让一辆车进入停车场存放。在联网型收费系统使用完全集中式数据管理方式时，由于数据完全保存在数据服务器中，每个收费终端应用程序都是与同一个数据服务器进行数据交换，具有数据一致性，因而无论这张卡以何种方式使用，都可以保证“一车一卡”。在基本数据前端备份与数据前端暂存技术发生网络故障时，这张卡就可以先在发生故障的收费终端上进行入场操作，然后还可以在未发生网络故障的收费终端再进行一次入场操作，由此可见，基本数据前端备份与数据前端暂存技术仅可以作为停车场管理系统的一种应急措施。

习　题

1. 简述非接触式 IC 卡停车场管理系统的特点。

2. 简述非接触式 IC 卡停车场管理系统设备的构成。
3. 提高 RS-485 通信可靠性的措施有哪些?
4. 简述智能控制器的基本功能。
5. 简述电动栏杆的控制模式及功能。
6. 简述车辆检测器的用途。

附　　录

附录 A　变频调速电梯控制系统电路图

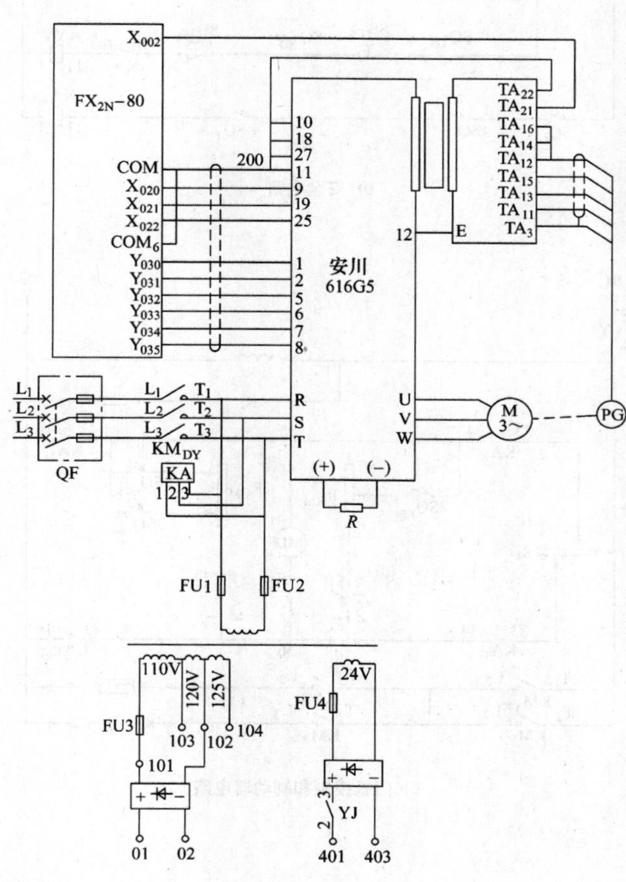

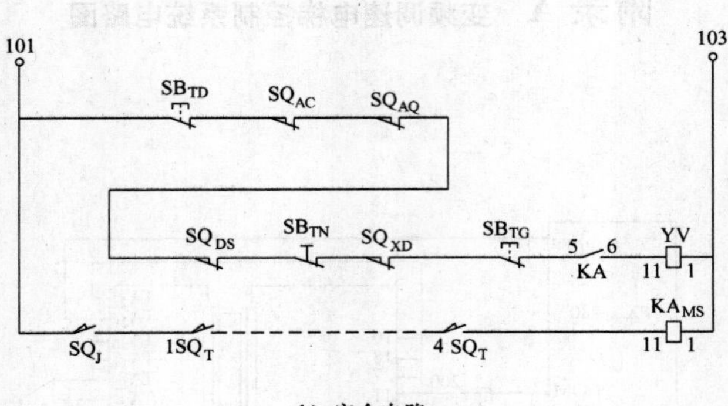

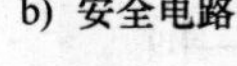
b) 安全电路

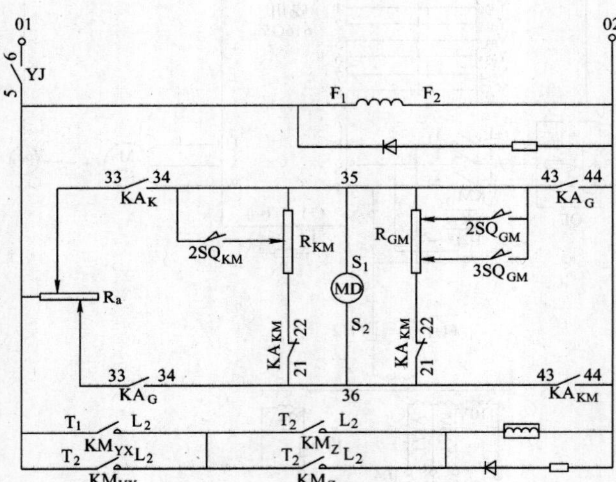

c) 门机控制和制动器电路

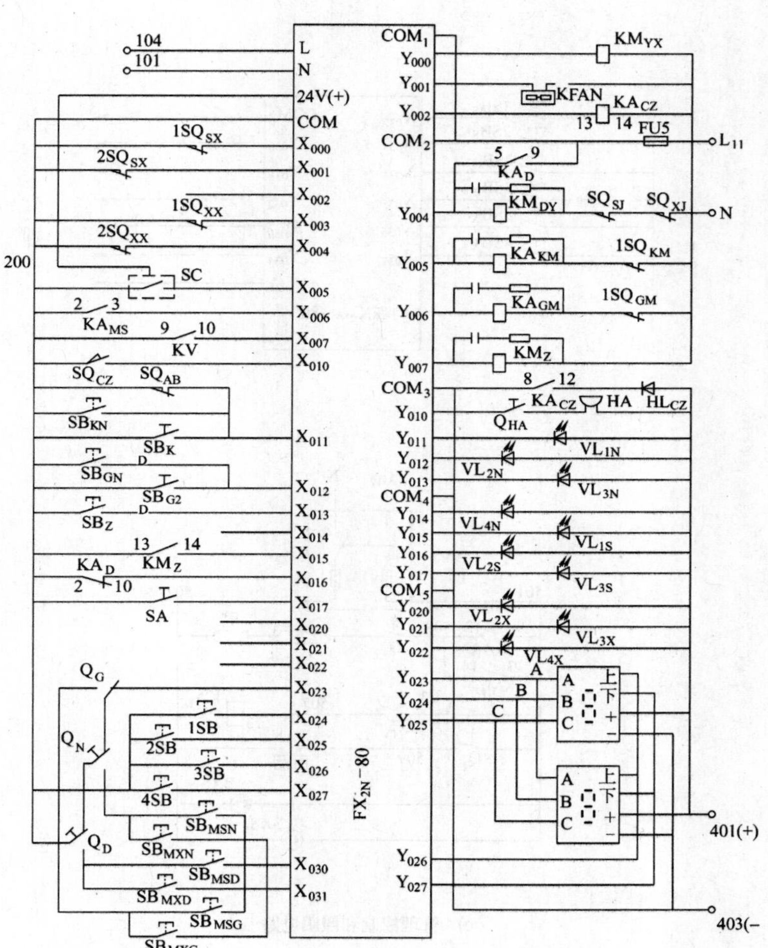
104
101
L
N
24V(+)
COM
200
1SQ_SX
2SQ_SX
1SQ_XX
2SQ_XX
SC
KA_MS
KV
SQ_CZ
SQ_AB
SB_KN
SB_KD
SB_GN
SB_G2
SB_ZD
KM_Z
KA_D
SA
Q_G
Q_N
Q_D
1SB
2SB
3SB
4SB
SB_MSN
SB_MXN
SB_MSD
SB_MXD
SB_MSG
SB_MXG
FX2N-80
COM1
COM2
COM3
COM4
COM5
KM_YX
KFAN
KA_CZ
FU5
L11
KA_D
KM_DY
SQ_SJ
SQ_XJ
N
KA_KM
1SQ_KM
KA_GM
1SQ_GM
KM_Z
Q_HA
HA
HL_CZ
VL1N
VL2N
VL3N
VL4N
VL1S
VL2S
VL3S
VL2X
VL3X
VL4X
401(+)
403(-

d) PLC控制电路

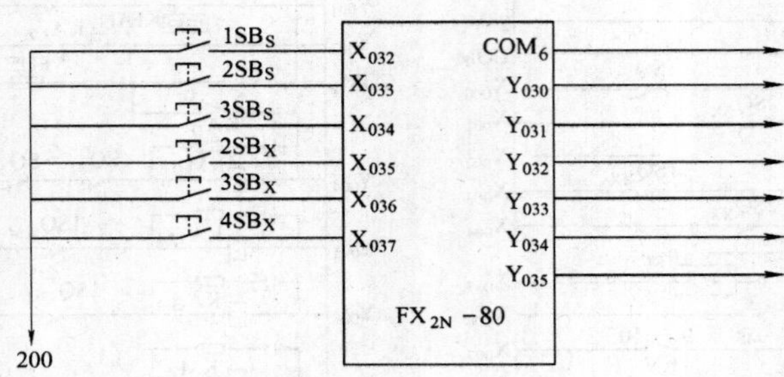
1SBS
2SBS
3SBS
2SBX
3SBX
4SBX
200
X032
X033
X034
X035
X036
X037
COM6
Y030
Y031
Y032
Y033
Y034
Y035
FX2N -80

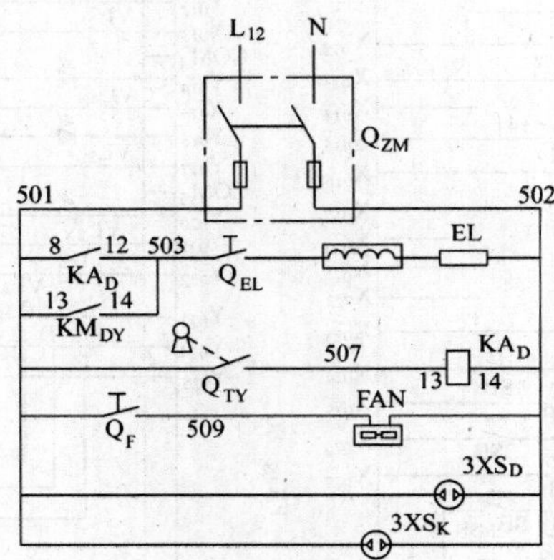
L12
N
QZM
501
502
8
12
503
KAD
QEL
EL
13
14
KMDY
QTY
507
KAD
13
14
QF
509
FAN
3XSD
3XSK

e) 管理控制和照明电路

附录 B　变频调速电梯控制系统元件代号说明

符号	名称	地址	名称
SB_{TD}	轿顶急停按钮	KM_{YX}	运行接触器
SQ_{AC}	安全窗开关	FAN	风扇
SQ_{AQ}	安全钳开关	KA_{CZ}	超载继电器
SQ_{DS}	限速器断绳开关	KM_{DY}	电源接触器
SB_{TN}	轿内急停按钮	KA_{KM}	开门继电器
SB_{TG}	控制柜急停开关	KA_{GM}	关门继电器
$1SQ_{SX}$	上行限位开关	KM_{Z}	制动接触器
$2SQ_{SX}$	上终端限位开关	YB	制动器线圈
$1SQ_{XX}$	下行限位开关	KA	相序继电器
$2SQ_{XX}$	下终端限位开关	KV	安全继电器
SC	光敏开关	KA_{MS}	门锁继电器
SQ_{CZ}	超载开关	SQ_{J}	轿门锁电联动开关
SQ_{AB}	安全触板	$1SQ_{T}\sim4SQ_{T}$	四层厅门锁电联动开关
SB_{KN}	轿内开门按钮	SQ_{KM}	开门限位开关
SB_{GN}	轿内关门按钮	SQ_{GM}	关门限位开关
SB_{KD}	轿顶开门按钮	MD	直流门电动机
SB_{GD}	轿顶关门按钮	$VL_{1N}\sim VL_{4N}$	桥内呼叫一至四楼指示灯
SB_{Z}	直驶按钮	$VL_{1S}\sim VL_{3S}$	厅外一至三楼上呼指示灯
Q_{N}	轿内检修开关	$VL_{2X}\sim VL_{4X}$	厅外二至四楼下呼指示灯
Q_{D}	轿顶检修开关	$1SB_{S}\sim3SB_{S}$	厅外一至三楼上召唤按钮
Q_{G}	控制柜检修开关	$2SB_{X}\sim4SB_{X}$	厅外二至中楼下召唤按钮
SB_{MSN}	轿内检修慢上按钮	1SB~4SB	轿内一至四楼指令按钮
SB_{MSD}	轿顶检修慢上按钮	Q_{TY}	基站钥匙开关
SB_{MSG}	控制柜检修慢上开关	EL	轿内照明灯
SB_{MXN}	轿内检修慢下按钮	Q_{EL}	轿内照明灯开关
SB_{MXD}	轿顶检修慢下按钮	Q_{F}	风扇开关
SB_{MXG}	控制柜检修慢下开关	KA_{D}	开机继电器
SQ_{SJ}	上极限开关	HA	蜂鸣器
SQ_{XJ}	下极限开关	HL_{CZ}	超载报警灯

参考文献

[1] 鲍风雨．自动化设备及生产线调试与维护[M]．北京：机械工业出版社，2002.

[2] 袁承训．液压与气压传动[M]．北京：机械工业出版社，1996.

[3] 陆鑫盛，周洪．气动自动化系统的优化设计[M]．上海：上海科学技术文献出版社，2000.

[4] 左健民．液压与气压传动[M]．北京：机械工业出版社，1993.

[5] 梁森，黄杭美，阮智利．自动检测与转换技术[M]．北京：机械工业出版社，1999.

[6] 李秧耕．电梯基本原理及安装维修全书[M]．北京：机械工业出版社，2001.

[7] 吴国政．电梯原理·使用·维修[M]．北京：电子工业出版社，1999.

[8] 梁延东．电梯控制技术[M]．北京：中国建筑工业出版社，1997.

[9] 张福恩，吴乃优，张金陵，等．交流调速电梯原理、设计及安装维修[M]．北京：机械工业出版社，1999.

[10] 安振木，刘爱国，杨渤海，等．电梯安装维修实用技术[M]．郑州：河南科学技术出版社，2002.

[11] 姚融融．电梯原理及逻辑排故[M]．西安：西安电子科技大学出版社，2004.

[12] 陈家盛．电梯结构原理及安装维修[M]．3 版．北京：机械工业出版社，2006.

[13] 杨江河．三菱电梯维修与故障排除[M]．北京：机械工业出版社，2006.

[14] 刘佩武，等．电梯的使用与维修[M]．北京：机械工业出版社，2005.

[15] 孙廷才．DCS 分散型计算机控制系统[M]．北京：海洋出版社，1992.

[16] 王常力，等．集散型控制系统的设计与应用[M]．北京：清华大学出版社，1993.

[17] 许宏科，等．高速公路收费系统理论及应用[M]．北京：电子工业出版社，2003.

[18] 阳宪惠．现场总线技术及其应用[M]．北京：清华大学出版社，1999.

[19] 邬宽明．现场总线技术应用选编 1：上册[M]．北京：北京航空航天大学出版社，2003.

[20] 邬宽明．现场总线技术应用选编 1：下册[M]．北京：北京航空航天大学出版社，2004.

[21] 李惠昇．电梯控制技术[M]．北京：机械工业出版社，2003.

[22] 刘连昆，等．电梯安全技术：结构·标准·故障排除·事故分析[M]．北京：机械工业出版社，2003.

[23] 芮静康．电梯电气控制技术[M]．北京：中国建筑工业出版社，2005.

[24] 朱德文，刘剑．电梯安全技术[M]．北京：中国电力出版社，2007.

[25] 许锦标，等．楼宇智能化技术[M]．3 版．北京：机械工业出版社，2010.